U0397362

明代官式建筑范式

潘谷西 陈薇 等著

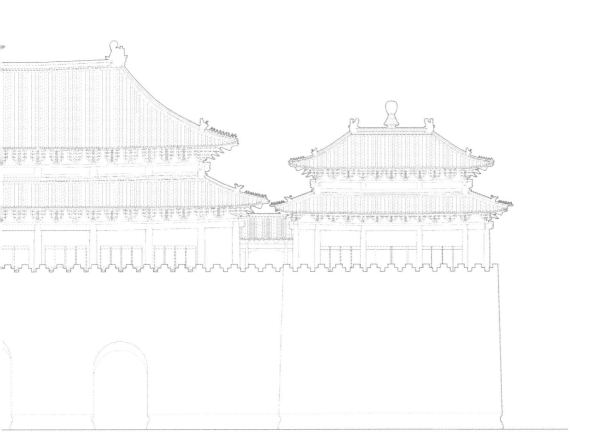

东南大学出版社 南京

序

为什么研究"明代官式建筑范式"

为什么研究"明代官式建筑范式"？我对这个问题过去没有系统回答过。这个项目从开题到现在已经有十余年了，由于种种原因，一直拖延下来，未能了结，成了我的一桩心事。最近东南大学建筑学院陈薇教授准备编一辑建筑史论文集，要我写一篇文章，谈谈为什么研究"明代官式建筑范式"。于是，这件烦心事又摆到了我的面前。

长话短说，我研究的"明代官式建筑范式"其实就是"明代建筑研究"的深化，而"明代建筑研究"的选题则是那部曾获中国出版政府奖图书奖的五卷集之《中国古代建筑史·第四卷·元、明建筑》的起步研究项目。

事情还要从改革开放初期开始说起：

"文化大革命"结束后的1977年下半年，高等学校开始招生，建筑学专业也在这时开始招收新生，但第一次招生的建筑学专业只有南京工学院和清华大学两所学校，第二年，即1978年夏天大家熟悉的八大院校的建筑专业才全部招生。当时，曾在"文化大革命"中被批为"封资修大毒草"的中国建筑史和外国建筑史都被列为专业基础课程，显示了这两门课在建筑专业中的重要意义和地位，这对于我们这些任课教师来说是一种很大的鼓励。由于"文化大革命"后的高校基本没有教材，所以邓小平同志号召编写教材供学生使用。我们积极响应号召，接受了编写中国建筑史全国通用教材的任务，并充满热情地投入编写工作中。教材于1979年编写完成，1982年出版发行（第一版）。为什么要把教材编写工作扯进来呢？

因为教材编写工作使我在专业方向上坚定地走向中国建筑史的研究，并影响到我的一系列科学研究的课题选择，其中就包括明代官式建筑范式这个选题。说实在的，"文化大革命"之前，我的主业不是中国建筑史而是建筑设计：那时我既讲授建筑设计课，也参加了杨廷宝先生主持的多项重大工程的设计工作；当然也为刘敦桢先生的中国建筑史课做辅导，并参加刘先生主持的苏州古典园林研究和其他一些工作，不过我的主要精力仍然放在建筑设计方面。但是，在1979年底做完中国建筑史教材编写工作之后，我的专业方向彻底改变了，建筑设计不教了，而且后来又招收了自己的中国建筑史的研究生，我的力量全部投向了建筑史。

从"文化大革命"的高压迫害下解放出来的人都有一种想在事业上大干一番的欲望和气慨，当时我也处在这种亢奋的精神状态中。通过编写教材，激发了我对中国建筑史的研究热情，感到中国还缺少一部能充分反映有着五千年悠久历史的建筑体系和伟大建筑成就的著作。当然，这是一个巨大工程，我自己衡量，靠我一个人，是没有力量去做这件事的，只能是在心里泛起一种淡淡的期许和企盼。到了1978年，事情似乎有了转机：我在招收研究生后，觉得可以通过研究生培养来扩大研究力量，也就有可能来做我希望做的那件大事——写一部较完整的中国建筑史了。

那么从什么地方下手呢？俗话说"大处着眼，小处着手"，我选择了从明代建筑开始，因为明代在中国建筑发展史上有重要贡献，它上承宋、元，下启清代，建筑风格和技艺成熟，是清式建筑的先导。但过去人们对之不太重视，或许也不太明白，因此在论述中，一般常用"明清建筑"的帽子把它和清代建筑拢在一起，把两者混同起来，似乎明代建筑和清代建筑是一回事，从而抹杀了明代建筑的特色和重要性。对明代建筑的研究也远不及对唐、宋、辽、金时期那么重视。所以我觉得这个题目研究的价值较大；加之民间建筑和官式建筑都存有大量遗物，预期成果比较丰硕。

研究方向决定后，就着手细分小项目交给研究生去分别完成。当时我也考虑到对明代官式建筑样（范）式的总结问题，但因这个题目十分庞大而艰巨，只能放在后面去做。本着"先易后难"的原则，先把就近的江南明代建筑的项目做起来。经过几年努力，我们终于有了一批明代建筑的研究成果，它们构成了后来的五卷集之《中国古代建筑史·第四卷·元、明建筑》中有第一手新材料的重要内容。

说到五卷集《中国古代建筑史》，这里边还有一段有趣的故事：在我们以"中国古代建筑史多卷集"为课题申报国家自然科学基金会的基金项目时，发现该基金会的目录中根本没有把建筑史项目列入，他们还说，建筑史不属自然科学范畴。我们则争辩说：梁思成、刘敦桢是中国建筑史权威人物，他们两人不都是中国科学院学部委员吗？怎么能说建筑史不属自然科学范畴呢？就这样，我们的基金项目申请终于被接受了，而且被列为重要项目，资助金额高达12万元，这个数目在当时是很罕见的。接下来的事就更有趣了：国家建设部提出他们也出5万元来资助这个项目，并由一位副部长来担任该书的主编，部属建筑科学研究院和东南大学各出一名副主编，资金由部属建筑科学研究院管理。北京这样操作的结果是完全颠覆了项目申报的原有格局，其好处是可以吸收其他方面的力量投入研究工作，但东南大学方面不乐意了，向北京传话说：那位副部长不是研究建筑史的专家，担任主编不合适。后来副部长也主动告退，于是这部五卷集的巨著成了没有主编的、各自为政的松散联合体。

完成了"明代建筑研究"项目，其成果也落实到《中国古代建筑史·第四卷·元、明建筑》中去了。此时，作为明代建筑深化研究的"明代官式建筑范式"项目也就顺理成章地摆在我的面前了。

中国古代建筑技术是靠匠师们薪火相授、代代相传的，世间很少有通过出版物加以传播的。官式建筑方面仅有宋李诚的《营造法式》和清工部的《工程做法》传世。而明代却没有一本这样的专著留下来，这实在是中国古代建筑史上的一大憾事。而从大量保存下来的遗物来看，明代建筑的技艺很精湛，比之宋代多几分成熟，比之清代则少几分繁琐。再从一些文字记载来推测，古代一些优秀匠师应该都有自己的秘传手本，但是中国社会精英阶层自古都是重"道"轻"器"，瞧不起技术性、工艺性的经验，不屑于去总结推广它们；而匠师有门户之见，技术保守，不轻传外人，也使技术难于广泛传流。所以明代肯定有技术规范性的手本，只是没有保存下来而已。看看明代名匠徐杲的故事就很有意思：据《明史·徐阶传》记载，嘉靖年间北京宫殿遭火灾，奉天门、三大殿等被焚，明世宗命工部尚书负责修复，久久不见动静，帝怒，撤换了工部尚书，令木匠徐杲具体主持工程，徐杲很快把门殿修复，而且规制尺寸丝毫不差，一年后奉天门即告竣工。后来大内西侧的永寿宫被焚，这里本是永乐为迁都北平而建的行宫，嘉靖时成为皇帝日常所居之所，可称是当时的第二"大内"。这次重建，仍由徐杲负责。经他勘察一番之后，工程"十旬而功成"，可谓神速。徐杲如果没有一套规范化的制式掌握在手中，要在这么短的时间里完成这么大的工程，那是不可能的。

真可惜，徐杲之辈的技术制式已无法得知，其独能"以意料量，比落成，竟不失尺寸"（明《世庙识余录》）的做法没有记载。那么，今天我们如何来了解明代官式建筑的代表性、典型性的样式和做法呢？答案只有一个：从实物中提取依据，总结规律，归纳典范。这就是本课题所要做的事情。

这是一项十分繁重而困难的工作，涉及面广，遗物分散，还会遇到古建筑封闭管理后的各种障碍等问题。我和陈薇、朱光亚二位教授先后带领七位研究生，完成了大木、彩画、小木、砖、石、琉璃诸工程的调查和研究报告，其中大木部分已以《明代官式建筑大木作研究》为题单独出版发行（郭华瑜，东南大学出版社，2005），彩画部分则由陈薇教授亲自执笔完成初稿。目前全书所需基本资料已备，还需在两方面下功夫：提炼内容；核实并补充部分图纸。由于近年精力不济，未能及时把这一研究项目完成，深感不安，希望在陈薇教授继续主持下，不久能见到完美的成果。

潘谷西

二〇一三年九月二十八日写于悉尼

目　录

《明代官式建筑范式》涉及几个关键名词，而这几个关键名词之间构成的关系，便是目前中国古代封建社会晚期建筑研究中尚未完整呈现的重要话题，因而本研究也是一系统的学术探讨。

首先，是时间概念的名词"明代"。明代（1368—1644年）时长276年，在中国古代是最接近各朝代均长数的朝代，但是在政治和文化属性上，其汉民族统治者身份的担当和野心，在封建社会晚期尤为突出，时间均长的朝代有非凡的转折。由于明代前朝的辽、金、元均为少数民族统治时期，有500年的历史，尤其在北方，生活和文化已浸润深厚，宗教文化十分繁盛，边陲地区和内地联系紧密，技艺交流广泛，所以明太祖朱元璋登基后的政治主张便是排除"异族"影响，恢复唐宋文化。所谓"洪武之治"，便是以严明的制度加强统治管理，明太祖时期建立健全各种政治制度，恢复和发展社会经济，还制定酷刑，严惩贪官污吏，在宫殿制度上以《礼记》三朝五门为圭臬，封建中央集权高度集中和强化，并以恢复汉民族唐宋文化为要旨，相对前朝发生很大的改变。有意思的是这种全面复辟，后来的满清统治者却十分认可，在南京明孝陵碑亭中，有一块"治隆唐宋"的大石碑（图0-1），便是康熙御题，表达了清代统治者对明太祖朱元璋时期国家管理和综合实力的高度评价，康熙、乾隆南巡，均多次拜谒明太祖陵，行跪叩大礼，这也从一个侧面反映出明代的转型以及对清代的影响是意义深远的，也是在这样的背景下，方能理解明代官式建筑整体呈现的价值以及清代建筑能够延续明代建筑走向的社会背景和政治因素。

其次，"官式建筑"的概念提出和影响范围，是与明代不断发展和拓展的中央管理体制及地域相关的。官式，在本书中是一个重要的定位，官式建筑但并不局限于宫廷建筑，还包括中央及其下属管理系统出资建设的建筑，如各藩王府和公主府，当然也包括皇帝敕建或者地方筹资建设的庙宇（如佛寺和道教建筑）、孔庙，甚至衙署、桥梁（图0-2、图0-3）等。这样的建设，在明代大致分为几个阶段：第一阶段，以明南京为中心、临濠（凤阳）中都建设为过渡、北京宫殿规制悉如南京为代表的皇家建筑，时间大致在1366—1420年，从朱元璋在应天（今南京）登吴王位，筑应天城、建造太庙、天地坛、社稷坛开始，到凤阳建中都，及重返南京大肆建设宫殿、国子学和太庙，规制严格，等级分明，不得僭越，风格洗练（图0-4~图0-6）；对中央集权的保卫和对外防御，体现在城市建设上贯彻都司卫所兵制的建置，工程主要在北方边墙和东边海防城堡；对边远地区进行支边建设，如青海乐都瞿昙寺，虽然是藏传佛教格鲁派寺院，但却是典型的南方官式建筑样式（图0-7~图0-9）。第二个阶段，以永乐迁都北京后形成"永乐盛世"为特点，并延伸到弘治年间，时间大致为1421—1488年，这时期一方面积极

0-1 江苏南京明孝陵御碑

图0-1 作者拍摄

0-2　北京通州通运桥为横跨运河的石桥

0-3　北京通州通运桥桥面

0-4　江苏盱眙祖陵神道石像生逼真流畅

0-5　江苏南京明孝陵神道石像生简洁洗练

0-6　江苏南京明故宫西华门遗址

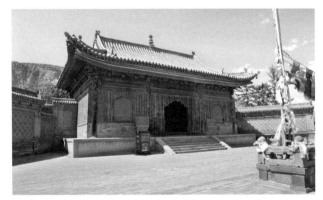

0-7　青海乐都瞿昙寺山门小木作南方做法

0-8　青海乐都瞿昙寺天王殿第一进彩画

0-9　青海乐都瞿昙寺建筑诸作为明代早期官式风格

0-10 北京昌平明定陵石作台基

0-12 万里长城北京八达岭段

0-11 北京昌平明定陵地宫砖作

0-13 甘肃嘉峪关城

图0-2~图0-13 作者拍摄

推行外交策略，郑和下西洋，舰队强大，与各国进行政治经济和文化交流，国力在《明史》被评价为"远迈汉唐"，以北京为中心大量建设为特征，如昌平陵墓等修建；另一方面，明成祖时期也武功文治，五征蒙古，出兵安南，又广采天下书籍，编撰《永乐大典》，北京孔庙重建于永乐年间，曲阜孔庙、颜庙，邹县孟庙等都是在这个时段扩建的，在石作、木作等方面表现出高超技艺。第三阶段，以正德、嘉靖二朝政治衰微为表征但商品经济到中叶渐趋繁荣至明末，大致时间是1506—1616年，屋宇华丽，砖雕、木雕、石雕做工讲究（图0-10、图0-11），并常见于地方建筑中，园林兴作不已，《园冶》在明末出版，这时期防御工程如边墙多用砖包，用量很大，修成了东起鸭绿江、西至嘉峪关的万里长城（图0-12、图0-13）。

第三，"范式"术语的提出，是基于前有宋《营造法式》、后有清《工程做法》的专业书出版而提出的一种探讨姿态，相对于"法式"和"则例"，"范式"的形成，主要是基于对案例的分析和概括，有的直接以案例作为提取和代表，这是在本书中表达的情况。从历史发展的角度看，宋《营造法式》是如何影响到南京大工建设的呢？这是一种静水流深的过程。实际上崇宁版《营造法式》出版不久，北宋乃灭亡了，宋室南迁在临安（杭州）成立南宋，也带来了宋《营造法式》在南方的流传，事实上南宋平江（苏州）就有《营造法式》的再度出版，之后的各种手抄本也不绝连绵。近代在江南图书馆（南京图书馆）由朱启钤先生发现的丁本《营造法式》以及之后他组织出版的陶本《营造法式》，开启了中国古代建筑营造研究之旅——朱启钤先生成立"中国营造学社"，邀请梁思成先生任法式部主任、刘敦桢先

图0-14~图0-16 作者拍摄

0-14　江苏盱眙祖陵石柱础莲花瓣纹样

0-15　江苏南京明故宫午门石须弥座

0-16　江苏南京中华门（明聚宝门）马道礓磋砖砌

0-17 江苏南京明孝陵享殿石须弥座

0-18 北京昌平明定陵石勾阑

图0-17~图0-18 作者拍摄

生任文献部主任。反过来也说明当辽、金、元在以中国北部为中心进行发展时，在南方尤其是南宋及其之后的江南包括南京，恰是宋《营造法式》自然而然影响建筑发展的重要来源，事实上在江浙有些明代建筑形似宋式建筑，都说明南宋的平稳发展使得宋式建筑得以在江南发展。因此，当明朝朱元璋致力恢复唐宋文化时，对于宋式建筑的学习并不需要到北方膜拜，却是在南京顺理成章的事情，或许南方工匠本身所系之长乃宋式遗风，从比较明中都的柱础莲花瓣雕刻和《营造法式》的如出一辙便可明了（图0-14）。从而，我们有理由认为，明代官式建筑和宋《营造法式》是有关联的，尤其在石作、砖作（图0-15~图0-18）、琉璃作，甚至彩画作的用色和材料方面，并没有很大的差别，但是大木作和小木作，从留存的实物看显然差别很大：明代的大小木作相对于宋式更为规整和简洁，这既离不开宋代之后木作建筑的变化和长期发展，也与明初的制度规定强调节俭密不可分，当然砖作的成熟和普遍使用而形成一定的范式，在明代建筑中是最为突出的，这些发展进而影响延续到清代，尤其是北京宫殿是明清相袭的代表，也是雍正十二年（1734年）出台《工程做法》的蓝本。在宋《营造法式》和清《工程做法》之间，明代官式建筑范式也是绕不开的过程和话题。

当"明代""官式建筑""范式"组织在一起，似乎可以描绘出明代官式建筑发展的时空图景。在这个图景中，南京是中心和起源，目前留存下来的明城墙、明故宫遗址、明孝陵、灵谷寺无梁殿、报恩寺遗址、宝船厂、琉璃窑遗址等（图0-19~图0-26），都是历史的见证，也是明初官式建筑大发展和建设的重要存留以及范式形成的滥觞，当然洪武时期在北部边墙、东部沿海、西至西藏和青海、南至云南都有布局和建设。随着永乐迁都，建设中心和建筑发展转移到北京，但是由于北京宫殿建设，规制悉如南京，只是宏敞过之，在开始还是和南京一脉相承的（图0-27、图0-28），包括十三陵继承南京的宝城宝顶规制等；而南京的宝船厂和报恩寺也是永乐皇帝钦点敕建，形成了南北的互动，同时这个时期南北大运河的畅通，也加速了建筑材料运输、工匠流动、文化交流的频率，使得明代官式建筑范式形成、迅速北上或者南下而互通有无；永乐时期还组织南京兵力和工匠

图0-19~图0-22 作者拍摄

0-19　江苏南京明城墙

0-20　江苏南京明聚宝门（现中华门）

0-21　江苏南京明故宫午门遗址

0-22　江苏南京灵谷寺无梁殿

图0-23 作者绘制
图0-24 由托马斯·阿罗姆于1843年蚀刻，选自Schroëder
J. Nanking(China), La Tour de Porcelaine
0-25~图0-27 作者拍摄

5   15米

0   10

0-23 江苏南京金陵大报恩寺琉璃塔复原图

0-24 江苏南京金陵大报恩寺铜版画

0-25 江苏南京金陵大报恩寺遗址及复原的碑亭

0-26 江苏南京上虹桥明代琉璃窑址

0-27 江苏南京明孝陵方城明楼

在武当山建造道教建筑，也完全是明代官式建筑做法，这样实际上明代官式建筑形成了一个圈层，自内地到边疆，自长江中下游到中游等，在这个圈层中，洪武及永乐时期形成的官式建筑样式又成为各地区的被参照对象，进而开花散叶。明代大量地方城市建设尤其是城墙墙体改砖砌、建楼橹，是在国家经济富足的明中期以后，如淮安府城将新旧二城联成一体以防倭寇的建设是在嘉靖三十九年（1560年），平遥县城在隆庆二年（1569年）增建砖敌楼94座（图0-29），这些建设都是在明代建筑发展已经比较成熟的状态下开展的，从面上大大普及了明代官式建筑的各种做法。

0-28　北京昌平明定陵方城明楼　　0-29　山西平遥城墙及敌楼

0-30　北京昌平明十三陵大石牌坊

图0-28 作者拍摄
图0-29 选自潘谷西主编《中国建筑史》，光盘，城市建设57
图0-30 作者拍摄
图0-31 作者拍摄

0-31 山西太原永祚寺双塔

　　《明代官式建筑范式》是从不同材料相对独立的做法上进行研究的，依次为：大木作、彩画作、石作、砖作、琉璃作、小木作。其中彩画作依附于大木，排在了一起；石作除了作为木构建筑的石活，更有独立的建筑类型，如石牌坊（图0-30）；明代砖作、琉璃作的发展尤其突出，有些建筑纯粹就是砖构或者和琉璃组合构成，如无梁殿、砖塔和琉璃龙壁等（图0-31~图0-35）；小木作在明代成就突出，形成独立的风格，如雕作和彩画相结合的藻井等，因此诸种做法确实能形成范式，这和明代建筑材料的大发展以及做法的成熟密切相关。比较而言，宋《营造法式》主要依建筑单体的建设过程和材料加工进行排序，主题是木构建筑；清《工程做法》也主要按不同木

0-32 山西太原永祚寺无梁殿

0-33 山西太原永祚寺砖塔外观

0-34 山西太原永祚寺砖塔内外壁

构架建筑类型进行排序，仅在四十~四十七卷列装修、门窗、石作、瓦作、土作，作为木构建筑完成中的必要内容。这两部中国古代建筑专业图书的编纂，其中重要的一个目标就是建立标准，注重工时工料的计算，为政府建设项目预算时节省开支。在本书中没有考虑这部分内容，更多从建筑学的角度探讨在由宋到清这两个朝代官式建筑有案可查的过渡时期，明代承担的重要角色，而且是绕不过去的重要转变，既是时间上的必然承接和延续，也是空间上的由中心到边缘的全面覆盖。

图0-32~图0-34 作者拍摄

0-35　山西大同王府九龙壁

图0-35 作者拍摄

此外，明代官式建筑最重要的特点是群体组织，宫殿、坛庙、陵墓、庙宇、王府等，莫不如此，往往一组建筑中，有不同主打材料做法的建筑形成序列，如北京天坛中轴线上由北而南：祈年殿为木构、丹陛桥为石构、成贞门为砖和琉璃构、回音壁为砖构、皇穹宇为木构、圜丘为石构等；又如北京昌平明长陵，有木构祾恩门和祾恩殿（台基石作相当突出）、砖构方城明楼、琉璃焚帛炉和琉璃门、石作五供桌和棂星门（图0-36~图0-43），均说明明代官式建筑不仅在单体上发展了五材并举的成熟做法以及高超的审美，而且作为独立的构材建筑也相当发达，这使得《明代官式建筑范式》可以从建筑学的角度而不仅是局部做法的角度进行深度探索的重要原由，当然更深层的不同做法之间的相互组织，如彩画如何结合木构件的长短进行构图变化的、琉璃作如何和砖作及小木作进行结合的、小木作如何和彩画作相关照的等，都是明代官式建筑有待深究的内容，本书虽有提及，但并没有展开，对于明代官式建筑来说，在单体建筑中不同做法的相互映衬，在形态上也多有创造，如石作棂星门与砖墙及琉璃结合形成的明孝陵坊门（图0-44），以及群体建筑中不同构材建筑之间的相互比对，还有许多研究工作要做，也是今后可以深入的方向。

0-37　北京昌平明长陵祾恩殿金丝楠木大殿

0-36　北京昌平明长陵祾恩门与祾恩殿

0-38　北京昌平明长陵祾恩殿石台基

0-39　北京昌平明长陵祾恩殿前御路石雕

0-40　北京昌平明长陵砖构方城明楼

图0-36　作者拍摄
图0-37　选自潘谷西主编《中国
建筑史》，光盘，陵墓111
图0-38～图0-44　作者拍摄

0-41　北京昌平明长陵琉璃焚帛炉

0-42　北京昌平明长陵琉璃门

0-43　北京昌平明长陵中轴线上诸种建筑

0-44　江苏南京明孝陵坊门

参考文献

潘谷西. 中国建筑史 [M]. 北京: 中国建筑工业出版社, 2015.

第一篇　大木作

第一篇 大木作

1 明代官式建筑大木作发展概况

1）明代官式建筑大木作的发展背景

明代官式建筑大木作起初继承的是南宋以来的江南大木作技术传统。据史载，明初洪武年间营建南京宫殿时，曾征集工匠二十余万户，且多为江南一地之工匠，其中著名者如陆贤、陆祥兄弟[1]等；再往前推，江南大木作传统又和北宋朝廷南迁、宋《营造法式》的传播相关，如承袭宋《营造法式》殿堂式、厅堂式作为基本结构形式；又，明初建都南京，在朱元璋的政治主张下，汉民族正统尊崇的思路和气候形成，也推动了明初截然不同或者断然拒绝继承元代而发展的现实，如大木构件的加工与制作力求精致、美观，榫卯加工精细、搭接严密，与元代的草率和粗犷特点迥异。

而后营建北京宫殿时，主要技术工匠又受命北上，因此北京宫殿所体现的官式做法可谓是在南京官式建筑基础上形成的，且当时"凡天下绝艺皆征"[2]，在全国征集约三十万工匠及百万地方民工，但听从江南工匠出身的工部官吏蔡信[3]的指挥调度。如此，通过南北工匠在技术上的交流融合，北京官式建筑融南北做法于一身。

明代官式建筑除了南京和北京两地官府督造之外，还传播到京城之外的地方，其特征是皇家敕建，但同时也吸收了一些地方做法。比如在殿堂建筑观赏目力不及的草架上，或法规未及的细部构造中，就常受地方做法的影响。四川平武报恩寺作为皇帝敕建、京畿工匠施工建造的寺庙建筑，其大雄宝殿、万佛阁等在天花以下的明架部分多采用规整的抬梁构架，而在草架中则采用四川地区民间建筑常用的穿斗构架（图1-1），表现出工匠对于建筑规范掌握的灵活性。另外，斗栱的构造做法中也存在类似情况。由于明代初期建筑尚未对间广、进深大小的确定形成定制，斗栱间距的关系也未明确对应，因而斗栱档距常有不等，通常会在不同的开间、进深里，以斗栱的不同栱长来调节档距。这种地方性的较为灵活的处理方式在曲阜孔庙、孔府的许多建筑中得以运用，例如孔庙的奎文阁、同文门等（图1-2），可见地方做法也一直在不断补充和发展着明代官式建筑范式。

时间上讲，明代官式建筑大木作还在某些方面沿袭了元代大木作变化的倾向。首先在用材方面，元代建筑中已开始出现斗栱尺度大幅减少的趋势，

1 陆贤、陆祥兄弟，明南直隶无锡县人（今江苏无锡市）人，石工，其先人曾在元朝任负责营缮工程的官员。洪武初年，朱元璋建造南京宫城和临濠中都宫殿时，陆氏兄弟应召入京。

2（清）汤成烈等纂，（清）吴康寿、王其淦修. 中国地方志集成·江苏府县志辑 37 武进阳湖县志 [M]. 南京：江苏古籍出版社，1991：669.

3 蔡信：明南直隶武进阳湖（今江苏武进）人，幼习建筑技艺，明初任工部营缮司营缮所所正（正九品），后升工部营缮司主事（正七品）。永乐年间北京营造宫殿时，蔡信是工程负责人之一，他是以实绩入仕途，官至工部侍郎的（详见潘谷西主编. 中国古代建筑史·第四卷·元、明建筑 [M]. 北京：中国建筑工业出版社，2001：535）。于此可见江南建筑技艺对北京官式建筑产生的重大影响。

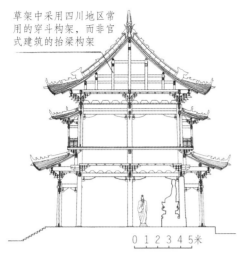

草架中采用四川地区常用的穿斗构架，而非官式建筑的抬梁构架

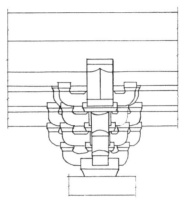

图1-1 选自潘谷西主编《中国古代建筑史·第四卷·元、明建筑》
图1-2 选自南京工学院建筑系、曲阜文物管理委员会合著《曲阜孔庙建筑》

图1-1 四川平武报恩寺万佛阁剖面图　　　　图1-2 山东曲阜孔庙奎文阁上檐柱头科立面

同等规模的建筑用材取值较宋制下降了多个等级，如山西芮城永乐宫的四座建筑[4]将用材降低二等，而南方的浙江武义延福寺大殿[5]和上海真如寺大殿[6]则降低了四等。至明代，这种趋向更为明显，斗栱取材比宋制又降低4～5级。其次在大木构架上，挑尖梁头伸出承檩的做法也是首先在元代建筑中出现继而流传下来的，最终于明代定型。在翼角做法中，元代发展起来的抹角梁法被明代广泛继承，成为翼角结角的主要形式之一。

2）明代大木作用材制度的转变与特征

① 明代大木作用材制度的转变表现在如下几个方面：

首先，"材分八等"对用材失去制约作用。 "材分八等"是宋式建筑铺作的关键，但并未延用于明初官式建筑之斗栱用材的划分中。明代中后期，斗口取值更加减小，不论是在同等规模建筑取值的对比上，还是在各材等间的差值上都与宋制迥异，可见在明构中宋代材份制等已失去制约力。实测数据是明证。如明初至明中期，即使最大的建筑物之一、面阔十一间的北京太庙大殿，斗口也只取4.0寸左右，仅相当于宋制之六等材，即《营造法式》规定的亭榭及小厅堂使用的用材尺寸。一般大殿的取值多在3.0～3.4寸，如湖北武当山紫霄殿、青海乐都瞿昙寺隆国殿等；更多殿宇建筑斗口仅取2.5寸，只相当于宋制等外材的宽度。明代后期建筑中，斗口尤多采用3.0寸、2.5寸及更小数值，明初的3.6寸、3.3寸之例已较少见到。同等规模、等级建筑的斗口取值较之明代前期有所下降，如明末重建的北京故宫中和、保和二殿，既处故宫中轴线上，又同属外朝三大殿，按理应当施用较高等级的斗栱，但实际斗口仅2.5寸，只合宋代材份制等外材宽度；又如北京故宫午门

4 即山西芮城永乐宫龙虎殿、三清殿、纯阳殿、重阳殿四座大殿。

5 中国科学院自然科学史研究所.中国古代建筑技术史[M].北京：科学出版社，1985：115.

6 刘敦桢.真如寺正殿[J].文物参考资料，1951（8）：91—97.

城楼正殿（1647年重修）斗口为3.0寸，与同为城楼而地位稍逊的明初所建故宫神武门城楼（1420年建成）相比也减小1寸之多。可见，随着明代斗栱用材取值的急剧减小，其与宋制之"材分八等"在取值上已无延续性可言。另外，明代初期建筑各等级斗口之间多以0.2～0.3寸为等差值，并多在0.25寸左右，虽未完全定型，但比《营造法式》材份制之以0.5寸（少数0.2寸、0.4寸）等级划分则更趋细密。

其次，栔的概念取消。 在材份制中，材、栔组合的构造方式是宋式铺作节点构造的基本格局。使用材栔组合目的在于以小料拼成足材，可节约用材。如一等材足材为12.6×6寸，就可用9×6寸加3.6×2.4寸代替。然而在明代，随着斗栱用材的急剧减小及足材高度大为降低，就不必再以单材加栔拼合成足材，而是直接采用整料更方便快捷。因此在明代实例中出现了大量足材的正心万栱、瓜栱，其间并无散斗垫托的方式来取代材栔组合构造。这表明，栔的概念在明代逐渐被取消了。

再次，分°的意义与作用丧失。 分°是材宽的1/10，宋代建筑构件的一些细节如月梁、梭柱用此单位进行加工和设计细节。在明代，随着大木加工趋于简化，梁柱也多采用直梁直柱形式，因此不仅梁栿取消了月梁做法，仅边缘抹圆角，柱子亦不做梭柱，只在柱头处斜抹，不做卷杀。这样，分°所控制的构件细节做法也在明代建筑中失去了作用与存在意义而最终被取消了。

最后，3：2截面取材概念的变化，促使"材"的概念瓦解。 宋代材份制中大木构件高宽比与材断面相同，为3：2。因而，材等对构件截面取值具有双重制约作用。不仅栱枋如此，大到梁栿，小到栔，都采用这一比例关系。但是在明代，随着木材日益紧缺及大料获取困难，构件截面取材越来越受到木材出材率的影响，即圆料在截取时，须加大宽度方能获得足够的截面积。因此，构件截面从明初始即摒弃了宋材份制3：2的窄长比例关系，转而趋向方整。明初的北京故宫钟粹宫、宫城角楼等建筑中，梁栿断面高宽比例尚多为10：7.5左右；明中期的北京先农坛太岁殿、拜殿及北京智化寺万佛阁等建筑中，梁栿断面比例更趋方整，既有10：8.5左右稍大于清制者，亦有五架、七架梁断面高宽比达10：9.5，几成方形之例。这说明梁枋截面比例从明初开始即向10：8靠拢，中期以后更趋方整。与此同时，在斗栱中3：2的栱件截面比例也逐渐消失，足材栱高取值为整数2斗口，标志着材份制的材等概念与作用在明代彻底瓦解了。

② 新的斗口制在明代建立

从明清建筑继承关系反推。 北京宫殿是明清两代官式建筑的重点。清朝建都北京初年，一切设施多延用明代旧制。康熙朝两修故宫太和殿，即是在明皇极殿旧基上翻建。雍正帝继位后，政局稳定，经济快速发展，官工营造活动随之增多。在此形势下，雍正十二年（1734年）颁布了工部《工程做法》。这部法规内容比较全面，是清代最早的官刊工籍。从成书时间上可以看出，它实际是对明代及清初建筑制度与做法的归纳和总结。从《工程做法》所载内容来看，多是录自有经验的匠作高手。由于中国古代建筑的技术诀窍常常是通过匠师的师徒相授流传下来，明清主持宫廷役作的匠师间亦有明确的师承关系，虽然明代文献中未留有斗口制的有关记载，但通过对大量建筑遗构用材情况的总结可以得出这样的结论：工部《工程做法》所应用的木构技术的关键性措施——斗口被视为明代遗制的继续则是顺理成章的事。

从大木作的重点之柱头斗栱与梁架构造配合的改变考察。一方面，由于明代建筑在屋架部分取消了叉手、托脚等斜撑构件，代之以柱梁相承的简支承重体系传递上部荷载，柱头科与梁栿的交接也摒弃了以栱、昂悬挑出檐的方式，采用了加大梁头直接伸出承托檐桁与挑檐桁、斗栱后尾以平盘斗或楷头附于梁底的方式，因此梁枋与斗栱间的荷载传递多为竖向正心传递，几无悬挑承载配合。这样，斗栱与梁架的构造配合解除了相互间尺度上的制约关系，并且与宋《营造法式》所载材份制产生与运用的制约条件不同。另一方面，由于梁栿与斗栱尺度相差较大，为使外观协调，明构将柱头科正心一线各栱、翘、昂等构件由下至上逐层加大宽度以与上载梁底宽度协调。因此柱头科与平身科在外观上出现较大分化，柱头科中加宽的栱、斗、翘、昂的尺寸设定，也不再遵循材份制规定，而符合斗口制的取材规律。

从足材概念的改变来看。在数值上，材份制规定单材高15分°（合1.5斗口），足材高21分°（合2.1斗口）；斗口制规定单材高1.4斗口（合14分°），足材高2斗口（合20分°）；差别仅为1分°。前者是"材＋栔＝足材"，是一个复合数值，后者则是材宽2倍构成足材。如青海乐都瞿昙寺隆国殿（1427年），斗栱单材高合1.32斗口，足材高合1.90斗口[7]，基本同于斗口制所定单、足材尺寸。在明永乐间建的北京社稷坛前殿、正殿，明正统四年（1439年）建的北京法海寺大殿，明正统八年（1443年）建的北京智化寺万佛阁及明嘉靖十一年（1532年）建北京先农坛太岁殿、拜殿等建筑中，足材栱高均为20分°（2斗口），单材高为14分°（1.4斗口）。由此可见，明代斗栱单、足材高均异于材份制规定，而与清初工部《工程做法》所载的斗口制特点相同。从构造关系上看，斗栱的正心万栱、瓜栱俱用2斗口高的足材，其间并无散斗垫托的方式从明初即已出现并广泛运用了。北京社稷坛前后二殿、故宫神武门城楼等建筑的外檐斗栱均如此。其后的建筑更遵循此法。这表明在明代，足材更多的是指2斗口的栱件高度，成为明代建立斗口制的证明。

从斗栱用材绝对尺度来看。明代斗栱用材取值比之宋元实例均有明显减

7 参见吴葱.青海乐都瞿昙寺建筑研究[D].天津:天津大学,1994.

8 明代建筑斗口等级参见表5-1。

小，但却与清构实例取值情况基本吻合[8]。这是因为清工部《工程做法》斗口制之斗口分为十一等，实际还有着为了追求形式完备而将宋《营造法式》1至4等用材硕大的材等均录其中的因素。因为即使从清构实例及《工程做法》列举之例观察，斗口制中1至4等斗口也均未见使用过。用材最大的城楼殿宇建筑斗口取值不过4.0寸，与明构同类建筑基本相同。其他类似规模的建筑取值也与明代初期相似。而明初建筑斗栱用材较后期为大，3.3寸、3.6寸斗口多有采用；至中后期，则多集中于3.0寸、2.5寸及更小数值，如北京故宫中和殿、保和殿斗口均为2.5寸，故宫协和门斗口3.0寸等。但这种情况与清《工程做法》所举之例情况是一致的。从《工程做法》所列27种建筑例证看，采用斗科的八例中除城楼殿堂建筑取4.0寸斗口外，其他建筑斗口均为3.0寸、2.5寸。可见这两个材等是最常用、最多见的，即便在重要建筑中也不例外。

从斗科间距（攒档）对面阔、进深确定的影响来看。宋代建筑补间数量少，多则2朵，少则1朵或不施，因此其疏朗的布局使斗科间距对面阔、进深值的确定并无直接影响（图1-3）。明代建筑则不同。由于平身科数量骤增，明间通常有6朵或8朵斗栱，次、梢间递减1~3朵，因此檐下斗栱呈细密状排布。而于广狭不一的间广、架深之中排布多攒斗栱，势必应考虑斗科间距与间广、进深的关系。因此宋代先定面阔、进深，再置斗栱的做法显然

图1-3 作者绘制

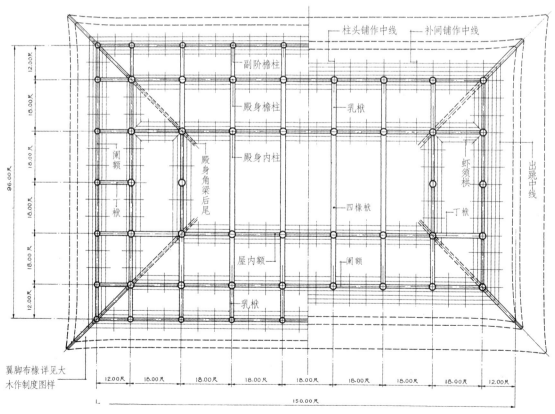

图1-3　宋代建筑平面示意

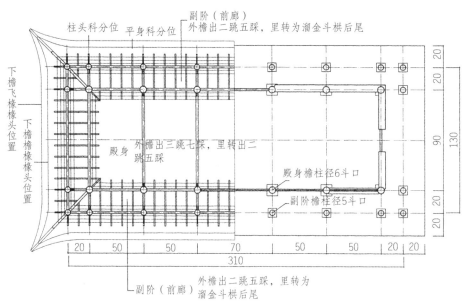

殿身五间加副阶周匝室内仰视图　　　殿阁地盘七间　　　（单位：斗口）　　图1-4　作者绘制

图1-4　明代建筑的平面构成

无法满足明代的实际情况。自明永乐以来，官式建筑中已开始将斗口倍数的
攒档值作为确定间广值之模数的尝试（图1-4）。北京故宫宫城角楼、钟粹
宫、神武门城楼和北京法海寺大殿等，即以近似10～12斗口的斗科间距为模
数定间广、进深值，而不再遵循宋《营造法式》的设计步骤。这从明构之面
阔、进深折算成营造尺时均呈非整数值即可得到验证。从实例看，一些大中
型明构各开间、进深之斗科间距多在10～12斗口之间。这一现象无论是在
明初的北京社稷坛前、后殿，故宫神武门城楼，还是在明中期的北京先农坛
太岁殿、拜殿、具服殿，北京太庙诸殿，抑或是在明末重建之北京故宫保和
殿、中和殿等建筑中均有反映。而且同一座建筑中，当相邻间广、进深大小
不一时，也多相差30～35斗口及20～25斗口，相应的平身科斗栱数量增加3
朵、2朵以与之配合。采用一斗三升等简单斗栱的小型或次要建筑如值房、
配殿中，斗科间距相应减小，约为8～9斗口。明代这种相邻平身科间距在
10～12斗口或8～9斗口的情况与清构实例极为相近。由此推知，明代以趋
近11斗口（或8斗口）的平身科间距为模数确定间广、进深数值的设计新方
法，是适应当时建筑设计与施工要求的必然结果，它和清代斗口制规定的内
容也极吻合，是明代建筑采用斗口制的又一表现。

从大木构件截面取值及比例特点来看。 宋《营造法式》材份制对构件取
材要求主要表现为对其截面高度取值及断面比例的制约，对长度要求则不若
前者严格。清初工部《工程做法》斗口制则对大木构件在截面取值、比例及
长度上均有较严格规定，但梁枋等构件截面比例与斗栱的栱件高宽比值并不

要求一致。因此，衡量明代建筑用材是否采用斗口制的另一重要指征，即考察大木构件截面取值中的两个方面：一是截面高宽值或径值大小与清代斗口制规定的比较；二是矩形截面高宽比例是否符合或趋近清代斗口制的规定。

从梁枋断面高度折合成斗口数来看，明代建筑多大于同等规模、等级的宋《营造法式》的规定数值。例如七架梁，无论明初还是明中后期，梁高多为7.0～8.1斗口，如北京先农坛太岁殿、拜殿，北京智化寺万佛阁及北京太庙诸殿等，均大于宋《营造法式》规定的六椽栿60分°梁高，仅比清斗口制规定的梁高8.4斗口稍小，明显趋向斗口制规定。相应地，五架、三架梁高合斗口数值也呈同样趋势。虽然明构梁枋断面的绝对尺寸并未较宋代加大很多，但由于斗栱用材的急剧下降，使得梁栿断面高度换算成斗口数明显大于宋制，而趋近清斗口制规定。同时，梁枋截面高宽比值也显示出，明代梁栿断面高度的绝对尺寸与宋制相差无几，而宽度却远超过之，即断面形状更趋方形，不若宋式3∶2比例的窄长，并且从明初开始即向10∶8趋近。

从明初至明末，檐柱、金柱柱径的取值都显示出大于材份制规定，趋近斗口制的特征。其中殿阁式建筑檐柱柱径多为5.0～6.0斗口，金柱柱径为6.0～8.7斗口，如北京故宫神武门城楼、钦安殿及北京太庙正殿等；而厅堂类建筑檐柱、金柱柱径比之殿阁类相差无多，也处于5.0～6.0斗口及6.0～7.5斗口之间，如北京先农坛太岁殿及北京故宫钟粹宫、翊坤宫、储秀宫等，表明殿阁类与厅堂类建筑在檐柱、金柱柱径取值上近乎相等，并不因等级高低而有大小之别。这显然与清代斗口制规定相近。明代末期，檐柱柱径和金柱柱径合斗口数值更变得很大，北京故宫中和殿、保和殿檐柱柱径分别合7.5斗口和8.0斗口，保和殿的金柱柱径甚至达到了11.0斗口，比清《工程做法》规定的7.2斗口亦大很多，而与清初重建的故宫太和殿、坤宁宫、乾清宫的檐柱、金柱柱径斗口数相当。可见明代的檐柱、金柱柱径合斗口数值整体上是符合或接近于斗口制的。明万历年以后，更有取值大于清工部《工程做法》斗口制规定的，与清构实例很有相似之处。

檩径取值也有同样特点，无论是明初还是明中后期建筑中，檩径合斗口数值均较宋《营造法式》材份制度规定大，尤其是明代中后期建筑，更与清制规定接近。如明初的北京故宫神武门城楼的脊檩取值与各金檩径值相等，为3.84斗口，挑檐檩略小，为3.28斗口，北京社稷坛正殿脊檩、金檩均为4.0斗口，挑檐檩为3.6斗口；至明中期的北京太庙诸殿檩径均在4.2斗口左右；而明代后期所建的北京故宫保和殿、协和门等建筑的檩径取值更是在4.7斗口与4.4斗口左右。可见明代建筑檩径取值虽在绝对数值上与宋、清实例差距不大，但从合斗口数值上看，远大于宋制规定，而接近或等于清代斗口制所定之值。

无疑，在明代尤其明代中后期的建筑中已建立并采用了斗口制。这种新的建筑模数制更利于简化计算，加快工程进度，是当时条件下来自工程实践的最经济、最有效的办法，因而得以广泛推广与发展。而采用斗口制也可谓是顺应木架建筑模数制向标准化、简便化发展的一种革新，是明代在大木技术上最重要的变化。明代斗口模数制在初定雏形时等级划分较细而不够明显，但随着木架建筑模数制向标准化、简便化发展，以及采用斗口制的条件日臻成熟，最终奠定了斗口制向清代的顺利过渡，以至成为清工部官方采用的规范建筑模数制度。

2 大木构架的类型与特点

1）殿堂式

北京故宫神武门城楼、明长陵祾恩殿、北京太庙诸殿、北京历代帝王庙大殿等明代重要殿堂建筑，明架大多分槽明确，草架仍多沿用叠梁构架形式，唯梁柱交接有所简化；但在另一些殿堂建筑中，则出现了将厅堂式构架用于殿堂建筑之例，如明初的青海乐都瞿昙寺隆国殿、明中期的北京法海寺大殿及北京先农坛庆成宫前后二殿，均为规格、等级较高的庑殿建筑采用内金柱升高的厅堂式构架做法，天花梁枋则插入金柱内（图2-1）。至明代中后期，在一些大型殿阁建筑中，虽明架完整、美观，但室内并无斗栱分槽，上层草架中的童柱直接立于下层内柱柱头上，中间无斗栱垫托。因此，内柱与檐柱相差斗栱层的高度。同时，草架中也出现了一些变通做法，如用里围金柱之上童柱接梁，或七架、九架梁以插金做法等类似于厅堂做法的方式取

图2-1 选自天津大学建筑学院测绘图——庑殿顶殿堂采用内金柱升高的厅堂式做法
图2-2 选自于倬云《故宫三大殿》，摘自《故宫博物院院刊》

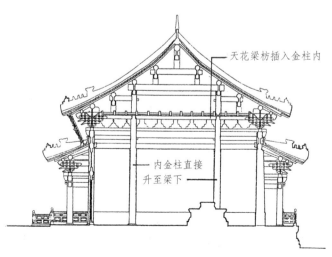

图2-1 青海乐都瞿昙寺隆国殿横剖面图

天花梁枋插入金柱内

内金柱直接升至梁下

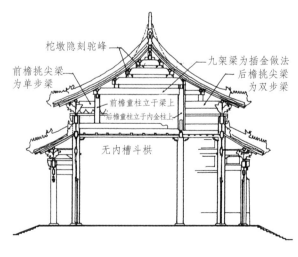

图2-2 北京故宫保和殿横剖面图

挓墩隐刻驼峰
前檐挑尖梁为单步梁
九架梁为插金做法
后檐挑尖梁为双步梁
前檐童柱立于梁上
后檐童柱立于内金柱上
无内槽斗栱

图2-3 选自中国营造学社测绘图

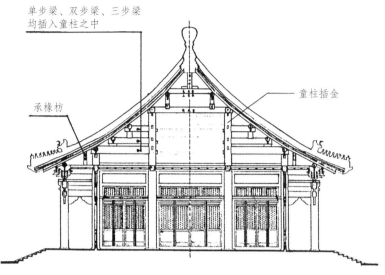

图2-3 北京故宫中和殿剖面图

代叠梁构架，以此缩短梁跨，减轻梁栿自重。例如故宫保和殿天花草架上的九架梁即采用插金做法，前檐童柱立于梁上，后檐童柱立于内金柱上（图2-2）；中和殿草架则用直接立于内金柱上的童柱承托太平梁和顺扒梁，其余的单步梁、双步梁、三步梁均插在童柱之中[9]（图2-3）。清代初期的殿阁建筑也沿用了这些做法，并有所发展。如故宫太和殿之草架层用金柱之上接童柱承梁时，其柱头竟有叉柱造痕迹，更是将楼阁式做法也借鉴于殿阁建筑之中了[10]。可见从明代初期开始，殿堂建筑一方面采用分槽明确的传统殿堂式构架，另一方面又根据实际情况进行变通，将厅堂式构架活用于殿堂建筑之中，加强了构架间的整体联系，使建筑构架向整体化方向发展迈进了一大步。

2）厅堂式

厅堂式为彻上明造，内柱可直接升高到梁下与梁联系，因此在建筑室内空间高度上有较大自由。厅堂式构造简洁、稳固，比殿堂式构架更加灵活多样，在明代适用范围大为拓展，在一些重要的宫殿、坛庙建筑中频繁使用。如明初的北京社稷坛正殿与前殿，明中期的北京先农坛太岁殿、拜殿等均采用彻上明造的厅堂式构架。厅堂式构架不仅在3～7开间的单檐建筑中很常见，而且在等级较高的重檐殿堂之中也有运用。一些中小型宫殿建筑更是多使用厅堂式构架，如北京故宫东、西六宫之钟粹宫、储秀宫（现有天花为清代后加[11]）等。

明代的厅堂式构架在原有基础上加入了随梁枋、穿插枋等构件，屋架上取消了叉手、托脚，简化了驼峰式样，代之以梁栿端头直接承檩、梁下垫以驼峰或隐刻驼峰式样的柁墩及童柱样式。另外，明代在大木结构去繁就简的

9 单步梁、双步梁的名称在明初瞿昙寺隆国殿上檐草架题记中已出现，故本文此处明代大木构架名称亦采用之。

10 于倬云.故宫三大殿[J].故宫博物院院刊，1960（0）：85-96.

11 郑连章.钟粹宫明代早期旋子彩画[J].故宫博物院院刊，1983(3):78-83.

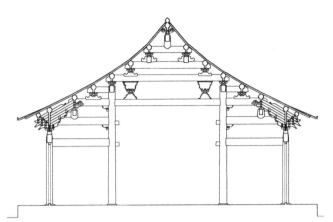

厅堂结构形式（1）：七架梁前后出三步梁，四柱构架前后对称

图2-4　北京先农坛太岁殿横剖面图

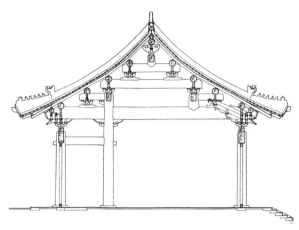

厅堂结构形式（2）：五架梁前后出单、双步梁，省去一排内金柱

图2-5　北京先农坛拜殿横剖面图

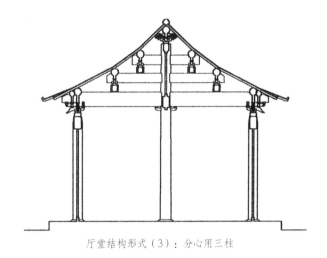

厅堂结构形式（3）：分心用三柱

图2-6　北京智化寺智化门横剖面图

图2-4 根据北京古建公司提供的数据绘制

图2-5 选自潘谷西主编《中国古代建筑史·第四卷·元、明建筑》

图2-6 根据基泰工程司设计图绘制

同时，更注重各部分间的联系，如在各层檩下设置斗栱，在大梁与随梁枋间设隔架科，以溜金斗栱联系檐步、金步等。由于大木加工细致、构件结合紧密，加之注重装饰细节的刻画，因此大木构架在追求简洁实用的同时，也增加了室内空间的艺术欣赏价值（图2-4～图2-6）。

3）柱梁式

柱梁式由于柱与梁直接结合，不用斗栱或仅用简单的一斗三升、单斗只替等，不能承托深远出檐，因而在明代及以前大量用于次要屋宇中，建筑规格与等级较低。北京先农坛太岁殿两庑及太庙、社稷坛等各坛庙之神厨、神库建筑亦多属此类构架的悬山建筑。但是，由于柱梁结构形式节点交接明确，做法简洁实用，因此不仅次要建筑中大量使用，而且在殿阁草架上的使用也渐趋多见。如在北京智化寺万佛阁，故宫神武门城楼，太庙正殿、二殿、三殿，戟门的草架中均采用了这种简洁有效的结构形式（参见图2-7~图2-11）。

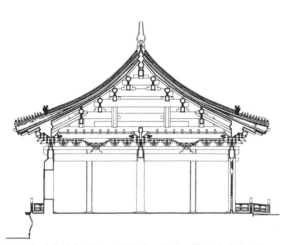

殿堂结构形式（1）：殿身十一檩分心槽，前后用三柱

图2-7 北京太庙三殿横剖面图

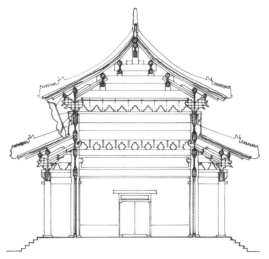

殿堂结构形式（2）：殿身七檩通檐用二柱，廊步一架

图2-8 北京故宫神武门城楼横剖面图

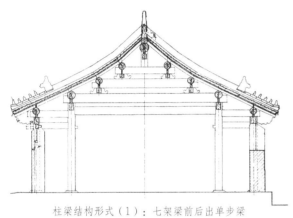

柱梁结构形式（1）：七架梁前后出单步梁

图2-9 北京先农坛神厨正殿横剖面图

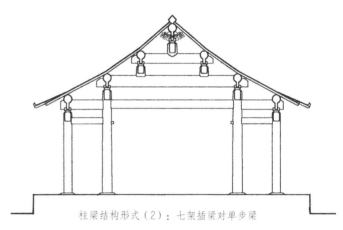

柱梁结构形式（2）：七架插梁对单步梁

图2-10 北京先农坛太岁殿配殿横剖面图

图2-7 选自天津大学建筑学院测绘图
图2-8 选自中国营造学社测绘图
图2-9 选自北京建筑大学测绘图
图2-10 根据北京古建公司提供的数据绘制
图2-11 选自北京建筑大学测绘图

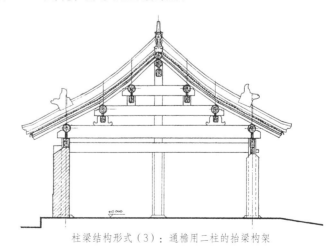

柱梁结构形式（3）：通檐用二柱的抬梁构架

图2-11 北京先农坛神厨东配殿横剖面图

4）楼阁式

楼阁式在宋以前为层叠式构架，属殿堂式构架范畴。在《营造法式》中有厅堂结构形式建造的多层楼阁，如河北正定隆兴寺转轮藏殿及定兴慈云阁。这两座楼阁虽设平坐可供登临，但室内并无暗层，而是升高底层室内空间，并加以充分利用（图2-12）。这一点比层叠式构架不利用暗层空间的做法要经济一些。由于内柱升高至楼板面（如转轮藏殿）或直通至屋顶枕槫之下（如慈云阁），使木构架整体性得到加强，因此为明代楼阁建筑所采纳，成为明代楼阁结构形式的前身。通柱式做法因能够有效加强楼阁构架的整体刚性，因而在明初即开始出现并运用于官式建筑之中，并根据实际使用的需要，或在阁内置楼板以供登临，或中置佛像成中空周围廊形式。顶部梁架则根据建筑物的重要程度，或采用殿阁式层叠构架，或采用厅堂式混合构架乃至柱梁作构架，并且都取消了暗层做法（图2-13～图2-17）。

明代楼阁多采用通柱式，取消了暗层空间，因此宋代楼阁建筑的又柱造、缠柱造做法均已不用。楼阁平坐主要依靠承重梁的延伸出挑，辅以丁头栱或下檐挑尖梁背的短柱支承来形成。其中，丁头栱出挑承重运用最为普遍，而以立于下檐挑尖梁背的童柱支承平坐做法则是明代的新创造，并且应用较广，在北京智化寺万佛阁，西安钟楼、鼓楼，曲阜孔庙奎文阁中均见采用。它与宋《营造法式》中永定柱造做法（图2-18）颇有相似之处，唯明构童柱并不落地。这种方式使平坐在室内所占空间极小，因此可不形成暗层。伸出的平坐又因增加了竖向支点，受力状况更为合理。在立面上看，平

图2-12 选自潘谷西《〈营造法式〉初探二》

图2-13 选自南京工学院建筑系、曲阜文物管理委员会合著《曲阜孔庙建筑》

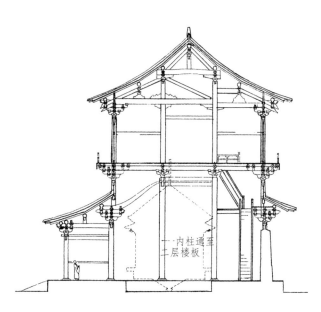

图2-12 河北正定隆兴寺转轮藏殿剖面图

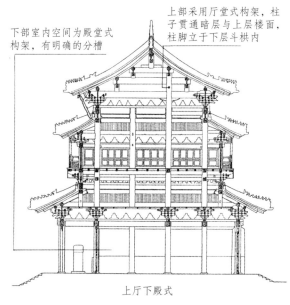

上厅下殿式

图2-13 山东曲阜孔庙奎文阁剖面图

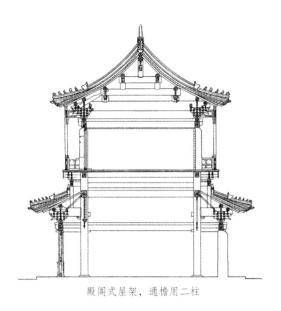

殿阁式屋架，通檐用二柱

图2-14 北京智化寺万佛阁剖面图

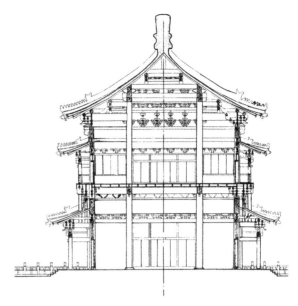

图2-15-1 陕西西安钟楼剖面图

上檐厅堂构架，四柱落地，重檐三滴水

图2-15-2 陕西西安钟楼剖面图

上檐柱梁式构架，上层内柱落地

图2-16 青海乐都瞿昙寺小鼓楼剖面图

图2-14 选自潘谷西主编《中国古代建筑史·第四卷·元、明建筑》
图2-15-1 选自赵立瀛主编《陕西古建筑》
图2-15-2 选自赵立瀛主编《陕西古建筑》
图2-16 天津大学建筑学院测绘图

坐部分的上层楼面常延伸出来，由平坐斗栱支承，在端部悬挂雁翅板遮挡、美化。

明代楼阁式已不仅仅采用层叠式构架，而将殿堂、厅堂构架及柱梁做法均引入其中。通柱式做法的运用更加强了楼阁结构的整体性和刚性。但由于受材料长度的限制，明代楼阁多为2～3层。

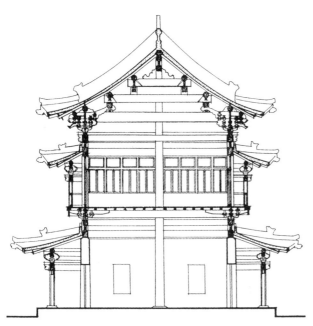

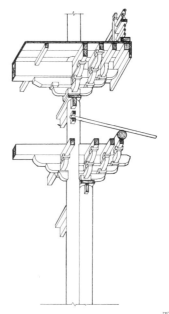

图2-17 陕西西安东门城楼剖面图

图2-18 宋《营造法式》中永定柱造示意

3 大木构架构成

1）平面

相对于辽代中叶"减柱平面"出现，金、元时期普遍以大横额减去室内木柱或移柱增加内部空间（图3-1）的做法，明代立国之初便将唐、宋时期的规整严谨的平面柱网形式又向前发展了一步。柱网日趋一丝不苟，中规中矩，"四柱一间"是其基本格式，严谨度比之唐、宋犹有过之。

① 使用额式不减柱

明代，大额式做法虽也有运用，但构架整齐，柱网规矩。如北京故宫养心殿正面檐柱上有三根承重大檐额，中央一根檐额上平身科有十四整二半之多，两旁两根檐额上亦有十二整二半。檐额两端插入檐柱柱头内，每根额枋下均匀放置三根方檐柱支撑，因此从平面上看仍纵横有序，并未因使用了大檐额而减少或移动柱子。即使因功能布置需要采用了柱子可随宜增减的纵架体系，仍表现为梁架清晰、柱网规整、结构严谨。

② 殿阁、厅堂的平面柱网类型

殿阁平面

明代重檐殿堂建筑的平面大致有四种（图3-2）：一是殿身双槽加副阶周匝（或前后廊），实例有昌平明长陵祾恩殿、北京历代帝王庙正殿、湖北

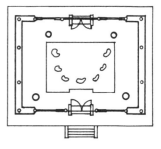

图3-1 山西繁峙县灵岩寺文殊殿平面图

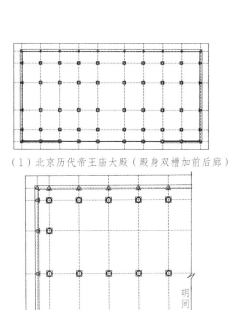

（1）北京历代帝王庙大殿（殿身双槽加前后廊）

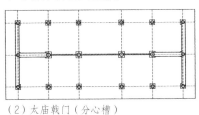

（1）法海寺大殿（双槽）

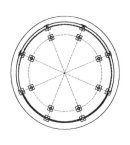

（2）太庙正殿（殿身分心槽加副阶周匝）

（2）太庙戟门（分心槽）

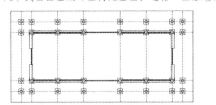

（3）武当山金殿（室内无金柱，通檐二柱落地）

（4）故宫神武门城楼（通檐二柱加副阶周匝）

（3）天坛皇穹宇（金厢斗底槽）
八柱圆形单檐攒尖殿堂

图3-2、图3-3 作者绘制

图3-2　明代重檐殿堂建筑平面柱网类型

图3-3　明代单檐殿堂建筑平面柱网类型

武当山紫霄宫大殿、青海乐都瞿昙寺隆国殿等；二是殿身分心槽加副阶周匝，实例有北京太庙正殿等；三是通檐二柱，实例有湖北武当山金殿（仿木构铜殿）；四是殿身通檐二柱加副阶周匝，实例如北京故宫神武门城楼、东华门城楼、西华门城楼等。

单檐殿阁建筑平面有三种（图3-3）：一是双槽，实例有北京法海寺大殿；二是分心槽，实例有北京太庙戟门、二殿、三殿，北京天坛祈年门等；三是斗底槽，实例有北京天坛皇穹宇正殿。它们的平面形式与前述殿阁结构形式是相互对应的。

厅堂平面

类型大致有如下四种（图3-4）：

第一，四柱三进，前后对称。实例有北京社稷坛正殿、北京先农坛太岁殿等，特点是建筑在每一间缝均使用同一类型屋架，且构架前后对称。

第二，二进三柱，省去一排内金柱。实例有北京社稷坛前殿、北京先农坛拜殿等，特点是明间及次间构架省去前金柱，梁栿直接伸至檐口，边贴与梢间缝屋架则多为前后对称的四柱落地式。

第三，明间通檐用二柱，次间、梢间用四柱，构架前后对称。实例有北京先农坛具服殿等。明间为规整叠梁构架，次间、梢间金柱升高至金檩下承五架梁，两边以单步梁或双步梁插入金柱，平面前后对称。

第四，分心用三柱。多用于门屋，如北京故宫协和门、北京智化寺智化门等。

③ 房屋面阔与进深的比例

笔者调查的官式建筑实例中，面阔与进深比例大致有以下特点：

第一，面阔九间的大型殿堂建筑平面长宽比例多在100/45～100/31之间，即2:1～3:1；九间五进重檐殿堂长宽比约在2.4:1，九间四进单檐殿堂建筑长宽比约为3:1。

图3-4 作者绘制

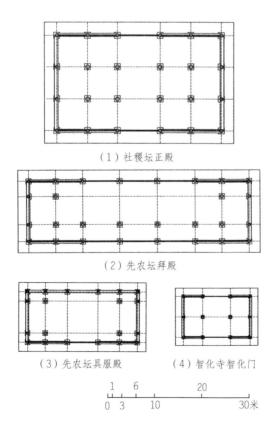

（1）社稷坛正殿

（2）先农坛拜殿

（3）先农坛具服殿 （4）智化寺智化门

图3-4 明代厅堂建筑平面柱网布置图

第二，面阔5～7间的建筑，平面比例在100/63～100/35之间，伸缩余地较大，但多数取值在100/45～100/35之间，即2∶1～3∶1。有些建筑因功能需要，需加大室内面积，但面阔开间数受等级限制不能增多，因此只能加大进深，使平面趋于方整，从而使房屋面阔与进深比例在1.6/1～1.8/1之间。

第三，面阔三间的建筑，有的进深一进，通檐用二柱，有的二进或三进。因此面阔与进深比例变化幅度较大。较方整的有北京智化寺诸殿，平面在100/75~100/50之间，较窄长的有北京先农坛庆成宫东、西庑，平面长宽比为100/41。

总的来说，明代建筑的面阔与进深比例多在2/1～3/1之间。有些建筑采用相同开间数或相同面阔取值从而造成进深大小不一，致使平面比例变化较大，其原因之一就是在一组建筑中，正殿在面阔向开间大小甚至开间数上与前后殿宇常取一致，但往往通过加大进深方式来加大室内空间，表现建筑的重要性，从而出现了这种平面长宽比例的多变。

另外，有些建筑群中的配殿根据功能或仪式需要而大量增加开间数，形成窄长的平面比例。如北京先农坛太岁殿配殿有十一开间，北京太庙正殿的配殿有十五开间，它们与南北面两座殿宇共同形成宽阔的庭院以供举行仪式之用。

④ **开间的确定**

首先，关于明间面阔的确定，宋《营造法式》规定："若逐间皆用双补间，则每间之广丈尺皆同；只心间用双补间者，假如心间用一丈五尺，则次间用一丈之类，或间广不匀，即补间铺作一朵不得过一尺。"可见此时是以补间斗栱数目来定面阔尺寸，对斗栱间距则无规定。清《工程做法》则明确规定以斗栱间距11斗口的倍数来定面阔尺寸，如开间内有平身科斗栱6朵，则面阔即为77斗口；有4朵，则面阔为55斗口，以此类推。

相比而言，明代建筑在明间面阔的确定上与上面二者不同。明代建筑中平身科数量较之前代骤增的事实致使其面阔的确定必须考虑到多攒斗科均匀分布的问题。实例中斗科间距多在10～12斗口之间，但对于明间有8朵、6朵、4朵平身科的建筑，其斗科间距取值也不相等。可见在对明间面阔尺寸的确定上，明代还未形成以固定的某一斗栱攒档尺寸为单位来确定的方式，但在10～12斗口左右取值，为清初制定统一规定奠定了良好的基础。

其次，明代建筑在明间、次间、梢间开间尺寸及其相互间比例关系的确定上，与宋、清规定均有差异，宋《营造法式》仅举例如明间一丈五尺，次间一丈，次间为明间面阔的66.7%，清代《工程做法》则规定："面阔按斗栱定，明间按空当分，次、梢间各逐减斗栱空当一份。"明代介于二者之间，并且开间数不同的建筑，其明间与次间、梢间的关系也不一致。

五开间建筑尺寸主要有三种关系：一是明间＞次间＞梢间，如北京先农坛具服殿、智化寺万佛阁等，是最多见的形式；二是明间＝次间＞梢间，如北京故宫钟粹宫、储秀宫、翊坤宫及北京法海寺大殿等；三是明间＞次间＝梢间，如故宫钦安殿、协和门，昌平明十三陵献陵、景陵、裕陵、泰陵、康陵、昭陵享殿[12]，北京社稷坛前、后殿，先农坛庆成宫前、后殿及神厨一组建筑等，也很多见。

七至九开间建筑明间与各次间及梢间关系有两种，一是明间＞次间$_1$＝次间$_2$（＝次间$_3$）＞梢间，实例如北京故宫保和殿、中和殿及昌平明长陵、永陵、定陵之裬恩殿等；二是明间＝次间$_1$＞次间$_2$＝梢间，实例有北京先农坛太岁殿、拜殿等。但梢间与相邻次间常常平身科数量相同，而有一尺左右的间广差距。这种情况也见于一些斗科相等的明、次间中。

2）剖面

明代屋顶剖面，主要包括屋顶举高的大小与折屋曲线特点两部分。二者依建筑的不同种类、规模及等级呈现不同特征。其中，最主要的不同之处即在明代中后期，屋顶定高以举架之法逐渐代替了举折之法。

举折是宋《营造法式》用语[13]，举架为清工部《工程做法》用语[14]。举折之法是先定举高后作折法，举架是先作折法再定举高。以举折之法定高的建筑整个屋盖高跨比常呈整数比，各架椽的斜率呈非整数比；举架法则反之，整个屋盖高跨比不是整数比，而各架椽的斜率则呈整数比（或整数加0.5之比）。明代官式建筑在经历了从明初至嘉靖年间采用举折法到明代后期向举架法的转变。而这一转变反映在建筑上则是明代屋顶举高的加大，即不再以1/3、1/4这样的整数比定高，各步架进深由间距不等到近似相等，各步架椽的斜率也由非整数比到整数比。折屋曲线在形态上也有所改变。

① 举高加大

据现存实例看，自唐代以来，木构架的举高随年代的推进而逐渐增高。如唐代建筑举高多接近1/5左右，宋代建筑多取1/4，虽然与《营造法式》规定殿堂、楼阁及大体量的筒瓦厅堂取1/3，板瓦厅堂、廊屋、副阶等在1/4之上按进深大小依次加高略有微差，但仍可见1/4～1/3的举高是当时常用的数值。元代历时虽短，但留下的建筑实物举高也与宋代建筑实例接近，如芮城永乐宫三清殿举高1/3.3，无极门举高1/3.5，均在1/4～1/3之间。至明代，绝大多数建筑屋顶举高均有进一步加大的趋势，显示出举高大于或等于1/3在明代的普遍性（表3-1）。总体而言，由宋至清，建筑的屋顶举高虽都在1/4～1/3取值，但从同类型相似规模建筑的对比中发现，举高在明代有明显加大趋势，基本集中在1/2.7～1/3.2之间。这也说明，明代建筑已不再沿用

12 胡汉生.清乾隆年间修葺明十三陵遗址考证——兼论各陵明楼、殿庑原有形制[M]//杨鸿勋.建筑历史与理论第五辑.北京：中国建筑工业出版社，1997:61-72.

13 宋《营造法式》对举折之制有详细规定："先以尺为丈，以寸为尺，以分为寸，以厘为分，以毫为厘，侧画所建之屋于平正壁上，定其举之峻慢，折之圜和，然后可见屋内梁架之高下，卯眼之远近。"可见宋代的举折包括"举"与"折"两部分，工匠在定侧样设计时，是先确定屋顶举高，再向下进行折屋设计的。其折屋从脊槫至撩檐槫是以$H/10 \times 2^n$（$n \in N$）递减的。《营造法式》中依据不同的建筑类型，列举了七种举屋之法。

14 清代的举架之法是由下往上进行设计的。清《工程做法》规定，殿式建筑以出檐21斗口、檐步、金步（上、中、下各金步）、脊步各步架深均为22斗口（无斗栱的柱梁作与小式建筑均以檐柱径4倍为架深）设计时，从飞檐步三五举，依次而上以五举、六举、六五举、七五举、九举等坡度值来举架，从而得出建筑最后的举架高度。

宋《营造法式》的举折之法，建筑物的屋顶部分在立面上所占比例加大，这种由缓变陡的趋势也包含着明代审美趣味重点由铺作层转向屋盖的过程，并且这种趋势一直延至清代（表3-2）。

表3-1 明代建筑举高/架深比值（H/D）一览[15]

建筑	营建年代	构架情况	举高比值（H/D）
北京故宫角楼	明永乐十八年（1420年）	五檩大木	1/2.90
北京先农坛宰牲亭（上檐）	明嘉靖间	五檩大木	1/3.25
北京先农坛具服殿	明嘉靖十一年（1532年）	七檩大木	1/3.11
北京先农坛庆成宫前殿	明嘉靖间	七檩大木	1/2.92
北京先农坛庆成宫后殿	明嘉靖间	七檩大木	1/2.6
北京先农坛神厨东配殿	明嘉靖间	七檩大木	1/3.0
北京先农坛神厨西配殿	明嘉靖间	七檩大木	1/3.1
北京故宫神武门城楼	明永乐十八年（1420年）	七檩大木	1/2.99
北京故宫钟粹宫	明永乐十八年（1420年）	七檩大木	1/3.03
北京故宫协和门	明万历三十六年（1608年）	七檩大木	1/3.03
北京故宫左翼门	明永乐十八年（1420年）	七檩大木	1/3.40
北京智化寺万佛阁	明正统八年（1443年）	七檩大木	1/3.11
北京先农坛太岁殿配殿	明嘉靖间	七檩大木	1/3.04
北京太庙神厨	明嘉靖间	七檩大木	1/3.0
北京太庙神库	明嘉靖间	七檩大木	1/3.0
北京先农坛拜殿	明嘉靖十一年（1532年）	九檩大木	1/3.02
北京法海寺大殿	明正统四年（1439年）	九檩大木	1/2.94
北京历代帝王庙正殿	明嘉靖九年（1530年）	九檩大木	1/2.9
北京社稷坛前殿	明洪熙元年（1425年）	九檩大木	1/2.92
青海乐都瞿昙寺隆国殿	明宣德二年（1427年）	九檩大木	1/3.22
北京大慧寺大殿	明正德八年（1513年）	九檩大木	1/2.7
北京先农坛神厨正殿	明嘉靖十一年（1532年）	九檩大木	1/3.6
北京太庙戟门	明嘉靖二十四年（1545年）	九檩大木	1/3.2
北京故宫中和殿	明天启七年（1627年）	十一檩大木	1/2.73
北京故宫保和殿	明万历二十五年（1597年）	十一檩大木	1/3.19
北京故宫坤宁宫	清康熙十二年（1673年）	十一檩大木	1/3.01
北京故宫午门	清顺治四年（1647年）	十一檩大木	1/2.78
北京社稷坛正殿	明洪熙元年（1425年）	十一檩大木	1/3.6
北京太庙大殿	明嘉靖二十四年（1545年）	十一檩大木	1/3.1
北京太庙二殿	明嘉靖二十四年（1545年）	十一檩大木	1/3.22

15 表3-1部分数据选自①北京明代殿式木结构建筑构架形制初探 [M]// 祁英涛，中国文物研究所. 祁英涛古建论文集. 北京：华夏出版社，1992。②中国营造学社测绘图。③天津大学建筑学院测绘图。④北京古建研究所测绘图。⑤北京建筑大学测绘图。⑥郑连章. 紫禁城钟粹宫建造年代考实 [J]. 故宫博物院院刊，1984（4）：58-67。⑦故宫博物院古建部测绘图。

续表

建筑	营建年代	构架情况	举高比值（H/D）
北京太庙三殿	明嘉靖二十四年（1545年）	十一檩大木	1/3.4
北京先农坛太岁殿	明嘉靖十一年（1532年）	十三檩大木	1/2.93
北京故宫太和殿	清康熙三十六年（1697年）	十三檩大木	

注：部分清代早期建筑具有明代建筑构架特征，故统计在内。

表3-2　宋《营造法式》、清《工程做法》规定的举高比值（H/D）

专著	年代	构架情况	举高比值（H/D）	备注
《营造法式》制度	宋元符三年（1100年）	四架椽屋	1/3	殿堂、楼阁或筒瓦厅堂
		六架椽屋	1/3	殿堂、楼阁或筒瓦厅堂
		八架椽屋	1/3	殿堂、楼阁或筒瓦厅堂
		十架椽屋	1/3	殿堂、楼阁或筒瓦厅堂
		十二架椽屋	1/3	殿堂、楼阁或筒瓦厅堂
		六架椽屋	1/4	板瓦厅堂、廊屋或副阶
		八架椽屋	1/4	板瓦厅堂、廊屋或副阶
清《工程做法》	清雍正十二年（1734年）	五檩大木	1/3.33	
		七檩大木	1/2.86	
		九檩大木	1/2.86	
		十一檩大木	1/2.94	
		十三檩大木	1/2.93	

② 各步架深取值特点

明代建筑在进深各步架取值上与宋、清时期均有明显不同。宋《营造法式》与清《工程做法》在定侧样，画举折、举架图时，都要求各步架深取值相等。清代更是详细规定殿式建筑各步架深22斗口，无斗栱的大式、小式建筑以4倍檐柱径为步架值。关于挑檐檩（宋称撩檐枋）到檐口的距离，宋代以椽径大小定出檐长短，有灵活余地，清代则明确规定为21斗口。而明代建筑无论是在各步架深取值上还是在檐出尺寸上都与宋、清规定不同，从此篇后范式图版十五、十六看，其各步架深取值有如下特点：

檐步大大超过金步和脊步： 明代在檐下大量使用溜金斗栱，其后尾多重挑斡斜伸至金步，与金桁紧密联固的做法加强了檐步、金步间的联系，为檐步架深的加大创造了条件。从表3-3中可以看出，殿阁建筑的檐步架深取值合斗口数多在22～30斗口取值，比金步架深多大约5～12斗口；厅堂建筑檐步取值相对较少，多在20～22斗口取值，但是比金步、脊步架深大3～5斗口。个别建筑檐步置承椽枋者，架深可达29～30斗口，如北京故宫钟粹宫和先农坛庆成宫正殿，檐步与金步、脊步架深的差距也相应较大。

金步与脊步的四种关系： 一是各金步向脊步架深递减，即金步$_1$ > 金步$_2$

> ……> 脊步；二是各金步与脊步架深基本相等；三是在多架椽屋中，靠近脊步的上金步架深与脊步一致而大于或小于中金步与下金步；四是脊步大于上金步，实例仅见于故宫中和殿，这与草架上中金桁下所支童柱划分上下梁架做法有关。金步、脊步架深的四种关系中，金步＞脊步最为普遍。此外，清代重修或重建的一些建筑，如北京故宫太和门、坤宁宫、乾清宫、午门正殿、太和殿等，其各步架深也不相等。这其中一个重要的原因就是它们都是在明代旧基上重建或改建的。由于檐柱、金柱的位置已定，因此上部构架划分受到影响。但在柱与柱之间的各步架划分仍取相等数值[16]。

表3-3　明、清部分官式建筑各步架深一览表（单位：毫米/斗口）[17]

建筑	构架	檐步	金步				脊步	备注
北京先农坛太岁殿	十三檩大木	2 200	1 650	1 700	1 720	1 650	1 650	金、脊步基本相等
		20	15	15	16	15	15	
北京故宫中和殿	十三檩大木	2 600	1 450	1 400	1 860	1 400	1 860	
		33	18	18	23	18	23	
北京故宫太和殿（上檐）	十三檩大木	3 170	2 110	2 190	1 860	1 860	1 870	
		35	23	24	21	21	21	
北京太庙正殿（上檐）	十一檩大木	3 875	2 225	1 785	1 811		1 550	
		31	18	14	14		12	
北京太庙二殿	十一檩大木	3 173	2 013	1 570	1 413		1 333	
		25	16	13	11		11	
北京太庙三殿	十一檩大木	3 175	1 980	1 610	1 450		1 285	
		25	16	13	12		10	
北京故宫保和殿	十一檩大木	2 440	1 980	1 580	1 170		1 110	
		31	25	20	15		14	
北京故宫午门正殿	十一檩大木	2 850	1 890	1 650	1 760		1 450	
		30	20	17	19		15	
北京故宫坤宁宫	十一檩大木	2 250	1 600	1 600			1 290	
		25	18	18			14	
青海乐都瞿昙寺隆国殿	九檩大木	1 850	1 870	1 950			1 920	各步架基本相等
		17	17	18			17	
北京太庙戟门	九檩大木	2 602	1 445	1 261			1 173	
		21	12	10			9	
北京先农坛拜殿	九檩大木	1 850	1 520	1 490			1 480	金、脊步基本相等
		17	14	14			14	
北京先农坛神厨正殿	九檩大木	1 830	1 435	1 200			1 200	柱梁作

16 关于清代建筑实例中进深各步架的划分，一些在明代旧有基址上重建或整修的建筑，其地盘柱础位置因采用明代旧有格局，因此上部各步架深取值亦有不等之划分。而清代新建之官式建筑进深各步架取值除檐步稍大外，金步、脊步各步已大致相等，如北京故宫奉先殿大殿及箭亭均是。这是明、清建筑设计上的不同之处。

17 表3-3部分数据选自①汤崇平．历代帝王庙大殿构造 [J]．古建园林技术，1992（1）：36-41。②营造学社测绘图。③天津大学建筑学院测绘图。④北京古建研究所测绘图。⑤北京建工学院测绘图。⑥郑连章．紫禁城钟粹宫建造年代考实 [J]．故宫博物院院刊，1984（4）：58-67。

续表

建筑	构架	檐步	金步				脊步	备注
北京法海寺大殿	九檩大木	1 940	965	1 450			1 450	
		22	11	16			16	
湖北武当山紫霄宫大殿	九檩大木	2 310	1 350	1 485			1 485	
		21	12	14			14	
北京历代帝王庙正殿	九檩大木	1 950	1 860	1 780			1 690	
		22	21	20			19	
北京先农坛具服殿	七檩大木	2 000	1 630				1 625	金、脊步等
		22	18				18	
北京先农坛太岁殿配殿	七檩大木	1 910	1 660				1 560	柱梁作
北京故宫神武门城楼上檐	七檩大木	2 830	1 780				1 600	
		23	14				13	
北京故宫钟粹宫	七檩大木	2 280	1 400				1 370	金、脊步等、檐步置承椽枋
		29	18				17	
北京故宫养心殿	七檩大木	2 250	1 780				1 750	金、脊步近似相等
		30	24				23	
北京故宫左翼门	七檩大木	1 930	1 520				1 400	
		20	16				15	
北京故宫协和门	七檩大木	1 940	1 530				1 340	
		20	16				14	
北京智化寺万佛阁	七檩大木	1 570	1 280				1 112	
		20	16				14	
北京先农坛庆成宫前殿	七檩大木	2 365	2 000				1 350	檐步中段置承椽枋
		30	25				17	
北京先农坛庆成宫后殿	七檩大木	1 700	1 290				990	
		21	16				12	
北京先农坛神厨东配殿	七檩大木	1 560	1 240				1 240	柱梁作
北京先农坛神厨西配殿	七檩大木	1 580	1 250				1 200	柱梁作
北京故宫角楼	五檩大木	1 430					1 340	重檐十字脊屋顶
		18					17	
北京先农坛宰牲亭	五檩大木	1 650					1 430	重檐柱梁作

挑檐檩（或檐檩）至檐口距离： 明代的檐出取值与宋《营造法式》规定的以椽径定檐出和清《工程做法》规定的21斗口相比均有差别。宋代的檐出取值只规定了一个范围。明代的大型建筑，如北京太庙正殿的上檐檐出2.20米，二殿檐出2.17米，三殿檐出1.97米，大戟门檐出也有1.93米，与清制相

比，虽然明代建筑檐出在绝对尺寸上与清代实例及规定相差不大，但将其换算成斗口数后，多数都小于21斗口。对于无斗栱的小式建筑，明代的檐出尺寸基本等于檐柱高度的3/10，多在3~5尺，如北京先农坛神厨正殿及东、西配殿等，与清代同类建筑及规定大致相同。总之，明代建筑在下檐檐出尺寸的实际取值上介于宋、清之间，仅因斗栱用材较清式略大而使之在换算成斗口数表征时略小于21斗口。

③ 折屋特点

明代在屋面曲线确定方法上的改变使得明代前后时期的建筑折屋特点有所不同。考察明代折屋特点须从各步架坡度及举折曲线的比较入手，其有以下特点：

脊步陡峻，举高多在十举上下。明代屋顶脊步坡度上，不仅十一檩、十三檩的大型建筑脊步达到十举，最多可达1.14，而且九檩建筑大木构架中，脊步也多在十举上下，如北京太庙戟门、历代帝王庙正殿等。更有甚者，在七檩乃至五檩建筑的大木构架中，脊步举高也不乏大于十举之例，如北京故宫神武门城楼、钟粹宫、角楼等。当然，脊步低于十举甚至九举的建筑在明代也有，但为数较少，且常用于配殿或次要建筑群中，如北京太庙神厨，北京先农坛神厨正殿、西神厨及太岁殿配殿等。总体而言，明代殿堂建筑无论规模大小，脊步举架均较陡，在十举左右；厅堂或柱梁作建筑略低，但也达九举上下。

折屋曲线呈两种特点。明初部分建筑仍如宋制，先定举、后定折，如北京故宫神武门城楼，北京先农坛太岁殿、拜殿及庆成宫前殿等，这是明代初期永乐至明中期嘉靖均占主导地位的做法。建筑的屋跨总举高多取近似于1/3或1/4之类的整数比，各步架坡度与宋《营造法式》接近，呈非整数比。折屋曲线总体而言凹曲度小，较宋式和缓。另一种折屋形式出现于明代中后期，各步架在坡度取值上趋近整数比值，如北京故宫协和门，各步架坡近似为五、七、九举；而整个屋面的高跨比却并非整数比值。同时，这些建筑在折屋投影上显然不同于宋制的圆转曲线，而是在某个檩缝处有明显的折点，因而整个折屋曲线呈现若干段的折线状，每檩缝折屋值较宋制也有减小，这一点在北京故宫中和殿、午门正殿、坤宁宫等建筑中均有反映。虽然采用第二种方法折屋的实例并不占绝对多数，且其各步架坡值亦未形成定制，但它却顺应明代大木施工向简便实用发展的趋势，是历史发展的必然结果。

3）立面

① 檐柱、斗栱、举高之比

第一种：柱高约等于举高。实例有北京太庙戟门、二殿、三殿，北京先农坛庆成宫前殿，北京故宫钟粹宫等。第二种：柱高约等于斗栱高与举高之和。实例有北京先农坛具服殿、庆成宫后殿，北京故宫协和门等，多为七檩及以下构架的中小型建筑。第三种：柱高加斗栱高约等于或大于举高。这类建筑多为十一檩、十三檩构架的较大型建筑，如北京先农坛太岁殿、故宫中和殿等。第四种：柱高略大于举高。如北京先农坛拜殿、社稷坛前殿等。但二者相差幅度不大，约在2～2.5尺左右。

值得一提的是，明代建筑立面上斗栱层的高度已急剧减小。即使是七踩、九踩斗栱，占立面总高也不超过15%，多在10%～12%之间。小型建筑更是如此。另外，重檐建筑的副阶檐柱与正身檐柱的高度之比通常接近1∶1.9～1∶1.8，如北京太庙正殿、故宫神武门城楼、湖北武当山紫霄殿等。唯明末北京故宫保和殿比例稍低，在1∶1.64左右。

② 檐出、檐高之比

为方便测量与比较，檐出取飞子头至正心檩中的距离，檐高为挑檐檩背至台明地面的距离。明代初期至中期建筑的檐出所占比例尚较大，多在1/3～1/2之间，如先农坛及太庙两组建筑。明代后期，檐出的比例呈逐渐减小的趋势，如故宫保和殿下檐的比值就达1/3.85，接近1/4了。总体而言，明代檐出与檐高比例在1/3～1/2之间取值的较多。另外，施简单斗栱或不施斗栱的建筑檐出与檐高之比较小，多小于1/3，在1/4.3～1/3.2之间，加之重檐建筑中上檐斗栱比下檐斗栱多出一跳，比例稍小。这些都说明斗栱对檐口出挑的加大是有一定作用的。

③ 檐柱高与明间面阔之比

明代建筑檐柱与明间面阔在比例关系上仍基本遵循宋《营造法式》之"副阶，廊舍下，檐柱虽长不越间之广"的原则。明代建筑檐柱高度合斗口数多在40～60斗口之间，明间面阔则多以10～12斗口的斗科间距为模数确定，在58～78斗口之间取值，二者的比例为55%～96%。这与清代规定的明间施6朵斗栱，柱高60斗口，面阔77斗口，二者比例77.7%相比颇不相同。另外，明代一些建筑群中轴线上的建筑即使有等级差别，其明间面阔仍多取一致，斗栱数量亦相等。但檐柱高度却随等级、规划减小而降低，从而造成檐柱高度与明间面阔比例的不确定。如北京先农坛太岁殿、拜殿（图3-5）及北京社稷坛前后殿等。然而也有一些建筑柱高、面阔的取值合斗口数值特别大，如北京故宫中和殿、保和殿，估计是因重建时斗栱用材减小所致。但二者比例仍在90%左右，立面总体仍较宽阔、舒朗。

④ 侧脚与生起

侧脚 按宋《营造法式》卷五[柱]条规定："凡立柱，并令柱首（即柱头）微收向内，柱脚（即柱根）微出向外，谓之侧脚。"（见图3-6）所谓生起，又可分为檐柱、角柱生起和脊槫生起，前者即指檐柱自心间向角柱逐渐加高，

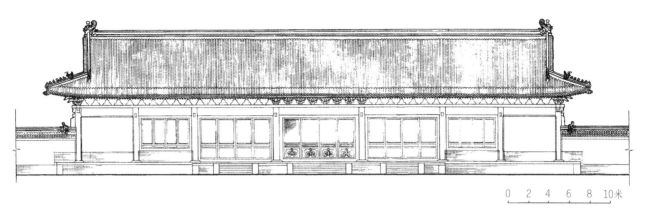

0 2 4 6 8 10米

图3-5 北京先农坛太岁坛拜殿立面

图3-5 选自潘谷西主编《中国古代
建筑史·第四卷·元、明建筑》
图3-6 选自梁思成《营造法式
注释（上）》，大木作制度图样
二十之"柱侧脚之制"

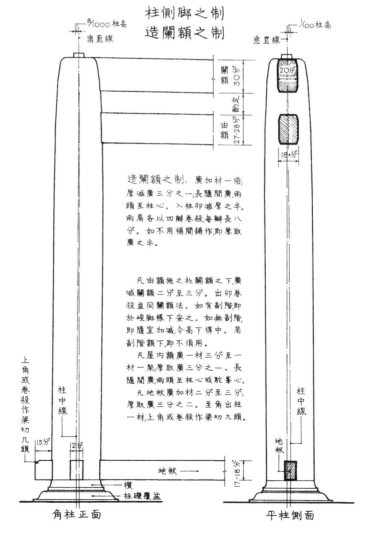

图3-6 宋《营造法式》柱侧脚之制

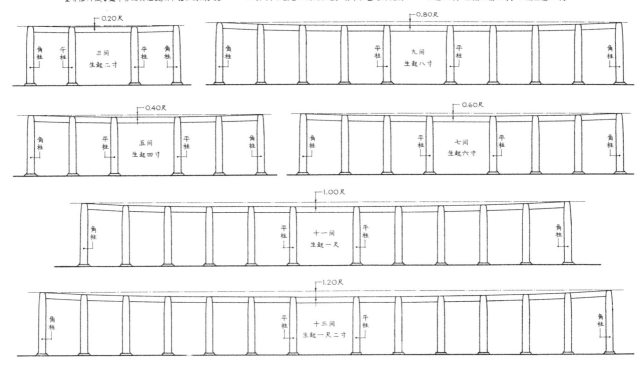

大木作制度圖樣二十一　　用柱之制　　角柱生起之制

凡用柱之制:若殿閣即徑兩材兩栔至三材,若廳堂柱即徑兩材一栔,餘屋即徑一材一栔至兩材。若廳堂等屋內柱,皆隨舉勢定其短長,以下檐柱為則。(若

副階廊舍,下檐柱雖長,不越間之廣。)至角則隨數生起角柱;若十三間殿堂,則角柱比平柱生高一尺二寸。(平柱謂當心間兩柱也。自平柱疊進向角,漸

次生起,令勢圜和。如逐間大小不同,即隨宜加減,他皆倣此。)十一間生高一尺。九間生高八寸。七間生高六寸。五間生高四寸。三間生高二寸。

图3-7　宋《营造法式》角柱生起之制

后者是指脊槫（或檩）上的生头木向脊槫外端逐渐加厚的处理（见图3-7）。

宋《营造法式》中，对于各柱侧脚的数值均有明确规定。如卷五[柱]条上说："每层正面随柱之长，每一尺，即侧脚一分（1/100），进深南北相向每长一尺，侧脚八厘（8/1 000），至角柱，其首相向，各依本法。"同时，连楼阁的柱侧脚也有规定，如"若楼阁柱侧脚，以柱上为则，侧脚上更加侧脚，逐层仿此（塔同）"。由这些规定可以明确看出，建筑中角柱的面阔向侧脚要大于进深向侧脚。如一幢建筑，若檐柱高4米，则面阔向侧脚应为4厘米，进深向侧脚应为3.2厘米。至于生起，在宋《营造法式》中曾规定"以二寸为等差值，从三间角柱生起二寸，至十三间生起一尺二寸递增"等。但实际上，宋、辽、金、元时期建筑的侧脚、生起比《营造法式》的规定要大得多。

然而进入明代以后，从遗留下来的大量明代建筑遗构看，侧脚与生起的程度却渐渐减弱了。自明代初期至明中期的许多官式建筑中，内外檐的立柱两方向几乎均有侧脚，如明初正统八年（1443年）建的北京智化寺万佛阁，为二层楼阁式建筑，不仅其外檐柱有约1%的侧脚，而且内檐直通二层之柱头亦向室内中心点倾斜[18]。在明弘治十七年（1504年）所建的曲阜孔庙奎文

图3-7　参见梁思成《营造法式注释（上）》，大木作制度图样二十一之"角柱生起之制"

18 刘敦桢. 北平智化寺如来殿调查记 [M]// 刘敦桢文集（一）. 北京：中国建筑工业出版社，1982：61-128.

阁中亦是如此。此外，还有许多建筑之侧脚在外檐柱上表现得特别清楚，如明初永乐年间北京故宫所建之钟粹、储秀两宫，前者角柱正面与山面侧脚值与柱高之比值均为1.11%，后者角柱正面侧脚值与柱高比值为1.30%，山面则为0.97%。又如明永乐十四年（1416年）所建的湖北武当山金殿、紫霄宫大殿，以及明洪熙元年（1425年）建成之北京社稷坛前后二殿等，侧脚均很明显。但比起宋构实例已有所减弱。所以，明代初期建筑中仍遵宋《营造法式》制度，保留有明显的侧脚。这主要是和人们在思想上追慕古风、上仿唐宋有较大关系。

图3-8　北京先农坛神仓

图3-8　作者拍摄

至明代中期，有些官式建筑中侧脚值已有减弱趋势，虽然明嘉靖间北京故宫所建之钦安殿（1535年），其角柱侧脚值与柱高比值正面为0.99%，山面为0.81%，减弱趋势尚不明显，但在同期所建之北京先农坛太岁殿、拜殿、具服殿（1532年）三座建筑中，正面侧脚比值多在1.30%左右，而山面太岁殿为0.72%，拜殿仅为0.39%，不足宋《营造法式》规定值的一半，具服殿则几乎测不出侧脚了。在一些较长的联房建筑中，檐柱仅进深方向有侧脚值，面阔方向没有。如明嘉靖间所建之北京太庙大殿的配殿（十五间）及先农坛太岁殿配殿（十一间），仅在进深方向有约1%的侧脚。

明代后期官式建筑中，随着生起的急剧减弱，侧脚已变得不是很重要，说明明代官式建筑之大木构架已脱离了单纯依靠侧脚、生起形成内聚力以稳固框架的阶段了。

但是，侧脚作用的减弱并不代表它将立即退出舞台。由于建筑风格滞后因素的影响，在明代后期的相当长时期内侧脚做法仍有留存，甚至某些建筑中表现得还较明显。这主要是各地征召负责营建的工匠沿袭前代做法程度不同的结果。

进入清代，雍正时期颁布的工部《工程做法》中规定，官式建筑中已不必再做侧脚。但在清代一些官式建筑实例中，仍不乏有使用侧脚之例。据调查，在清东陵一些隆恩殿的檐柱上，仍可见在柱子中线里侧有墨线弹出的升线痕迹[19]。而清雍正间所建的北京故宫之五开间厅堂建筑箭亭的外檐柱上，也可测出侧脚值。但此时的侧脚值已较明代建筑又有减弱，且仅在外檐柱上有，内柱均无。

这里需要指出，明代建筑之侧脚值及所起的结构作用在殿堂、厅堂建筑中均有减弱的趋势，但在许多点式木构架亭榭中，侧脚却自始至终都在使用，并发挥了较大作用（图3-8）。如建于明嘉靖十一年（1532年）的先农坛神厨前两座六角井亭（图3-9），建于明嘉靖二十四年（1545年）的太庙三座八角井亭，其角柱侧脚均未见减弱，反而有所加大。如先农坛两座井亭的六根角檐柱侧脚值（柱头向亭心）为50毫米，达1.6%。甚至在故宫御花

19 清工部《工程做法》中对侧脚无规定，但工匠在建造过程中，沿袭以往做法，并谓之升线。

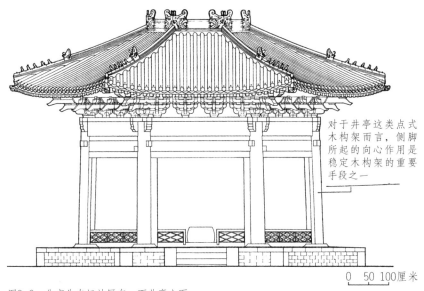

对于井亭这类点式
木构架而言，侧脚
所起的向心作用是
稳定木构架的重要
手段之一

图3-9 北京先农坛神厨东、西井亭立面

0 50 100厘米

图3-9 选自潘谷西主编《中国
古代建筑史·第四卷·元、明
建筑》

园及宫院内的一些建于清代的井亭上，也可看到有明显侧脚现象存在。这主
要是因为井亭是架空、孤立的，没有墙体保护，其柱框层也没有足够多的联
系构件连固，亭柱在无靠的情况下极易闪动，因此虽然明清建筑构架间联系
有所加强，但对于井亭之类点式木构架而言，侧脚所起的向心作用仍是稳定
木构架的重要手段之一。

生起 根据宋《营造法式》规定，"若十三间殿则角柱与平柱升高一尺
二寸，十一间升高一尺，九间升高八寸，七间升高六寸，五间升高四寸，三
间升高二寸"。但在明代官式建筑中，檐柱生起的程度并未遵此规定反而减
弱很多。除了明初北京故宫神武门城楼中外檐檐柱尚有较明显生起外，其他
建筑均减弱很多，有些几乎难以察觉。明初永乐十八年（1420年）所建之北
京故宫钟粹、储秀、翊坤等宫，五间殿堂总生起仅1.2寸（4厘米），较宋制
之应生起4寸相距甚远；明嘉靖十一年（1532年）所建北京先农坛太岁殿、
拜殿，作为七开间大殿，按《营造法式》计算应生起6寸，但实际檐柱总生
起值仅1.8寸（6厘米），不及宋制的三分之一。至明后期天启七年（1627
年）所建之北京故宫中和殿，作为五开间攒尖顶殿堂建筑，檐柱皆与平柱柱
头相齐，只在角柱头处生起0.6寸（2厘米），几可忽略不计。至清初，于雍
正年间颁布工部《工程做法》之际建造的北京故宫箭亭中，其角柱已测不出
生起值，自此可视为官式建筑檐柱之生起做法已趋消失。

从上述诸例来看，角柱生起值自明初即大幅度减弱，但在剩余的微弱
数值中似仍有规律可循。即一般较大的殿宇，如七开间的北京先农坛太岁
殿、拜殿，从平柱至角柱，每缝檐柱柱头以2厘米（约0.6寸）逐层增高；五
开间的故宫钟粹、翊坤、储秀等宫，平柱至角柱有均以2厘米（0.6寸）逐层

增高者，也有如先农坛具服殿以1.5厘米（0.5寸）递增的；三开间建筑中，如曲阜孔庙大门等，也有生起1.5厘米或2厘米的。因此可以说，明代木构建筑生起值是以1.5～2厘米等差值逐层增高的。然而明代并不是用厘米为计算单位。这样的等差值换算成明尺仅0.5～0.6寸，不太可能成为明构的计量单位。但它在多座殿宇建筑中重复出现，似非无意之作。同时这样微小的递增数值，对木构架而言并不能起到柱头上形成网状曲面，从而依靠侧脚共同形成向心内聚力的作用，故也不可能成为明代官式建筑共同遵循的范式，或许为传统做法的残存。

⑤ 屋角

角梁搭接

明代官式建筑中角梁后尾的搭接方式较为多样，从北京、曲阜两地遗存之经过历代维修的明代建筑翼角来看，至少在明中叶，已经出现了清代作为定式的老、仔角梁合抱金檩的做法。然而它们仍然与清官式有所不同，不仅较多继承了元代旧法，如仔角梁断面常小于老角梁，而且常以抹角梁为仔角梁后尾的搁置支点。

这种做法由于加强了角梁与金步的联系，并且构造简捷有效，成为明代官式建筑角梁搭接的主要方式。在明初的北京故宫神武门城楼、钟粹宫、角楼等建筑中已出现，在明中期的北京先农坛、太庙诸多殿堂以及明代后期的北京故宫中和殿、保和殿、协和门，以及昌平明十三陵献陵明楼等建筑中均广泛运用。

另外，在一些进深较小的建筑中，由于老、仔角梁在檐檩外伸出较多，为稳定角梁后尾，当老、仔角梁伸达金步合抱金檩后，仍向脊步延伸，直架两椽，利用上下两步架的坡度差，将角梁后尾插于脊檩之下，形成稳定的嵌固，从而悬挑脊檩与随檩枋后尾（图3-10），北京故宫角楼的前出抱厦即是此法。

另一种多用于重檐楼阁建筑中的是角梁后尾入柱式。角梁后尾通常贯通柱身，伸出的端头部分常刻以削薄的蚂蚱头或卷云头形式（图3-11）。例如北京先农坛宰牲亭、北京智化寺万佛阁等。在草架中后尾则多不加修饰。另外，北京太庙牺牲所正殿内由于不施内金柱，而在正面、山面两面梢间檐柱柱头施抹角梁，上栽童柱，因此下檐角梁后尾就插入童柱之中固定（图3-12）。故宫角楼也如此，并且出柱后以木楔固定，可见这些做法在明初官式建筑中已成熟、定型了。

另外，明构中一般老、仔角梁紧密贴合，老角梁两侧刻椽窝，置檐椽，仔角梁不仅两侧椽窝置翘飞椽，而且在老角梁头分位刻梯形槽置连檐木，并将仔角梁背刻成与两侧屋面平的两坡，利于钉置屋面板。仔角梁的平飞头有的比老角梁高约1斗口左右，如明十三陵献陵明楼（图3-13）及南京明孝陵

图3-10 北京故宫角楼前出抱厦角梁悬挑脊檩图

图3-11 北京智化寺万佛阁下檐角梁后尾入童柱

图3-12 北京太庙牺牲所下檐角梁尾入柱做法

图3-13 北京昌平明献陵明楼上檐角梁构造

图3-14 北京先农坛神厨井亭角梁梁头

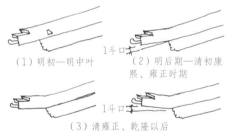

（1）明初—明中叶　　（2）明后期—清初康熙、雍正时期

（3）清雍正、乾隆以后

图3-15 明清仔角梁平飞头做法对比

图3-10 模型照片，作者拍摄
图3-11 作者拍摄
图3-12 作者拍摄
图3-13 作者拍摄
图3-14 作者拍摄
图3-15 作者绘制

大红门石质角梁，有的则是老角梁上皮线的延伸，即平飞头并不向上起翘，仅在仔角梁端头上皮微扬（图3-14），如故宫钟粹宫、角楼及先农坛神厨两座井亭角梁。这些都是明代较常见的做法，似是由宋代仔角梁卷杀之制遗存而来。然而湖北武当山玉虚宫两道砖栱木顶的大门屋角角梁起翘较高，与孝陵大红门石质角梁相似，玉虚宫二门均为明嘉靖间原物，与清代的平飞头起翘角度较为接近（图3-15）。

明构中老、仔角梁也有为一根木料刻成之例，如北京先农坛宰牲亭角梁、神厨两井亭的各六根角梁以及故宫角楼角梁等，在端头处底部并不上翘，是明代较为独特的做法。

屋角布椽

屋角是古建筑屋面的重要组成部分，其构造方式决定着外部形象。对于屋角椽中翼角椽及翘飞椽的数量，则或遵匠师密传口诀，或依官书规定。清工部《工程做法》中就有对翼角椽数"以成单为率，如逢双数，应改为单"的规定。明代建筑翼角椽的根数或为单数，或为双数，并未形成确定之制。如北京先农坛拜殿四角的翼角椽根数均为18根，先农坛宰牲亭下檐翼角翘飞椽为14根，昌平明长陵祾恩殿四角翼角椽数为26根，北京法海寺大殿四角翼角椽俱为16根，均为偶数；先农坛庆成宫前殿翼角椽数却是15根，为奇数；北京智化寺[20]诸殿中则既有四角翼角椽为奇数的藏殿（11根）、智化殿（15根）、天王殿（11根），也有翼角椽数为偶数的钟楼和鼓楼（10根）、万佛阁（14根，上、下檐均同）。可见明代建筑的屋角布椽时并不刻意附会数字的规定，而是以均匀分布椽子以使翘飞椽之斜椽档（即沿连檐所量得的翘飞椽中距）与正身椽档基本相等为上，因此避免了翼角椽与正身布椽疏密不均之虞，从而获得了良好的外观形象。

4　不同类型屋顶做法

1）悬山顶

悬山顶即指两山屋面悬出于山墙或山面梁架之外的屋顶形式。其梢间檩木不是包砌在山墙之内，而是挑出山墙之外。

悬山屋顶等级较低，因此木构架形式多取简洁的柱梁作，有时还在檩下配以简单斗栱，主要用于主体建筑的配殿或次要建筑群中。如北京天坛、太庙、先农坛、社稷坛等坛庙建筑的神库、神厨、宰牲亭建筑群中。建筑多为一、三、五开间，并尤以三、五开间居多。也有根据等级规定递加者，如北京先农坛太岁殿的配殿就有十一开间之多。

① 悬山山面出际尺寸及相关构造

悬山山面出际尺寸在宋代《营造法式》中规定是随房屋的椽数增多而增长的，因此出际尺寸从两椽屋的2～2.5尺，至八椽屋、十椽屋的4尺5寸或5尺不等。在清工部《工程做法》中则规定有两种方法：一是由梢间山面柱中向外挑出四椽四档；二是由山面柱中向外挑出尺寸等于上檐出尺寸。根据调查，明代悬山梢檩向外挑出尺寸也与宋代一样随椽数多寡而有一定变化，但不如宋式显著，并且明显不同于清代出际取值方式。

明代悬山建筑的出际多在五椽五档、六椽五档、六椽六档。一些规模、等级较高的悬山建筑中也有出际七椽六档的，如北京天坛神库、北京先农坛宰牲亭上檐等。但在较小型的四檩卷棚悬山建筑如北京智化寺智化殿后卷棚抱厦，北京先农坛庆成宫东、西庑中，取值仅三椽三档，表现出明代悬山出际尺寸随建筑规模大小、等级高低有变化，并非一成不变。但比之宋、金、元时期悬山建筑之出际尺寸折合椽径、椽档是大为减小了。如元构山西洪洞广胜下寺悬山建筑山面出际合十椽十档，就明显大于明构，也大于宋《营造法式》规定。因此，若以椽径及档距为单位计量，明代悬山顶山面出际多在五椽五档及六椽五档取值。

另一种计量是以上檐出尺寸来衡量比较出际大小。实例表明，明构中既有出际与上檐出大小相仿的，如北京先农坛神库、神厨；也有差别较大的，如北京太庙神库；更有差别极显著的，如北京先农坛庆成宫东、西庑，悬山出际仅为上檐出的一半。因此明代上檐出与悬山出际之间似乎尚未形成严格的对应关系，取值也不尽相同。

由此可见，明代悬山出际尺寸既不同于清制的四椽四档或上檐出大小，也不如宋《营造法式》取值之大。但其取值随建筑规模、等级而有不同变化则与宋制相似。

另外，明代悬山顶在山面搏风板与边椽的交接及固定做法上也颇别致。由于明代边椽做法尚不固定，因此实例中既有将边椽加粗加大，做成大方椽形式以与搏风板充分接合的（图4-1），也有将边椽做成两根或一根半方椽并置的（图4-2）。其中，并置的这一根或半根方椽实为固定卯合搏风板的竖向楔子之用。楔子数量多为一步架两根。搏风板的厚度多小于或等于1椽径左右，端部搏风头常以类似霸王拳形象收头。

再者，悬山梢间檩条出际，其下随檩枋也一同伸出山面。枋头在清代常刻成燕尾枋形式，但在明构中多数仅在枋子外端向上略微卷杀，并不作燕尾枋，较为朴素。同时明代悬山构架多为柱梁作，不用或仅施简单斗栱，即用一斗三升或仅大斗垫托檩枋，大斗下端直接置于额枋上，不施平板枋。额枋两端也直接入柱，穿过角柱伸出山面，刻作箍头枋形式（图4-3），既拉结柱子，也有一定的装饰性。

图4-1 作者拍摄
图4-2 作者拍摄

图4-1 北京故宫神武门内东值房山面搏风板与边椽交接

图4-2 北京太庙神库搏风板与边椽交接

图4-3 北京故宫神武门内西值房山面额枋出头刻作箍头枋

图4-4 北京太庙神库山墙面满砌法

图4-5 北京天坛北神库五花山墙

图4-3 作者拍摄
图4-4 作者拍摄
图4-5 作者拍摄
图4-6 作者拍摄
图4-7 作者拍摄

② **山墙面砌法**

明代悬山屋顶山墙面砌筑方式大致有三种：一是满砌式，即墙面一直封砌到顶，仅留梢檩挑出部分和随檩枋在外面，随檩枋端头斜抹收分，上钉搏风板。实例如北京太庙神库、神厨（图4-4）。二是五花山做法，即山墙仅砌至每层梁架下皮，随梁架的举折层次砌成阶梯状（图4-5）。这种做法将梁架暴露在外，有利于构件的通风防腐，并具有较强的装饰美化作用，是悬山建筑独有的做法。实例有北京天坛北神库及东、西神厨一组建筑。三是半砌式，山墙只砌至山面大梁以下，大梁以上的木构架全部外露，上下梁架间及象眼空档处均用木板封堵，使构件通风条件良好。山面外露构架的彩画也有较强装饰效果。实例有北京故宫神武门内东、西值房（图4-6），北京智化寺智化殿后檐抱厦，北京先农坛庆成宫东、西庑及北京太庙牺牲所前殿等。此外，还有一种介于五花山与半砌式之间的做法，即如北京先农坛神厨正殿之三花山墙，其前后廊处山花砌至穿插枋下皮，殿身部位砌至跨空枋下皮（图4-7）。

图4-6 北京故宫神武门内东值房山墙面

图4-7 北京先农坛神厨正殿山墙面

③ 悬山建筑大木构架类型与实例

北京先农坛宰牲亭——是一座无斗栱的重檐悬山建筑,这种悬山顶殿身环以周围廊的做法是一孤例(图4-8)。

宰牲亭上檐殿身面阔三间,下檐为副阶周匝,檐柱无生起,也未见侧脚,角檐柱上用坐斗代替角云,承托十字相交的檐垫板和檐檩,他处较少见。

上檐用五檩大木,四步架,老檐枋下和山面五架梁下置围脊板和承椽枋,承椽枋交圈放置。

北京先农坛庆成宫东、西庑——四檩卷棚悬山(图4-9)

二者均为先农坛庆成宫配殿,为四檩卷棚琉璃瓦悬山顶建筑。其构架特点在于脊部置双檩,檩上置弯椽,屋面无正脊,前后两坡屋面在脊部形成过陇脊。东、西两庑均面阔三间,前后檐下置一斗三升斗栱,平身科每间四攒,进深4 530毫米,檐步1 710毫米,顶步1 110毫米,悬山大木挑出680毫米,三椽三档。

山面山墙为半砌式,上部构架间以象眼板封堵,山面随檩各枋均做成燕尾状。

北京故宫神武门东、西值房——五檩大木

二者均为五檩大木单廊式,黑琉璃瓦悬山顶建筑。面阔三间,前后檐下置有一斗三升斗栱,平身科每间四攒,各步檩下均以十字科垫托,斗科下垫驼峰。梁架加工细致,例如飞椽椽头有明显峻脚做法,梁头伸出山面均做成箍头枋式样。唯随檩各枋仅斜抹收分,并未做成燕尾状。悬山大木挑山六椽五档,与檐出约略相当。边檐椽为方椽,椽头画圆形图案,飞椽头则为两根并置方椽,搏风板直接钉在方椽边缘,并以木楔固定。因规模较小,两山面山墙仅砌至大梁下,为半砌式。

北京先农坛东、西神厨,天坛北神库正殿——七檩大木

北京先农坛东西神厨均为五间削割瓦悬山顶,七檩无廊大木、无斗栱,两山有山柱砌于山墙内,檐柱有0.9%侧脚,无生起,山面柱也有侧脚,为45毫米。三架梁两端用瓜柱,五架梁两端用驼峰与下面的梁相交,檐椽直接挑出,未加飞椽,两山挑出1 133毫米,用椽5根。山面为三花山墙。北京天坛北神库正殿山墙为五花山做法,七檩无廊大木,两山出际用椽7根,规模较大。

北京先农坛神厨正殿——九檩大木(图4-10)

神厨建筑群中的正殿为九檩,前后廊无斗栱大木,五间。明间两缝无中柱,大柁为七架,以上为五架、三架梁。其余各缝梁架被中柱、山柱隔断,大柁部位用两根三步梁,以上为双步梁、单步梁,梁间用驼峰架起,未使用瓜柱或柁墩,七架梁和三步梁下有跨空枋。正殿为削割瓦悬山顶,山面为三花做法,悬山挑山1 280毫米,用五椽五档,挑山檩头下的随檩枋仅斜抹收分,并未做成燕尾状。

图4-8 选自潘谷西主编《中国古
代建筑史·第四卷·元、明建筑》

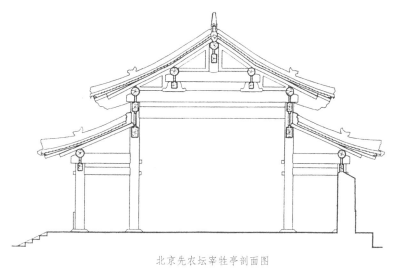

北京先农坛宰牲亭剖面图

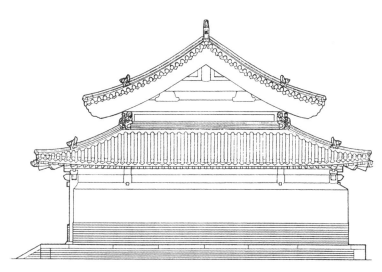

北京先农坛宰牲亭侧立面图

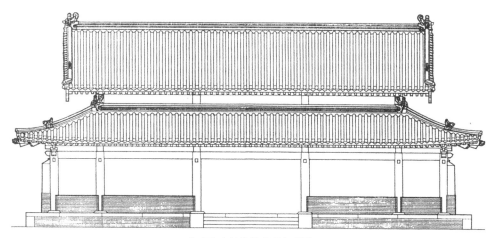

北京先农坛宰牲亭正立面图

图4-8　北京先农坛宰牲亭剖面图、立面图

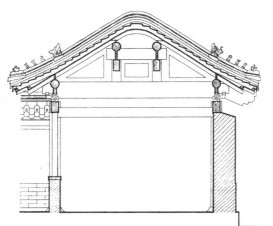

图4-9　北京先农坛庆成宫东、西庑剖面　　　　　图4-10　北京先农坛神厨正殿内部梁架

2）硬山顶

① 硬山顶起源二说

关于明代官式建筑中是否已采用硬山顶，历来说法不一。

北京故宫的硬山建筑中，有一种较为独特的做法，颇似悬山顶向硬山顶的过渡。从形式上看，类似将悬山建筑截去梢檩外伸部分改建而成。这类硬山建筑前后檐不一定做墀头，额枋出头后的箍头枋及上部一斗三升斗科常镶嵌墙内（图4-11），似有悬山改造的痕迹。山墙的外皮上则常贴砌琉璃砖搏风，有的还用琉璃砖镶嵌出山面木构架的图案，所示木构架做法均体现明代风格（图4-12）。例如在东、西六宫多数建筑配殿及后殿之山面琉璃表现的木构架上，脊檩下的瓜柱下端做鹰嘴，骑于梁背上，梁与柱的交接处施十字科、丁头栱，及梁栿做月梁式样，保留卷杀收分做法等。

这种做法的出现推测是应防火需要产生的。故宫自建成以来，多次遭受雷击、火灾，而一旦火起，常常延烧殃及其他殿宇。故宫三大殿、午门等都有过多次遭火灾的记录。例如《明神宗实录》[21]中记载万历二十五年（1597年）

图4-9 北京建筑大学测绘图
图4-10 作者拍摄
图4-11 作者拍摄
图4-12 作者拍摄

21 参见单士元，王璧文.明代建筑大事年表[M].中国营造学社，1937.

图4-11-1　北京故宫钟粹宫后殿山墙墀头

图4-11-2　北京故宫御花园位育斋山墙墀头

图4-12　北京故宫储秀宫西配殿南墙琉璃仿木构屋架贴面

三大殿的火灾，就是火起自归极门（协和门），延至皇极殿（太和殿）的，周围廊房也一时俱烬。可见在建筑密度很大的紫禁城中，防火是一件非常重要的工作。因此为了控制火灾，明代中后期，各殿院内连廊被逐渐取消，作为生活区域的人口高密度集中的东、西六宫，山墙作为防火隔断的作用日益显著与重要。而将原先悬山顶的挑山尺度减小至仅为山墙厚度，搏风板贴于山墙面上，或再贴以镶嵌木构架图案的琉璃，则山面所用均为防火材料，较好地起到隔绝火势蔓延的作用。同时，悬山顶山面以琉璃镶贴的木构架图案也十分形象地表现出悬山向硬山的过渡。

3）卷棚顶

卷棚顶即圆背不起脊，两山也可用硬山、悬山或歇山转角做法。在明代官式建筑中多表现为悬山卷棚顶形式。此做法等级较低，规模较小，多为四檩大木，用于建筑前后处抱厦或小规模的配殿建筑中，实例较少，仅见于北京先农坛庆成宫东、西庑，北京智化寺智化殿后檐抱厦及北京故宫东、西六宫的一些殿宇后檐。其构架特点在于脊部置双檩，檩上置弯椽，上下椽之间仍沿用巴掌搭接，与清代的罗锅椽下端削平置于脊枋条背的做法不同（图4-13）。屋面无正脊，前后两坡屋面在脊部形成过陇脊。若悬山顶，大木挑出常较其他建筑稍小，多为三椽三档，山面若有山墙封堵，亦多取半砌式，上部构架间以象眼板封护。另外，山面搏风板在制作上分三段（图4-14），正中圆脊处为半圆弧形板，板条之间以铁钉铆固。

图4-14 作者拍摄

（1）清式罗锅椽搭接方式（选自马炳坚《中国古建筑木作营造技术》）

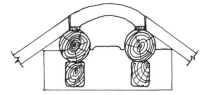

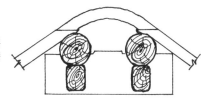
（2）明式罗锅椽搭接方式——巴掌搭接（作者绘制）

图4-13 明、清卷棚顶罗锅椽的搭接方式比较

图4-14 北京先农坛庆成宫东庑搏风板

4）盝顶

盝顶在宫殿中的运用出现于元代，据陶宗仪《南村辍耕录》卷21《宫阙制度》所载，元大都宫城中已有此形式[22]。入明以来，由于明初统治者扬宋弃元，力求恢复大汉文化，因此对带有异族色彩的建筑元素也较少延用或者加以改造。在现存明构实例中，盝顶形式用于大型宫殿建筑的仅北京故宫钦安殿一例，并且已完全呈现出汉地建筑风貌。盝顶形式则是更多地用于井亭等小型点式建筑中。

① 角梁直接伸至井口悬挑井口枋

以北京天坛南北宰牲亭井亭、神库甘泉亭等为例，平面多为正六边形、八边形。檐檩下不施或仅施一斗三升的简单斗栱。各角以角梁直接上伸至井口，悬挑井口枋，翼角各椽依次插入角梁两侧（图4-15）。

② 溜金斗栱悬挑井口枋梁

此类井亭等级较高，在太庙、先农坛等重要坛庙建筑中出现较多。斗栱通常为三踩单昂后尾挑金的溜金斗栱，其以后尾的多重挑斡悬挑井口枋梁形成盝顶，具有较强的装饰性（图4-16）。

③ 抹角抬梁法

以北京故宫御花园井亭为例。井亭下部为方形平面，四根柱子顶上承托两端悬挑的担梁。作为抹角斜梁，其两端与檐檩扣搭相交，形成八角形。其上再在担梁中央置扣搭相交的扒梁，它们在四柱上部相交，形成四边形，再在四角处插入抹角枋形成八角形圈梁。各角置由戗，由戗后尾插入井口枋中固定（图4-17）。整个建筑虽面积仅4平方米左右，但由四方而上呈八角盝顶，构架的转换精确巧妙，是抹角抬梁的极生动的例子。

图4-15 作者拍摄

图4-15 北京天坛北神库甘泉亭梁架仰视

22 参见刘敦桢，建筑科学研究院建筑史编委会.中国古代建筑史 [M]2 版.北京：中国建筑工业出版社，1984：268.

图4-16　北京太庙神库井亭梁架仰视　　图4-17　北京故宫御花园井亭梁架

④ 采用顺扒梁的抬梁构架承托井口枋、梁

以北京故宫钦安殿等为例。从横剖面看（图4-18），屋顶荷载由井口承椽枋传递至其下二架梁上，二架梁下依次承以四步梁，梁头伸出为挑尖梁形式，支于柱头科上。从纵剖面看（图4-19），交圈的井口承椽枋下垫柁墩，置于顺扒梁背，再传至下部梁架及斗栱，受力途径清晰，是规整的叠梁构架。以顺扒梁形成抬梁构架的方式不仅在矩形平面的盝顶建筑中运用，而且也是其他屋顶形式的常用构架之一。

图4-16~图4-17 作者拍摄
图4-18 选自中国营造学社测绘图

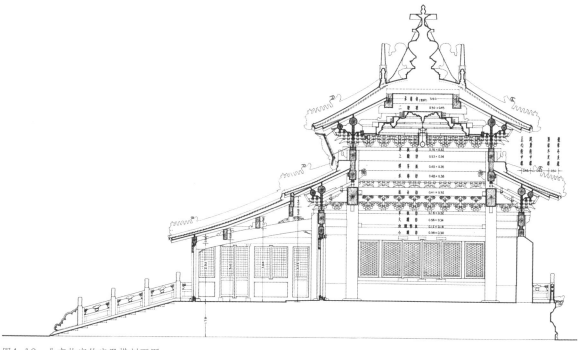

图4-18　北京故宫钦安殿横剖面图

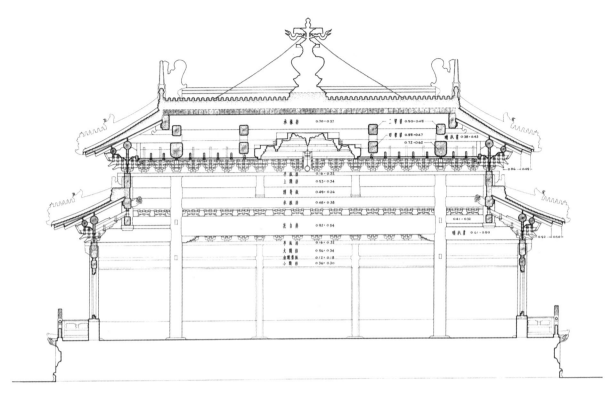

图4-19　北京故宫钦安殿纵剖面图

图4-19 选自中国营造学社测绘图

5）攒尖顶

攒尖顶的出现与运用较早，可追溯至原始时期。宋代以前仍较多运用于大型礼制建筑之中。至宋代，从《营造法式》所载及宋画表现看，攒尖顶更多用于中小型亭式建筑中。

在清代很多重要的坛庙、宫殿建筑中，攒尖顶普遍运用，如象征"天圆地方"的天坛建筑群。此时的攒尖屋顶不仅构架形式与前期发生了变化，而且类型上也更多样，并因大木技术的发展，在运用中所受局限大为减小而得以广泛运用于大、中、小型建筑中。在继承前代做法的同时，发展出了新的构架形式。

① 抬梁式构架

采用顺扒梁承重的抬梁构架——北京故宫中和殿

北京故宫中和殿作为外朝三大殿之一，要求符合殿堂建筑的使用要求，因此在天花下部采用了内外柱基本等高的较规整柱框。梁架的草架部分则灵活对待，在脊部采用了四条由戗插入雷公柱的做法，雷公柱上端插入宝顶，下端搁置于太平梁背，并以缴背固定，不再向下延伸。太平梁两端搁在上金桁上皮，下以短柱承重传至顺扒梁、中金桁上。这以下，中和殿并未继续采用柱梁相续方式，而是采用了厅堂做法中的"插金"做法，即中金桁下以一根立于内金柱上的童柱承托太平梁和顺扒梁，其余的单步梁、双步梁、三步梁均插入童柱之中（参见图2-3）。这种将厅堂做法活用于攒尖顶殿阁建筑的方式，不仅解决了大跨度问题，而且也减轻了结构自重，节省了大料的使用。

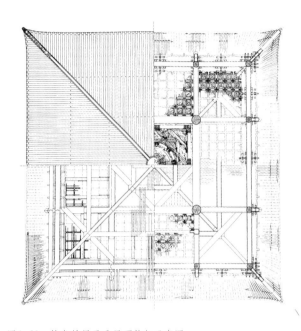

图4-20 选自于倬云《紫禁城宫殿》　　　　　图4-20　抹角抬梁承重屋顶构架示意图

抹角抬梁法承重的大木构架

层层抹角的抬梁式构架首先在四角梢间檐柱头上施抹角梁，梁上中点处置驼峰承托角梁后尾及扣搭相交的下金檩。接着，向上角梁相续，至中金檩位时，再施抹角梁于檩背，梁上栽驼峰承上金檩与由戗。最后，由戗上插雷公柱，柱栽于太平梁背。整个构架中两度施用抹角梁承托下金桁与上金桁，形成向上收进的攒尖构架，简洁有序（图4-20）。

虽然同为抬梁式构架，抹角抬梁与顺扒梁抬梁构架却有诸多不同。前者檐步角梁后尾与交圈下金檩一道是置于抹角梁上的，因此檐椽仅伸至檐步架梁的一半处。而后者则因下金檩在内金柱位相交，檐椽的跨度须与檐步架深一样，角梁更是檐椽长度的 $\sqrt{2}$ 倍。因此，采用抹角抬梁构架时，即使檐步架深较大，也不会使角梁及檐椽因后尾过长而失稳；采用顺扒梁抬梁构架则有此疑虑，所以实例中常在檐步中段位置设置承椽枋增加支点以解决这一问题。

井口扒梁法承重的构架——以北京故宫千秋亭、万春亭为例（图4-21）

井口扒梁法承重的抬梁构架一般用在圆形攒尖顶构架中。即在下部圆形圈梁上放置井口扒梁，再在井口扒梁上施抹角梁，支撑上层圆形交圈金檩，金檩相交处栽由戗，由戗上端插入雷公柱中。

井口扒梁法多用于中小规模的圆形或八角形攒尖顶建筑。在小型圆顶建筑中，一般还会省去角梁、由戗，而将椽子直接插入雷公柱，实例如北京先农坛之圆顶神仓。

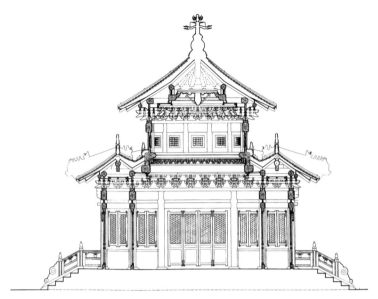

图4-21-1　北京故宫千秋亭纵剖面

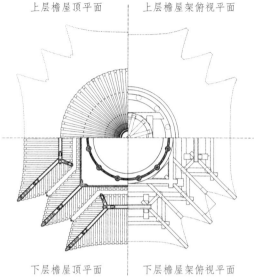

图4-21-2　北京故宫千秋亭屋架平面图

② 溜金斗栱悬挑屋架的新做法

溜金斗栱是在明代才发展成熟的新的斗栱形式。它主要是利用斗栱内跳后尾的多重挑幹悬挑屋架。在宋《营造法式》中，筒瓦斗尖亭榭仍采用大角梁直插帐杆的做法，斗栱后尾的挑幹只是辅助悬挑大角梁而已。相比之下，明代攒尖建筑中的溜金斗栱所起的悬挑屋架作用更为显著。尤其在一些等级较高的圆形或多边形攒尖建筑中，此举更能产生形象统一、完整的室内空间，典型实例如北京天坛皇穹宇正殿。

皇穹宇平面为两层圆形柱网。檐柱八根支托外檐，与金柱八根一一对应。在檐柱、金柱的柱头上均施七踩溜金斗栱承托各自上部的圆形额枋。不同的是两层斗科的后尾搭接，如檐柱上一圈溜金斗栱后尾落于金柱顶的额枋上，为溜金做法；金柱柱头上一圈斗科后尾则悬挑上部的圆形井口枋，为挑金做法。这两圈斗栱形成了构架的基本框架。再往上层，井口枋上又置仅向内出两跳的半攒五踩斗栱，悬挑上一架的井口枋梁，因此使内部呈三层藻井、层层重叠的一个伞盖形的结构形式（图4-22）。

皇穹宇周遭无角，出檐无冲翘，因此屋面外观上无垂脊和檐角起翘，柱缝处也不用角梁，仅密排椽子。椽子通长两步架，下端削薄成楔形，置于下椽背，以形成屋面举架的圆转曲线。脊步因无由戗，脊椽亦直接插入雷公柱收尾。

明构皇穹宇正殿这种采用装饰华丽的多重溜金斗栱悬挑屋架的做法使得室内构架分层明确，受力均衡，加之各向均质，更突出了圆形的意向。它以显然不同于宋式斗尖亭榭以大角梁斜插入帐杆固定檐、脊部的方式，采用溜

图4-21-1 选自于倬云《紫禁城宫殿》
图4-21-2 选自于倬云《紫禁城宫殿》

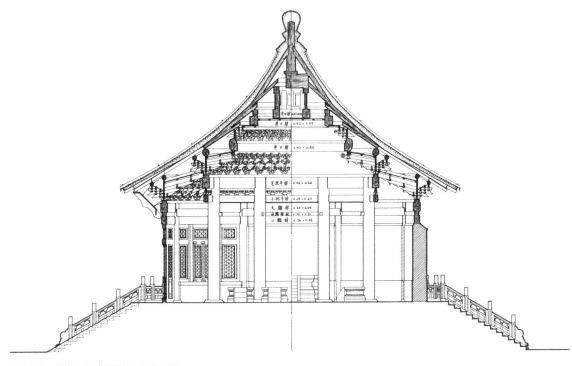

图4-22 北京天坛皇穹宇正殿剖面图

图4-22 选自中国科学院自然科学史研究所主编《中国古代建筑技术史》

金斗栱悬挑形成攒尖顶构架，是明代出现的新的构架模式。

③ 攒尖屋顶中主要构件的演变

从大角梁直插帐杆到脊步由戗固定于雷公柱的转变

宋《营造法式》卷五"举折"和卷三十一"大木作图样"制度中，明确记载了宋代攒尖亭式建筑的屋架是将各方向大角梁直接向上斜插入帐杆，形成屋面受力构架。梁背上采用上、中、下折簇角梁形成屋面举折曲线，并稳定拉结帐杆和大角梁的方式。这种做法在后来的发展中逐步被由戗插入雷公柱所代替，后者成为明、清两代官式攒尖顶建筑的规范做法。

实际上由戗也是角梁，它是攒尖顶构架中大角梁以上的角梁，是角梁的继续，在结构位置和作用方面类似于《营造法式》中的续角梁，与折簇梁结构形式和位置相似。原因是由戗之名是和攒尖屋架中抬梁式构架有关的。元代以后，攒尖顶之角梁就不再插入帐杆成为主要受力构件，下部以抹角梁或扒梁等构成抬梁构架，而仅在最上一架的脊步，由戗才作为斜梁支撑雷公柱。因此由戗式构件从元代即已出现，并随着明代官式攒尖顶建筑的大量运用和不断改进，逐渐成为明代此类做法的定式。

雷公柱栽太平梁做法的成熟

宋代及以前的攒尖顶中，帐杆的长短、粗细、上下搭接构造常因施用建筑的不同而有差别。如塔式建筑中，粗壮的塔心柱常贯通数层，甚至一通到地（图4-23）。而另一些建筑则以搁置在檐柱铺作上的大梁支托中心短柱，如湖北黄梅县鲁班亭、江西永修云居寺心空禅师塔亭[23]。但在宋《营造法式》

23 参见蒋惠.宋代亭式建筑大木构架型制研究 [D].南京：东南大学，1996.

中，这两种方式均未被收录，可知当时它们并非攒尖屋架形式的主流，但它们对后来明代官式攒尖顶构架的形成是有一定影响的。随着明代大木构架向秩序化发展及构架层次日趋分明，明代的攒尖顶建筑构架采用了雷公柱叉置于太平梁背的做法结束顶部。此时的太平梁仅在脊步构架层，两端搁置于上金檩上皮，与下部的抬梁构架无直接联系。但较之宋《营造法式》之帐杆悬空而言，此举加强了脊部各构件间的整体联系，增强了构架的稳定性，也从一个侧面反映了明代官式建筑注重构架整体联系的特点。

总之，明代攒尖顶屋架的最主要特征在于完善了抬梁式构架的类型，加强了大木构架各部分的整体联系，并且在重要节点的构造上逐步成熟与规范化，形成了有序而有效的空间构架体系。

6）歇山顶

歇山顶在宋、元时期的建筑中已大为流行。一些建筑群的主殿中也开始出现以重檐歇山取代单檐庑殿之例。明代歇山及其重檐形式更大量出现并运用于各种殿宇建筑之中，成为仅次于重檐庑殿的最高等级的屋顶形式。

但是，明代建筑技术的发展与变化使此时的歇山顶无论外观还是相应的构造都与前期有较大不同。随着建筑举高的加大和山面收山的减少，歇山屋顶的正立面宽度更大，坡度更陡，形成了一种高峻、凝重的艺术效果，成为明代歇山顶有别于以往的独特艺术特征。

① 梢间构架类型

歇山屋顶的变化主要集中于梢间构架。根据采步金檩下的支承构件及做法的不同，主要有抹角梁法和顺扒梁法两种类型。

抹角梁与溜金斗栱的运用

抹角梁在明代歇山建筑的梢间转角处应用相当普遍，尤其是在使用溜金斗栱的厅堂作建筑之中。其放置抹角梁的方式也与宋、金、元时期有所不同，即通常并不直接将搭交金桁的交点落于梁中点位置，而是将抹角梁两端放在正侧两面梢间的平身科中。由于其两端伸出部分在外跳斗栱的头跳内即收尾，并随势平行于栱件，因此外观上并不显突兀（图4-24）；室内部分则多在梁背上置大斗及驼峰，斗口内承托角梁及角科的后尾悬挑部分。当使用挑金斗栱时，角梁和抹角梁端头两组溜金斗栱后尾一同上伸至金步挑承金檩，形成悬挑结构（图4-25）；当使用溜金斗栱时，由于斗科后尾落在花台科中，因此以一根虚柱收尾来承接两山及角部斗科，花台枋、角梁后尾均插入虚柱固定（图4-26）。对于室内彻上明造的歇山建筑而言，这种转角采用抹角梁与溜金斗栱结合、共同挑承金檩的方式，一方面对上部构架影响较少，结构较为合理，另一方面又极富装饰性，因而成为明代歇山建筑采用

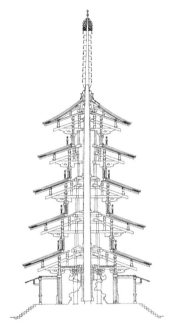

图4-23 日本法隆寺五重塔剖面图

图4-23 选自《法隆寺的至宝：西院伽蓝》

抹角梁端头
伸至斗栱上

图4-24 北京先农坛太岁殿正面梢间

图4-25 北京先农坛太岁殿角科后尾

较多的一种梢间构架形式。这一方法不仅在北京先农坛、北京社稷坛的歇山殿堂中常见，还出现在北京历代帝王庙山门、前殿及北京故宫许多门殿中，但在梁架正身部位，采步金檩两端仍插入挑尖梁背上的童柱之中。

顺扒梁的运用

顺扒梁也是歇山顶在转角构造中常用的构件之一。采用顺扒梁上立驼峰或童柱，以十字科承托檐面、山面扣交金檩及角梁后尾实现构架转换是明代非常普遍的山面构造形式，并为清代建筑继承。梁的前端插在檐檩下则成顺梁，趴于檐檩上则为顺扒梁。后尾伸至梢间梁架缝位，搁置方式亦有三种：一是直接放在梢间缝位的最下层梁栿背上，不用童柱、驼峰收头。承托上层梁架的十字科直接放在顺扒梁背上，实例有北京智化寺智化门。二是顺扒梁后端插入驼峰或童柱中，由驼峰和童柱传递给下部构架，如北京智化寺

图4-26 北京社稷坛正殿角科后尾

智化殿、藏殿等；当室内为彻上明造时，驼峰或童柱上常置十字科承托上层梁栿、檩条，如北京天坛皇穹宇东、西配殿均是。此时屋架中的金檩下承一斗三升的檩下斗栱，因此山面采步金檩下也施扒梁一根，两端搁在顺扒梁背上，承托檩下斗栱（图4-27），与纵向的檩下斗栱形成交圈。在室内无金柱或仅有中柱时，顺扒梁无须与檐柱一一对应，伸向山面的梁头也不伸出挑檐檩外，因此对立面形象并无影响，与下部斗科也不要求对应。第三种是顺扒梁后尾插入内金柱中。采用这种做法的构架金柱与檐柱是对齐的，如北京故宫钟粹宫、储秀宫等（图4-28），是较简洁、有序的形式。顺扒梁对于歇山梢间构架受力的转换是有效而简便易行的，因而得以广泛运用，它与抹角梁法一起成为明代歇山顶梢间构架组成的两种最主要形式。

溜金斗栱悬挑采步金檩方式

歇山建筑中有一种构架因规模、体量较小，因此无须多重梁栿层层重叠转换构架形式来传递荷载，而仅靠溜金斗栱后尾挑斡的悬挑来承担檐面金檩与山面采步金檩的荷载。北京太庙戟门两侧边门均是这种类型（图4-29）。其山面采步金檩一端与檐面金檩及角梁扣搭相交，另一端则插入中柱。

② 歇山山面构件特点及做法

歇山山面距檐檩一步架处，承托与固定檐椽后尾及山面平梁的构件在构架中具有特殊作用。这个构件在宋代称系头栿，清代称为采步梁。在明代则因形式上与清式稍异而称采步金檩。

明初的歇山建筑仍有部分沿用了宋代手法而采用类似系头栿构件之例，如北京故宫钟粹宫，但更多地则采用了采步金檩。它形象上不同于清代采步金梁为一根两端似檩、中部似梁的异形构件，而是直接以一根金檩

图4-27 作者拍摄
图4-28 选自郑连章《紫禁城钟粹宫建造年代考实》

图4-27 北京天坛皇穹宇东配殿室内梢间构架

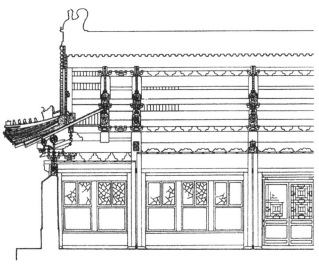

图4-28 北京故宫钟粹宫纵剖面——梢间顺扒梁后尾入金柱

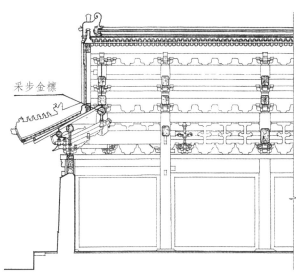

采步金檩

图4-29 北京太庙戟门东侧边门梁架示意　　　图4-30 北京先农坛拜殿梢间纵剖面

图4-29 作者拍摄
图4-30 选自潘谷西主编《中国古代建筑史·第四卷·元、明建筑》
图4-31 作者绘制

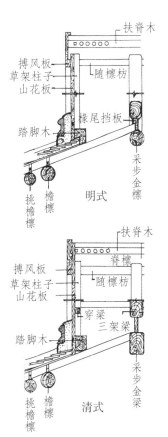

图4-31 明、清歇山山面构造比较

代之。檩的平面位置与清式采步金及宋制系头栿均一致，标高与前后下金檩相同，并与之扣搭相交。山面的檐椽直接搁置在这根檩上。为遮挡椽尾部分，在内侧常用一块通长的木板封住椽尾后端（图4-30）。采步金檩做法在明代极为普遍，明构北京智化寺智化门、智化殿、藏殿，先农坛太岁殿、拜殿、具服殿及社稷坛前殿、正殿等歇山顶建筑中都是如此，足见其是明代通行的做法。

踏脚木是歇山顶山面特有的构件，位置在山面正心檩与采步金檩之间，是为安置草架柱和山花板设置的构件。明代歇山建筑中，踏脚木、山花板做法与后来的清代建筑较相似，但在细部加工上更加精致。例如在山花与檐步架交接处，清构只在踏脚木上立草架柱，外侧钉山花板，贴山花板外皮后即可调搏脊、铺瓦面，而明构则将踏脚木外侧底角裁成平行于椽望的斜口，山花板下皮也与斜口相齐。这样，在山花下口形成的空隙恰好可将底瓦、盖瓦塞进，然后再沿山花板外皮调搏脊，以此防止雨水沿搏脊缝渗漏到屋面。这些反映出明代在工程做法上的成熟与细致。

搏风板通常是钉在山花板上的，并且下端也与山花板一样裁成平行于椽望的斜口。和悬山建筑搏风板固定方法一样的是，歇山顶的山花搏风在山面檩条出际位置也是以梅花钉卯固，并且和搏风板紧挨着的椽望也做成方形，以与搏风板充分贴合。加固用的竖向木楔就卯合在方形椽望上（图4-31）。

收山的大小

歇山收山，即指歇山建筑梢间屋面上部的山花板、搏风板安装的部位由山面向内收进，收进的距离即为收山值。歇山收山值的大小决定了它的外观形象特征。因此，各时期歇山建筑收山值的差异也导致了它们的不同风格。

至明代，歇山建筑中收山值较宋代大幅减少。据调查数据看，山面檐檩收至山花板外皮的尺寸多在1.5~2檩径之间，并且收山值的计算方式也逐渐采用由山面檐檩向内收进的方式。北京故宫钟粹宫、北京智化寺智化殿收进1.5~1.6檩径，北京先农坛太岁殿、拜殿、具服殿均收山2檩径左右，这使得明代歇山建筑在形象、风格上与以前日趋不同。

另外，歇山收山值在明代并未完全固定，因此数值从1~2檩径均有，个别建筑因实际需要，亦有不收山甚至向外推出之例。如北京故宫四座角楼的十字脊四端均为歇山顶形式，但山花板却并不向檐檩内收进，而是置于挑檐檩与檐檩之间。这样做，一方面可以调节视觉感受，使角楼的屋面看起来较为宽大；另一方面，考虑到十字脊顶部较小，收山后山花面积将减小很多，因此从美观计，将山花向外推出以使顶部更加端庄、凝重。

③ 山花结带

明代歇山顶在山面多封堵山花，并于其上雕刻结带图案。明式的山花结带在图案布置上较清式饱满圆润，雕刻手法更加精致纯熟（图4-32）。

明式歇山山花结带图案　　　　　　清式歇山山花结带图案

图4-32　明清歇山山花结带图案比较

7）庑殿顶

庑殿顶是中国古代最尊贵的屋顶形式，出现及运用时间很早。至明代，随着各种屋顶类型的逐渐丰富，庑殿顶更被推至最高地位。其中，重檐庑殿作为最高等级的屋顶形式，只能用于皇家祭祖的太庙和故宫最隆重的殿阁及皇帝敕建的少数重要寺庙祠观的主殿之中，例如青海乐都瞿昙寺隆国殿、山东曲阜孔庙大成殿等。

庑殿顶从外观上看，明代以前四面坡多较舒缓、伸展；自明代始，不仅屋面举高加大，四面坡的凹曲明显，山面也更为陡峻挺拔，产生出巍峨、雄奇的艺术效果。而这种效果的获得，很大程度上来自明代庑殿顶在构架做法上的新变化。

① **推山做法的成熟**

所谓推山，顾名思义是向山面推出屋脊与檩条的做法。正脊加长，因而四条戗脊的顶端向两侧移动，使戗背成为一条柔和的弧线。这样，屋面相交

图4-32 根据潘谷西1979年调研笔记草图绘制

24 祁英涛. 北京明代殿式木结构建筑构架形制初探 [M]// 祁英涛, 中国文物研究所. 祁英涛古建论文集. 北京：华夏出版社, 1992：333.

后所形成的角脊在平面上的投影也呈曲线状，此即庑殿屋顶的推山曲线。

　　推山做法见诸文字虽在清代以后，但其产生由来已久。早在唐构山西五台山佛光寺东大殿中即有脊槫推出的做法。不过此时的脊槫推出的目的在于使角梁相续至脊槫为45°直线，以便施工。宋《营造法式》图样"造角梁之制"中，曾例举四阿殿阁之八椽五间或十椽七间建筑在由下而上角梁相续至脊槫时，以"两头并出脊槫三尺"来加长正脊（图4-33）。但这种脊槫延长的推山做法在宋代并不普遍，实例中就曾出现因正、侧两面间广不一引起的角脊折架不同，甚至逐架内折之例，如山西大同善化寺山门（图4-34）。至元代，庑殿顶的推山做法仍不普及，时有时无。如山西芮城永乐宫三清殿和龙虎殿，就是一个推山，另一个不推山[24]。直至明代，庑殿顶中采用推山做法才日渐增多。就所调查的明代十几座庑殿建筑来看，未推山的仅有昌平明长陵祾恩殿和北京太庙戟门等极少数建筑，大部分庑殿建筑都采用了推山做法，并且推出的距离相当大，以至山面举架非常陡峻。相应地，山面在脊步构造做法上也有较多变化，并在发展中日趋成熟，一直延续、影响至清代。

　　对于庑殿建筑屋脊曲线的形成，清代《营造算例》之"庑殿推山"中规定，依檐步、金步、脊步各步架的不同情况，有两种推山方法：一种是当檐步、金步、脊步各步架深相同时，如七檩每山三步、各五尺情况下的推山做

图4-33 选自《营造法式注释》
图4-34 选自陈明达《营造法式大木作制度研究》图版四十二

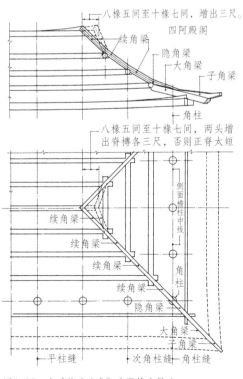

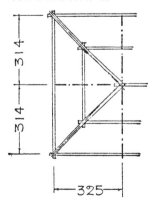

图4-33　宋《营造法式》庑殿推山做法　　　　　图4-34　山西大同善化寺山门屋架俯视图

法；另一种是各步架深不等时，如九檩、每山四步，第一步六尺，第二步五尺，第三步四尺，第四步三尺时，除了檐步方角不推外，余皆按进深步架，向外递减一成，从而得出较圆滑的弯曲角脊曲线。

与清代做法相比，明代的庑殿顶中推山方式和结果与清制已相当接近了。如北京智化寺万佛阁，作为七檩大木的庑殿顶建筑，进深向金步宽1.28米，脊步宽1.112米，依《营造算例》，两山金步在面阔方向的尺寸应为1.036 8米，脊步的为0.781 9米。将其与实例尺寸对照后可见，差别仅为10厘米（3寸）与2厘米（0.06寸），完全可忽略不计（图4-35）。又如明初建筑北京故宫神武门城楼，上檐也是七檩大木，按清《营造算例》，得出金步推山后面阔向距离为1.442米，脊步为1.135 6米，与实测数据多则相差10厘米（3寸），少则仅差0.8厘米，也完全可视作相同（图4-36）。再如北京先农坛庆成宫前、后二殿，也均是七檩大木，其屋架推山后所得尺寸也都与依《营造算例》计算出的数值相等或极其接近。因此推断，明代庑殿七檩大木的推山做法已经成熟和定型，并被清代继承。

同时，对九檩庑殿顶实例的推山分析中发现，明代多数九檩大木庑殿顶的推山尺寸比清式规定的数据大，导致了山面屋顶更加陡峻。例如在青海乐都瞿昙寺隆国殿中，按《营造算例》计算，得出下金步推山后面阔向步架宽为1.683米，上金步为1.586 7米，脊步为1.401米，而实例中这几步架的面阔向宽度均为1.25米，二者相较，最大差距处下金步就有43.3厘米（合1.36尺），最小处如脊步也有15厘米（4.8寸），脊上多推出了近1米，推山曲线

图4-35 选自刘敦桢《北平智化寺万佛阁调查记》
图4-36 营造学社测绘图

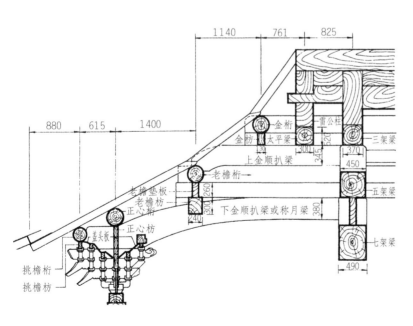

图4-35 北京智化寺万佛阁上檐庑殿顶梢间纵剖面图

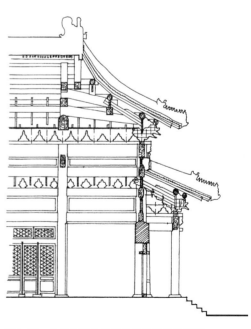

图4-36 北京故宫神武门城楼梢间纵剖面图

总体上较清式更陡（图4-37）。另一座九檩大木庑殿顶明构实例即北京历代帝王庙正殿也有类似情况（图4-38），其推山曲线也较清式更向外推出。

另外，也有一些实例与清式规定相差不多，如北京法海寺大殿，仅脊步稍陡，总体较清式多伸出26厘米（8寸）；而北京太庙戟门则干脆不推山，其角梁投影为四条直线。造成明代九檩大木庑殿推山变化多，以及尺寸与后来清式做法不尽相同的原因，主要是明代庑殿顶在脊端部的构造做法尚未完全定型，如上述几例均是仍沿用由戗直接插置于正身梁架上的做法，虽然简化了构造，但常常不得不为凑梢间间广而调整上部的推山尺寸。

十一檩大木的庑殿顶也有类似情况，明长陵祾恩殿就不推山。推山的一组十一檩建筑即北京太庙正殿、二殿、三殿，则与清《营造算例》规定相似，唯脊步推出略少。如北京太庙正殿脊上一共少推出39厘米（约合1.2尺）；太庙二殿较清式算法少推出42厘米（约合1.3尺）；太庙三殿少推出32厘米（约合1尺）。同时，推山曲线上角脊自檐步以上，下金、中金、上金步的斜率相差不大，至脊步方加大斜率，因此角脊近乎三段折线（图4-39）。这与清代《营造算例》得出的圆滑弯曲曲线有较大差异。

另外，庑殿顶中檐步方角不推山已成共识，但仍有个别建筑推山从檐步就开始了。例如苏州文庙大成殿即在角部利用重椽将上下屋架分开，椽上部角梁从檐步起即接续向上伸至脊步，形成陡峻山面（图4-40）。这一特例也从一个方面反映出明代初期建筑对庑殿推山做法的尝试。

② **脊端部构造的演变与定型**

庑殿屋顶在脊端部的节点构造是历经变革的，它的发展成熟也是庑殿屋顶定型的标志之一，并对庑殿的山面举折及推山曲线形成均有较大影响。根据历代庑殿屋顶实例分析，其脊端部的节点构造大致经历三种形式变换。

图4-37 选自吴葱《青海乐都瞿坛寺建筑研究》

图4-38 选自汤崇平《北京历代帝王庙大殿构造》

图4-39 天津大学测绘图

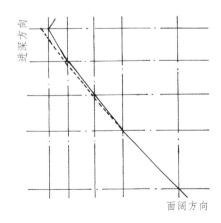

图4-37 青海乐都瞿昙寺隆国殿庑殿推山投影

注：虚线所示为清式屋脊推山投影，实线所示为瞿坛寺隆国殿屋脊推山投影

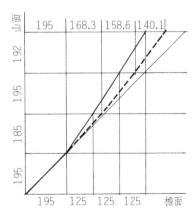

图4-38 北京历代帝王庙正殿庑殿推山投影

注：虚线所示为清式屋脊推山投影，实线所示为历代帝王庙大殿屋脊推山投影

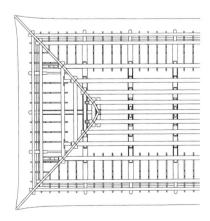

图4-39 北京太庙二殿屋架俯视平面图

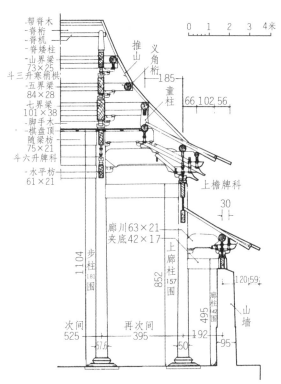

图4-40-1　苏州文庙大成殿上檐檐步构架　　　　图4-40-2　苏州文庙大成殿纵剖面图（尺寸单位：厘米）

第一种：由戗直接搭置或插入悬挑外伸的脊槫中（图4-41）。这种方式多出现于明代以前的庑殿建筑中，如唐构山西五台佛光寺东大殿、辽构河北蓟州独乐寺山门、元构山西芮城永乐宫三清殿，对明初的部分官式建筑仍有一定影响，如青海乐都瞿昙寺大鼓楼就采用了这一做法。第二种是由戗直接戗在正身屋架的脊瓜柱上，下承三架梁。这种方式较前者在脊端部结合更加紧密，受力传递清晰、合理，构造也较为简洁。在明构青海乐都瞿昙寺隆国

图4-40-1　作者拍摄

图4-40-2　选自《营造法原》图版二十六

图4-41　选自中国科学院自然科学史研究所主编《中国古代建筑技术史》

第一种：由戗直接搭置或插入脊槫中

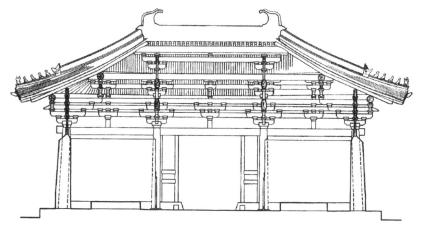

图4-41　河北蓟州独乐寺山门纵剖面图

殿、北京太庙戟门、北京历代帝王庙正殿、北京法海寺大殿等庑殿顶建筑中均见采用（图4-42）。但由于受次、梢间间广大小影响，推山数值为与其一致而凑数时，往往容易形成大推山或不推山，不利于庑殿做法的规范化。例如北京历代帝王庙正殿，即因推山至脊步时举高很大，倾角已达60°，因此只能灵活变通，将山面脊步脑椽的下脚向外延伸，固定在上花架椽的上部。而不是采用通常的墩掌或压掌做法，以使山面屋面凹曲不致太大（图4-43）。北京太庙戟门将由戗搭在正身屋架上所形成的角脊曲线正好在45°对角线上，因而并未采用推山做法。第三种是在正身梁架两侧，根据推山的需要，设置太平梁与雷公柱，将脊步由戗戗在雷公柱上收尾的做法（图4-44），这是明代庑殿顶中运用最多也最成熟、定型的方式。在北京故宫神武门城楼，北京太庙正殿、二殿、三殿，北京智化寺万佛阁中均见采用。这也是后来的清代庑殿建筑所继承并规范化的形式。较之前面两种形式，它将雷公柱、脊檩端头与由戗后尾都做了明确的结束，不仅在受力途径上清晰、有序，而且也不必为凑梢间尺寸而使推山大小受到影响，有利于推山尺度的规范。

8）十字脊

图4-42 天津大学测绘图
图4-43 选自汤崇平《北京历代帝王庙大殿构造》，《古建园林技术》1992年第1期

　　十字脊原是建筑转角处两个方向屋顶相交的结果。宋画《清明上河图》中就有多处实例。十字脊的四个山面多为悬山顶，构造及形式上均较简单。宋代及以后大量的风景建筑中，由于十字脊较好地与歇山顶相结合，因此赋予了屋顶更为华丽多变的艺术形象，从而被广泛采用。在宋画《金明池夺标图》《黄鹤楼图》《明皇避暑宫图》及元画《山溪水磨图》中均见到十字脊

第二种：由戗直接戗在正身屋架的脊瓜柱上

脊步脑椽下脚向外延伸，固定在上花架椽上部。未采用通常的压掌做法

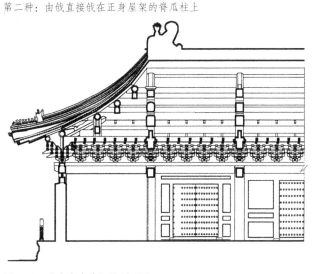

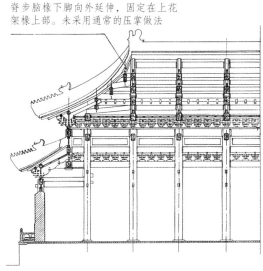

图4-42　北京太庙戟门纵剖面图

图4-43　北京历代帝王庙正殿纵剖面图

第三种：由戗戗在雷公柱上收尾，这是明代庑殿顶中运用最多、最成熟的方式

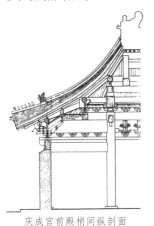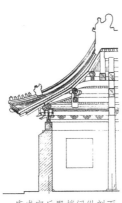

庆成宫前殿梢间纵剖面　　　庆成宫后殿梢间纵剖面

图4-44　北京先农坛庆成宫前殿、后殿纵剖面图

图4-45　北京故宫角楼立面图

图4-46　青海乐都瞿昙寺御碑亭立面图

图4-47　北京故宫角楼十字脊节点构造透视图

加歇山的屋顶形式用于主体建筑之例。明代建筑中十字脊顶形象开始较为常见。其中运用在城墙角楼上推测从明代方开始盛行。如早期建筑金代汾阴后土庙图碑拓本中的角楼仍然为歇山形式，而明代北京皇城的角楼以及宫城紫禁城四座角楼中均采用的是十字脊顶（图4-45）。另外，在碑亭等方形平面的建筑中十字脊也较常见，如青海乐都瞿昙寺御碑亭即是（图4-46）。

　　十字脊屋顶构造的独特之处就在脊交点处。作为相交构件最多的节点（图4-47），主要有十字交叉的脊檩及随檩枋和45°向上斜伸的由戗相交在一起。由戗两侧凿椽窝放置脑椽，下端置于十字相交的金檩檩背，相交的

图4-44　北京建筑大学建筑系测绘图
图4-45　作者拍摄
图4-46　天津大学建筑学院测绘图
图4-47　模型照片，作者拍摄

中心点以脊椿固定，上覆宝顶。脊步以下则仍采用抬梁构架，在北京故宫角楼中，就是以脊瓜柱、扒梁等依次叠架形成屋顶大木构架的。

9）木牌楼门顶

明代木牌楼门根据建筑造型不同，可分为柱不出头和柱出头两大类。木牌楼的屋顶类型有悬山式、歇山式及庑殿式等。开间数多为一间、三间、五间。牌楼门的等级也随着屋顶形式、斗栱式样及踩数的不同而有高低之分。根据明构实例所示，大致有以下几种。

① 一间一楼卷棚悬山顶木牌楼门

实例：北京先农坛神厨院门

特点：该门为柱不出头式的。面阔约一丈五尺，有明显侧脚。两柱直接伸至脊檩下支撑脊檩。柱间以平板枋、大额枋联系。平板枋上置平身科，根据等级不同，斗栱式样可分为三踩、五踩、七踩、九踩，该实例为三踩单昂斗栱。斗栱内外侧对称出跳，悬挑前后檐檩。柱头科则因柱直接伸到檩下而不设坐斗，柱头上直接开十字口，作灯笼榫，卧入斗栱分件，类似丁头栱形式（图4-48）。两山面悬山出际，出挑的脊檩及随檩枋由平行于檩条插入柱中的多跳华栱支承。在大额枋以下，柱枋间安框置门。

② 一间一楼庑殿顶牌楼门

实例：北京故宫御花园集福门、延和门、承光门

特点：三个实例均为柱不出头式。两柱直接伸至脊檩下支撑脊檩。柱间以平板枋、大额枋联系。平板枋上平身科数量有6朵，多者可达14朵，如承光门。三门等级均较高，斗栱出跳较多，两侧的集福门、延和门出三跳为七踩，中轴线上的承光门出四跳为九踩。柱头科无坐斗，头跳华栱均直接插入柱身，前后对称（图4-49），两山檐檩由交圈的斗栱承挑。大额枋下安框置门。

③ 三间五楼庑殿顶牌楼门

实例：山东曲阜孔庙德侔天地、道冠古今二坊（图4-50）

特点：曲阜二坊均为三间五楼，东西相向而立。屋顶用黄琉璃瓦，明间覆庑殿顶，两次间用歇山顶。明次间相交处有小屋顶作过渡，由于屋顶极小，不易发现。外观与三间三楼区别不大，但斗栱出跳则各不相同。明间六跳，次间四跳，小屋顶下三跳。每跳跳头各加45°斜间栱，形成如意斗栱，有地方因素的影响。屋檐深远，斗栱较高，因此整个牌坊比例端庄凝重。

④ 一间一楼柱出头悬山顶牌楼门

实例：北京昌平明十三陵各陵二柱门（图4-51）

特点：柱出头式。二柱为石柱，柱头有坐龙。柱间设悬山顶，下置斗科

图4-48　北京先农坛神厨院门柱头插栱

图4-49　北京故宫御花园集福门

图4-50　山东曲阜孔庙德侔天地坊

及额枋承托，枋下柱间安框置门。

⑤ **二柱一间三楼悬山顶牌楼门**（图4-52）

实例：山东曲阜孔府仪门

特点：该实例为二柱一间三楼，悬山顶屋面由担梁承挑。两端以垂莲柱收头。

10）重檐

重檐建筑根据屋顶形式的不同，又有重檐庑殿、重檐歇山、重檐攒尖、重檐盝顶等分类，它们都是为了表达隆重的效果而将原有屋顶加高的。重檐在构造上的变化主要集中在下檐檐步、金步之间。根据平面柱网分布的不同，构架类型主要有以下三种：

图4-48　作者拍摄
图4-49　作者拍摄
图4-50　选自南京工学院建筑系、曲阜文物管理委员会合著《曲阜孔庙建筑》
图4-51　作者拍摄
图4-52　选自南京工学院建筑系、曲阜文物管理委员会合著《曲阜孔庙建筑》

图4-51　北京昌平明长陵二柱门

图4-52　山东曲阜孔府仪门正立面图

图4-53 选自天津大学测绘图

① 周围廊式

实例：北京故宫神武门、东华门、西华门城楼及保和殿，北京太庙正殿，青海乐都瞿昙寺隆国殿，北京先农坛宰牲亭等。

特点：在檐柱与外围金柱间施挑尖梁、穿插枋，作为两排柱子的联系构件。并在外围金柱间施承椽枋，将檐椽搭置在承椽枋上，构成下檐屋面。外围金柱又作为第二层檐的檐柱，支承上层檐。廊步通常为一步架（图4-53）。

② 前后廊式

实例：北京故宫钦安殿、端门城楼，北京历代帝王庙正殿，北京昌平明长陵棱恩殿，湖北武当山紫霄殿等

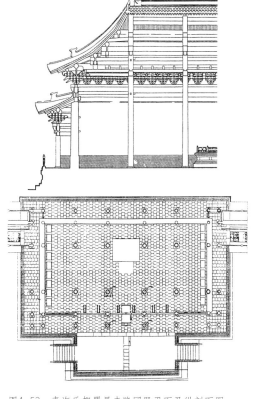

图4-53 青海乐都瞿昙寺隆国殿平面及纵剖面图

特点：正侧两面梢间间广不一。由于山面没有直达上层檐的外围金柱，需在下层梢间外围金柱位置施挑尖顺梁，在梁上自山面正心檩向内退一廊步架处立童柱通上层屋檐，作为山面的檐柱（图4-54）。

③ 殿内无柱式

实例：北京故宫角楼、北京太庙牺牲所正殿

特点：室内不设内柱，依靠抹角梁层层向上收进，使上檐角柱立于下檐抹角梁上。这种做法多用于体量较小的重檐建筑中（图4-55）。

④ 由方形平面向圆形变化式

实例：北京故宫千秋亭、万春亭（图4-56）

特点：二亭均主要依靠斗栱悬挑支承跨空扒梁及其上抹角扒梁，形成向内收进的八角形平面。再设圆形圈梁于八边形扒梁上，圈梁之上平均立十根童柱，支承上层屋面。

5　斗栱

1）明代斗栱用材等级的确定

在所调查的明代官式建筑中，斗栱用材的取值较之宋、元建筑有明显下

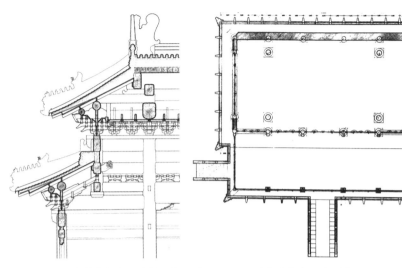

图4-54-1　北京故宫钦安殿纵剖面局部详图　　图4-54-2　北京故宫钦安殿平面图

图4-55　北京故宫角楼上檐抹角梁上栽童柱

图4-56　北京故宫千秋亭室内仰视

图4-54-1 中国营造学社测绘图
图4-54-2 中国营造学社测绘图
图4-55 模型照片，作者拍摄
图4-56 作者拍摄

25 明尺的长度验证方法有两种：一是明尺实物长度的测量；二是由建筑物记载尺寸与实测尺寸的换算所得。明尺实物遗留至今者很少，仅有明嘉靖年间制之牙尺与明骨尺两把。前者的实测长度一说为 0.317 米（见杨宽.中国历代尺度考 [M].上海：商务印书馆，1938：118），"明工部营造尺 明钞尺"："朱载堉《律吕精义》云：'今营造尺即唐大尺，以开元钱八分。'……明尺固依唐宋之旧，武进袁氏藏有一嘉靖牙尺，有款曰：'大明嘉靖年制，长 0.317 公尺，合营造尺一尺微弱。'"一说为 0.320 米 [矩斋 . 古尺考 [J].文物参考资料，1957(3):25—28]，还有一处指其长度为 0.3178 米（国家计量总局 . 中国古代度量衡图集 [M]. 北京：文物出版社，1984：34）。明骨尺的实测长度则为 0.320 米，可见从实物论证，明营造尺长应在 0.317~0.320 米之间。

从建筑实物推算明尺之长度，则从明代记载中有其尺寸而实物尚存可以测量的建筑入手。明北京紫禁城就是这样的例子。据《大明会典》记载，紫禁城的长宽为南北 302.95 丈，东西 236.2 丈。傅熹年先生在北京市 1/500 地形图上量得紫禁城南北长 961 米，东西宽 753 米。由于北京紫禁城营建时，北、东、西三面城墙已有，因此推知当时测量定距应以城墙内皮为准。实测北京紫禁城长宽尺度时亦如此。由以上两组数字折算，按东西宽计，1 尺 =753 米 /2362 尺 =0.3188 米；按南北长计，1 尺 =961 米 /3029.5 尺 =0.3172 米，按两组平均值计，1 尺 =（961+753）米 /（3029.5+2362）尺 =0.3179 米，这一组数据均符合前述明尺实物之 0.317~0.320 米之间，可见明尺确在此区域取值。

因此，本书推测明代营造尺取值在 0.317~0.320 米之间。且于 0.317~0.318 米之间者居多。然而中国古代工匠所持之尺多自行刻制，因此误差在所难免。各尺的误差在 0.5 毫米左右是极为可能的。因此，在对一组建筑群进行测绘研究时应将其考虑在内。本书折中取 0.3175 米为明尺之长。

降。自洪武至嘉靖间的近二百年间，斗栱用材情况大致见表5-1（按1明尺 =31.75厘米计[25]）：

表5-1　明代建筑斗栱用材一览

序号	实测数据		实例
	斗口值	折合明尺	
1	12.5～13.0厘米	3.9～4.1寸	北京太庙大殿、二殿、三殿、戟门，故宫神武门城楼、西华门城楼，社稷坛正殿，西安北门箭楼（8个实例）
2	11.5～12.0厘米	3.62～3.78寸	北京社稷坛前殿，西安钟楼、鼓楼，山东聊城光岳楼（4个实例）
3	11.0厘米	3.46寸	湖北武当山紫霄宫大殿，北京先农坛太岁殿、拜殿，青海乐都瞿昙寺隆国殿，山东曲阜孔庙圣迹殿（5个实例）
4	10.5厘米	3.3寸	山东曲阜孔庙奎文阁（1个实例）
5	9.5厘米	3.0寸	北京大慧寺大殿，昌平明长陵祾恩殿，北京故宫午门正殿[26]、协和门、端门城楼（5个实例）
6	8.5～9.0厘米	2.68～2.83寸	北京法海寺大殿、北京先农坛具服殿、北京历代帝王庙大殿（3个实例）

续表

序号	实测数据		实例
	斗口值	折合明尺	
7	7.6～8.0厘米	2.4～2.5寸	北京智化寺万佛阁、智化殿，昌平明长陵祾恩门，北京先农坛庆成宫前、后殿，北京故宫角楼、钟粹宫、储秀宫、翊坤宫、南薰殿、保和殿、中和殿，北京先农坛神厨二井亭（14个实例）
8	7.0厘米	2.20寸	北京智化寺天王殿、藏殿、钟楼、鼓楼（4个实例）
9	6.0～6.4厘米	1.9～2.0寸	北京先农坛神厨院门，北京故宫集福门、延和门（3个实例）

由上表可以看出，明初至明中期，斗栱用材最高值为3.9～4.1寸，其下多以0.2～0.3寸为等差值递减。但将这些斗口取值换算到材高时，却多呈不规整数值。这显然与用材制度以实用、便于施工为原则不符。况且这一时期是明代官式建筑营建活动频繁、建筑作法成熟与定型的阶段，于用材制度上必有规律可循。考虑到古代工匠所用营造尺多系自行刻制传承，误差在所难免；加之木材年久收缩及测绘误差等因素的影响，本文对数据比较分析后认为，明代官式建筑斗口取值以0.25寸为等差值递减应更符合明代用材制度之原貌。

营造尺刻度分划是传统：

现在所遗之古代木工营造尺中，法定尺的进制多为十进制，但亦有例外。如中国古代门光尺即以八等分为刻度。据《周易》著尺制度研究的结果，周汉时官方建筑尺寸最小进制单位为分，最大为丈，其进制单位依此为分（相当于十进制的5分）、寸、尺、丈四度。其中，"分"与其在《说文解字》中"分，别也，从八刀，刀以分别物也"的含义一样，有一分两半的意思，为寸之半，即1寸有2分，而非1寸有10分。因此，周汉时期官方建筑尺寸的最小进制单位的"分"与1/2寸相等[27]。恰与《中国古代度量衡图集》中收录的周汉古尺中1寸有2分之尺相合。

由于中国古代历来在数学上有重分数、轻几何之传统，反映在尺的刻度划分上，分数概念极为发达。不仅周汉时期的古尺如此，在现在所遗留的其他古尺中，这样的例子亦很多。如日本太宰府出土的唐木尺上寸与寸之间的刻度，乃将一寸均分为四等份，标至1/4寸；1921年于河北巨鹿北宋故城出土的宋代木工尺也有相同的特性，其木尺上刻度是以半寸为距的[28]。另外，在宋《营造法式》材份制所定材等中，二等材和七等材材高分别为8.25寸与5.25寸，可见在宋代，1/4寸与1/2寸一样是常用尺寸，由于这种"一分为二"是最简单易行的等分方法，因而常为木工所采用。因此，1/4寸、2/4寸、3/4寸这样的刻度较之0.2寸、0.3寸更为常见，且被频繁使用。0.25寸为营造寸的1/4长度，由于明代与宋、元建筑有着明确的传承关系，加之木工

26 关于北京故宫午门正殿，《明世宗实录》记载，嘉靖三十六年（1557年）四月，午门廊房毁于火，三十七年（1558年）新建竣工。明万历元年（1573年）九月修理午门正楼。之后未见午门有遭火灾、雷击记载。直至清代顺治四年（1647年）"重建"及嘉庆六年（1801年）重修午门。清初名为重建，实为顶部大木构架的调整与拆换。据故宫于倬云、王仲杰二位先生言，1962年午门修缮调查时，发现上檐梁栿有明代彩画痕迹，疑其构架为明代原构或为清初顺治修整时采用了明代构件。有文章认为午门在清初重修时对上部结构进行了调整，即下层中心的五个开间到上层改为七个开间，缩小了檩枋等构件的跨度，减小了各种承重构件的断面尺寸。由此推断，午门的地盘甚至下檐构架均应系明代原物，上檐大木构架则在清初"重建"时进行了调整。一些楠杉旧材仍重复利用，构架仍部分反映明式建筑特征。

27 金其鑫. 中国古代建筑尺寸设计研究：论《周易》著尺制度 [M]. 合肥：安徽科学技术出版社，1992：32.

28 张十庆. 中日古代建筑大木技术的源流与变迁 [M]// 郭湖生，张十庆. 东方建筑研究：上. 天津：天津大学出版社，1992：75.

所持之营造尺自从周代由律用尺分离出来而自成系统之后，就得以由鲁班时期传至唐代，历宋、元至明、清而以一贯之，未有大的变动[29]，被认为是法定尺、木工尺、衣工尺三个尺制系统中之最准者。如韩邦奇在《苑洛志乐》中亦称："今尺，惟车工之尺最准，万家不差毫厘，少不似则不利载，是孰使之然？古今相沿自然之度也。"又如明代朱载堉在其《律吕精义》中亦云："今营造尺即唐大尺……"均可证明。因此唐、宋时期的此类古尺及其划分方式为明代所继承是极有可能的。采用一寸的四等份为最小刻度单位对于木工营造尺而言既方便，又合理。明代以0.25寸为等差值递减的斗栱用材取值是符合营造尺刻度分划之传统的。

斗栱单材、足材栱构造与取值可验证：

从所调查的实例看，斗栱足材栱高为2斗口、单材栱高为1.4斗口的现象在明初即已出现，此后更频繁出现，是明代建筑材制普遍特征。从数值上看，它与宋材份制规定之栱高仅1分之差，但其包含的构造关系已有质的不同。明代斗栱的正心万栱、瓜栱俱用2斗口高的足材，其间并无散斗垫托。这一改变与明代斗栱用材的急剧减小及足材高度大为降低，直接采用整料更方便快捷有关。

由表5-2来看，明代建筑在以0.25寸为等差值得出的斗口等级换算成材高时，单材材高（1.4斗口）由2.8~5.6寸以0.35寸为等差值递减；重要的是，足材高度（2斗口）由4~8寸以0.5寸为等差值递减，取值规整，便于施工中足材整料的加工与计算。因此，从斗栱单、足材栱构造与栱高取值的改变来看，亦可证明以0.25寸为等差值的斗口等级是合理的。

表5-2　明代建筑斗栱单材、足材高一览

序号	实测数据		建议斗口等级		单材材高（1.4斗口）	足材材高（2斗口）
	斗口值	折合明尺	寸	厘米	寸	寸
1	12.5~13.0厘米	3.9~4.1寸	4.0	12.7	5.6	8
2	11.5~12.0厘米	3.62~3.78寸	3.75	11.9	5.25	7.5
3	11.0厘米	3.46寸	3.5	11.1	4.9	7
4	10.5厘米	3.3寸	3.25	10.3	4.55	6.5
5	9.5厘米	3.0寸	3.0	9.5	4.2	6
6	8.5~9.0厘米	2.68~2.83寸	2.75	8.7	3.85	5.5
7	7.6~8.0厘米	2.4~2.5寸	2.5	8.0	3.5	5.0
8	7.0厘米	2.20寸	2.25	7.1	3.15	4.5
9	6.0~6.4厘米	1.9~2.0寸	2.0	6.35	2.8	4

（为了使用方便，将明代斗口归纳为9级，列于表中，以补明代官式建筑用材制度之缺。使用者也可根据需要设置其他斗口值。）

29　吴承洛. 中国度量衡史 [M]. 北京：商务印书馆，1984：58-61.

宋代、明代与清代斗栱用材可比对：

明构实例取值低于《工程做法》所载斗口制4～5等，但却与清构实例取值情况基本吻合。这是因为清工部《工程做法》斗口制之斗口分为十一等，实际还有着为了追求形式完备而将宋《营造法式》1～4等用材硕大的材等均收录其中的因素。因为即使从清构实例及《工程做法》列举之例观察，斗口制中1～4等斗口也均未见使用过。如用材最大的城楼建筑斗口取值也不过4.0寸，与明构同类建筑基本相同。其他类似规模的建筑取值也与明代相似。而明初建筑斗栱用材较后期为大，3.25寸、3.75寸斗口多有采用；至明中期以后，即嘉靖后期特别是万历年至明末，斗栱用材又有所下降，多集中于3.0寸、2.5寸及更小数值，并且斗口采用2.5寸与3.0寸的渐多。如明末所建北京故宫三大殿之中和殿（1627年）、保和殿（1598年），既处故宫中轴线上，又同属外朝三大殿，地位、等级不可谓不高，但斗口仅为2.5寸，比明初一般庙宇建筑大殿用材尚有不及。故宫午门（1647年）作为皇宫正门，其城楼正殿斗口亦仅取3.0寸，较之同等规模、等级稍低的明初故宫神武门城楼斗栱用材亦有所不及。但明末的这种斗口取值状况与清《工程做法》所举之例情况是一致的。从《工程做法》所列27种建筑例证看，采用斗科的八例中除楼阁建筑取4.0寸斗口外，其他建筑均以3.0寸、2.5寸为例。可见这两个材等是最常用、最多见的，即便在重要建筑中也不例外。又如清初重建之北京故宫太和殿，斗栱用材为12.6厘米×9厘米，约合营造尺4.0寸×2.8寸，其斗口并未取整数值，而是取介于3.0寸与2.5寸之间的2.8寸，倒是与表5-2所列之明代建筑之2.75寸取值相似。因此，明代斗栱取值虽然表面看来材等划分规律与清《工程做法》所载斗口制有所不同，但二者在建筑实例中取值的大小、规律及发展趋势却大体一致。

另外，明代实例中斗口值虽以1/4寸为等差值，但其中取4.0寸、3.5寸、3.0寸、2.5寸、2.0寸者最为常见，而这一取值与宋《营造法式》八等材中最后三等6寸×4寸、5.25寸×3.5寸、4.4寸×3寸材宽一致，与清《工程做法》十一等斗口中4.0寸、3.5寸、3.0寸、2.5寸、2.0寸五等重合。由此亦证明了宋、明、清三代在用材制度上的连续性。

2）外檐斗栱类型

明代官式建筑斗栱按其出跳多少，可以分为以下七种类型：

① **单斗只替**（大木作图版三十）

实例有北京先农坛太岁殿配殿、神仓等。

② **把头绞项作**（大木作图版三十）

实例有北京先农坛庆成宫东、西庑柱头科。

③ **斗口跳与一斗三升**（大木作图版三十）

实例有北京太庙前值房、北京故宫神武门内东值房等。斗口跳专用于柱头科，平身科则用一斗三升。

④ **三踩斗栱**（图5-1）

三踩单昂后尾溜金：实例有北京先农坛井亭及北京太庙戟门东西边门等；三踩单昂后尾平置：实例有北京智化寺智化门及藏殿等；三踩单翘后尾平置，斗栱后尾平置用于承托天花。

⑤ **五踩斗栱**（图5-2）

五踩重昂后尾溜金：实例有湖北武当山紫霄宫大殿、北京大慧寺大殿及北京故宫钦安殿的下檐斗栱；五踩单翘单昂后尾溜金：实例有北京太庙井亭、故宫神武门城楼下檐、北京社稷坛前殿及北京先农坛拜殿、具服殿等；五踩重昂后尾平置：实例有青海乐都瞿昙寺隆国殿下檐、山东曲阜孔庙奎文阁下檐、北京故宫角楼及保和殿下檐、北京法海寺大殿下檐、北京智化寺智化殿等；五踩单翘单昂后尾平置：实例有北京智化寺万佛阁下檐斗栱等；五踩重翘后尾平置：实例有北京太庙大殿配殿外檐斗栱等。

⑥ **七踩斗栱**（图5-3）

七踩单翘重昂后尾溜金：实例见于北京先农坛太岁殿、北京社稷坛正殿、北京太庙大殿下檐及明长陵棱恩殿下檐斗栱，特点是溜金斗栱之折线杆件尚未定型，并使用真下昂。七踩单翘重昂后尾起秤杆：实例见于北京故宫神武门，西华门城楼上檐，北京太庙二殿、三殿及戟门上檐，北京大慧寺大殿上檐，北京历代帝王庙正殿上檐和北京智化寺万佛阁上檐斗栱。与第一种七踩斗栱式样的相似之处是，也以斜上挑斡联结檐步、金步，同时又与下部平置栱件分开，构造上区分明确，解决了在室内与内檐斗栱交圈的美观问题；七踩单翘重昂后尾平置：实例见于青海乐都瞿昙寺隆国殿上檐、曲阜孔

图5-1 作者绘制
图5-2 作者绘制
图5-3 作者绘制

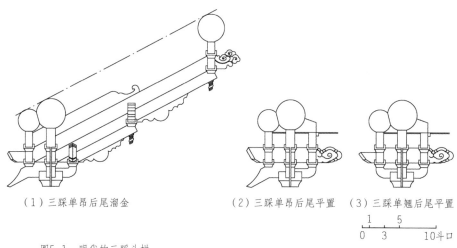

（1）三踩单昂后尾溜金　　　　（2）三踩单昂后尾平置　（3）三踩单翘后尾平置

图5-1　明代的三踩斗栱

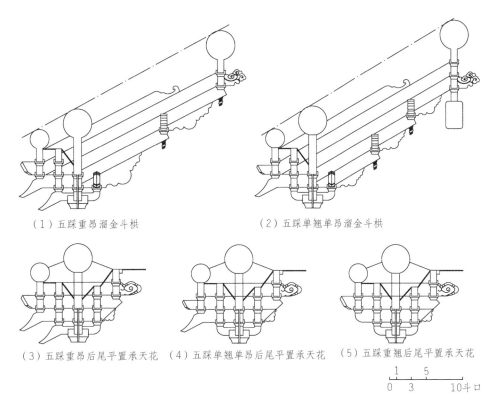

（1）五踩重昂溜金斗栱　　　　　　　（2）五踩单翘单昂溜金斗栱

（3）五踩重昂后尾平置承天花　（4）五踩单翘单昂后尾平置承天花　（5）五踩重翘后尾平置承天花

图5-2　明代的五踩斗栱

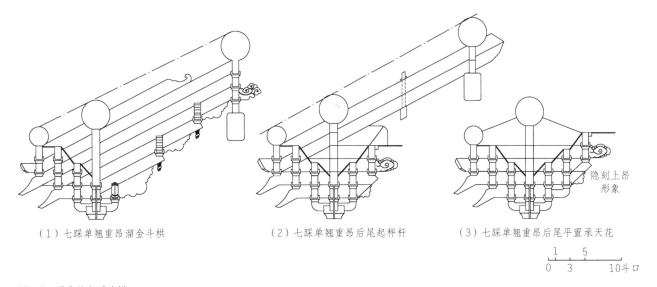

（1）七踩单翘重昂溜金斗栱　　　　（2）七踩单翘重昂后尾起秤杆　　　　（3）七踩单翘重昂后尾平置承天花

隐刻上昂
形象

图5-3　明代的七踩斗栱

庙奎文阁上檐、北京故宫保和殿上檐及中和殿斗栱等，特点是贯穿内、外之栱件均平置，单翘实为昂嘴形华栱，室内部分以隐刻之上昂形象收尾。

⑦ **九踩斗栱**（图5-4）

实例均为重翘重昂后尾起斜杆。如明长陵祾恩殿上檐、北京太庙大殿上檐斗栱，特点是檐步与金步间多以2根斜杆紧密联结，其下仍以平置构件承托天花枋，与内檐斗栱交圈，构造简捷、清晰。

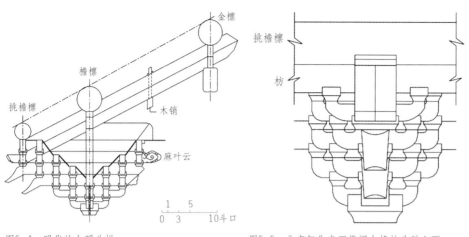

图5-4 作者绘制
图5-5 作者绘制

图5-4 明代的九踩斗栱　　　　　图5-5 北京智化寺万佛阁上檐柱头科立面

另外，在牌坊上也有出六跳（十三踩）的斗栱，如山东曲阜孔庙德侔天地、道冠古今二坊所用的如意斗栱。

3）柱头科

明代外檐柱头科较之以往主要存在两方面变化：一是在结构上，由于继承并发展了元代梁头直接伸出承檩的做法，因此斗栱里跳后尾采用了多重平置构件附于挑尖梁底的做法，改变了以往柱头科与其上部梁枋的搭接关系，从而促使柱头科的构造发生变化；二是在外观上，随着出挑梁头的加大，柱头科的栱、昂等构件的宽度也随之加宽。从现存实例来看，挑尖梁头宽度多为3斗口左右，第一跳的翘、昂宽度部分在2斗口左右，但亦有相当数量在1.5～2.0斗口之间。至于第二、三跳之翘、昂，则有两种情况：逐跳向上加宽，如北京智化寺万佛阁上檐（图5-5）、北京故宫南薰殿、曲阜孔庙奎文阁等；各跳均与第一跳同宽，如明长陵祾恩殿、北京太庙大殿、北京先农坛太岁殿、北京故宫中和殿等，此类做法最多见。

4）平身科

① 平身科攒数骤增及间距与间广、进深的关系

明代官式建筑中，平身科数量骤增，以明间为例，九开间建筑多施8朵或6朵；七开间、五开间乃至三开间建筑则多用6朵或4朵，且均取偶数，以使空档坐中。次、梢间平身科数量依次递减，数量上不限奇、偶数。

斗栱作为体现建筑等级的标志不外是：用材大小；铺作层数；补间铺作（平身科）数。明代官式建筑斗栱铺作层数的运用在外观上与宋、元时期并无显著差别，唯斗口取值明显下降，补间铺作数量骤增。随着结构的发展，补间铺作与柱头铺作几处同等重要地位，因而"补间"之名被"平身"

代替，说明它的地位可与柱头科相提并论了。平身科数目的多寡就成为建筑等级的重要标志。这可能就是为什么明初的长陵裬恩殿虽斗口仅取3.0寸，但其明间密排八攒斗栱的原因。至明末及清初重建故宫三大殿及午门等建筑时，斗口取值更趋减小，平身科数又增加很多，这更证明了斗口取值标志建筑等级的作用已大大减弱，平身科数目多寡标志等级的作用日益加强。

平身科数量的多寡与建筑物的规模、等级均有一定关系。在一组建筑群中，中轴线上的建筑一般在间广上相互对应，因此各建筑平身科朵数也相等，例如北京社稷坛前、后殿，北京太庙大殿、二殿、三殿，北京先农坛太岁殿、拜殿等均有此特征。即使中轴线上前后建筑在开间规模上不同，于明间平身科的布置仍前后呼应，采用相等朵数，例如明长陵裬恩门、裬恩殿、明楼的明间便都采用8朵平身科。此外，各建筑群中左右对称布局的配殿，其间广与平身科朵数更是一一对应。

明初建筑由于斗栱数量剧增，使其在檐下呈细密状排列，因此，虽然明初由于受宋代先定面阔、进深，再置斗栱的设计步骤的影响，于洪武年间所建的青海乐都瞿昙寺隆国殿、山西太原崇善寺大悲殿等少数建筑中，各间斗栱攒档距大小不一，从10～14斗口不等，排列也不若后来密集，但明永乐间及以后，大量明代官式建筑实例却已明确反映出，平身科的布置日趋均匀而有规律。不仅同一开间内，而且相邻各间斗栱都均匀布置，攒档距数值近似相等，多集中在10～12斗口之间。因此，间广、进深的数值与平身科关系也日趋密切。正面各间面阔大多符合明间＞次间1……≥梢间；山面符合中央＞次间＞梢间或分心造前后进深相等的规律。其中明间比相邻次间大30～35斗口及21～25斗口者居多，相应的平身科数量也增加3朵、2朵与之配合。另外，当明间与相邻次间所施平身科数量相等时，明间间广值仍较次间大1尺左右（约合3～4斗口）。

另外，有些明构在正面、山面梢间斗栱间距与其他开间有差距时，经常采用一些权宜之法进行补救。如在梢间将角科与平身科栱身连接成鸳鸯交首栱形式，省去一个三才升的宽度。此法在北京先农坛庆成宫前琉璃拱门之梢间斗栱（图5-6）及明初建筑西安北门箭楼角科中出现过。而建于元大德十年（1306年）的河北定兴慈云阁在上檐梢间角科中也有类似做法，是楼阁建筑在上檐角柱向内收进后的调整做法（图5-7）。

附带一提的是，明代的建筑遗构虽档距在10～11斗口之间取值，不及清构攒档合斗口值大，但由于明代斗栱用材普遍大于清构，即使在同一组建筑群中，建于清代，位于中轴线上的主体建筑的用材也常小于明代所建的次等殿堂。例如明构北京天坛祈年门（明嘉靖间）的斗口用材就明显大于清构祈年殿（1890年重建）；又如北京故宫神武门城楼（明永乐十八年建成）

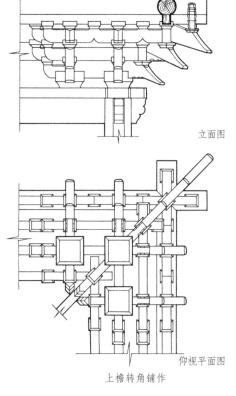

立面图

上檐转角铺作

仰视平面图

图5-7 河北定兴慈云阁上檐梢间斗栱立面图、仰视平面图

图5-6 北京先农坛庆成宫琉璃门梢间斗栱

及故宫御花园钦安殿（明嘉靖十四年建）的建筑斗口用材比故宫午门城楼正殿（清顺治四年）及太和殿（清康熙三十六年）、乾清宫（清嘉庆三年）、坤宁宫（清康熙二十年）的还要大。因此，明代斗栱与清构相较仍显壮硕饱满，斗栱攒距实际值亦较同规模清构开阔（见表5-3）。

图5-6 作者拍摄
图5-7 选自中国科学院自然科学史研究所主编《中国古代建筑技术史》

表5-3 明、清部分官式建筑斗栱攒档距一览表

建筑	年代	间架	正面各间斗栱攒档距（合斗口数）						山面各间斗栱攒档距（合斗口数）			
			明间	次间				梢间	两山中央			两山梢间
北京太庙正殿	明嘉靖二十四年	十一间六进	11.0	10.3	10.3	10.3	10.3	11.3	10.5	10.3		11.1
北京太庙二殿	明嘉靖二十四年	九间四进	10.8	10.3	10.3	10.3		10.3	10.8			11.0
北京太庙三殿	明嘉靖二十四年	九间四进	10.8	10.3	10.3	10.3		10.3	10.8			11.0
北京故宫神武门城楼下檐	明永乐十八年（1420年）	七间三进六架	11.2	10.9	10.4			11.4	10.9			11.5
山东曲阜孔庙奎文阁下檐	明弘治十七年（1504年）	七间七进十架	11.3	13.6	13.6			11.0	11.0	11.6	11.3	11.6
北京先农坛太岁殿	明嘉靖十一年（1532年）	七间三进十二架	10.8	10.4	10.4			10.18	10.2			10.1
北京先农坛拜殿	明嘉靖十一年（1532年）	七间三进八架	10.8	10.3	10.4			10.18	11.1			10.1
北京故宫角楼	明永乐十八年（1420年）	楼阁	10.0	9.8	10.0	9.8		10.0				

续表

建筑	年代	间架	正面各间斗栱攒档距（合斗口数）						山面各间斗栱攒档距（合斗口数）			
			明间	次间				梢间	两山中央			两山梢间
北京故宫钟粹宫	明永乐十八年（1420年）	五间三进六架	10.7	10.1				10.1	10.7			10.1
北京故宫储秀宫	明永乐十八年（1420年）	五间三进六架	11.6	10.1				10.1				
北京先农坛具服殿	明嘉靖十一年（1532年）	五间三进六架	10.5	10.2				10.6	11.9			11.1
北京智化寺万佛阁上檐	明正统八年（1443年）	三间一进六架	10.4					10.7	10.0			
北京智化寺万佛阁下檐	明正统八年（1443年）	五间三进	10.6	10.7				10.9	11.4			10.9
湖北武当山紫霄宫大殿	明永乐年间	五间五进八架	10.9	11.6				11.6	10.8	11.1		11.6
山东聊城光岳楼	明洪武七年（1374年）	七间七进	11.3	11.9	11.9			14.6	11.3	11.9	11.9	14.6
北京先农坛庆成宫前殿	明嘉靖年间	五间三进八架	11.8	11.0				10.0	12.0			9. 9
北京先农坛庆成宫后殿	明嘉靖年间	五间三进八架	11.8	11.0				10.0	12.2			10.6
山东曲阜孔庙圣迹殿	明万历二十一年（1593年）	五间三进六架	10.1	10.7				10.6	10.8			11.1
北京法海寺大殿	明正统四年（1439年）	五间三进八架	11	10.7				10.7	10.7			10.7
北京大慧寺大殿	明正德八年（1513年）	五间三进八架	10.3	10.0				10.0				
北京社稷坛前殿	明洪熙元年（1425年）	五间三进八架	11.1	10.7				10.7	9.6			10.4
北京社稷坛正殿	明洪熙元年（1425年）	五间三进十架	10.9	10.1				10.1	10.4			10.2
北京太庙戟门	明嘉靖二十四年（1545年）	五间二进	10.8	10.2				10.2				
北京故宫中和殿	明天启七年（1627年）	五间正方	11.3	9.1				10.8				
北京故宫保和殿	明万历二十五年（1597年）	九间五进	10.2	10.0	9.9	9.4		9.9	10.1	9.7		10.1
北京智化寺智化殿	明正统九年（1444年）	三间三进	11.0					11.6	10.9			12.5
北京智化寺藏殿	明正统九年（1444年）	三间三进	10					10.1	10.9			10
北京智化寺天王殿	明正统九年（1444年）	三间三进	10.2					9.9	10.1			
北京故宫太和殿	清康熙三十六年（1697年）	十一间七进	10.4	10.3	10.3	10.3	10.3	10	10.3	10.4		10.1
北京故宫午门城楼正殿	清顺治四年（1647年）重修	九间五进	10.7	11.0	11.2	11.2		11.0	11.6	11.0		10.2
北京故宫协和门	明万历三十六年（1608年）	五间二进	10.4	10				10.1	10.2			
北京故宫坤宁宫	清康熙十二年（1673年）	九间五进	11.3	11.4	11.7	11.8		11.9				
北京故宫乾清宫	清嘉庆三年（1798年）	九间五进	13.3	11.4	11.8	11.8		11.9	9.3			9.7
北京故宫体仁阁	清乾隆四十八年（1783年）	九间三进楼阁	13.4	11.3	11.3	11.1		12.3	12.8			12.3
北京昌平明长陵祾恩门	明永乐年间（1403-1424年）	五间二进	11.4	10.7				11.6				
北京昌平明长陵祾恩殿	明永乐年间（1403-1424年）	九间五进十架	11.5	10.4	10.4	10.4		10.4	9.6			
青海乐都瞿昙寺隆国殿	明宣德二年（1427年）	七间五进八架	12	10.4	10.4			19.3	14.1	11.6		17.4
湖北武当山金殿	明永乐年间	三间三进	9.9	9.8					10.9			10.3

（本表部分数据引自祁英涛《北京明代殿式木结构建筑构架形制初探》,《祁英涛古建论文集》,华夏出版社,1992年。）

5）角科

① 鸳鸯交首栱形式的继承与发展

鸳鸯交首栱见载于宋《营造法式》卷四造栱之制："凡栱至角相连长两跳者，则当心施斗，斗底两面相交，隐出栱头，谓之鸳鸯交首栱。"明代绝大多数官式建筑角科斗栱中沿用了此种形式。从明初的北京社稷坛前殿、正殿，湖北武当山金殿，北京故宫角楼及钟粹、翊坤、储秀、长春诸宫，经明中期的北京先农坛太岁殿、拜殿、具服殿、庆成宫，北京智化寺万佛阁及北京太庙诸殿，到明代后期的北京故宫中和殿、保和殿等，均采用此形式。略微不同的是，明初的鸳鸯交首栱多刻于栱身上，栱下皮则模仿栱身呈人字形凹槽，做法与宋《营造法式》制度基本相同。明代中期，这种做法就开始简化，有的以彩画形式将之画于栱身上，其下仍做出栱身相交的人字形凹槽，有的则干脆只做出平直连通栱身，其上也并不画出交首栱形象。伴随这种变化出现的，是小栱头支托栱身的形式逐步多样并成熟起来。明代初期官式建筑中的鸳鸯交首栱形式还主要是继承宋制，这时的小栱头一般不伸出承托上跳栱身，而是隐于上层栱身之后，如北京社稷坛正殿角科（图5-8）。

与此同时，随着上层交首栱形式逐渐简化，又出现了将小栱头伸出以小斗半托上层栱身和小栱头完全伸出上置三才升承托上层栱身的做法。前者在北京故宫角楼、北京智化寺万佛阁等建筑中均可见到（见图5-9）；后者则由于加强了角科上下层栱件的相互联系而被逐步推广，并成为清代建筑的常见用法。

图5-8 作者拍摄

图5-8 北京社稷坛中山堂角科立面

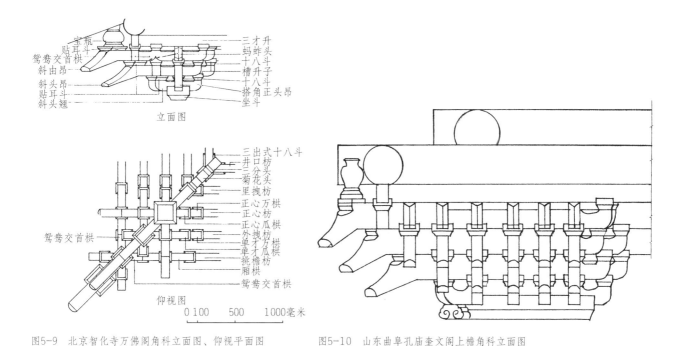

图5-9 北京智化寺万佛阁角科立面图、仰视平面图　　图5-10 山东曲阜孔庙奎文阁上檐角科立面图

图5-9 选自刘敦桢《北平智化寺万佛阁调查记》

图5-10 选自南京工学院建筑系、曲阜文物管理委员会合著《曲阜孔庙建筑》

与鸳鸯交首栱在同一部位的另一种做法就是搭角闹头昂形式。在明代官式建筑中，此种做法偶尔出现，并不占主导地位，仅见于青海乐都瞿昙寺隆国殿、北京宝禅寺大殿及曲阜孔庙奎文阁等少数建筑中（图5-10），但其做法的起源可追溯至元代。在元构陕西韩城九郎庙大殿转角铺作中即已出现[30]。清代工部《工程做法》颁布以后，搭角昂随即成为普遍使用的形式。

② **由昂、斜昂、斜翘等构件的宽度（水平投影宽度）变化**

宋《营造法式》所载之转角斗栱的由昂、斜昂、斜翘等45°斜向构件的宽度通常均为一斗口。至明代，为了与柱头科挑尖梁头宽度相呼应，角科中这些斜向构件的宽度也被加大。

由下至上，逐层加宽： 从斜头翘、斜头昂至由昂宽度逐层加大，但相差数值多在0.2～0.3斗口之间，差距不明显，由昂截面宽度多在1.9～2.0斗口。此类实例较多，如北京智化寺万佛阁，曲阜孔庙奎文阁上、下檐角科等。

从斜头翘、斜头昂至由昂宽度均相等，角梁加大： 这种做法特点与宋式相近，唯各斜向构件取值多在1.4～1.5斗口，比正心栱稍宽，老角梁也较宋式稍大。此类实例留存较多，在明初北京社稷坛正殿（1421年）、湖北武当山紫霄宫大殿（1413年）及昌平明十三陵献陵明楼中均可见到。

七踩、九踩斗栱的由昂以下斜翘、斜昂宽度相等，由昂宽度加大： 在这类斗栱中，由昂以下斜头翘、斜头昂宽度多在1.5斗口左右，由昂则加大约0.5斗口，老角梁更大，如北京社稷坛前殿等。

30 参见刘临安.韩城元代木构建筑分析 [M]// 张驭寰，郭湖生，中国科学院中华古建筑研究社.中华古建筑.北京：中国科学技术出版社，1990：280-294.

以上三种情况明显反映出，明代角科斜向构件的宽度仍处于宋、清之间的过渡状态，呈现较明显的不确定性，其取值合斗口数既较宋、元时期加大，又较清制为小，并且尚未形成如清制之以0.5斗口为等差值由下至上逐层递增的规律。

③ 附角斗

宋《营造法式》载有将三联坐斗形制用于楼阁建筑之缠柱造的做法，但在外檐角科中却一直未见使用，宋、元两代建筑实例中亦未见到。可以推断为明代首创。附角斗的使用从明代初期就已出现，其中双联斗居多，亦有多联斗，并逐渐增多，延及清代。在北京故宫神武门城楼、东华门城楼、西华门城楼、交泰殿、端门城楼、午门城楼正殿、湖北武当山金殿下檐，以及北京智化寺智化殿、钟楼、鼓楼等建筑之角科均采用了二联坐斗；而北京先农坛具服殿角科则采用了三联坐斗；明弘治十七年（1504年）建的曲阜孔庙奎文阁上檐角科中甚至出现四联坐斗。由此可见，明构中采用附角斗做法并非个别现象。

角科作为上下构架间主要的传载、受力部位，其结构作用应予加强，而明代由于用材日趋减小，角科在承托上部已加大的梁架时，就必须加大斗栱整体尺度，尤其是大斗的受力面积，以防压垮损坏。采用附角斗形式即缓解了这一矛盾。

由于明代平身科数量骤增，斗栱间距趋密，在梢间常会出现攒档距不一的现象。特别是楼阁建筑，因仍保留侧脚做法而呈现上小下大的形象。故而，为使上、下檐在对应开间内斗栱分布均匀，常在下檐或上檐角科加附角斗以填空档，使之起到一定的调距作用。从一些明代建筑实例上亦可看出附角斗做法的来源，例如明初建筑西安城门箭楼上檐角科、北京先农坛庆成宫前两座琉璃拱门及天坛西坛门（后二者均为琉璃宫门）之角科，附角斗与角大斗之间是分开的，而其上出跳外拽瓜栱因距离近而部分重叠在一起。重叠的瓜栱与万栱在相交处做成鸳鸯交首栱式样。这一做法在山东长清灵岩寺一处明代遗存的殿宇建筑千佛殿[31]中也有体现，可见并非个别现象。当梢间的距离足够小时，附角斗与角大斗合并一处，为一块整木上刻出两个或多个大斗形象。附角斗做法在清代也有所继承，在清工部《工程做法》城角楼示例中被称为"连瓣科"，但多用于城楼等较大型建筑，一般建筑中逐渐式微。清初顺治四年（1647年）所建之故宫箭亭角科中虽也有连瓣做法，但仅在前后檐使用，两山则被省略，估计也是为协调立面形象，调节档距所致。

6）溜金斗栱

溜金斗栱是指斗科后尾与"金桁"相联系的斗栱。斗栱外跳部分与一般

31 灵岩寺千佛殿：唐代始建，宋代拓修，现存殿宇为明代建筑。其前檐下柱础仍为唐宋遗物。殿阔七间，进深四间，单檐庑殿顶。斗栱疏朗宏大，出檐深远。

斗栱完全相同。而中线以里，后尾杆件特别加长，顺着举架的角度向上斜起秤杆，以承受上一架的金桁。各层秤杆之间，横着安栱或三幅云、麻叶云，直着用覆莲销连在一起。没有这几种构件的有序组合，便不能称其为溜金斗栱。溜金斗栱只用于平身科，柱头科因后尾平置于梁下而无"溜金"之法。

① 主要构件

溜金斗栱的成熟与定型是经过较长时间的实践与改进才逐渐完成的。其中，昂嘴形栱件的运用、斗栱后尾多重折线挑斡的形成及卯合构件覆莲销的出现，都经历了较长时期的酝酿与发展。也正是这些主要构件的形成与不断完善，才促使溜金斗栱在明代的迅速诞生与成熟。

昂嘴形栱件：前端伸出昂嘴，后尾出跳为华栱，实为一平置构件。从构造上看，因柱头铺作梁头外伸挑承檐部，梁下斗栱中不再有下昂伸至金步。为了与补间铺作的下昂在外观上保持一致，采用了平置昂身贯通内外跳的昂嘴形华栱形式。这种形式在元代后期逐渐不局限于柱头铺作，也常用在补间铺作中来调节斗栱高度（图5-11）。至明代，此形式在官式建筑中亦得到普遍应用，而且形式更趋多样化。昂嘴形华栱因可调节斗栱立面高度，在头跳、二跳中运用较多，外跳栱端常刻扒腮，伸出微薄于栱身的昂嘴，并在昂嘴两侧刻出假华头子（图5-12）。

折线形斜杆：是简化各构件间交榫构造的结果。在明初一些建筑如北京故宫神武门城楼、北京社稷坛前殿、湖北武当山紫霄殿等建筑中，都出现过耍头前端平置承檩，后尾斜上承托金桁（枋）的杆件（图5-13）。这种折线杆件的运用，将上部的挑斡与下部平置构件脱开，使交榫上下无涉，不必

图5-11 选自中国科学院自然科学史研究所主编《中国古代建筑技术史》
图5-12 根据郑连章《紫禁城钟粹宫建筑年代考实》插图绘制

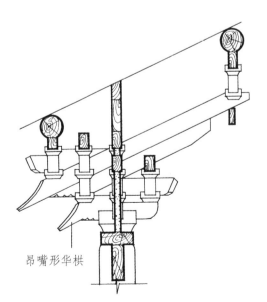

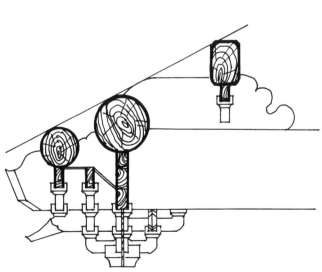

图5-11　河北定兴慈云阁上檐柱头斗栱侧样　　图5-12　北京故宫钟粹宫柱头科侧样

昂嘴形华栱

顾虑宋构中当下昂置于令栱下时，耍头与斗栱相交的斜面交接必须丝毫不差的问题，结构上也无下昂做法之繁琐，使耍头加工更趋简洁、便利。至明代中期以后，不仅耍头后尾呈折线形，而且出现了撑头木后尾、华栱头后尾、昂嘴形栱后尾、华头子后尾等折线形杆件，这在北京故宫钦安殿、先农坛具服殿等建筑之平身科中均有所见。然而终明之世，未见有一组斗栱中所有折线斜杆折点均在正心桁之例。即便是清初顺治四年（1647年）重建之北京故宫午门城楼正殿下檐平身科中，耍头与其他折线挑斡折点也不都在正心桁位置。可见，溜金斗栱斜杆折点定于正心缝当是清代雍正十二年颁布工部《工程做法》之后的事。

多重挑斡叠置：是明代溜金斗栱的又一特征。在明初官式建筑中，常只见到单根挑斡（多是耍头或撑头木后尾）下昂伸至金步，其下再垫托一根挑斡的做法。至明中期，斗栱后尾使用多重挑斡叠置的做法才普遍起来，形式也日趋多样。多重叠合挑斡的运用是结构自身受力的需要及顺应明代大木构架整体化、施工简洁化趋势的结果。

覆莲销[32]：是将溜金斗栱后尾层层叠合的木枋贯穿联结起来所用的木销（栓），其作用与今天的"板销""键""销钉"相似，都是木材结合中传递木块内力时起受剪作用的销栓，是加强杆件相互联系、增强杆件牢固性的构件。在宋代建筑中，下昂的联结仅用昂栓，是一种并不外露的暗销。至明代，由于溜金斗栱的发展，覆莲销不断发展成熟，直至定型。它的出现加强了斗栱自身的整体性。

菊花头、六分头、三幅云：菊花头是从宋代的靴楔发展而来的。它的侧立面一般刻作三瓣，在早期明构实例中，当斗栱后尾挑斡与华栱等平置构件间距离较大时，原先的三角形靴楔也随之加长，图案向翼形卷瓣靠拢，如曲阜孔庙承圣门（图5-14）。北京故宫钟粹宫、北京先农坛庆成宫前殿及明

32 清工部《工程做法》作伏莲掭，《营造算例》作覆莲梢，王璞子《工程做法注释》作覆莲梢。

图5-13 湖北省文管会维修测绘图
图5-14 作者绘制

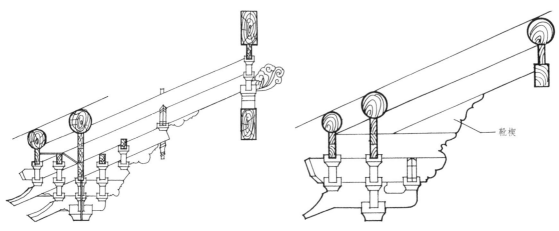

图5-13　湖北十堰武当山紫霄殿下檐平身科侧样　　　图5-14　山东曲阜孔庙承圣门平身科侧样

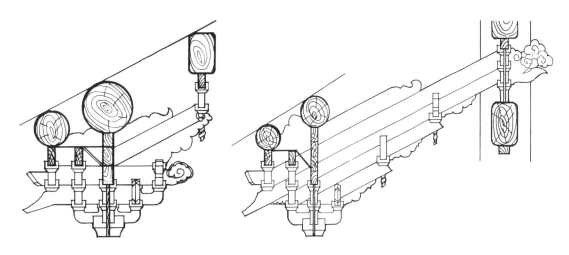

图5-15 北京故宫钟粹宫平身科侧样　　图5-16 北京故宫神武门城楼下檐平身科侧样

图5-15 选自郑连章《紫禁城钟粹宫建筑年代考实》
图5-16 选自于倬云《斗栱的运用是我国古代建筑技术的重要贡献》

长陵裬恩殿下檐平身科后尾中也可见到类似做法，即在挑斡与平置构件间插入楔形木块，其卷瓣直接包住挑斡尾端，不做六分头（图5-15）。明中期以后，溜金斗栱后尾挑斡数量增加较多，菊花头也增多了，几乎在每一挑斡下都由菊花头从下部斗口处楔入。有些斗栱最下部的菊花头因楔入华栱，尚有支撑作用，但上部多数只具装饰作用。六分头即指在宋代上昂昂尾出头处留有六分°而言。下昂昂尾则历来形式多样，明代溜金斗栱中，挑斡后尾形象也并不整齐划一，如北京天坛皇穹宇正殿檐下溜金斗栱后尾呈砍去六分头形式，而皇穹宇正殿之金柱上溜金斗栱挑斡后尾仍为六分头，六分头形式至明代后期才定型下来。三幅云在宋代本是偶尔用于偷心华栱中的一根简单的纵向翼状构件，至明代，则发展成为附在昂尾上的云饰，以加强室内装饰效果。清代则多用麻叶云取代三幅云。

② **明、清溜金斗栱异同**

明、清两代溜金斗栱之间有着明显的承继关系，因此在外形上、构件做法上都有诸多相同之处。但明代溜金斗栱尚未完全定型，因而具有较多随宜性、过渡性，也能更明显地看出溜金斗栱的演变过程。而清代溜金斗栱经过长时期的发展，更趋定型，并被赋予严格的等级含义。

明代溜金斗栱中经常使用贯通内外跳的真下昂，昂尾还常与其他挑斡一道伸至下金桁位置，清代溜金斗栱中已难觅真下昂，均为前端平置，后尾折起上伸的昂嘴形折线挑斡（图5-16）。

明代溜金斗栱在檐步架深较大、后尾挑斡过长时，会在檐步架中间置承椽枋来增加支点，如北京故宫钟粹宫与先农坛庆成宫正殿的平身科均是（图5-17），显示出一定的过渡性与灵活性。清代檐步架深因规定为22斗口，比例、形式固定，故无此虞。

明代溜金斗栱耍头、撑头木后尾常在挑檐桁位置斜上起挑斡，而下部的挑斡折点位置常不固定，这与清代规定一律以正心缝为折点位置的做法不同。

在明代溜金斗栱中，菊花头、六分头、麻叶云、三幅云、夔龙尾等，随发展而形态各异，呈过渡状态，尚未定型。至清代，溜金斗栱中这些构件的位置、形象、做法均有一定之规，已不可擅变。

溜金斗栱在结构上，以规整严谨的折线杆件加强了檐步与金步的联系。在斗栱悬挑作用减弱的同时，加强了构架的整体联系；在形象上，以较强的装饰性丰富了无天花殿宇的室内空间，无疑是明代建筑室内艺术处理的一个重要发展。

7）室内斗栱

在不用天花的殿宇中使用室内斗栱来加强梁、檩、枋之间的联系，并增加室内装饰效果，是明代官式建筑的一个重要特点。这是宋代"厅堂"类建筑做法的延续与发展，也是明代和清式建筑有着明显区别之处。

在明代，室内斗栱根据施用位置及自身特点的不同而大致分为品字科、十字科、隔架科、檩下斗栱及丁头栱等几种类型。

① 品字科

品字科斗栱是指里外出跳只用栱头不用昂。它主要用于楼房或城楼平坐之下或里围额枋上承托天花。用于楼房或城楼平坐之下的品字科斗栱常只装迎面半攒，而内跳仅为平置楷头。因属外檐斗栱，故不赘述。而室内的内里品字科斗栱则数量较多，占据了室内斗栱的主角地位。从构造上看，内里品字科与宋《营造法式》身槽内斗栱相似，但又有诸多演变。

宋《营造法式》所载身槽内斗栱通常有两种形式：一是以层层出跳的华

图5-17 摹自北京建筑大学建筑系测绘图
图5-18 作者绘制

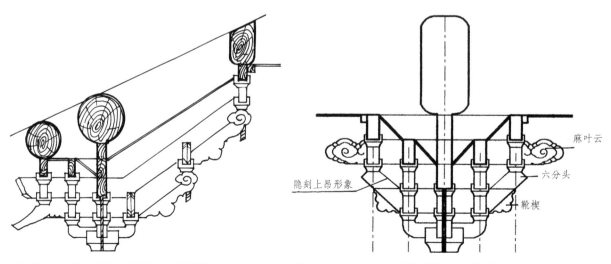

图5-17 北京先农坛庆成宫正殿平身科侧样　　　图5-18 北京昌平明长陵祾恩殿内檐斗栱侧样

栱支承上部构架；二是以上昂代替华栱出跳支承天花。明代的室内品字科则将二者结合起来，即采用平置构件出挑两端，但在上两层栱件后尾，以上昂六分头、菊花头形象作为装饰符号收尾，这样可使品字斗栱在达到同样高度的情况下比完全采用华栱出跳的宋式斗栱减少一跳跨度（图5-18）。

同时，室内品字科也根据施用位置不同分为平身科、柱头科、角科三类，变化规律与外檐斗栱相似。如外檐柱头科在立面正中一线出跳翘、昂宽度加大，角科在45°的斜向构件厚度比正心栱厚度增大等特点也在室内斗栱中得以反映。唯此处角科由于承托梁枋，因此在其与外檐柱头科对应处常采用加宽的华栱出跳，跳口出雀替支托梁底，从而兼具角科与柱头科特点。

② 檩下斗栱

这种斗栱主要用于彻上明造的各层檩下，是联系檩、枋的构件。檩下斗栱在位置上与外檐正面的平身科对应，在形式上则多采用一斗三升单栱造、一斗六升重栱造等类型（图5-19），具有一定的装饰性。但是，从大木加工角度看，其做法稍嫌复杂。因此，明代在草架中只用檩、垫板、枋三件而不用檩下斗栱。至清代，这种檩、垫板、枋三合一的做法则在露明构架中亦大行其道了。

檩下斗栱在柱头缝位多采用十字科承托，因此十字科是指檩、梁、柱交接点上起承托与传递檩上荷载作用的斗栱。其做法为：瓜栱十字交叉，置于大斗上，下置驼峰或童柱，明末有改为荷叶墩的做法（图5-20）。当平身科采用一斗六升重栱造时，十字科也会相应地在纵架方向出重栱与之呼应。

十字科形式在明代厅堂建筑中运用得相当广泛，具有较强装饰性，但随着简化做法和加强整体性趋势，明代已出现了以整块柁墩隐刻出驼峰式样的例子，显示出明代在大木加工上极为细腻的特点。至清代，不仅工部《工程

图5-19 作者拍摄
图5-20 作者拍摄、绘制

（1）故宫协和门檩下十字斗科

（2）故宫保和殿草架檩下柁墩

图5-19 北京先农坛太岁殿明间檩间斗栱　图5-20-1 北京先农坛太岁殿金檩下十字斗科　图5-20-2 檩下斗栱

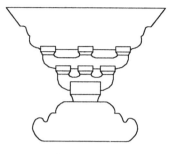 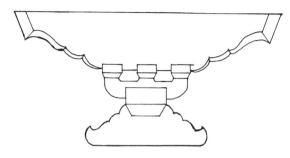

（1） 北京太庙大殿隔架科立面图　（2） 清式隔架科立面图

图5-21 明式、清式隔架科
图5-21（1）选自天津大学建筑学院测绘图
（2）选自王璞子主编《工程做法注释》

做法》中未载此做法，而且实例中也逐渐以梁下承短柱或柁墩代替十字科，虽简便实用，但装饰性明显降低。

③ 隔架科

隔架科多用于大梁和随梁枋空档之中。一般以两攒或一攒坐中安装。在形式上，最下用荷叶墩，当中置大斗，上安瓜栱一件，上托雀替。梁枋空档高的，瓜栱上另加万栱。由于隔架科极具装饰性，因此被广泛运用，如北京太庙大殿、二殿、三殿及北京先农坛太岁殿等。清代也继承了这一做法，并在工部《工程做法》中将之规范化。但二者相比，明代隔架科在立面比例上更为完整，不仅雀替与荷叶墩长度相差不大，而且立面高宽比也似乎方形[图5-21（1）]。清代隔架科的雀替长度却比荷叶墩的两倍还大，立面高宽比超过1∶2 [图5-21（2）]，表现出横向更为舒展的特点。

④ 丁头栱

丁头栱即半截华栱。从它固定的部位看，有入柱和不入柱两种。在明代，不入柱丁头栱一般多插入梁身，主要使梁下柱头斗栱在出跳数上与平身科保持一致（图5-22）；入柱的丁头栱一般多采用单栱造或重栱造，跳头多安置楂头承托梁底或檩条。出跳构件宽度常与柱头科一样加大（图5-23）。在楼阁建筑中，由于明代多采用通柱造，因此暗层柱头科也会采用插于柱身的丁头栱承托上部梁枋，曲阜孔庙奎文阁暗层斗栱即是（图5-24）。另外，在建筑的外檐廊下，以丁头栱托雀替下端入柱的方式因其增大了受剪面积而较为常用。

8）斗栱细部变化

① 上昂的残留

在宋《营造法式》中载有：上昂"如昂桯挑斡者，施于内跳之上及平坐铺作之内"，规定了上昂一般用于内檐及平坐，主要用于解决铺作层数多而内跳斗栱过高时，减小内檐斗栱出跳长度的问题。从《营造法式》记载来看，上昂实际是斜插在跳头斗口中的斜向构件，不仅可用来支承要头前端和

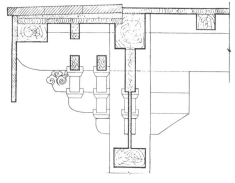

图5-22　北京智化寺万佛阁
柱头科

图5-23　北京昌平明长陵祾恩门内金柱柱头斗栱　图5-24　山东曲阜孔庙奎文阁平坐柱头科（丁头栱）

图5-22　作者拍摄
图5-23　作者拍摄
图5-24　曲阜文管会测绘图

令栱之底，补华栱载重之不足，还可以防令栱下垂，是明显具有结构作用的构件。然而由于上昂做法交榫复杂及费工费料等原因，在宋代亦使用不多，留存实例中仅苏州玄妙观三清殿等少数建筑中出现过。

至元代，上昂的构造做法就已发生较大改变。在山西芮城永乐宫纯阳殿内檐斗栱上仅有隐刻或彩画画出的上昂形象，已是形存而实亡了。

明代官式建筑中，上昂这种构造复杂的斜撑式构件被进一步简化以致舍去。如昌平明长陵祾恩殿内槽斗栱、北京智化寺万佛阁下檐内跳斗栱、北京故宫角楼及南薰殿内檐斗栱中，尚如元构一样留有较深隐刻及彩画的上昂形象，可由此略窥宋代遗制；迨至明代后期，则往往仅在内跳留有上昂后尾六分头及菊花头形象，隐刻上昂形象已较少见到。此时的斗栱里跳中已无斜撑过柱心类似上昂的构件，六分头与菊花头也仅是内外跳贯通的平置构件在后尾上的装饰符号而已（图5-25）。

上昂在宋代是一独立的斜撑构件，在建筑中有独特结构作用。在元代及明初建筑中便不断符号化，在斗栱后尾仅隐刻或彩画形象于其上，而不再是完整独立的斜撑构件了；至明中后期及清代，上昂更仅剩六分头、菊花头形象遗存，由此已很难见其原先形象了。

②　栱长

比较宋、清两代斗栱官式做法后可知，宋、清斗栱栱长的分值都是一致的，即宋代规定泥道栱长62分°（清代瓜栱为6.2斗口），慢栱长92分°（清代万栱为9.2斗口），令栱长72分°（清代厢栱为7.2斗口）。可见，清构斗栱只是实际尺寸减小，其斗栱的外形及各部分比例仍袭宋制。

从实测资料看，明代官式建筑的栱长尺寸与宋、清规定也基本一致。但是，明代常有以改变栱长调节斗栱攒档距来改变视觉形象的做法，这在曲阜孔庙奎文阁、青海乐都瞿昙寺隆国殿、北京智化寺万佛阁、北京法海寺大殿等建

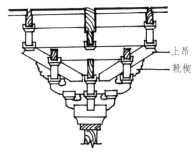

（1）江苏苏州玄妙观三清殿内槽斗栱上昂
（南宋）

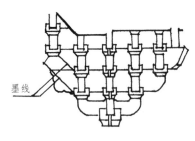

（2）山西芮城永乐宫纯阳殿内槽斗栱所画上昂
（元）

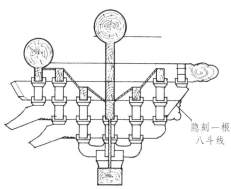

（3）山东曲阜孔庙奎文阁下檐平身科侧样（明）

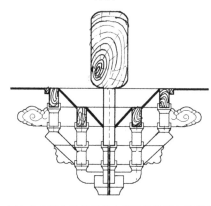

（4）北京明长陵祾恩殿内槽斗栱隐刻上昂形象（明）

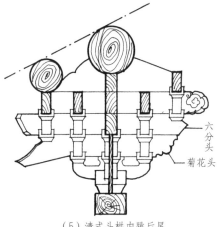

（5）清式斗栱内跳后尾

图5-25　宋、元、明、清代斗栱上昂形象演变比较

图5-25（1）（2）选自潘谷西
《〈营造法式〉初探（二）》
（3）选自南京工学院建筑系、
曲阜文物管理委员会合著《曲阜
孔庙建筑》
（4）作者绘制
（5）选自梁思成《清式营造则
例》

筑中均有所见，可见明构中栱长变化较之宋、清更灵活些。

③ 昂及昂嘴

明代初期至中期仍有使用真昂之例，如北京故宫神武门城楼下檐或北京先农坛太岁殿斗科。但假昂的使用已很普遍，其变化亦集中于斗栱的外跳部分，大体上可分四种式样：

第一种，外观及正面式样与真昂极相似，而后尾平置[图5-26（1）]，如北京天坛皇穹宇正殿、明长陵祾恩门中均中有此类平置昂。第二种，自

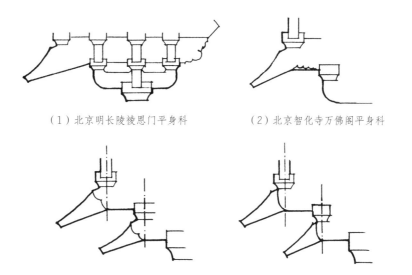

（1）北京明长陵祾恩门平身科　　　　（2）北京智化寺万佛阁平身科

（3）北京故宫钦安殿柱头科　　　　（4）山东曲阜孔庙奎文阁柱头科平置昂外跳

图5-26　假昂外跳部分的四种做法

图5-26、图5-27 作者绘制

十八斗平出一段至前一跳中心线再斜向下，做琴面昂，平出部分刻三～四卷瓣，习惯上称为"假华头子"[图5-26（2）]。在北京先农坛具服殿、天坛祈年门、山东曲阜孔庙奎文阁等建筑斗栱中均可见到。第三种，在平出部分不刻假华头子，而在昂斜出向下的起点，在昂上刻两卷瓣向上，做成亦栱亦昂式样。昂嘴部分被削薄，做扒腮，多用于柱头科，使之与平身科宽窄差距不致太悬殊[图5-26（3）]。这种形式在明构中广泛运用，并延及清代。第四种，在平出部分不仅刻假华头子，而且在昂斜向下的起点，于昂身上刻华栱形纹。多用于柱头科，昂嘴部分并不削薄。如曲阜孔庙奎文阁柱头科上即有[图5-26（4）]，颇有宋式插昂遗意。

明代之昂嘴细长，有因柱头科与平身科昂嘴宽窄不一而变，也有因各时期装饰趣味不同而有所差异的（图5-27）。

④ 要头与齐心斗

元代以前官式建筑中斗栱要头都使用单材，因而在要头与厢栱相交处施

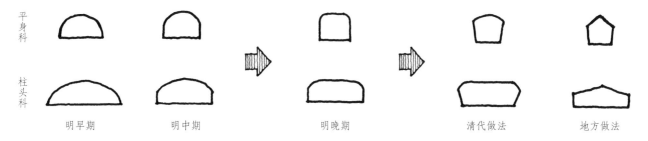

平身科

柱头科

明早期　　　　　明中期　　　　　　明晚期　　　　　清代做法　　　地方做法

实例：湖北十堰武当山金殿、北京故宫钦安殿等　　北京天坛皇穹宇、定陵明楼　　北京天坛祈年殿、湖北十堰武当山紫霄宫大殿

图5-27 昂嘴形象演变示意

齐心斗。至元代，由于在柱头铺作中出挑的梁头也常做成耍头形，因此元构中耍头常用足材，不施齐心斗。但在明初官式建筑中，溜金斗栱若只有耍头后尾向上起斜杆，则耍头多用足材，不用齐心斗，如北京大慧寺大殿的外檐及北京智化寺万佛阁上檐平身科；但后尾平置或随多重斜杆上伸时，耍头多数复用单材，仍做齐心斗，这在明初许多重要遗构上都有体现，如明长陵裬恩门、裬恩殿，北京社稷坛前殿、正殿等。明代许多仿木构的琉璃建筑中，包括明代初、中、晚期的实物，大多置齐心斗。由此可知，明初沿袭宋代旧制，在耍头之上置齐心斗的做法曾较普遍。至清代，仅在琉璃建筑中仍有遗存。

6 大木构件分述

1）柱

① 柱的种类与式样

明代柱的种类与宋代相似，也依施用位置的不同而分副阶檐柱、正身檐柱、内金柱及屋架中的瓜柱；依形状不同而分圆柱、方柱、八角柱等。柱的式样在宋《营造法式》中主要为梭柱，但由于其制作复杂在明代渐不采用，仅于明初一些建筑如北京故宫钟粹宫之檐柱、金柱柱头稍作卷杀，略似梭柱。明代后期建筑中则更多的是在立柱柱身上下做适当收分，柱头处在正面斜抹一段，不做更多的艺术加工。另外，宋代常见的瓜楞柱在明代并不多见，而拼镶柱、包镶柱的做法则有所继承。虽然明代的重要建筑多以整料楠木为柱及梁枋构件，有些更是仅在柱身上烫蜡，不饰髹漆，以楠木自身的材质、色彩表现出古朴与端庄，如北京太庙大殿内柱。但亦有采用拼帮做法的实例及记载。明嘉靖间工匠出身的工部官吏徐杲在主持故宫"三大殿"重建工程时，就曾"易砖石为须弥座，积木为柱"[33]。其中积木为柱即指"拼帮""包镶"做法。利用木材易于拼合的性能，将小块木料经过拼合、斗接、捆扎，使之粗壮加高，做柱子，发挥大料作用来节省用料。明代北京故宫端门城楼的柱、梁，北京先农坛庆成宫东庑的山墙柱和北京天坛神乐署后殿檐柱均有拼镶做法，后者更以外扎铁箍（图6-1）方式包镶柱子。此法较之宋代以榫卯斗接更加简洁、实用，利于施工。明代皇陵北京昌平十三陵建筑中亦不乏此类做法。至于瓜柱，殿阁建筑之草架中常为方柱抹四角形式，而在厅堂建筑彻上明造屋架中形式多样。与檐、金柱头相对应的瓜柱在做法上完全仿效之。而相对独立的脊瓜柱常做成方形，由于径值常大于梁身之厚，因此立于梁上时，多采用骑栿做法，在梁栿两侧的延伸部位刻凿花样，这在明代北京先农坛太岁殿、拜殿及社稷坛前后殿中均可见到，较常

33 （明）焦竑. 国朝献征录 4：卷五十[M] 台湾：学生书局，1984：2115.

图6-1 作者拍摄　　　　　　　（1）　北京先农坛庆成宫东庑北墙檐柱　　　　（2）　北京天坛神乐署后殿
檐柱

见。而在柱根入础做法上，明代初期南京故宫的官式建筑中尚未用管脚榫，但在山东曲阜孔庙奎文阁及北京多处明构中已采用管脚榫，如北京故宫钟粹宫等。

② 柱径

明代建筑柱径取值换算成斗口数后显示，其柱径取值总体上大于宋代的规定而趋近清代制度。具体特征如下：

对于重檐殿阁建筑而言，檐柱实为副阶檐柱，金柱为殿身檐柱。这类建筑的副阶檐柱柱径在5.0～6.0斗口，殿身檐柱柱径则在6.0～8.7斗口，如北京故宫神武门城楼、太庙大殿等。对于单檐殿阁建筑而言，则有两种情况：一是檐柱与金柱取值不等的。其中有北京先农坛庆成宫前后二殿及法海寺大殿之因为构架有厅堂式特征，檐柱、金柱不等高造成二者柱径不等的；更多的则是檐柱与金柱柱高相等时，内金柱径取值略大。如北京太庙二、三殿等，是较为普遍的取值方式。另一类檐柱与金柱径相等的殿阁建筑则较少见，仅北京故宫中和殿、太庙戟门等少数建筑采用之。

厅堂建筑中檐柱、金柱柱径的取值也处在5.0～6.0斗口及6.0～7.5斗口之间，如北京先农坛太岁殿、拜殿及故宫钟粹宫等，与殿阁式建筑相差不大。然而在明代后期，尤其是万历年间，建筑物的柱径合斗口数变得很大，如故宫中和殿、保和殿的檐柱柱径分别为7.5斗口和8.0斗口，保和殿的殿身柱径甚至达到11.0斗口，比清代《工程做法》规定亦大很多，而与清初重建的故宫太和殿、乾清宫取值相当。盖因此时这些建筑斗栱用材急剧减小，而柱径实际尺寸并未有太大改变，因而换算出的斗口数有明显增加之势。

③ 檐柱柱径与柱高之比

檐柱的径高比历代均不一致。同时代的建筑也各不相同，明代亦然。明代檐柱径高比多在1/10～1/8之间取值，较之清代建筑粗壮一些，但比值并无规律。

在一组建筑群中，同一轴线上的几座建筑因等级高低，檐柱径高比也略有差别，如北京太庙大殿、二殿、三殿、戟门的檐柱径高比为1/8.9、1/10.3、1/10、1/7.79，而其配殿却达到1/8.57，比三殿大殿的檐柱还显粗壮一些；又如北京社稷坛前后二殿，在开间大小、檐柱柱径相当的情况下，正殿因柱高较大，其径高比为1/9.5，反而小于前殿的1/7.77。同样的情况也见于北京先农坛太岁殿与拜殿。可见明构檐柱径高比总体上在1/8～1/10之内，具体比例则未有定值。

2）梁的形制与断面

梁的形制在明代官式建筑中多采用直梁，但有的大木加工上仍留有月梁痕迹。如梁截面四角微抹，作圆转的倒角，梁背呈圆弧形，以及在梁端略做卷杀以插入或搁置于柱中等，在明初北京故宫钟粹宫之三架、五架梁及随梁枋和神武门城楼之七架梁上都有表现，可谓仍存月梁遗意。至明中期以后，这些痕迹日渐减少，直梁做法逐渐占据了主导地位。另外，明代的梁栿加工可谓细腻精致，无论明栿还是草栿，一律采用刨光的明栿做法。

至于梁栿的断面尺寸，明代梁栿断面高度的绝对尺寸与宋代、清代的相差无几，但折合成斗口数后，明代就远大于宋《营造法式》规定数值，梁高多在7.0～8.1斗口之间，大于宋代60分°（合6斗口）之规定，略小于清8.4斗口。五架梁、三架梁的梁高取值也有些规律。这也是由于明代斗栱取值骤减所致。另外，梁栿宽度较之宋代则大得多。明代梁栿高度比例不若宋式3：2窄长，趋于方整，这一现象在明初建筑中已有表现，至明中后期日趋普遍。如明初北京故宫钟粹宫与角楼的梁栿断面比例尚在10：7.5左右，而明中期的北京先农坛太岁殿、拜殿之五架梁高宽比已达10：8.2，北京智化寺万佛阁五架、七架梁高宽比更是达10：9.5，几成方形，显示出明代梁栿断面向10：8或10：10靠拢之趋势。

3）额枋与平板枋

唐、辽时期建筑常常只有阑额而无普拍方（清称平板枋），如山西五台山佛光寺东大殿、河北蓟州独乐寺观音阁及山门均如此。至宋代，普拍方才大量使用，并且将外槽柱柱头联成一体，形成"圈梁"。但在宋《营造法式》中，规定阑额高宽为3×2材（用补间铺作），普拍方则未具体规定。实例中阑额高宽比多为3：2，亦有3：1的。而在元代及辽、金时期建筑中，阑额（大额枋）高厚比为3：1，普拍方与大额枋的断面尺寸相同，两构件搭交成"T"字形。

明代的额枋与平板枋断面比例与尺寸已不等。二者在断面形状上也由"丁"字形逐渐变为上下等宽，及至后来平板枋宽度小于额枋宽度。

明代额枋的高度合斗口数要大于宋《营造法式》规定的4.5斗口，高宽比则与宋制较为接近而略显方整，多在10∶6.7~10∶4.9之间取值。平板枋的断面高宽尺寸变化较大，断面宽度明显减小，与额枋宽度相当，而高度则在1.7~2.3斗口，高宽比约为2∶3.6，与清《工程做法》规定相近，不若以前薄而宽。平板枋断面由宽薄到窄厚的变化是因为宽薄便于安置硕大的栌斗；窄厚则有利于至角柱相交时，保存较多开榫后的截面，利于增强"圈梁"的拉结力。明代斗栱的减小也促进了平板枋的这一变化。

额枋与平板枋在位置上相近，二者在截面上的比例关系在明代有三种：一是平板枋宽度稍窄于额枋，差值在0.3~1.0斗口之间，这在明中期建筑中最为普遍；二是平板枋宽度大于额枋宽度，仍具早期建筑特征，在明初有少量遗存；三是平板枋宽度明显小于额枋，且差值在1.1~1.9斗口之间，在明代后期及清初建筑中运用较多。

明代实测值中额枋较高，而枋宽则与明以前建筑大致相当。这是因为大额枋是"两头入柱心"的构件，明代柱径、柱高实际数值并未有太大变化，因此大额枋宽度也与前代相仿。

4）檩

明代建筑檐部普遍采用挑檐檩取代撩檐枋。屋架中由上而下的脊檩、金檩、正心檩及挑檐檩，檩径取值也与前代略有区别。大致有以下五种：

（1）脊檩=金檩=正心檩>挑檐檩。这种情况在明构中出现最多，如北京故宫角楼、神武门城楼、保和殿及北京先农坛诸殿等均是。

（2）脊檩>金檩（1，2……）=正心檩>挑檐檩。实例亦较多，如北京智化寺万佛阁，北京法海寺大殿，北京太庙三殿、戟门等。

（3）脊檩=金檩（1，2……）>正心檩>挑檐檩，见北京太庙二殿。

（4）脊檩>金檩>檐檩，如北京先农坛宰牲亭。

（5）脊檩>金檩1≥金檩2≥……<正心檩>挑檐檩，这种情况往往是因多檩屋架中构造的特殊需要所致，为数较少，仅见于北京故宫中和殿及北京先农坛神厨正殿。

另外，檩的加工亦采用上下取平的方法，脊檩上金平宽度略同扶脊木底。其余檩条金平多为檩径的30%左右。

5）大木构件及其制作

随着明代木工具的突破性发展，大木加工与制作工艺达到较高水平，榫卯的制作工艺也反映出明代大木作技术水平与发展状况。

榫卯技术从河姆渡文化遗址中可知已采用,至宋代已相当成熟。《营造法式》中概括有"鼓卯""螳螂头口""勾头搭掌""藕批搭掌"等数种。这些榫卯在柱与枋、柱与梁、槫与槫、槫与梁头及普拍方的搭接构造中大量运用,设计巧妙,搭接严密,构造合理,结构功能很强,因此在明初的大木构架中不但得到了很好的继承,而且表现出更为精细成熟的特色,与清代木构架榫卯之注重简单实用相比有诸多不同。以下仅以北京故宫钟粹宫、角楼,北京先农坛拜殿及昌平明献陵明楼几处建筑为例,略窥明代大木构件制作及榫卯构造特点。

① **扶脊木**

扶脊木的出现是明代大木构架注重整体联系的结果。它的主要作用在于加强脊檩、脑椽和正脊之间的联系。扶脊木最早出现于何时已不可考,但其雏形似可在北宋大中祥符六年(1013年)建成的浙江宁波保国寺大殿[34]之脊部略窥一二(图6-2-1)。此时的扶脊木为置于脊檩上部的一根圆形檩木,用于插置脑椽后尾。但这一做法并未在其他宋元时期的建筑中重复出现,可见并非宋元时期建筑之主流做法。扶脊木普遍施用于脊部则是始于明代初期,在永乐年间所建的北京故宫角楼、钟粹宫及明嘉靖间建的北京先农坛诸殿之脊部均可见之。扶脊木与脊檩同长,制作上同样是以榫卯连接。截面形状为近似五边形,稍异于后来清代规定并采用的六边形截面。断面高度与脊檩相近。下皮的宽度亦与脊檩金盘宽度相当。另外,扶脊木上须凿脊桩眼插置脊桩以扶持正脊,并在两侧剔凿椽窝固定脑椽,因此制作上类似承椽枋。较之宋元时期建筑中大多将脑椽直接搁置于脊檩上的做法,扶脊木的运用使明代大木构架在脊部联系更紧密,构架更规整有序(图6-2-2)。

② **檩的交接及其与梁头的关系**

明代檩的交接依位置与方向的不同,分为同向相续和交叉相接两种(图6-3)。

同向相续的檩条端部仍沿用宋《营造法式》中记载的螳螂头口做法,在檩径的上半部刻榫与卯,下半部互相接合。若骑于梁身,则削去梁身宽度,使二者卯合时正好骑在梁身上。对于圆形建筑如北京天坛皇穹宇正殿及北京故宫千秋亭、万春亭两座重檐攒尖顶建筑而言,檩条常弯成圆弧状,相交仍采用螳螂头口的相续交接方式。螳螂头口的做法加工虽较复杂,不若清式鸽尾榫简洁,但其严密、细致,不易拉脱,一直为明代所继承。

交叉相接的檩头多出现于角部,正搭交檩(按90°角搭交)通常做深及檩径一半的卡腰榫。斜搭交檩的构造做法与正搭交檩相似,仅搭交角度不同。由于上部须放置角梁,因此二者在交角的平分线上部亦削去一部分以搁

34 宁波保国寺大殿:北宋大中祥符六年(1013年)建成。由于经历代多次重修,不排除屋顶椽檩在维修中更换改变的情况。

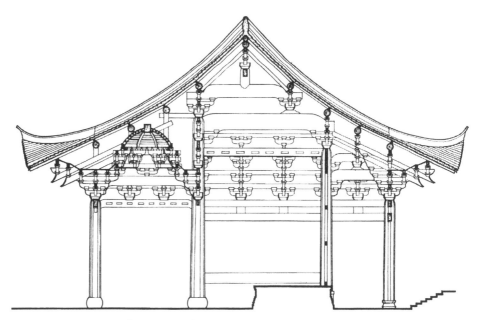

图6-2-1 浙江宁波保国寺大殿剖面示意图

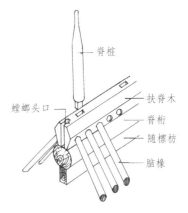

图6-2-2 北京故宫角楼脊部构造（左：角楼1:10模型，右：脊部构件分解示意）

图6-2-1 选自中国科学院自然
科学史研究所主编《中国古代建
筑技术史》
图6-2-2 作者拍摄、绘制
图6-3-1 明献陵明楼上檐檐檩
交接，作者拍摄
图6-3-2 选自丁倬云主编《紫
禁城宫殿》

图6-3-1 明式檩条交接方式：十字搭交相接

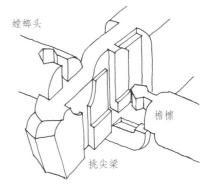

图6-3-2 明式檩条交接方式：同向相续

置角梁。

　　另外，柱梁作构架中，檩头常直接搁置在梁端。因此在梁头多剔凿檩椀
放置檩头。

③ 柱梁交接

瓜柱： 置于梁背上时，常因柱径尺寸与梁身厚度不等，在柱梁交接时往往采用几种不同办法（图6-4）。一是当瓜柱柱径大于梁身厚度时，采用骑栿做法（图6-5）。即瓜柱下口除了居中做榫，两侧还做插肩夹皮榫。这在北京先农坛太岁殿、拜殿、具服殿及北京社稷坛二殿中均可见到，是明代厅堂构架中极常见的。其柱根两侧还常做成鹰嘴等式样。二是将瓜柱下端插置于一大斗中，大斗置于梁背来解决这一问题，如北京先农坛太岁殿、北京历代帝王庙正殿及昌平明长陵祾恩殿之山面构架均采用之（图6-6）。另外，殿阁草架中的瓜柱多采用方柱抹去四角的小八角柱形式。柱根处虽包住梁栿，但下垂部分并不做三角形的鹰嘴雕刻，较简洁朴素，如北京太庙戟门、正殿及智化寺万佛阁屋架童柱所示（图6-7）。

雀替与丁头栱的使用： 雀替与丁头栱均用于横置的梁、枋和竖立的柱的交接处，用以缩短梁枋的净跨长度，减小梁与柱相接处剪力，防阻横竖构件间角度倾斜，加固构架。二者有时同时使用，有时分开单独用于梁下。雀替的装饰性较强，在明代建筑中使用颇多。北京先农坛太岁殿、拜殿、具服殿及社稷坛前后殿等厅堂构架建筑，以及北京太庙各殿的檐下露明部分，在梁下一般都加施雀替或丁头栱来增强节点处榫卯的拉结。尤其在梁枋和柱节

图6-4 作者绘制
图6-5 作者拍摄
图6-6 作者拍摄
图6-7 作者拍摄

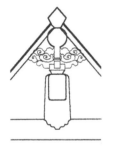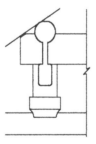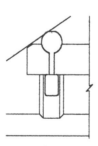

（1）鹰嘴式样　　（2）大斗承瓜柱　　（3）草架做法

图6-4　明构瓜柱下端榫卯做法与式样

图6-5　北京先农坛太岁殿檩下斗栱

图6-6　北京先农坛太岁殿梢间梁架

图6-7　北京太庙正殿上檐草架之梢间柱梁交接

图6-8　北京太庙正殿下檐挑尖梁后尾入柱，下以丁头栱与雀替承托　　图6-9　北京太庙戟门檐柱柱头雀替

图6-8 作者拍摄
图6-9 作者拍摄

点做透榫的情况下，仍然辅以雀替或丁头栱，且雀替、丁头栱入柱也作透榫（图6-8）。

在外檐有廊的明代建筑中，柱与额枋的交接处也做雀替，此时的雀替不同于清代建筑之仅以插榫插入柱身的做法，常做成整木骑在开口的柱头上，因此也称通雀替（图6-9）。明代雀替的形象与其他时期也略有不同。它是宋代的楷头形绰幕与元代的卷云楷头蝉肚曲线的结合，即前端为楷头，后部为蝉肚形式。明代初期的雀替已在前部采用直线楷头，摒弃了元代的卷云楷头，但后部的蝉肚曲线仍变化不大。雀替卷瓣均匀，每瓣卷杀都是前紧后缓，很有弹性和力度。相比之下，到明代中期以后，楷头下垂开始变长，至明末，北京故宫保和殿及御花园澄瑞亭（方亭部分）的檐下雀替前楷头部分已占总长度的约1/3，并且卷瓣日趋圆合。到清代早期，雀替的卷瓣更为圆合，楷头所占比例更大，且在最外端处下垂较多（图6-10）。

④ **平板枋、额枋与柱头的相交**

明代的额枋与柱头的交接在顺向搭接不出柱头时，主要是采用梁额两侧带袖肩的做法（图6-11-1），额枋端部的榫头即插置其中，如北京故宫钟粹宫、先农坛拜殿等即是。宋代藕批搭掌和箫眼穿串做法于明代则不见使用。在建筑的梢间或转角处，额枋常常做箍头榫与角柱相交。箍头枋有单面与搭交箍头枋两种（图6-11-2）。前者多用于悬山建筑梢间；后者多用于庑殿、歇山或多角形建筑转角。箍头枋也分大式、小式两种，无斗栱的小式建筑常做成三岔头形状，带斗栱的大式建筑相交的额枋在柱头处上下相扣，出柱头刻作霸王拳式样。箍头枋的使用对于改善角部的联系是至关重要的。它使额枋在扣交后被牢固固定，不易拉脱，较之辽、宋时期相交的额枋不出头或出头与卯口同宽的做法更加牢固。霸王拳的宽度也与平板枋基本一致或略小（图6-12）。

平板枋之间的相交多采用螳螂头口或银锭榫，勾头搭掌做法已不见使

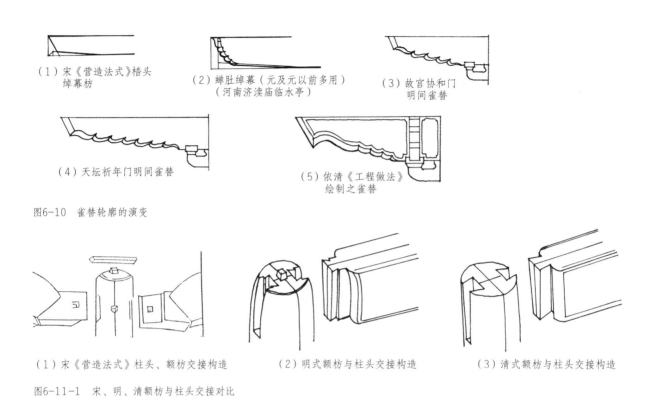

（1）宋《营造法式》楷头
　　绰幕枋

（2）蝉肚绰幕（元及元以前多用）
　　（河南济渎庙临水亭）

（3）故宫协和门
　　明间雀替

（4）天坛祈年门明间雀替

（5）依清《工程做法》
　　绘制之雀替

图6-10　雀替轮廓的演变

（1）宋《营造法式》柱头、额枋交接构造

（2）明式额枋与柱头交接构造

（3）清式额枋与柱头交接构造

图6-11-1　宋、明、清额枋与柱头交接对比

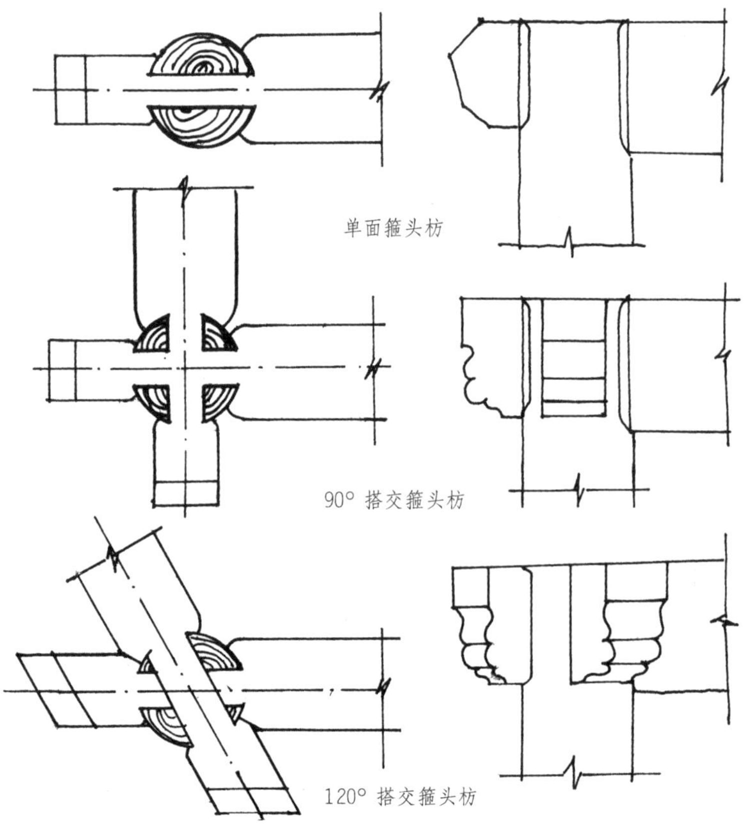

单面箍头枋

90°搭交箍头枋

120°搭交箍头枋

图6-11-2　明代建筑中额枋与柱头交接的三种常见方式

图6-11-1　选自马炳坚《明清
建筑木构架的若干区别（中）》
图6-11-2　作者绘制

图6-12　作者绘制

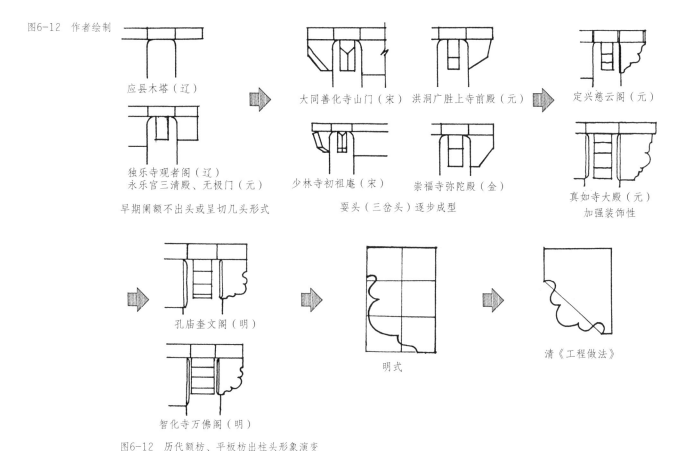

应县木塔（辽）

独乐寺观者阁（辽）
永乐宫三清殿、无极门（元）

早期阑额不出头或呈切几头形式

大同善化寺山门（宋）　洪洞广胜上寺前殿（元）

少林寺初祖庵（宋）　崇福寺弥陀殿（金）

耍头（三岔头）逐步成型

定兴慈云阁（元）

真如寺大殿（元）

加强装饰性

孔庙奎文阁（明）

智化寺万佛阁（明）

明式

清《工程做法》

图6-12　历代额枋、平板枋出柱头形象演变

用。平板枋在角部正、斜搭交后出头常刻海棠纹式样装饰，与霸王拳在形式上有所呼应，在北京先农坛井亭及北京智化寺万佛阁中均有所见。

⑤ **椽的做法**

椽椀：椽椀多安置于檐檩或挑檐檩之上，是用以封堵圆椽之间椽档并固定檐椽的木构件。明代在椽椀的制作上颇为讲究。它将整块木板分成上下两半，上下各做半个椽椀。上下椀合扣处做龙凤榫，将椽子严丝合缝地扣在椀中。安装时，先钉置下半椀，安装椽子后，再扣上上半个椽椀，工艺水平很高。在北京故宫钟粹宫、角楼，北京先农坛神厨两座井亭及昌平明十三陵献陵明楼中均如此（图6-13）。有时当檐椽较长，檐檩、金檩跨度较大时，常在中部置承椽枋，承椽枋上也设椽椀，以便更好地固定檐椽，如故宫钟粹宫即是。

里口木，大连檐：里口木是联系檐椽椽头并兼堵挡飞椽椽档的木构件。制作上通常为整木料上凿出飞椽宽度的槽口搁置飞椽，并在槽口处用钉子与下部檐椽椽头固定。槽口处厚度同望板，与望板相交处亦作榫头与之扣搭相交。里口木在梢间随角椽一同向角梁头冲出，因此呈弯曲状，端部插置角梁中（图6-14）。里口木的使用一直延至清早、中期。清工部《工程做法》中仍对此规定："凡里口以面阔定长……以椽径一份再加望板厚一份定

107

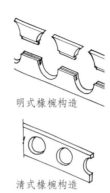

图6-13 北京先农坛井亭椽椀构造及其与清代做法的对比

明式椽椀构造

清式椽椀构造

图6-14-1 北京故宫角楼角梁1:10模型

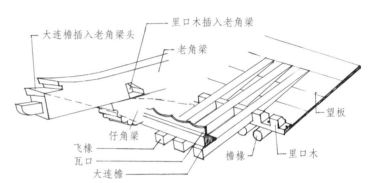

里口木插入老角梁

大连檐插入老角梁头

老角梁

望板

仔角梁

飞椽

檐椽

里口木

瓦口

大连檐

图6-14-2 北京故宫角楼角梁与里口木、大连檐的交接示意

高……厚与椽径同。"至清晚期，才开始以小连檐加闸档板代替之。大连檐则主要用于联系飞椽椽头，并随飞椽在角部的生起而略向上弯曲，其断面形状与里口木相同但并不凿椽档，为一整木，上栽瓦口，端部于仔角梁头上皮槽口内45°相交。

通椽与重椽："通椽"是明代木构中一种特殊做法，即椽长有两个步架。在北京先农坛拜殿中，檐步、金步二步所用椽为一根整椽。跨越檐步、金步的通椽本身在老檐檩处有一定折角，使椽身略呈折线以适应屋顶举折[35]。其做法目的在于加强构架整体性，避免因檐出过长大于步架而引起倾覆。但该做法加工较为繁复，需将一整根长及两架的木椽烤热微弯后使用，工艺十分讲究。北京天坛皇穹宇正殿的每根椽长也跨越两个步架，但屋架中的各椽是上下交叠，各椽本身则并不弯折（图4-22），形式上更类似于重椽。所谓重椽，即上下两层椽子，其历史可追溯至很早，苏州的宋构瑞光塔顶层即用重椽，受我国唐塔影响颇深的日本木塔也用重椽（图4-23）。而皇穹宇正殿为了利于形成圆转的屋顶曲面，使各椽在檩缝处折角较小，在各檩缝位置上下交叠地布置椽的做法估计也是受到了早期建筑重椽做法的影响。另外，青海乐都瞿昙寺的一些建筑屋顶坡度平缓，举折变化不大，因此屋架

图6-13 作者拍摄、绘制
图6-14 作者拍摄、绘制

35 马炳坚.明清官式木构建筑的若干区别(中)[J].古建园林技术，1992（3）：59-64.

常采用两步一折或多步一折的做法，用椽也相应地有椽长两步或更多步。这是根据当地气候干燥、雨水较少而形成屋顶平缓的地方做法，在明代不具普遍性。

椽的搭接与加工：上下椽的搭接在元代及以前的建筑中仍采用上下交叉相错的方式（图6-15），而在明代建筑中各步架椽的搭接则均采用巴掌搭接。这也是明代屋顶椽构造做法的一大改变，在明初建筑青海乐都瞿昙寺隆国殿中已可见到。其做法是将上下步架的椽子端部削平，将平口压合在一起，并以铁件将下部椽头固定于檩条上（图6-16）。这样一来，各步架椽从上到下一一对应，较之以往上下椽相互错开搁置于檩上而言，巴掌搭接做法的整体性更好。另外，明代各椽椽身上为便于搁置构件，亦作金盘，与檩条做法相同（图6-17）。飞椽椽头与仔角梁头均做卷杀，这在明初建筑中表现尤为明显，并延及明中后期。直至明末，飞椽椽头卷杀才逐渐减少，但仔角梁头卷杀一直沿用。

图6-15　作者绘制，现藏于北京中国古代建筑博物馆
图6-16　作者绘制
图6-17　作者拍摄、绘制

图6-15　山西芮城永乐宫龙虎殿模型

图6-16　明代建筑上下椽搭接示意图及其与宋元时期的比较

明代上下椽的搭接　　元代及以前上下椽的搭接

椽上皮做金平，上铺望板

图6-17　北京先农坛神厨东井亭屋面椽的加工

7 | 明代官式建筑大木作范式图版

图版一　殿堂式构架

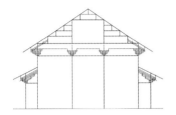

（1）殿身十三檩、双槽加副阶
周匝（或斗底槽加前后廊）
主要依据：北京故宫端门、午门

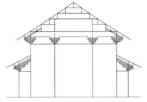

（2）殿身十一檩、双槽加副阶周
匝（或斗底槽加前后廊）
主要依据：北京昌平明长陵棱恩殿

（3）殿身十一檩、分心槽加副阶
周匝（或前后廊）
主要依据：北京太庙大殿

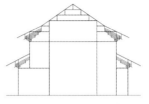

（4）殿身十一檩、檐柱不落地，
加副阶周匝（或前后廊）
主要依据：江苏苏州文庙大成殿

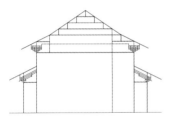

（5）殿身十一檩、省去前金柱，后
金柱伸至中金檩，加副阶周匝（或
前后廊）
主要依据：北京故宫保和殿

（6）殿十一檩、分心槽
主要依据：北京太庙二殿、三殿

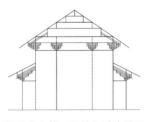

（7）殿身九檩、双槽加副阶周匝
（或斗底槽加前后廊）
主要依据：北京历代帝王庙大殿、
十堰武当山紫霄宫大殿

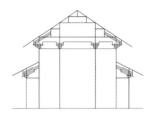

（8）殿身九檩、双槽加副阶周匝
主要依据：青海乐都瞿昙寺隆国殿

（9）殿九檩、分心槽
主要依据：北京太庙戟门、
北京天坛祈年门

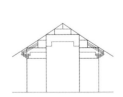

（10）殿九檩、五架梁前
后出单步梁
主要依据：北京法海寺大殿

（11）殿身七檩、通檐，
七架梁加副阶周匝
主要依据：北京故宫神武门、
东华门、西华门城楼

（12）殿七檩、五架梁前
后出单步梁
主要依据：北京先农坛庆成
宫正殿

（13）殿七檩、七架梁下设
金柱
主要依据：北京智化寺大智殿、
藏殿

图版二 厅堂式构架

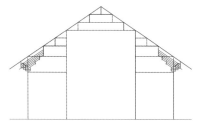

(1) 十三檩、七架梁前后出三步梁
主要依据：北京先农坛太岁殿

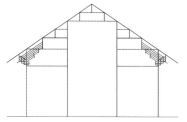

(2) 十一檩、五架梁前后出三步梁
主要依据：北京社稷坛正殿

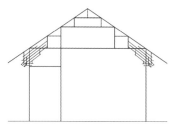

(3) 九檩、七架梁对双步梁，后檐金柱不落地
主要依据：北京先农坛拜殿

(4) 九檩、单步梁对八架梁，用三柱
主要依据：北京智化寺智化殿

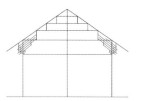

(5) 九檩分心造，前后出五架梁
主要依据：北京故宫文华门

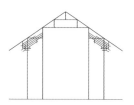

(6) 七檩、五架梁前后出单步梁
主要依据：北京故宫钟粹宫

(7) 七檩、七架抬梁构架
主要依据：北京先农坛具服殿

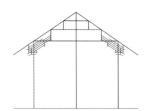

(8) 七檩分心造、前后出三步梁
主要依据：北京智化寺智化门、北京故宫协和门、北京历代帝王庙山门

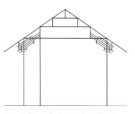

(9) 七檩、单步梁对六架梁，前檐金柱不落地
主要依据：北京太庙各殿配殿

(10) 五檩、五架抬梁构架
主要依据：北京天坛皇穹宇配殿

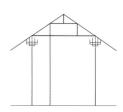

(11) 五檩、单步梁对四架梁，后金柱不落地
主要依据：北京故宫神武门内东、西值房

图版三　柱梁作构架

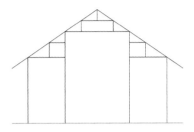

(1) 九檩、五架梁前后出双步梁
主要依据：北京天坛北神厨东、西殿次、梢间

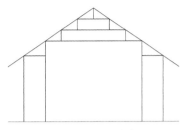

(2) 九檩、七架梁前后出单步梁
主要依据：北京先农坛神厨正殿

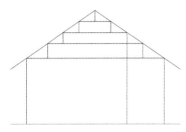

(3) 九檩、七架梁对双步梁
主要依据：北京天坛北神厨东、西殿，曲阜孔府大堂

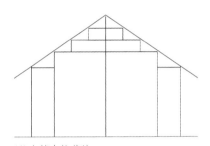

(4) 九檩中柱落地
主要依据：北京先农坛神厨正殿次、梢间

(5) 七檩抬梁构架
主要依据：北京先农坛神厨东、西殿

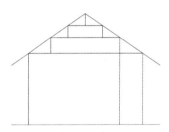

(6) 七檩、单步梁对六架梁
主要依据：北京天坛北神厨正殿、曲阜孔府二堂

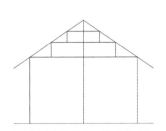

(7) 七檩中柱落地，前后出三步梁
主要依据：北京先农坛神厨东、西殿梢间

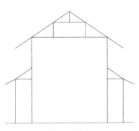

(8) 正身五檩抬梁构架
主要依据：北京先农坛宰牲亭

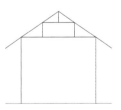

(9) 五檩抬梁构架
主要依据：北京先农坛神仓

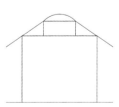

(10) 四檩卷棚
主要依据：北京先农坛庆成宫东、西庑

图版四　楼阁构架

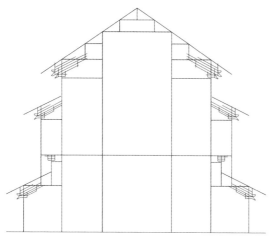

（1）殿身厅堂构架，四柱落地，重檐三滴水
主要依据：西安鼓楼

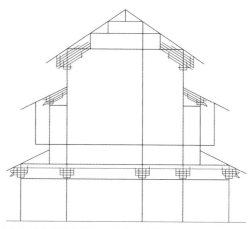

（2）上厅堂下殿堂构架，重檐三滴水
主要依据：曲阜孔庙奎文阁

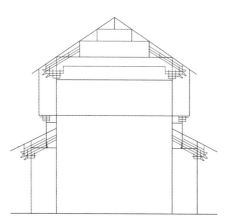

（3）殿身七檩殿阁式构架，通檐用二柱
主要依据：北京智化寺万佛阁

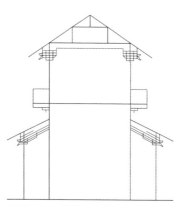

（4）殿身五架抬梁，通檐二柱落地
主要依据：青海乐都瞿昙寺大鼓楼，北京
智化寺钟、鼓楼

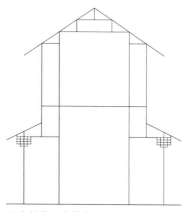

（5）上檐柱梁式构架，金柱落地，檐柱
落于下檐挑尖梁背
主要依据：青海乐都瞿昙寺小鼓楼

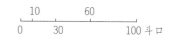

图版五　殿身双槽、九檩重檐构架侧样

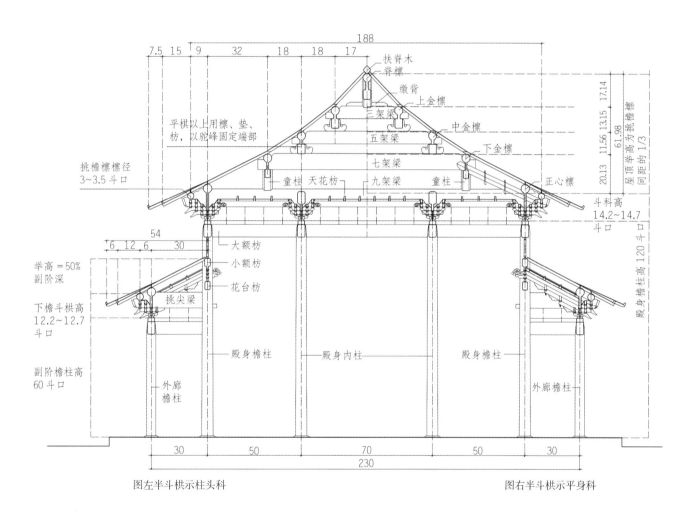

图左半斗栱示柱头科　　　　　　　　　　　图右半斗栱示平身科

主要依据：北京历代帝王庙大殿

图版六 殿身分心槽、十一檩单檐殿堂构架侧样

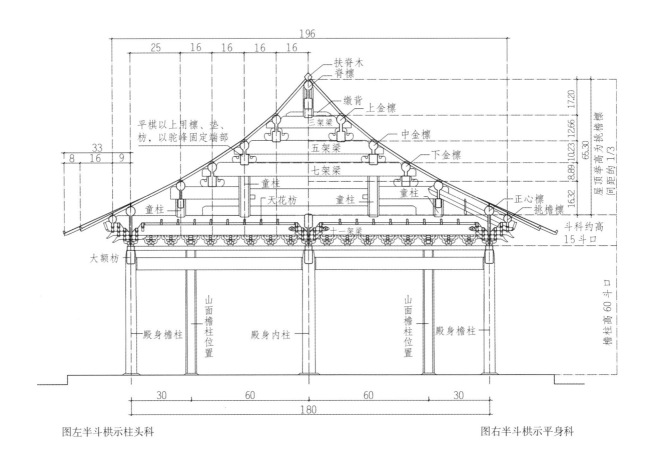

图左半斗栱示柱头科

图右半斗栱示平身科

主要依据：北京太庙二殿、三殿

图版七　七檩重檐殿堂构架侧样

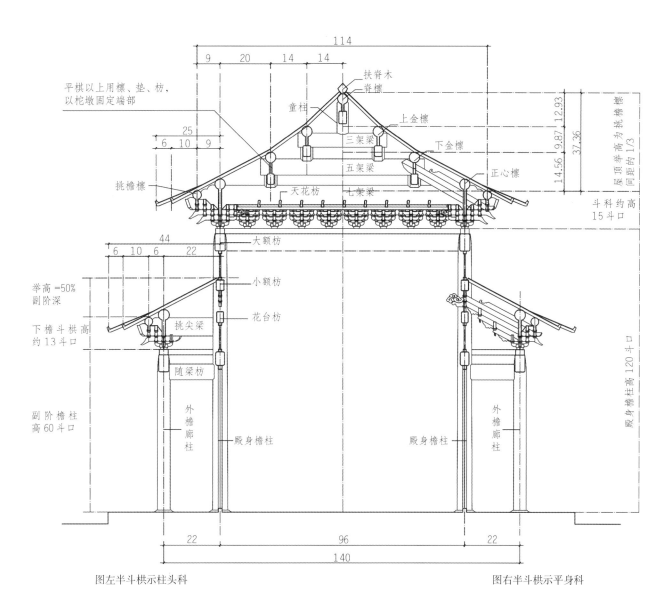

图左半斗栱示柱头科　　　　　　　　　　　图右半斗栱示平身科

主要依据：北京故宫神武门城楼

图版八　十一檩单檐厅堂构架侧样

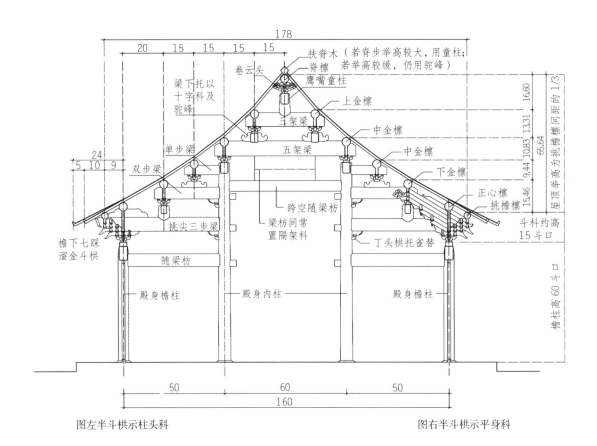

图左半斗栱示柱头科　　　　　　　　　　　图右半斗栱示平身科

图版九　九檩单檐厅堂构架侧样

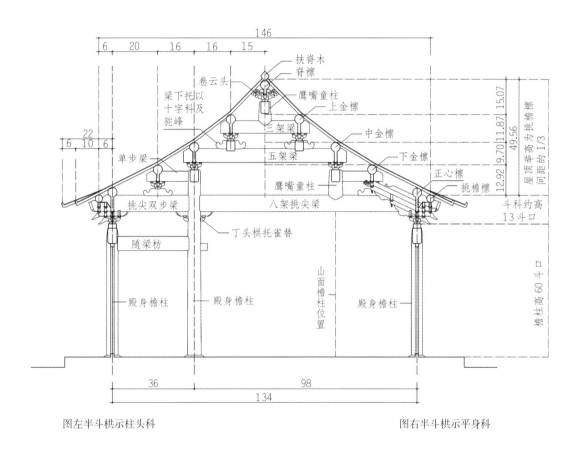

图左半斗栱示柱头科　　　　　　　　　　　　　图右半斗栱示平身科

主要依据：北京先农坛拜殿

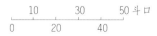

图版十　七檩单檐厅堂构架侧样

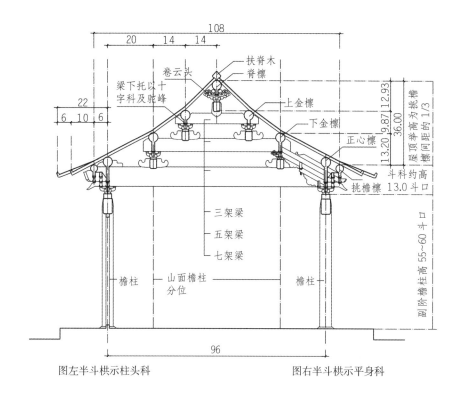

图左半斗栱示柱头科　　　图右半斗栱示平身科

（1）抬梁构架
主要依据：北京先农坛具服殿

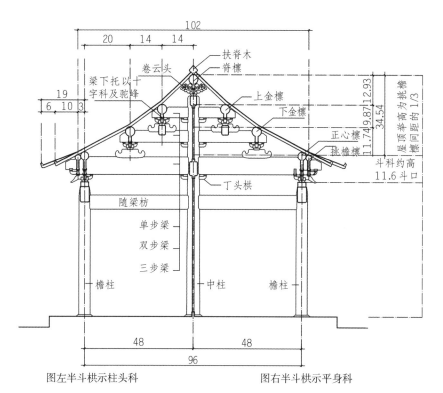

图左半斗栱示柱头科　　　图右半斗栱示平身科

（2）分心造
主要依据：北京故宫协和门
主要参考：北京智化寺智化门

图版十一　九檩、七檩、五檩、四檩柱梁作构架侧样

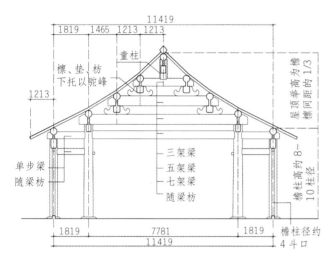

(1) 七架梁前后出单步梁
主要依据：北京先农坛神厨正殿明间

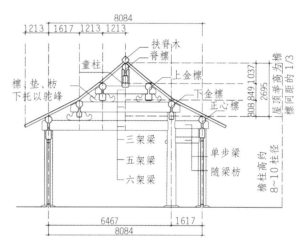

(2) 六架梁对单步梁
主要依据：北京天坛北神厨正殿
主要参考：曲阜孔府二堂

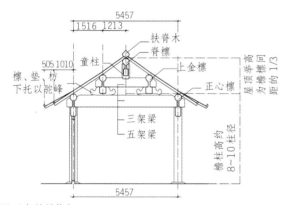

(3) 五架抬梁构架
主要依据：北京先农坛宰牲亭正身、北京旗纛庙

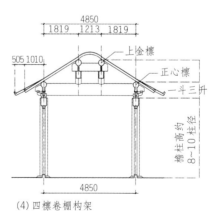

(4) 四檩卷棚构架
主要依据：北京先农坛庆成宫东、西庑

图版十二 七檩重檐殿堂式楼阁构架侧样

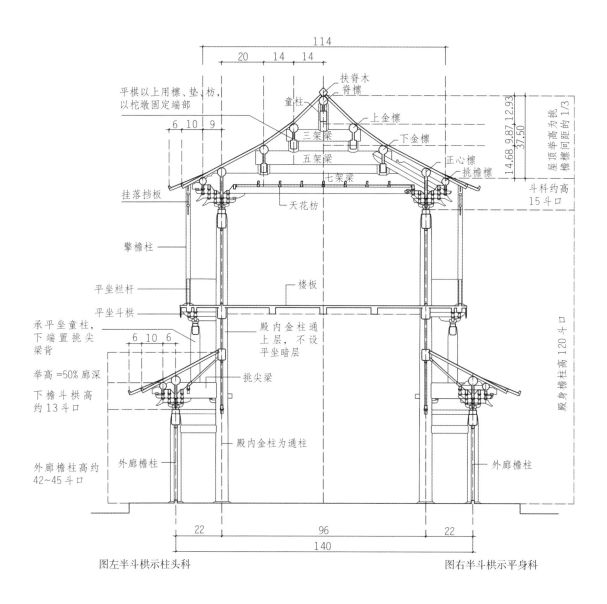

图左半斗栱示柱头科　　　　　　　　　　　　图右半斗栱示平身科

主要依据：北京智化寺万佛阁

图版十三 九檩三重檐厅堂式楼阁构架侧样

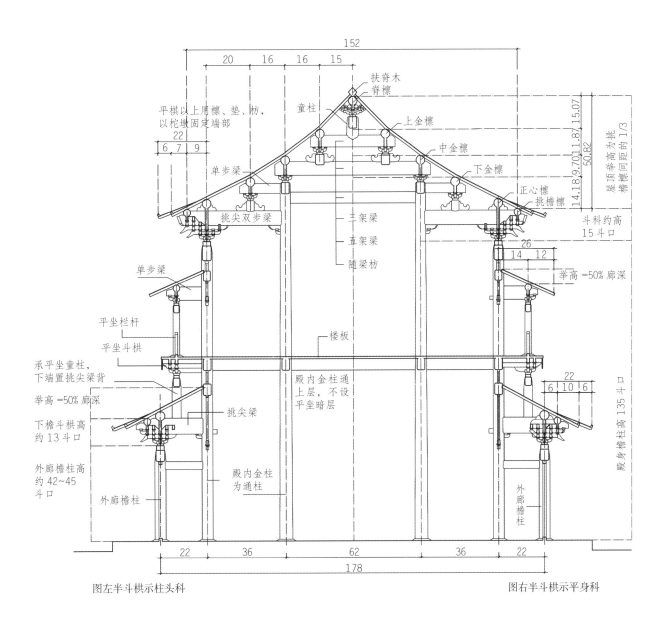

图左半斗栱示柱头科　　　　　　　　　　图右半斗栱示平身科

主要依据：陕西西安钟楼、鼓楼

图版十四　五檩重檐殿堂式楼阁构架侧样

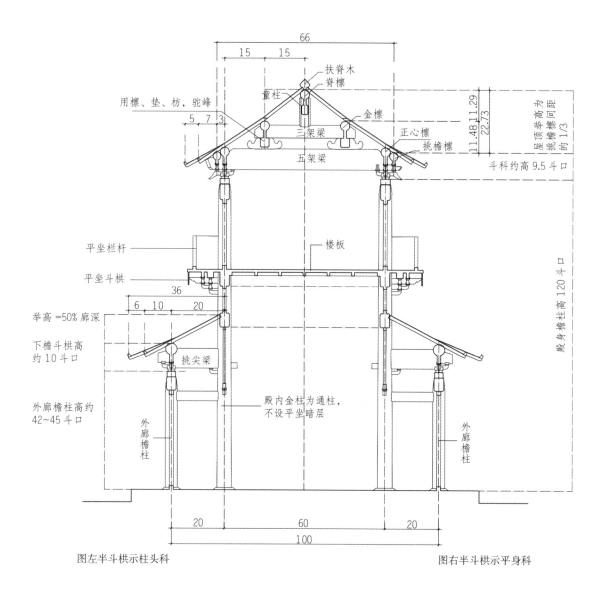

图左半斗栱示柱头科　　　　　　　　　　　　　图右半斗栱示平身科

主要依据：青海乐都瞿昙寺大鼓楼

图版十五　十三檩、十一檩、九檩屋架举折图

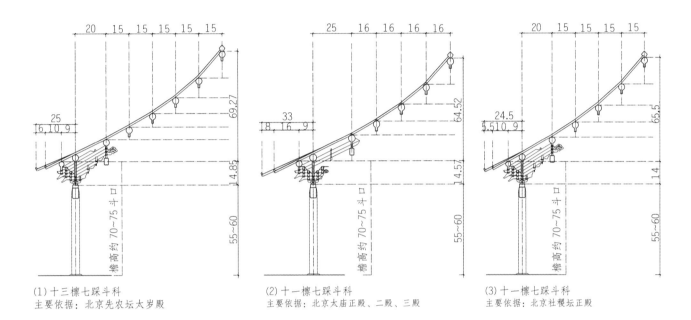

(1) 十三檩七踩斗科
主要依据：北京先农坛太岁殿

(2) 十一檩七踩斗科
主要依据：北京太庙正殿、二殿、三殿

(3) 十一檩七踩斗科
主要依据：北京社稷坛正殿

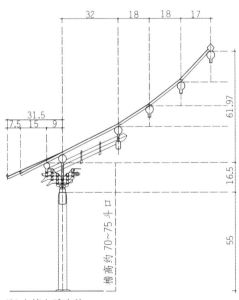

(1) 九檩七踩斗科
主要依据：北京太庙戟门
主要参考：北京历代帝王庙正殿、湖北十堰武当山紫霄殿、
青海乐都瞿昙寺隆国殿

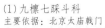

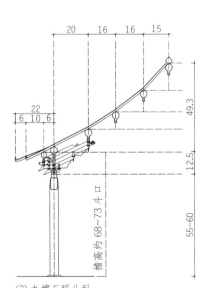

(2) 九檩五踩斗科
主要依据：北京先农坛拜殿
主要参考：北京社稷坛前殿、北京智化寺智化殿

图版十六　七檩、五檩、四檩屋架举折图

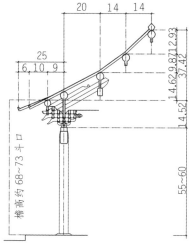

(1) 七檩七踩斗科
主要依据：北京故宫神武门
主要参考：北京智化寺万佛阁

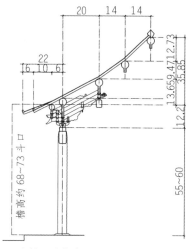

(2) 七檩五踩斗科
主要依据：北京故宫钟粹宫
主要参考：北京先农坛具服殿、北京历代帝王庙山门等

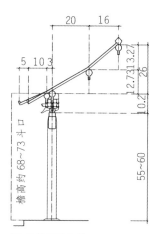

(3) 五檩三踩斗科
主要依据：北京天坛皇穹宇东、西配殿

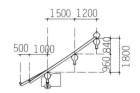

(4) 五檩一斗三升斗科（单位：毫米）
主要依据：北京故宫神武门内东、西值房

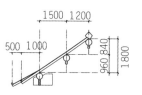

(5) 五檩柱梁作（单位：毫米）
主要依据：北京先农坛宰牲亭上檐

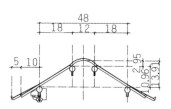

(6) 四檩卷棚一斗三升
主要依据：北京先农坛庆成宫两庑
主要参考：北京智化寺智化殿后檐卷棚

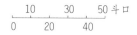

图版十七 九间及以上平面类型

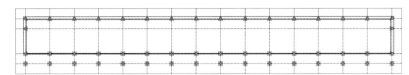

(1)十五间七檩三进，单檐厅堂
主要依据：北京太庙正殿东、西配殿

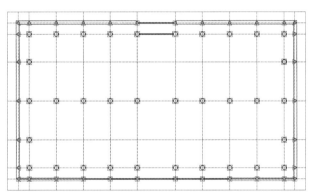

(2)十一间十一檩，分心槽加副阶周匝重檐殿堂
主要依据：北京太庙正殿

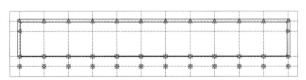

(3)十一间七檩三进，单檐柱梁作
主要依据：北京先农坛太岁殿东、西配殿

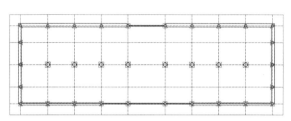

(4)九间十一檩分心槽单檐殿堂
主要依据：北京太庙二殿、三殿

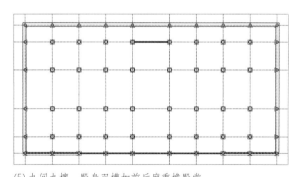

(5)九间九檩，殿身双槽加前后廊重檐殿堂
主要依据：北京昌平明长陵棱恩殿
主要参考：北京历代帝王庙大殿、北京故宫保和殿

图版十八　七间平面类型

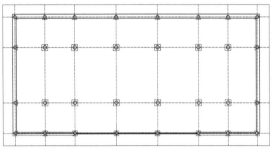

(1) 七间十三檩三进单檐厅堂
主要依据：北京先农坛太岁殿

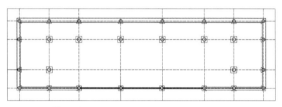

(3) 七间九檩三进单檐厅堂
主要依据：北京太岁坛拜殿

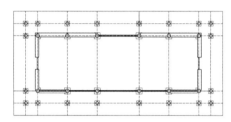

(4) 七间七檩殿身二柱加副阶周匝重檐殿堂
主要依据：北京故宫神武门城楼

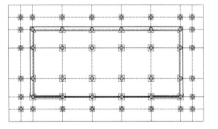

(2) 七间九檩五进，殿身双槽加副阶周匝重檐殿堂
主要依据：青海乐都瞿昙寺隆国殿

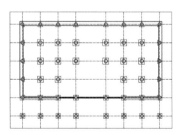

(5) 七间七檩五进三重檐楼阁平面
主要依据：山东曲阜孔庙奎文阁

图版十九 五间平面类型之一

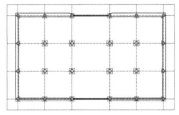

(1)五间十一檩三进单檐厅堂
主要依据：北京社稷坛正殿

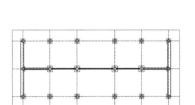

(2)五间十一檩分心槽单檐殿堂，或
厅堂
主要依据：北京太庙戟门
主要参考：北京故宫协和门

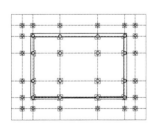

(3)五间九檩殿身双槽加副阶
周匝重檐殿堂
主要依据：湖北十堰武当山紫霄
宫大殿

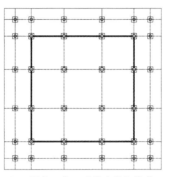

(4)五间十三檩五进攒尖单檐殿堂
主要依据：北京故宫中和殿

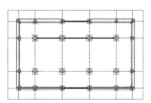

(5)五间七檩三进单檐殿堂
主要依据：北京法海寺大殿

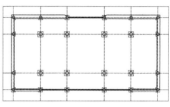

(6)五间七檩三进单檐殿堂
主要依据：北京先农坛庆成宫前殿

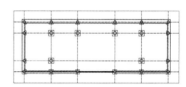

(7)五间七檩三进单檐殿堂
主要依据：北京先农坛庆成宫后殿
主要参考：北京故宫南薰殿

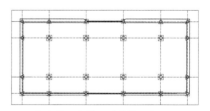

(8)五间九檩、七檩三进单檐厅堂
主要依据：北京故宫钟粹宫
主要参考：北京故宫储秀宫、翊坤宫，社稷坛
拜殿

图版二十　五间平面类型之二

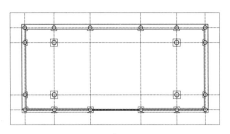

（1）五间七檩三进单檐厅堂
主要依据：北京先农坛具服殿

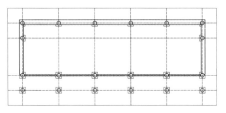

（2）五间七檩三进单檐厅堂
主要依据：北京太庙二殿、三殿东、西配殿

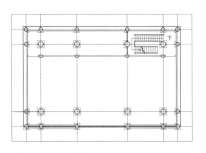

（3）五间七檩重檐楼阁
主要依据：北京智化寺万佛阁

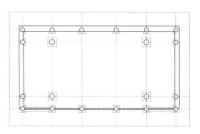

（4）五间三进盝顶重檐殿堂
主要依据：北京故宫钦安殿

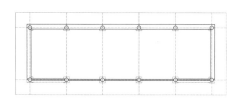

（5）五间五檩一进单檐厅堂
主要依据：北京天坛皇穹宇配殿

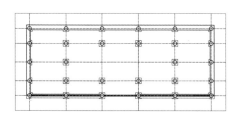

（6）五间九檩、七檩柱梁作
主要依据：北京先农坛神厨正殿及东、西配殿

图版二十一 三间及以下平面类型

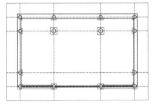

（1）三间七檩三进单檐殿堂
主要依据：北京智化寺藏殿、大智殿

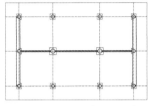

（4）三间七檩二进分心造单檐
厅堂
主要依据：北京历代帝王庙山门

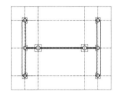

（7）三间五檩分心造单檐
厅堂
主要依据：北京太庙戟门边门

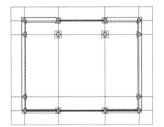

（2）三间九檩三进单檐殿堂
主要依据：北京智化寺智化殿

（5）三间五檩重檐楼阁
主要依据：北京智化寺钟楼、
鼓楼
主要参考：青海乐都瞿昙寺大
鼓楼

（8）正六边形、八边形平面
主要依据：北京先农坛神厨二井亭
主要参考：北京太庙宰牲亭前井亭、
神厨神库前二井亭

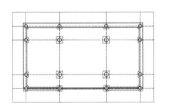

（3）三间九檩三进单檐殿堂
主要依据：湖北十堰武当山遇真宫真仙殿

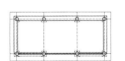

（6）三间四檩一进单檐
柱梁作
主要依据：北京先农坛庆成
宫东、西庑

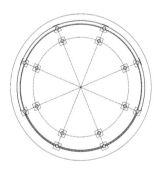

（9）八柱圆形单檐攒尖殿堂平面
主要依据：北京天坛皇穹宇

```
10      60              200 斗口
0   30        100
```

图版二十二　九间九檩殿身双槽加前后廊重檐殿堂平面

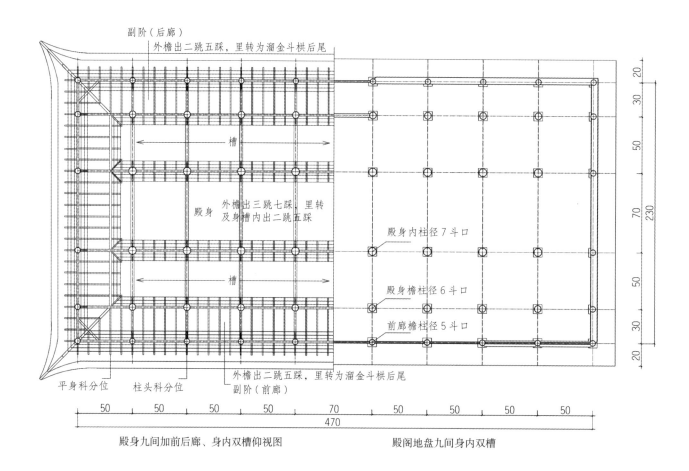

副阶（后廊）

外檐出二跳五踩，里转为溜金斗栱后尾

槽

殿身

外檐出三跳七踩，里转及身槽内出二跳五踩

槽

殿身内柱径7斗口

殿身檐柱径6斗口

前廊檐柱径5斗口

平身科分位　柱头科分位

外檐出二跳五踩，里转为溜金斗栱后尾

副阶（前廊）

20　30　50　70　230　50　30　20

50　50　50　50　70　50　50　50　50

470

殿身九间加前后廊、身内双槽仰视图　　　殿阁地盘九间身内双槽

主要依据：北京昌平明长陵祾恩殿
主要参考：北京历代帝王庙大殿、北京故宫保和殿

10　60

0　30　100斗口

图版二十三　九间十一檩分心槽单檐殿堂平面

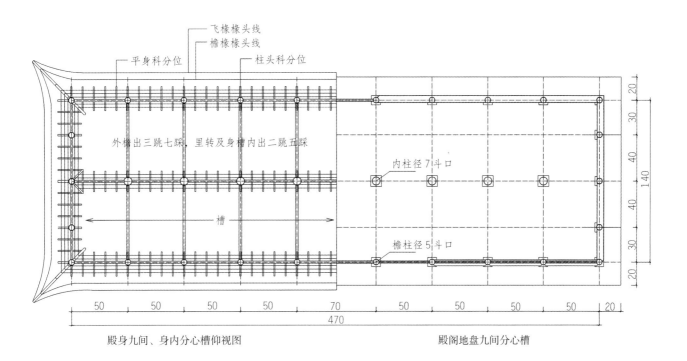

飞椽椽头线
檐椽椽头线
平身科分位
柱头科分位
外檐出三跳七踩、里转及身槽内出二跳五踩
内柱径7斗口
槽
檐柱径5斗口

50　50　50　50　70　50　50　50　50　50　20
470

殿身九间、身内分心槽仰视图　　　　　　殿阁地盘九间分心槽

主要依据：北京太庙二殿、三殿

图版二十四　七间九檩殿身双槽加副阶周匝重檐殿堂平面

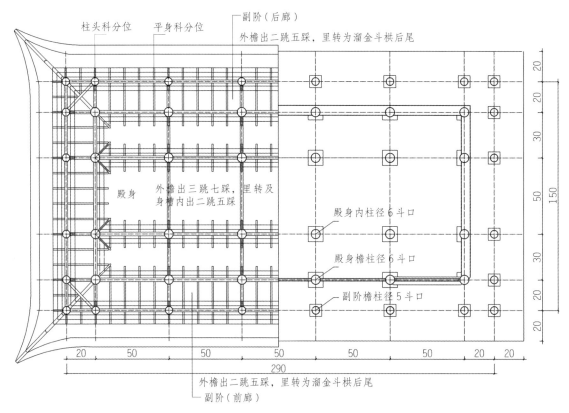

殿身五间加副阶周匝、身内双槽仰视图　　　　　殿阁地盘七间身内双槽

主要依据：青海乐都瞿昙寺隆国殿

图版二十五　七间七檩通檐二柱加副阶周匝重檐殿堂平面

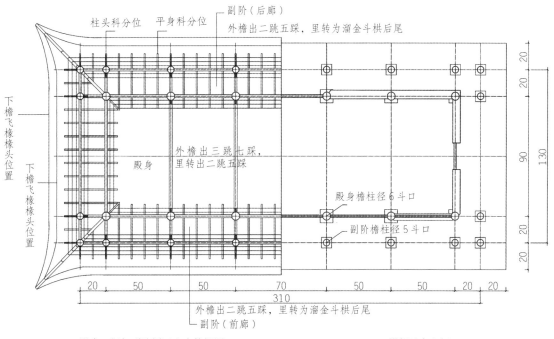

柱头科分位　平身科分位　副阶（后廊）

外檐出二跳五踩，里转为溜金斗栱后尾

下檐飞椽椽头位置

下檐飞椽椽头位置

殿身

外檐出三跳七踩，里转出二跳五踩

殿身檐柱径 6 斗口

副阶檐柱径 5 斗口

20　50　50　70　50　50　20　20

310

外檐出二跳五踩，里转为溜金斗栱后尾

副阶（前廊）

殿身五间加副阶周匝室内仰视图　　　　殿阁地盘七间

20　20

20

90　130

20

20

主要依据：北京故宫神武门正殿

10　60

0　30　100 斗口

图版二十六　七间九檩三进、五间十一檩三进单檐厅堂平面

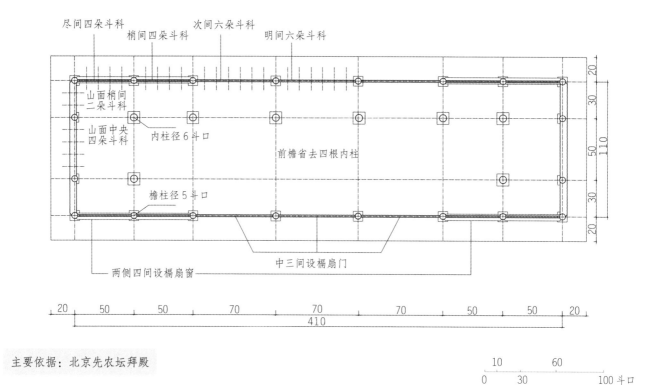

主要依据：北京先农坛拜殿

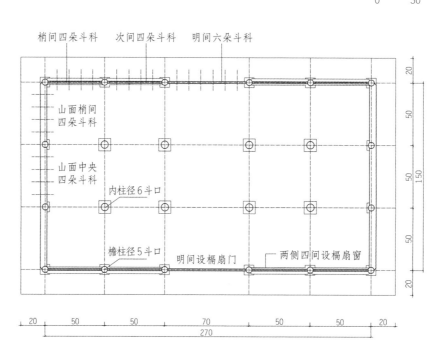

主要依据：北京社稷坛正殿

图版二十七 五间七檩三进单檐殿堂平面

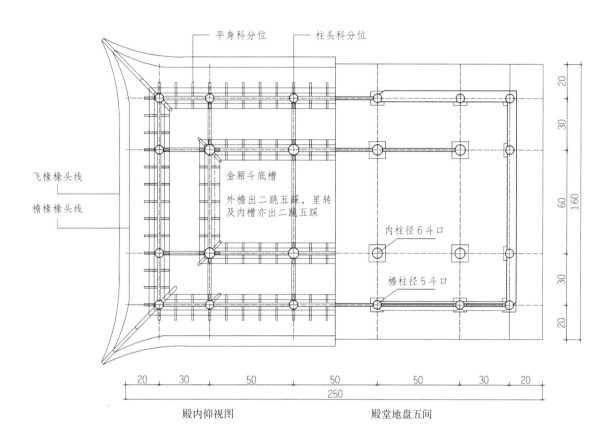

平身科分位　　柱头科分位

飞椽椽头线

檐椽椽头线

金厢斗底槽

外檐出二跳五踩，里转及内槽亦出二跳五踩

内柱径6斗口

檐柱径5斗口

殿内仰视图　　　　　殿堂地盘五间

主要依据：北京法海寺大殿

图版二十八　五间七檩单檐厅堂平面

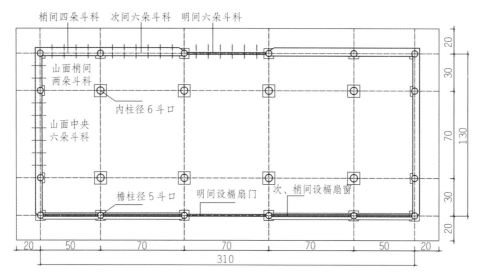

梢间四朵斗科　次间六朵斗科　明间六朵斗科

山面梢间
两朵斗科

内柱径6斗口

山面中央
六朵斗科

檐柱径5斗口　　明间设槅扇门　　次、梢间设槅扇窗

(1) 五间七檩、九檩三进单檐厅堂
主要依据：北京故宫钟粹宫
主要参考：北京故宫储秀宫、翊坤宫，社稷坛拜殿

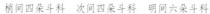

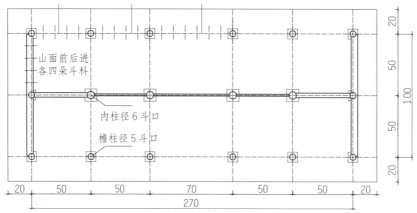

梢间四朵斗科　次间四朵斗科　明间六朵斗科

山面前后进
各四朵斗科

内柱径6斗口

檐柱径5斗口

(2) 五间二进分心槽（造）单檐殿堂或厅堂
主要依据：北京故宫协和门
主要参考：北京太庙戟门

图版二十九　五间七檩重檐楼阁平面

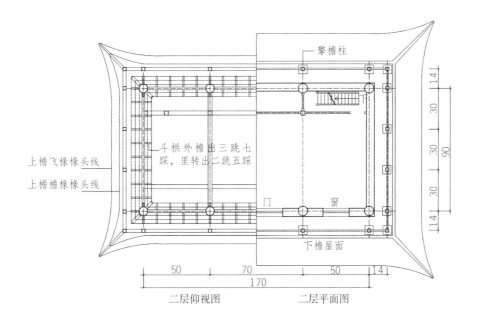

擎檐柱

斗栱外檐出三跳七踩，里转出二跳五踩

上檐飞椽椽头线

上檐檐椽椽头线

门　　窗

下檐屋面

141 30 30 30 90 141

50 70 50 141
170

二层仰视图　　　　二层平面图

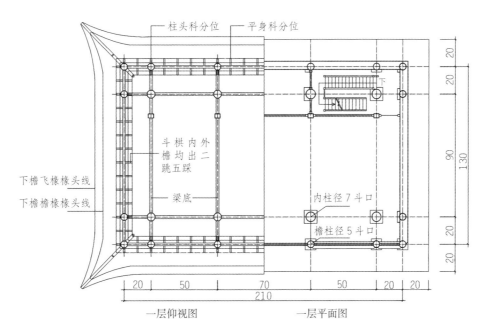

柱头科分位　　平身科分位

下

斗栱内外檐均出二跳五踩

梁底

下檐飞椽椽头线
下檐檐椽椽头线

内柱径7斗口

檐柱径5斗口

20 20 20 90 130 20 20

20 50 70 50 20 20
210

一层仰视图　　　　一层平面图

主要依据：北京智化寺万佛阁

图版三十 厅堂式彻上明造斗栱类型（一）

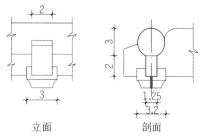

立面　　　　剖面

(1) 单斗素枋
主要依据：北京先农坛神仓、太岁殿配殿

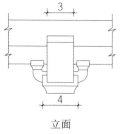

立面　　　　剖面

(2) 把头绞项作之一
主要依据：北京先农坛庆成宫东、西庑

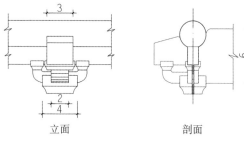

立面　　　　剖面

(3) 把头绞项作之二（柱头科）（梁头下刻出华栱）
主要依据：北京故宫神武门内东值房、御花园位育斋、钟粹宫后殿

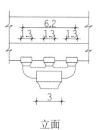

立面　　　　剖面

(4) 把头绞项作之二（平身科）
——一斗三升

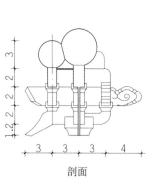

剖面　　　　立面

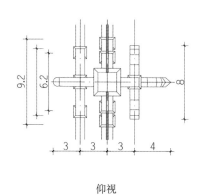

仰视

(5) 三踩单昂后尾平置
主要依据：北京智化寺智化门、藏殿，北京天坛神乐署正殿

图版三十一　厅堂式彻上明造斗栱类型（二）

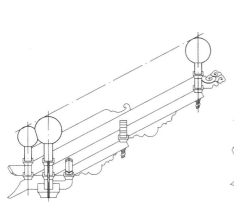

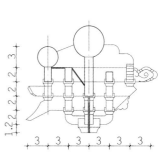

(1) 三踩单昂溜金斗栱
主要依据：北京先农坛井亭
主要参考：北京太庙戟门边门

(2) 五踩重昂溜金斗栱
主要依据：湖北十堰武当山紫霄宫大殿下檐
主要参考：北京大慧寺大殿下檐、北京社稷坛拜殿

(3) 五踩单翘单昂后尾平置
主要依据：北京智化寺万佛阁下檐

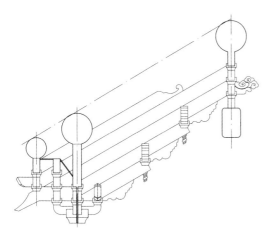

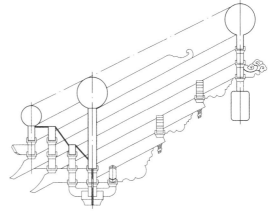

(4) 五踩单翘单昂溜金斗栱
主要依据：北京先农坛拜殿、具服殿
主要参考：北京太庙井亭、北京故宫神武门城楼下檐

（5）七踩单翘重昂溜金斗栱
主要依据：北京太庙正殿下檐
主要参考：北京昌平明长陵祾恩殿下檐、北京先农坛太岁殿

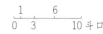

图版三十二　殿阁式（天花上起斜杆）斗栱类型

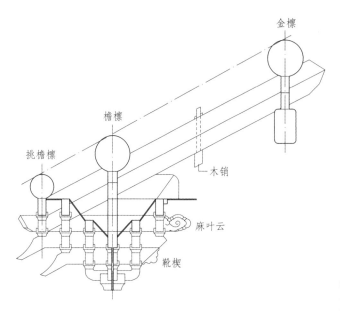

(1) 七踩单翘重昂后尾起秤杆
主要依据：北京太庙二殿、三殿
主要参考：北京大慧寺大殿上檐

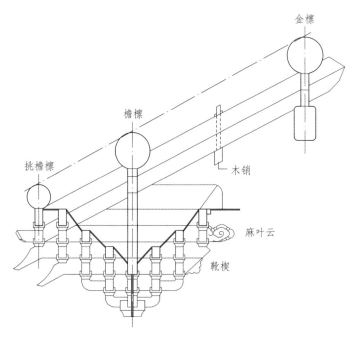

(2) 九踩重翘重昂后尾起秤杆
主要依据：北京太庙正殿上檐
主要参考：北京昌平明长陵棱恩殿上檐

图版三十三　殿阁式后尾平置承天花斗栱类型

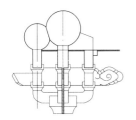

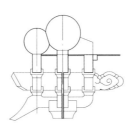

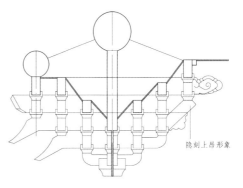

隐刻上昂形象

(1) 三踩单翘后尾平置承天花

(2) 三踩单昂后尾平置承天花
主要依据：北京智化寺智化门

(3) 七踩单翘重昂后尾平置承天花
主要依据：山东曲阜孔庙奎文阁上檐
主要参考：北京故宫中和殿、保和殿上檐

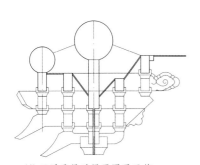

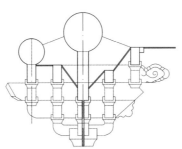

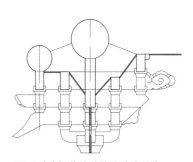

(4) 五踩重昂后尾平置承天花
主要依据：山东曲阜孔庙奎文阁下檐
主要参考：青海乐都瞿昙寺隆国殿下檐

(5) 五踩重翘后尾平置承天花
主要依据：北京太庙正殿配殿

(6) 五踩单翘单昂后尾平置承天花
主要依据：北京智化寺万佛阁下檐

图版三十四　七踩单翘重昂溜金斗栱平身科详图

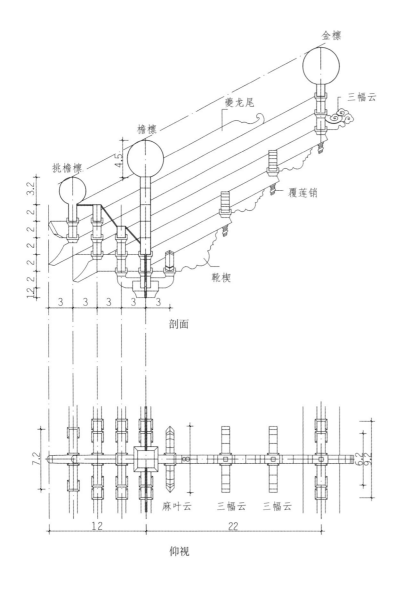

剖面

仰视

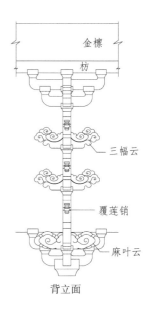

背立面

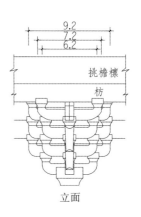

立面

主要依据：北京太庙正殿下檐
主要参考：北京昌平明长陵祾恩殿下檐、北京先农坛太岁殿、北京社稷坛正殿

图版三十五　七踩单翘重昂柱头科详图

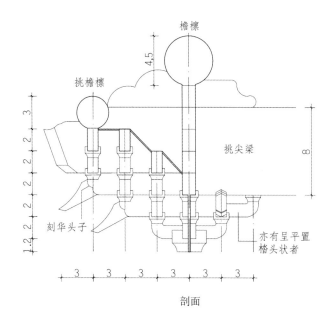

剖面

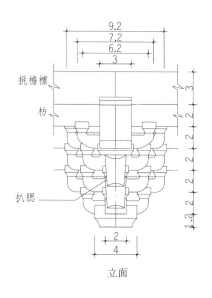

立面

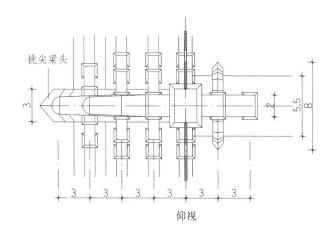

仰视

主要依据：北京太庙正殿下檐
主要参考：北京昌平明长陵棱恩殿下檐、北京先农坛太岁殿

图版三十六　七踩单翘重昂溜金斗栱角科详图

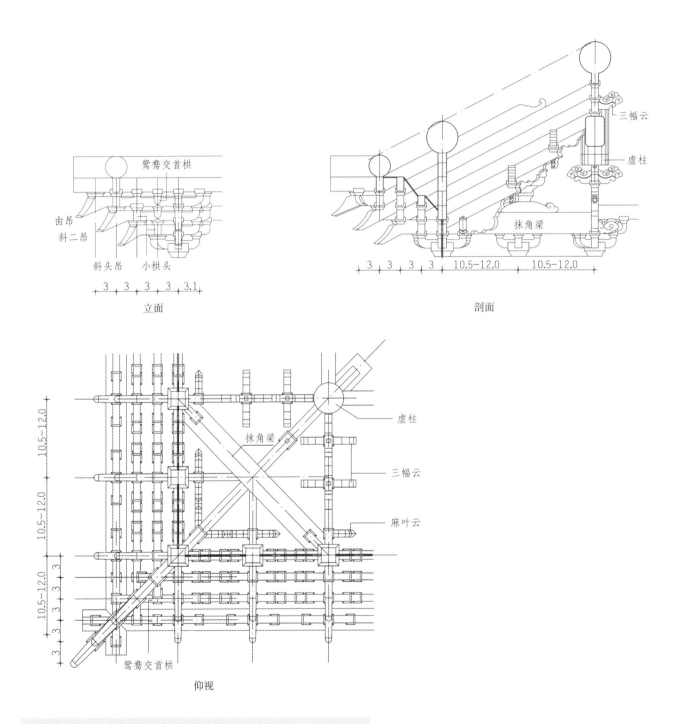

鸳鸯交首栱

由昂
斜二昂

斜头昂　小栱头

3　3　3　3　3.1

立面

三幅云

虚柱

抹角梁

3　3　3　3　10.5-12.0　10.5-12.0

剖面

10.5~12.0
10.5~12.0
10.5~12.0
3　3　3　3

虚柱

抹角梁

三幅云

麻叶云

鸳鸯交首栱

仰视

主要依据：北京太庙正殿下檐
主要参考：北京昌平明十三陵长陵棱恩殿下檐、北京先农坛太岁殿

1　6
0　3　10斗口

图版三十七　室内品字科斗栱类型

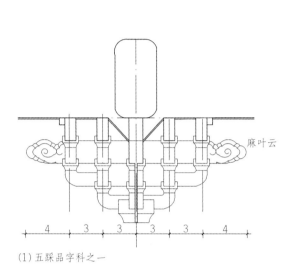

(1) 五踩品字科之一

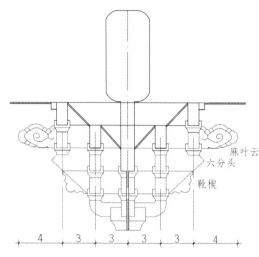

(2) 五踩品字科之二
主要依据：山东曲阜孔庙奎文阁一层内檐
主要参考：北京太庙戟门、二殿、三殿内檐，北京昌平明长
陵祾恩殿上檐内槽，长陵祾恩门内檐

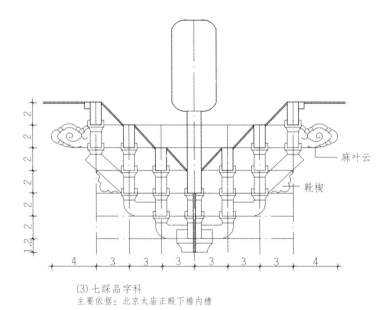

(3) 七踩品字科
主要依据：北京太庙正殿下檐内槽

图版三十八　室内五踩品字科平身科详图

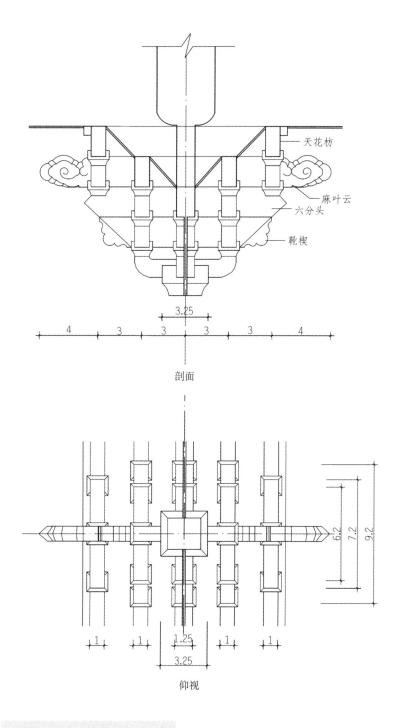

天花枋

麻叶云

六分头

靴楔

3.25

4　　3　　3　　3　　3　　4

剖面

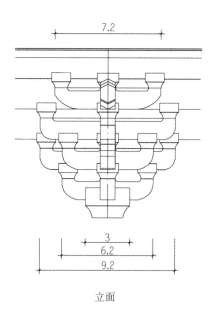

7.2

3
6.2
9.2

立面

仰视

3.25

1.25

1　　1　　1　　1

9.2
7.2
6.2

主要依据：山东曲阜孔庙奎文阁

1　　6

0　　3　　10 斗口

图版三十九　室内五踩品字科柱头科详图

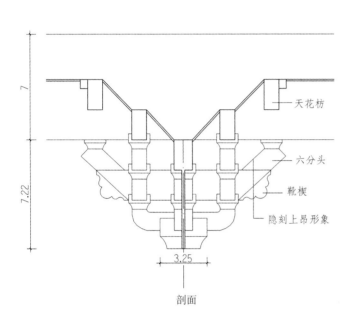

六分头

靴楔

隐刻上昂形象

天花枋

3.25

剖面

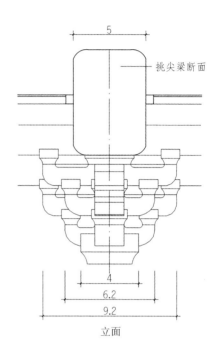

挑尖梁断面

5

4

6.2

9.2

立面

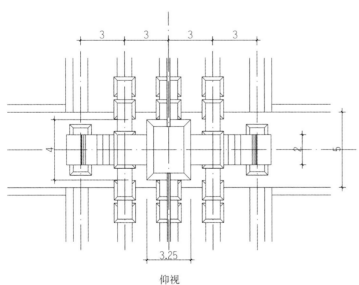

3　3　3　3

4

2

5

3.25

仰视

主要依据：山东曲阜孔庙奎文阁

1　6
0　3　10斗口

图版四十　室内五踩品字科角科详图

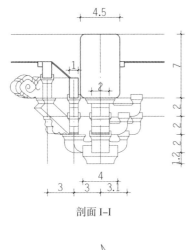

剖面 I-I

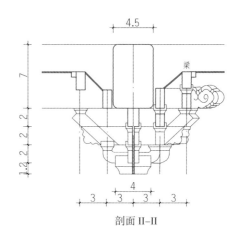

剖面 II-II

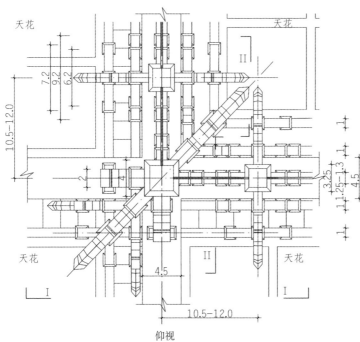

仰视

主要依据：山东曲阜孔庙奎文阁

图版四十一　室内檩下斗栱详图

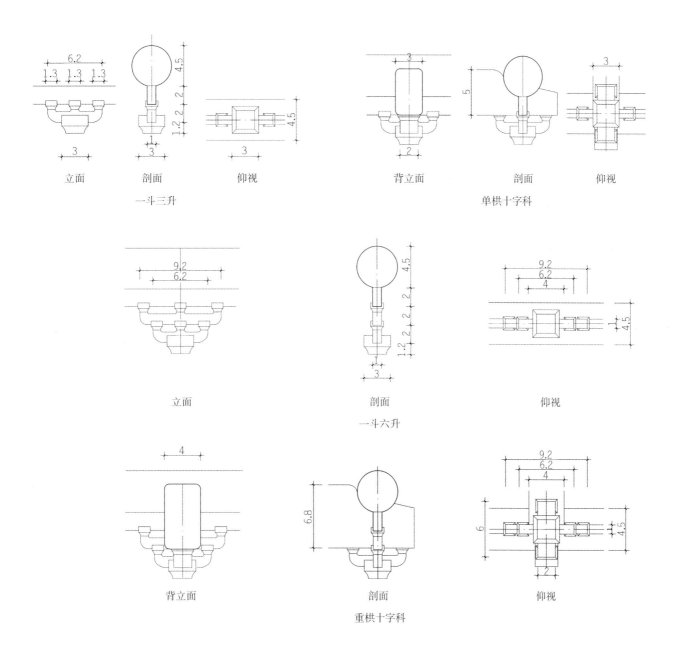

立面　　剖面　　仰视
一斗三升

背立面　　剖面　　仰视
单栱十字科

立面　　剖面　　仰视
一斗六升

背立面　　剖面　　仰视
重栱十字科

主要依据：北京先农坛太岁殿、拜殿、具服殿
主要参考：北京智化寺智化门，北京社稷坛正殿、拜殿

图版四十二　平坐丁头栱详图

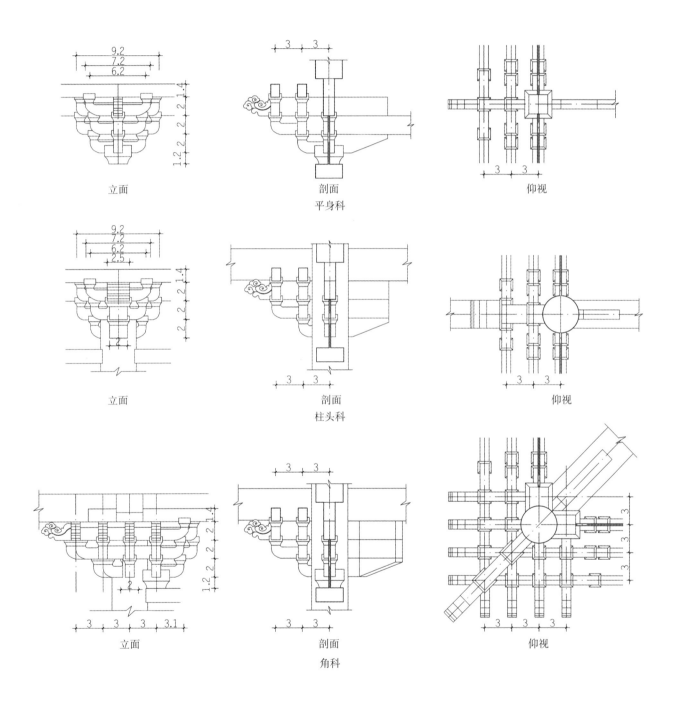

立面　　　　　　　剖面　　　　　　　仰视

平身科

立面　　　　　　　剖面　　　　　　　仰视

柱头科

立面　　　　　　　剖面　　　　　　　仰视

角科

主要依据：山东曲阜孔庙奎文阁
主要参考：北京智化寺万佛阁

参考文献

[1] 潘谷西.《营造法式》初探（一）[J].南京工学院学报,1980(4)：35–51.

[2] 潘谷西.《营造法式》初探（二）[J].南京工学院学报 建筑学专刊,1981(2)：43–75.

[3] 潘谷西.《营造法式》初探（三）[J].南京工学院学报,1985(1)：1–20.

[4] 潘谷西.关于《营造法式》的性质、特点、研究方法：《营造法式》初探之四 [J].东南大学学报,1990(5)：1–7.

[5] 李诫.营造法式 [M].北京：中国建筑工业出版社,2006.

[6] 李诫,梁思成.营造法式注释：卷上 [M].北京：中国建筑工业出版社,1983.

[7] 梁思成.清工部《工程做法则例》图解 [M].北京：清华大学出版社,2006.

[8] 王璞子,故宫博物院古建部.工程做法注释 [M].北京：中国建筑工业出版社,1995.

[9] 南京工学院建筑系,曲阜文物管理委员会.曲阜孔庙建筑 [M].北京：中国建筑工业出版社,1987.

[10] 祁英涛.北京明代殿式木结构建筑构架形制初探 [M]//中国文物研究所.祁英涛古建论文集.北京：华夏出版社,1992.

[11] 潘谷西.中国古代建筑史 第四卷 元、明建筑 [M].北京：中国建筑工业出版社,2001.

[12] 于倬云.紫禁城始建经略与明代建筑考 [J].故宫博物院院刊,1990(3)：9–22.

[13] 于倬云.故宫三大殿 [J].故宫博物院院刊,1960(0)：85–96.

[14] 于倬云.斗栱的运用是我国古代建筑技术的重要贡献 [M]//《建筑史专辑》编辑委员会.科学史文集（五）建筑史专辑（2）.上海：上海科学技术出版社,1980.

[15] 朱光亚.探索江南明代大木作法的演进 [J].南京工学院学报 建筑学专刊,1983：100–118.

[16] 张十庆.中日古代建筑大木技术的源流与变迁的研究 [D].南京：东南大学,1990.

[17] 于倬云.宫殿建筑是古代建筑技术的重要鉴证 [M]//山西省古建筑保护研究所.中国古建筑学术讲座文集.北京：中国展望出版社,1986.

[18] 马炳坚.中国古建筑木作营造技术 [M].中国科技出版传媒股份有限公司,2012.

[19] 《中国建筑史》编写组.中国建筑史 [M].北京：中国建筑工业出版社,1982.

[20] 郑连章.紫禁城钟粹宫建造年代考实 [J].故宫博物院院刊,1984(4)：58–67.

[21] 郭黛姮,论中国古代木构建筑的模数制 [M]//建筑史论文集：第五辑.北京：清华大学出版社,1981.

[22] 王天.古代大木作静力初探 [M].北京：文物出版社,1992.

[23] 梁思成,刘致平.建筑设计参考图集 [M].中国营造学社,1936.

[24] 梁思成,刘敦桢.大同古建筑考察报告 [J].中国营造学社汇刊,1933,4(3、4)：12.

[25] 中国科学院自然科学史研究所.中国古代建筑技术史 [M].北京：科学出版社,1985.

[26] 梁思成.清式营造则例 [M].北京：中国建筑工业出版社,1981.

[27] 赵立瀛,何融.中国宫殿建筑 [M].北京：中国建筑工业出版社,1992.

[28] 刘致平.中国建筑类型及结构 [M].北京：建筑工程出版社,1957.

[29] 吴葱.青海乐都瞿昙寺建筑研究 [D].天津：天津大学,1994.

[30] 傅熹年.试论唐至明代官式建筑发展的脉络及其与地方传统的关系 [J].文物,1999(10)：81–93.

[31] 马炳坚.明清官式木构建筑的若干区别（上）[J].古建园林技术,1992(2)：61–64.

[32] 马炳坚.明清官式木构建筑的若干区别（中）[J].古建园林技术,1992(3)：59–64.

[33] 刘敦桢,建筑科学研究院建筑史编委会.中国古代建筑史 [M].2 版.北京：中国建筑工业出版社,1984.

[34] 朱偰.明清两代宫苑建置沿革图考 [M].商务印书馆,1947.

[35] 建筑理论及历史研究室.建筑历史研究：第一、二辑 [M].北京：中国建筑科学研究院建筑情报研究所,1982.

[36] 清华大学建筑工程系建筑历史教研组.建筑史论文集：第 3 辑 [M].北京：清华大学出

版社, 1979.

[37] 清华大学建筑系. 建筑史论文集: 第6辑[M]. 北京: 清华大学出版社, 1984.

[38] 清华大学建筑系. 建筑史论文集: 第9辑[M]. 北京: 清华大学出版社, 1988.

[39] 张驭寰. 山西元代殿堂的大木结构[M]//《科技史文集(建筑史专辑)》编辑委员会. 科技史文集: 第2辑[M]. 上海: 上海科学技术出版社, 1979.

[40] 单士元. 明代营造史料[J]. 中国营造学社汇刊, 1933.

[41] 汤崇平. 历代帝王庙大殿构造[J]. 古建园林技术, 1992(1): 36-41

[42] 陈绍棣. 试论明代从工匠中选拔工部官吏[M]//《建筑史专辑》编辑委员会. 科技史文集[M]. 上海: 上海科学技术出版社, 1984.

[43] 刘敦桢. 真如寺正殿[J]. 文物参考资料, 1951(8): 91-97.

[44] 于倬云. 紫禁城宫殿[M]. 商务印书馆香港有限公司, 1982.

[45] 姚承祖, 张至刚. 营造法原[M]. 北京: 中国建筑工业出版社, 1986.

[46] 刘敦桢. 北平智化寺如来殿调查记[M]// 刘敦桢文集: 一. 北京: 中国建筑工业出版社, 1982.

[47] 赵立瀛. 陕西古建筑[M]. 西安: 陕西人民出版社, 1992.

[48] 陈明达. 营造法式大木作制度研究[M]. 北京: 文物出版社, 1993.

[49] 矩斋. 古尺考[J]. 文物参考资料, 1957(3): 25-28.

[50] 杨宽. 中国历代尺度考[M]. 上海: 上海商务印书馆, 1938.

[51] 马得志. 1959—1960年唐大明宫发掘简报[J]. 考古, 1961(7): 341-344, 3-4.

[52] 刘致平, 傅熹年. 麟德殿复原的初步研究[J]. 考古, 1963(7): 385-413.

[53] 蒋惠. 宋代亭式建筑大木构架型制研究[D]. 江苏: 东南大学, 1996.

[54] 何融. 关于明代大木结构研究[M]// 张驭寰, 郭湖生, 中国科学院中华古建筑社. 中华古建筑. 北京: 中国科学技术出版社, 1990.

[55] 单士元, 王璧文. 明代建筑大事年表[M]. 中国营造学社, 1937.

[56] 王璞子. 清初太和殿重建工程: 故宫建筑历史资料整理之一[M]//《科技史文集(建筑史专辑)》编辑委员会. 科技史文集: 第2辑. 上海: 上海科学技术出版社, 1979.

[57] 郭湖生. 关于《鲁班营造正式》和《鲁班经》[M]//《建筑史专辑》编辑委员会. 科技史文集. 上海: 上海科学技术出版社, 1981.

[58] 郭黛姮, 徐伯安.《营造法式》大木作制度小议[M]//《建筑史专辑》编辑委员会. 科技史文集. 上海: 上海科学技术出版社, 1984.

[59] 陈增弼.《鲁班经》与《鲁班营造正式》[M]// 中国建筑学会建筑历史学术委员会. 建筑历史与理论: 第三、四辑(1982—1983年度). 南京: 江苏人民出版社, 1984.

[60] 王贵祥. $\sqrt{2}$ 与唐宋建筑柱檐关系[M]// 中国建筑学会建筑历史学术委员会. 建筑历史与理论: 第三、四辑(1982—1983年度). 南京: 江苏人民出版社, 1984.

[61] 马炳坚.《清式营造则例》图版中若干问题的探讨[J]. 古建园林技术, 1989(1): 42-50.

[62] 马炳坚.《清式营造则例》图版中若干问题的探讨(二)[J]. 古建园林技术, 1989(2): 22-29, 17.

[63] 梁思成. 斗栱(汉 - 宋)简说(建筑设计参考图集第四集)[M]// 梁思成文集: 二. 北京: 中国建筑工业出版社, 1984.

[64] 黄希明. 明清建筑评价及其相关问题[J]. 古建园林技术, 1993(4): 38-44.

[65] 姜舜源. 论北京元明清三朝宫殿的继承与发展[J]. 故宫博物院院刊, 1992(3): 77-87.

[66] 王世仁. 明清时期的民间木构建筑技术[J]. 古建园林技术, 1985(3): 2-6.

[67] 朱光亚. 南京建筑文化源流简析[J]. 东南文化, 1990(4): 143-147.

[68] 赵正之. 中国古建筑工程技术[M]// 清华大学建筑系. 建筑史论文集: 第1辑. 北京: 清华大学出版社, 1983.

[69] 梁思成, 费慰梅. 图像中国建筑史: 汉英双语版[M]. 梁从诫, 译. 天津: 百花文艺出版社, 2001.

[70] 梁思成.中国建筑史[M].天津：百花文艺出版社，1998.

[71] 朱光亚.清官式建筑中的屋角起翘值[J].南京工学院学报（建筑学专集），1987：69-74.

[72] 王其亨.歇山沿革试析：探骊折札之一[J].古建园林技术，1991（1）：29-32+64.

[73] 蒋剑云.浅谈殿堂与厅堂[J].古建园林技术，1991（2）：38-42.

[74] 张十庆.古代建筑的尺度构成探析（一）：唐代建筑的尺度构成及其比较[J].古建园林技术，1991（2）：30-33.

[75] 张十庆.古代建筑的尺度构成探析（二）：辽代建筑的尺度构成及其比较[J].古建园林技术，1991（3）：42-45.

[76] 张十庆.古代建筑的尺度构成探析（三）：宋代建筑的尺度构成及其比较[J].古建园林技术，1991（4）：11-13.

[77] 黄滋.江浙宋塔中的木构技术[J].古建园林技术，1991（3）：25-29.

[78] 郑连章.钟粹宫明代早期旋子彩画[J].故宫博物院院刊，1983（3）：78-83.

[79] 周苏琴.试析紫禁城东西六宫的平面布局[M]//于倬云.紫禁城建筑研究与保护.北京：紫禁城出版社，1995.

[80] 李燮平.从明代的几次重建看三大殿的变化[M]//于倬云.紫禁城建筑研究与保护 故宫博物院建院七十周年回顾.北京：紫禁城出版社，1995.

[81] 胡汉生.清乾隆年间修葺明十三陵遗址考证：兼论各陵明楼、殿庑原有形制[M]//杨鸿勋.建筑历史与理论第五辑.北京：中国建筑工业出版社，1997.

[82] 刘临安.韩城元代木构建筑分析[M]//张驭寰，郭湖生，中国科学院中华古建筑研究社.中华古建筑.北京：中国科学技术出版社，1990.

[83] 国家文物事业管理局.中国名胜词典[M].上海：上海辞书出版社，1981.

[84] 胡玉远.燕都说故[M].北京：北京燕山出版社，1996.

[85] 喻维国，王鲁民.中国木构建筑营造技术[M].北京：中国建筑工业出版社，1993.

[86] 傅连兴，常欣.文物建筑维修的规模控制与防微杜渐：兼谈午门、畅音阁的维修加固工程[M]//于倬云.紫禁城建筑研究与保护.北京：紫禁城出版社，1995.

[87] 李燮平.明清官修书城北京与都北京记载献疑[C]//单士元，于倬云：中国紫禁城学会论文集：第一辑.北京：紫禁城出版社，1997.

[88] 傅熹年.关于明代宫殿坛庙等大建筑群总体规划手法的初步探讨[M]//贺业钜.建筑历史研究.北京：中国建筑工业出版社，1992.

[89] 郭华瑜.明代官式建筑侧脚生起的演变[J].华中建筑，1999（4）：100-102.

[90] 郭华瑜.试论明代的溜金斗栱[C]//中国紫禁城学会.中国紫禁城学会论文集：第二辑.北京：紫禁城出版社，1997.

[91] 上海古籍出版社，上海书店.二十五史清史稿[M].上海：上海古籍出版社，上海书店，1986.

[92] 郭华瑜.明代官式建筑斗栱特点研究[C]//中国紫禁城学会.中国紫禁城学会论文集：第一辑.北京：紫禁城出版社，1996.

第二篇　彩画作

- 明代官式建筑彩画的形成
- 建筑类型、构件和部位与彩画
- 明代官式建筑彩画的设色和工艺特点
- 明代官式建筑彩画作范式图版

第二篇　彩画作

8　明代官式建筑彩画的形成

明代官式建筑彩画不是一蹴而就的。从纵向的历史发展来说，对宋代彩画的部分继承以及对元代的文化演进和技术改变的吸收，是一基础；从横向的地域关系而言，南北方的相互影响和作用，是一推动；而从根本上看，由于彩画是附属于建筑的，因此，明代官式建筑逐步形成的过程，实际上也蕴含明代官式建筑彩画与之同步发展的过程。明晰这几方面的关系，可以基本勾勒出明代官式建筑彩画的形成轨迹。

1）元代的传承

旋花图案

图8-1　旋瓣和旋子

图8-1　作者绘制

旋花（或旋子），是旋涡状的花瓣组成的几何图形（图8-1）。不同于写实的花卉图样，它以可组合的方式常用于建筑构件的彩画中。山西太原晋祠宋圣母殿的檐廊彩画，便有这样的特征（图8-2）：乳栿在端头（清代叫箍头）和中心（清代叫枋心）是以写生花卉进行绘制的，而在上述两者之间的角叶（清代叫藻头、找头）绘制以旋花为主的纹样。清代找头旋花以"一整二破"为基础，可以调节随着构件的长短变化（如明、次间的额枋长短不同）而进行整体的构图表达。这种不同于宋代以写生花为主题的图案题材，发现于元代建筑中，后经过不断创造与发展，在明代官式建筑彩画中十分盛行，并直接影响到清代官式建筑旋子彩画的规范性形成，如下的研究陈述且用清代明确的彩画构图的几部分术语进行描绘。

元中统三年（1262年）所建的山西永济县永乐宫殿内梁上两端即有初期旋子彩画图案。它大都是用简化的凤翅花瓣分布在石榴或如意中心纹的周围，虽还未形成环状的旋花形式，亦无"一整二破"的布局（在天花支条、斗栱上也有类似的图案），构图变化灵活，运用无定则，但已可看出它是一种摆脱了写生花的局限而更多地向图案化方向发展的新图案。永乐宫在20世纪50年代因三门峡水库建设进行了全面搬迁，尤其对珍贵的壁画和建筑构件上的彩画进行了很好的保护，可以了解其留存下来的基本状况。永乐宫建筑彩画藻头部分多用最初的旋子形式，间以如意纹，表现出如意头向旋花过渡从而逐步摆脱写生花的元明官式彩画特征；梁架彩画的其他部位则主要延续

图8-2　山西太原晋祠圣母殿檐廊彩画

图8-3　山西芮城永乐宫纯阳殿梁底彩画

图8-4　山西芮城永乐宫无极殿梁枋彩画

图8-5　山西芮城永乐宫无极殿斗栱彩画

图8-2～图8-6 作者拍摄

了宋代彩画图案的特点。如纯阳殿四椽栿枋心似为宋《营造法式》如意纹的边框做法，在枋心部位绘龙凤，在枋心与藻头之间的为旋花，箍头似宋《营造法式》豹脚合晕的做法（图8-3）；无极殿梁底中心为剑环构成的旋花花心图案，箍头用多路旋瓣，藻头为宋式的方胜盒子（图8-4）；斗栱以如意头和旋花、莲花、凤翅瓣为主，在栌斗、散斗间多绘集锦、兽面、莲瓣（图8-5）。概之，永乐宫建筑彩画图案多与宋《营造法式》有直接传承关系，但也出现了旋花这种新的变体，可谓一个继往开来的阶段。

旋花彩画图案在明代宫殿庙宇中十分盛行。现存的明代遗构如明十三陵的石碑坊、琉璃门额枋，北京智化寺、法海寺、东四清真寺及故宫南薰殿等处的梁架上，都存有丰富多彩的旋花图案。旋子图案之所以在后来被广泛采用，究其原因不外乎以下几种：一是花纹简单明确，表现力强，布局条理分明，便于设计与施工；二是构图的伸缩性大，以"一整二破"为基础的旋花图案，或加一路花瓣，或加二路花瓣，或加"勾丝咬"，或成椭圆形，只要运用简单的手法即可处理变化多端的彩画布局；三是在梁枋的正、底面上，可布置成环状双关构图，适合转角处理而形成图案造型的整体性（图8-6）。

图8-6　山东曲阜孔府垂花门彩画柱和梁枋大量用旋花

"地杖"做法

在元代建筑彩画中，出现了一种不同于以往的做法，即"地杖"。地杖的做法一般是在绘彩画前，在欲设施彩画的木构上，用油灰嵌缝做好底子，或在木构上缠以一二道麻筋或粗布，再用桐油调灰作面层。1925年于赤塔（东康堆古城）附近发掘蒙古帮哥（成吉思汗之孙）王府废墟时，在残木柱上发现有"用粗布包裹涂有腻子灰，表面绘有动物形象的泥饼"[1]，证明元代已有地杖之实物。而在元代以前尚未发现有关地杖的资料。"地杖"有可能是蒙古人建筑的传统和特殊做法，而后又经蒙古人入主中原而随之盛行。

还有一个原因，即历代战争和滥施砍伐，造成木材资源日益稀少，到了元代，这种情况更为严重。尤其是大断面的木材匮竭，直接影响到以木构为主的大型建筑的兴建，于是元代产生了建筑构架的简约做法，梁架多用原木，或根据材料创造出许多灵活的构造，如用旧料或小料拼合形成所谓"拼帮"[2]。也许为适应建筑的这种变化，"拼帮"材料外加以装饰，从而促成一种新的彩画普遍做法——地杖应运而生。

地杖使木构施彩的外表找平，因而掩盖了"拼帮"带来的拼缝。反之，整木则无须做地杖。这有实例为证。明朝修建北京宫殿庙宇，多用川黔采运而来的楠木，整料做成梁、枋、柱等构件，在这种情况下，彩绘就不需做地杖，刨削平整后便直接施彩，北京故宫诸多殿门及智化寺、法海寺、长陵棱恩殿等均用此法。但拼帮、做地杖的方法仍被沿用。1988年北京先农坛拜殿未行维修前，檐柱上有明代所遗地杖残存。又如到万历中，巨材渐稀，重建三殿二宫时，又用拼帮。及至清代，营建北京宫殿的木材以东北松柏为主，巨材仍难多得，像故宫太和殿、天坛祈年殿这样的等级极高的建筑都采用了拼合梁柱，于是，地杖的使用又渐趋广泛，不过油灰与麻丝、麻布层层包裹更甚，形成一个厚壳，谓之"披麻捉灰"。当然，这是后话了。

通约构图

用小材组合替代大材的建筑做法，也带来彩画构图的方式改变。

在宋代，对梁、额彩画进行构图时，一般只要考虑单根梁的长度及高度关系，即可确定藻头（角叶）与枋心的比例[3]。但自元、明采用两层长度相等、宽窄不同的大小额枋后，彩画构图的协调问题便复杂化了。因此，为了取得大小额枋彩画构图的整体效果，通常在确定枋心的长度后（明初为梁长之1/4，中叶以后变为1/3），箍头用垂直贯通的界线将上下层对齐，在同长异宽的箍、藻头内布置和谐统一的图案。这种新的通约构图形式除额枋外，也同样用于内部梁架的彩画上，如北京先农坛拜殿目前还保留了一个开间的内部梁架明式彩画，枋心长约为总长的1/3，藻头以青绿色旋子彩画为主，根据长短不同进行旋花的组合，花心用金面积较大，和枋心的锦文、龙纹构成等级较高的室内环境（图8-7）。

1 中国科学院自然科学史研究所.中国古代建筑技术史 [M].北京：科学出版社，1985：304.

2 参见：张步骞《晋南元代木建筑的梁架结构》，收于《建筑理论及历史资料汇编》第1辑，1963年12月。

3 "檐额或大额及由额两头近柱处作三瓣或两瓣如意头角叶，长加广之半"。见：（宋）李诫.营造法式：卷十四：彩画作制度 [M].北京：中国建筑工业出版社，2006.

图8-7 作者拍摄

图8-7　北京先农坛拜殿保留了一个开间的明式彩画

2）南北方的交流

工官的作用

明代官式建筑彩画从主体来看，在色彩上较多地继承宋《营造法式》中的"碾玉装"及"青绿叠晕棱间装"的做法，使整个屋檐下呈现统一的青绿色冷调，以反衬黄琉璃屋顶的辉煌。这就牵涉到一个问题，自宋至明，存在几个少数民族政权，少数民族喜好的艳丽、堂皇，为何较少在明代留下遗迹？这得从两方面看。首先，明太祖朱元璋意在恢复大汉文化，推崇唐宋，排除异族色彩；其次，辽、金、元的统治基本是在北方，在南方，异族文化渗透不力，这客观上使得宋代的传承随着宋室南迁在南方成为必然，在建筑上的表现不乏其例。因此，当朱元璋定都南京时，恢复大型建设（如宫殿）古制、启用南方工匠，使得明代官式建筑带有宋式或南方技术和工艺特点，遂成必然。工官作用的重要之于建筑上的影响，在于他不仅有娴熟的技艺可发挥，还能贯彻统治者的意图。尽管明初官式建筑彩画无从考证，但从北京遗物中我们可以追溯来龙和去脉。永乐建北京宫殿，制度悉如南京，也证明工官会将明初建筑技艺特点带入北京，同时，北京背景不同于南京，工官也必然会传承上述元代特点。

民间的影响

南方对明代官式建筑彩画的影响，还有一个方面很重要，即其时以江南为代表的南方民间彩画，已独具风貌自成一格，并自下而上影响官式建筑中的一些次等房屋的彩画。

以江南为代表的南方彩画，是以包袱锦构图和写生题材为形式特征的。它图案丰富多样、构图生动活泼、色彩淡雅宜人，至少在明代已形成较成熟的艺术风格。追溯其形成，当与用锦绣织品包裹建筑构件相关[4]。

至南宋时，江南用锦绣装饰建筑已十分盛行。一方面，东晋及南宋政治

4 陈薇. 江南包袱彩画考 [M] // 东南大学建筑系. 建筑理论与创作. 南京：东南大学出版社，1988：17-27.

中心南迁，原来直接为皇家服务的土木营造业亦随之南移，从而使得昔日北方锦绣装饰建筑艺术在江南出现并逐步融合于民间；另一方面，经几百年的经济中心南移，整个江南已是"缣绮之美，不下齐鲁"[5]，取代北方而成为全国丝织业中心，社会经济的富足又扩大了上层阶级的消费欲望。及至南宋后期，锦绣装饰建筑在数和量上均超过前代，甚至"深坊小巷，绣额珠帘，巧制新装，竞夸华丽"[6]，其流行普及程度，相当程度地反映了上层社会及一般市民的生活喜好和审美情趣，所以当南宋末年对"销金铺翠"实行"禁制"之后，以包袱形式摹绘锦绣装饰的彩画便逐渐发展起来。至明代，江南彩画已形成以包袱锦为构图、锦纹及写生花卉为主要题材、淡雅的复色格调为特色的，有别于官式风格的一种成熟彩画（图8-8、图8-9）。这种彩画后来我们在曲阜孔府建筑中有多处表现（图8-10）。

另外，在山西芮城永乐宫（原在山西永济县永乐镇）纯阳殿丁栿上（图8-11），可见枋心绘成类似上裹的包袱形式，亦可认为在元、明之际的北方，这种民间样式的彩画也是存在的，但色彩浓重，还是和南方民间的有所不同。

图8-8~图8-11 作者拍摄

图8-8　江苏常熟彩衣堂檩条包袱彩画

图8-9　江苏常熟彩衣堂梁家包袱彩画

图8-10　山东曲阜孔庙弘道门梁架彩画用包袱锦

图8-11　山西芮城永乐宫纯阳殿丁栿上的彩画类似包袱式样

与建筑同步发展

从总体上来看，明代官式建筑彩画是动态发展的，非一成不变。如旋子彩画，早期是从元代同类彩画及部分采用宋式花卉演变而来，这有物可证。旋花构图自然，枋心一般不设纹饰，只平涂素色，枋心端头也比较简洁；但

5 苏籀. 务农札子 [M]// 庄仲方. 中华传世文选：南宋文范. 长春：吉林人民出版社，1998：220.

6 吴自牧. 梦粱录（一）[M]. 上海：商务印书馆，1939：3.

图8-12 北京法海寺大殿山墙内檐彩画，柱头、额枋彩画均以旋子或旋瓣彩画图案为主，色彩可见和壁画用色十分协调

图8-13 北京先农坛焚帛炉砖雕彩画

经过发展后，明中叶以后基本定型，变化的突出之处是枋心端头和藻头两个部位：枋心端头造型固定为横卧的圭型，藻头的纹饰已基本固定为旋花，"一整二破"成为基本形式，但和清代完全图案化不同，局部仍然保留着写生画的痕迹。箍头自元代开始而后，则由于额枋由多个建筑构件替代（平板枋、大额枋、额垫板、小额枋）之故，成为统一画齐的端头收尾。

分析起来，彩画在明代的发展和明代建筑的发展基本同步和相匹配。如明初阶段，官式建筑用材规整、等级分明，细部处在构造和结构的探索之中，彩画也遵循《明史》中记载的等级制度。如"亲王宫得饰朱红、大青绿，其它居室止饰丹碧"，亲王府可以画蟠螭饰以金边，而百官弟宅"不许雕刻古帝后圣贤人物及日月龙凤狻猊麒麟犀象之形"，公侯厅堂檐桷、梁柱、斗栱可以彩绘，门窗枋柱可以金漆饰，而一、二品的厅堂只许青碧饰，"门窗户牖不得用丹漆"，六品至九品厅堂梁栋仅许饰以土黄；又如洪武三十五年（1402年）严明禁制，一至三品厅堂"梁栋只用粉青饰之"[7]，都可以在彩画中得到印证。此时细部在探索、变化。明中后期，建筑大材普遍减少，拼帮做法渐趋成熟，建筑的整体性加强，建筑范式已成为清代建筑的先声；彩画亦然，基本成型。另外，若将整个明代官式建筑彩画作为一整体和元代及清代相比，明代施用旋子彩画的范围，比前后两者都要大。在做法上，最常见的是在木构件表面用颜料涂绘旋子彩画（图8-12），也有用琉璃材料烧制拼装或在铜质构件表面线刻和砖、石质构件表面雕刻而成的（图8-13、图8-14），但它们的纹饰和构图原则几乎如出一范；在色彩上，檐下斗栱已演变成青绿色退晕做法。可以说，明代官式建筑彩画已有了一整套法式规矩用以控制和制作，即明代官式建筑彩画范式业已形成。

图8-14 北京昌平明十三陵牌坊彩画用旋子彩画花纹，构图在端部形成一整二破加两路

图8-12~图8-14 作者拍摄

7（清）张廷玉等.明史：第6册：卷六十八 [M].北京：中华书局.1974：1672.

9　建筑类型、构件和部位与彩画

留存至今的明代官式建筑彩画遗物主要有北京寺庙、宫殿、坛庙、陵墓的建筑，其他地方的官式彩画较少，有青海乐都瞿昙寺宝光殿、湖北武当山金殿、山东曲阜孔府等。现存明代官式建筑彩画中，宫殿的级别最高，用金较多，枋心和藻井图案用龙凤；寺庙等建筑彩画多以旋花为主，局部点金；而品官住房的彩画，则最高以青绿饰彩为限，余用复色和松文。

1）北京大工建筑彩画

大工建筑主要指宫殿、坛庙、陵墓。

北京故宫南薰殿是宫殿类明代建筑彩画唯一保存较好的实例。一些琉璃门的琉璃彩画也是一份不可多得的研究资料。

图9-1　作者绘制
图9-2　作者拍摄
图9-3　作者拍摄
图9-4　作者拍摄

图9-1　北京故宫南薰殿平棋彩画

图9-2　北京故宫南薰殿后内檐阑额彩画柱头用团花阑额绘龙纹

图9-3　北京故宫南薰殿平棋彩画用龙纹

图9-4　北京故宫南薰殿藻井雕刻和彩画

故宫南薰殿明代彩画主要在室内，是以华丽为特色的，用金较多，用龙纹亦繁复（图9-1）。梁及额枋构图比较自由，如梢间额枋无箍头，而梁上藻头则用旋瓣、如意纹配合旋子拉伸很长（图9-2）。在图案上，因为用材较大，旋花图案舒展、饱满，一整二破之间的如意头和箍头的如意盒子均较

图9-5　北京故宫永康左门琉璃彩画

图9-6　北京昌平明定陵方城明楼阑额彩画

图9-7　北京昌平明十三陵石牌坊明间雕刻和彩
画表达

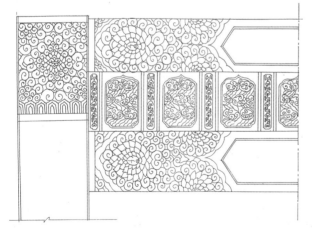

图9-8　北京昌平明十三陵大牌坊石刻彩画（次间）

图9-9　北京昌平明十三陵石牌坊明间和次间交接处的各构件采用木
构彩画构图和图案

图9-5　作者绘制
图9-6　作者拍摄
图9-7　作者拍摄
图9-8　作者绘制
图9-9　作者拍摄

8《营造法式》卷八小木作制度三"平棊"条："其名有三,一曰平机,二曰平撩,三曰平棊,俗谓之平起,其以方椽施素版者谓之平闇"。"平棊"今写作"平棋","平闇"今写作"平暗"。

丰硕、疏朗,尽间藻头仅用如意纹,亦显得布局疏落有致。枋心皆绘金龙,平棋[8]内于绿青地上绘二龙戏珠,又于明间藻井内用大型木雕盘龙,龙纹骨力雄健,盘曲刚柔相济(图9-3、图9-4)。色彩除青绿作地、部分镶红外,所有的龙纹、旋花花心及瓣边、枋心线、斗栱边线均贴金勾勒,呈现出皇家的豪华气派。

故宫迎瑞门、永康左门(图9-5)及十三陵的门、殿、宝城、明楼的琉璃彩画和十三陵大牌坊的石刻花纹均是仿照木构上彩画作成(图9-6、图9-7),只是做法不同而已。琉璃彩画一般只用黄、绿两种色釉,绿色釉铺地,线路、花瓣、边线、花心及如意纹都用浅黄色釉,形成一种独特的典雅格调。石牌坊上的则用线浅刻而成。在构图和图案方面,它们和其他明代官式彩画一样,自由丰富,但都不离旋花之宗,枋心长在1/3~1/2梁枋长之间,晚期变为1/3。其构图方法有四种:其一,在开间较小的地方将旋花缩小或在开间较大的地方拉长旋花并间以如意头或加箍头,如明十三陵牌坊和故宫永康左门。其二,在一整二破之间加一路花瓣,相当于清代"加一路"的做法,如景陵明楼和十三陵大牌坊次间(图9-8、图9-9);或"加二路",如北京文天祥祠额枋彩画;或为"喜相逢",如十三陵大牌坊明间石刻彩画。如此变化的构图,已成为清代彩画构图定则的雏形。其三,在开间特小的梁枋上,有时只做如意头一朵,存有宋代"如意头角叶"的遗风,如庆陵的琉璃门山面大额枋上的近似宋"燕尾"或"云头"的花纹,裕陵琉璃门山面大额枋上在旋瓣外加番莲叶纹等,南薰殿尽间亦属此类。其四,檩条多做"二整四破"旋花及箍头盒子,扁而长。柱头与额枋的箍头盒子花纹一致,并在上下作两道"死箍头"。图案均以旋花为主,分花心和旋瓣。旋瓣一般层次较少,用凤翅形、花叶翻转和涡旋形较多。花心通常有五种:莲座上带如意头,莲座上带石榴头,莲座上带番莲叶、番莲花,圆形或圆形内画成太极图案。

北京故宫神武门东值房彩画有点特殊。首先,彩画本身可能是后来所绘,间白线,但构图有明式遗意;其次,东值房本身等级低于一般殿宇,为悬山顶,也因此带来檩条伸出山墙外一段而绘有特殊彩画样式的做法。从檐下可见,檐檩和额枋的构图是一致的,"一整二破"旋子之间加如意花纹,箍头无盒子,檐檩伸出山外用对称的旋子旋瓣合抱式。

北京太庙戟门和大殿的脊檩上绘以沥粉贴金的浑金彩画,这是郭华瑜在天花板以上发现的,板上其余构件均无彩画。这说明脊檩上彩画不是为观赏和装饰之用,而是为表现一种仪式,可能和上梁礼有关。太庙脊檩和檩下梁做通长金饰,于上线绘彩画图案,箍头和藻头所占面积大,旋瓣翻卷,为典型明式。戟门彩画非常漂亮,脊檩和檩下梁分别设计,梁上彩画蓝、绿作底，旋子很大，花心贴金且饱满，最外一圈旋瓣外用金来衬托，盒子内的如意花心和花瓣之间成块贴金，整个彩画金色鲜明，花卉突出；脊檩彩画别具一格，除枋心红底描金外，余处以三个如意花瓣成组，红、绿色间隔而出，花形全用金色勾勒，均匀、有线性感。脊檩和檩下梁，一个圆作，一个方作，上成线，下成面（梁底和侧面连贯以绘），又在色彩上相互呼应，从而形成既对比又统一的顶上观，只是下有天花板，通常不得观赏。

2）北京寺庙彩画

图9-10 北京智化寺如来殿楼层四椽栿底部彩画

图9-11 北京智化寺如来殿楼层纵向天花梁彩画及平棋支条彩画

图9-12 北京智化寺如来殿楼层横向天花梁底部彩画

　　北京智化寺如来殿万佛阁彩画是现存较好的、具有明早期特点的寺庙建筑彩画。该建筑建于明正统八年（1443年），完成于正统九年（1444年）。彩画部分沿袭宋、元特点，又有部分独创。彩画原分内、外两种，现外檐已掉落，内部除楼层藻井已毁外，其他均保存甚好。构图特点是：枋心两端尖头不用直线，亦非豹脚合晕，而是曲折线，枋心长为梁枋长之1/2，藻头采用"一整二破"格式，但旋花狭长非整圆，且一整二破之间根据构件长短加如意头或莲瓣，有的外加箍头（图9-10）。图案以旋花为主，花心

图9-10 作者绘制
图9-11 作者拍摄
图9-12 作者拍摄

多为如意莲瓣或莲花，外绕以凤翅花瓣或圆头花瓣，梁底之旋花，因面窄作狭长形，似《营造法式》叠晕如意头。色彩以青、绿为地，凡青色之外即为绿色，二者反复相间使用，近似宋代的青绿叠晕棱间装，又于花心处点金以求鲜艳醒目，但又不破坏整体效果，于素雅中显出辉煌（图9-11、图9-12），底层也会用金，包括经藏上的梁枋彩画也在主要以青绿色为主的基础上重点处用金（图9-13）。天花平棋彩画也是青绿色为主，局部用金，支条皆绿色，交接处纹饰中心用金，平棋四角佛龛状图案四角向内，整体以文字喇嘛教七字真言为主题，周饰青绿蕃草（图9-14）。万佛阁底层天花成覆斗形，从而在入口上方可见斜置的长方形平棋（图9-15～图9-17），如来殿楼层平棋转角处用三角形，缠枝花插在宝瓶内，用金色文字如果实镶嵌在花卉中，十分生动（图9-18）。

图9-13 作者拍摄
图9-14 作者拍摄
图9-15 作者绘制

图9-13 北京智化寺如来殿底层经藏上彩画，多处用到太极和文字图案

图9-14 北京智化寺如来殿底层横向天花梁彩画和平棋彩画

图9-15 北京智化寺如来殿底层入口第一进平棋斜向彩画

图9-16 北京智化寺如来殿底层抱头梁处斜置长方形平棋

图9-17 北京智化寺如来殿底层山墙内檐处斜置长方形平棋

图9-18 北京智化寺如来殿楼层转角平棋三角形

　　智化寺西配殿梁枋及平棋彩画，在图案、色彩风格上，和如来殿的相同，疑为同时期作品（图9-19、图9-20）。西配殿彩画的特殊之处是经藏上方的藻井，呈覆斗形，雕刻成云纹、莲瓣的木花板间以木枋层层收分，上承斗栱层层出挑，最后覆以圆形天花而成，均绘以彩画。第一层的木板上以圆环内的佛像为主要题材，周围环绕云彩，绘在绿色底上，佛像形象生动，佛衣呈红色，安坐在绿色莲瓣上，线脚勾勒金线，十分细致。第二层和第三层分别是雕刻和彩绘结合的云纹和莲瓣纹，红绿相间并描以金线。第四层是栱层，于红底板上的斗栱绘成绿色，斗栱构件边线均勾以金粉。最后是藻井顶层天花，绘曼陀罗（坛场）图案，红绿色间用，边饰金（图9-21）。整个藻井色彩由红、绿、金组成，加上凹凸分明的雕刻形象和细腻的彩绘用笔，优美而有韵致（图9-22）。

图9-16~图9-18 作者拍摄
图9-19 作者绘制

图9-19 北京智化寺西配殿平棋彩画

20 北京智化寺西配殿平棋彩画绿地黄　　图9-21　北京智化寺西配殿藻井红绿金色为主　　图9-22　北京智化寺西配殿藻井壁彩画和雕刻结
图案为主　　　　　　　　　　　　　　　　　　　　　　　　　　　　　　　　　　　合（第二层）

图9-20~图9-22 作者拍摄

晚于智化寺的法海寺山门及大殿（建于正统年间，明弘治年间又扩建、修建）彩画，具有明中期的彩画特点。枋心构图在梁长1/3~1/2之间，梁枋多有箍头，藻头多为一整二破布局（图9-23、图9-24）。大小额枋统一构图，在上层较宽的藻头内绘以椭圆形的旋花，箍头内绘长形莲瓣盒子；在较窄的小额枋内，用可以伸缩的扁长形如意纹来配合，使贯通的分界线均齐。图案为旋花，以青、绿色为主，花心点金。平棋内于绿色底上用红、黄色绘佛梵字图案，支条上绘佛法宝。室内藻井绘曼陀罗（坛场）图案，为烘托肃穆神秘的佛寺气氛，起到画龙点睛的作用（图9-25、图9-26）。

图9-23　北京法海寺大殿内檐阑额立面彩画

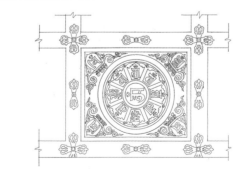

图9-23 作者绘制
图9-24 作者绘制

图9-24　北京法海寺大殿平棋和额枋底部彩画

图9-25　北京法海寺大殿横向天花梁及平棋彩画

图9-26　北京法海寺大殿藻井彩画

图9-27　北京东四清真寺大殿内柱彩画细部

图9-28　北京东四清真寺外大殿檐部彩画

北京东四清真寺大殿系明正统十二年（1447年）重建，大殿内彩画金碧图9-25~图9-28 作者拍摄
辉煌，虽为后来重绘，但格局基本上保留明代风格（图9-27）。檩条、梁、
额枋等均系以青、绿色为主调的旋子彩画，有的根据构件长短，在旋子间再
加如意头（图9-28）。富有特色的是殿内三座拱门，以精美的《古兰经》
文作为装饰，加上整个大殿彩画只采用植物纹、几何纹，不用动物纹样，十
分浓郁地表现出伊斯兰教的特色。

3）其他地方的彩画

其他地方的明代彩画，一般和北京的没有太大差异，也有的具有地方特
点。前者如青海乐都瞿昙寺宝光殿彩画，在构图、图案、色彩的做法方面极
类似北京的彩画（图9-29、图9-30）。还有湖北武当山金殿彩画虽做法独
特，但构图和明代官式建筑旋子彩画没有什么不同。金殿通体溜金，檩条、
平板枋、柱头、额枋均线刻彩画，箍头、柱头用盒子，藻头用旋花，枋心端

图9-29 青海乐都瞿昙寺宝光殿山墙梁架彩画

图9-30 青海乐都瞿昙寺宝光殿廊部彩画

图9-31 湖北十堰武当山金殿

图9-32 山东曲阜奎文阁一层彩画

图9-29~图9-32 作者拍摄

头尖形,类似智化寺做法,是明早期特点(图9-31)。该殿为重檐,明间大,梢间骤减,于是梢间不用箍头,上檐梢间藻头甚至不用旋子,只有两列旋瓣,以适合额枋长度的变化。后者如山东曲阜孔府的彩画,基本格局同于北京,而在构图与图案的配合以及色彩的处理上则别具一格。

孔府是孔子后裔的居住之地,明朝朱元璋很重视孔府作为礼仪之家的楷模作用,明确规定衍圣公专主祀事,不复兼任地方官职,后又晋升为一品官秩。明朝规定的"一品二品,厅堂五间九架,屋脊用瓦兽,梁栋斗栱檐桷青碧绘饰。门三间五架,绿油,兽面锡环"[9],和孔府一品官的第宅形制非常吻合。孔府的建筑彩画也完全符合礼制,可归于"粉青"之列。其特点是不用金,而以橘黄、朱红、橘红等色点缀于青绿之间,青用二青,绿用二绿,青绿相间,墨线为界,色彩素淡,旋子全用明代盛行的西番莲凤翅瓣,这可以孔府大门及重光门为代表(彩画作图版九)。可惜近年这两处彩画,已被清式宫廷彩画所代替,与孔府规制不符。现在穿堂、二堂、三堂及前上房、

9 (清)张廷玉等.明史:第6册:卷六十八[M].北京:中华书局.1974:1671.

内宅门等处仍保留有一部分这种彩画，但比大门与重光门等处规格低，即在青绿花纹之间，绘有大片松文图案，松文用土黄为地，棕色为纹，应属《营造法式》彩画作"杂间装"一类[10]。在构图上，比较自由，枋心长度有的少于1/3梁枋长，近于1/4梁枋长，有的则多于1/3梁枋长，近于1/2梁枋长，有的则等于1/3梁枋长。突出之处在于枋心图案因构图而变化。当枋心长度多于1/3梁枋长或近于1/2梁枋长时，枋心内多以花卉、各种锦纹为主题；当枋心长度少于1/3梁枋长时，一般空着不画，只涂青、绿地或丹地。这样和藻头图案配合时显得疏落有致。藻头一般为旋花，和北京明代彩画相似，但更丰富，有一整二破加四路瓣、三路瓣等，靠近花心处有的用海棠瓣、莲花瓣或菊花来处理，也有的用四合云。整个彩画协调、朴素，符合礼制规范。曲阜孔庙奎文阁建筑为明代建造，彩画似为后来重绘过，比较粗糙，但是构图和纹样与明代官式彩画不出其右（图9-32）。

总之，上述各种实例表明，明代官式建筑彩画的变化和不同建筑类型、建筑造型、建筑构件形状、尺度及分布有关，也因时代不同而有差异，但已在宋、元彩画基础上发展成一代新风：构图已有显见的枋心、藻头（箍头）之分，枋心各自长度的确定正处在一个向梁长1/3的过渡阶段，藻头旋花的分布亦由早期的旋花间以如意纹逐步向以一整二破为主的加一路、加二路、勾丝咬等清代规则化的方向发展。图案内容则在统一的时代特点旋花的基础上，根据不同类型建筑性质的需要加上具有象征意义的纹样。在色彩上，主要发展了青绿色调，但也依不同建筑类型而有所变化，从而形成一种既有统一风格又有一定地方特色的明代彩画。

10 明代官式建筑彩画的设色和工艺特点[11]

1）颜料

明代使用的颜料为矿物质材料——石青、石绿、银朱等，色感艳而不浮，与清代使用德国及法国颜料的最大不同是分子结构稳定，沉着而不易泛色。

2）色调

在木构上，基础颜色是青色和绿色，退晕而作，晕色做法均由浅而深，且色阶宽度差别不大；红色使用不多，用以描绘写生画的大片白色亦少见，红色和金色主要用于点缀重点，如装点花心、花蕊、菱角地、莲座等，但每处用金箔比较大（图10-1），不似清代用金分布均匀、对称而每处用金面较小的做法。在琉璃面砖上，主要用黄色和绿色，色彩反差稍大和鲜明。就目前所知实物看，明代官式建筑彩画中还没有白线勾勒的做法，檐下斗栱彩

10 南京工学院建筑系，曲阜文物管理委员会.曲阜孔庙建筑[M].北京:中国建筑工业出版社，1987：149.

11 此节部分内容参见王仲杰.明、清官式彩画的概况及工艺特征[M]//何俊寿.中国建筑彩画图集.天津：天津大学出版社，1999：1-14.

图10-1 北京智化寺大殿平棋下方纵向天花梁梁底彩画用金

图10-1 作者拍摄
图10-2 作者拍摄
图10-3 作者拍摄

图10-2 北京智化寺西配殿藻井顶部彩画可见无泥灰，材料类似纤维纸

图10-3 北京古代建筑博物馆藏北京隆福寺藻井残件（万历）

画不再施绘细部花纹，而用青绿叠晕，因此整个彩画色调柔和、整体感强。

3）做法

木构上彩画，典型的明代无"地杖"的，以北京智化寺为例，建筑梁枋彩画之底甚薄，因木料平整，无需披麻捉灰，直接在薄地上施绘；天花施工亦极讲究，如西配殿凡天花板之接缝，正背二面皆粘薄麻丝一层以防破裂，上再裱纸作画（图10-2），也可能画完后再裱上去[12]。明代有"地杖"的遗物如先农坛拜殿彩画，地杖不是很厚，剥落之外皮直接粘着麻，灰不厚。

明代官式彩画等级高，做工讲究，彩画和雕刻、壁画，相互支撑和协调，你中有我，我中有你，是完善室内外建筑风格和环境的重要组成，不少藻井都用到雕刻，万历年间建造的北京隆福寺藻井亦属于此类做法（图10-3）。

琉璃彩画做法如同近代贴面砖，按梁长分成若干段，将烧制好的长方形琉璃砖（后面做出榫头）贴在建筑上。

12 笔者于1985年取样，经中国林业科学研究院林产化学研究所利用显微镜及扫描电镜对智化寺西配殿天花彩画残片检验和南京博物院有关纸专家鉴定，彩画底层系韧皮类纤维（纸）和麻类纤维组成，并有鉴定结论。估计麻类纤维是缠裹木表作底用的，而韧皮类纤维（纸）为实际施画的底，又根据藻井壁板所绘纹样的精细程度推测，有可能是事先将彩画画在类似国画纸上，然后再裱上去的。

11 | 明代官式建筑彩画作范式图版

图版一 天花彩画（一）

平棋彩画

参考实例：北京故宫南薰殿

图版二　天花彩画（二）

平棋彩画

平棋彩画

参考实例：北京智化寺西配殿

图版三　天花彩画（三）

平棋彩画

平棋彩画

参考实例：北京智化寺如来殿

图版四 额枋彩画

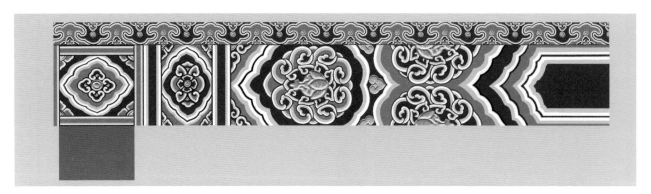

额枋立面彩画

额枋底面彩画

额枋立面彩画

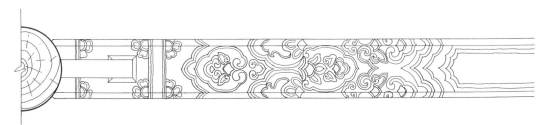

额枋底面彩画

参考实例：北京法海寺大殿内檐

图版五　梁彩画（一）

梁立面彩画

梁底面彩画

梁底面彩画线图

参考实例：北京智化寺如来殿

图版六 梁彩画（二）

梁立面彩画

梁底面彩画

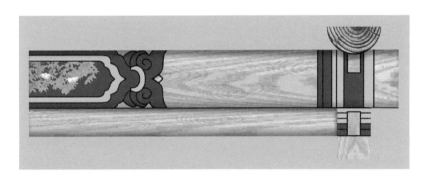

梁立面彩画

参考实例：北京故宫南薰殿、山东曲阜孔府

图版七　脊檩枋彩画

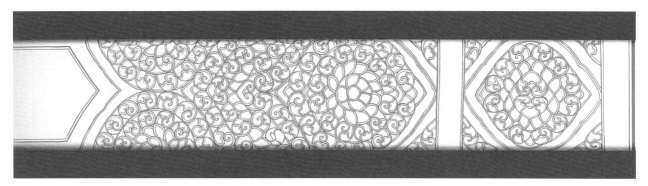

用沥粉贴金的浑金彩画

脊檩枋彩画

参考实例：北京太庙大殿、太庙戟门

图版八　柱头彩画

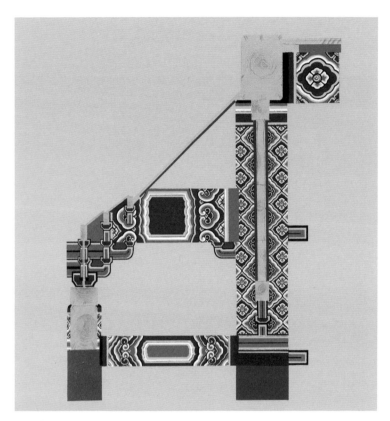

柱头彩画

柱头彩画

参考实例：北京智化寺如来殿、北京故宫神武门内东值房

图版九 大门彩画

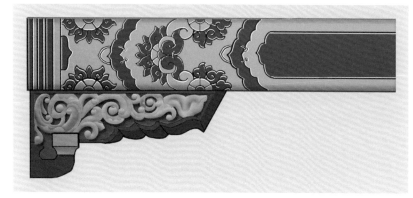

大门彩画

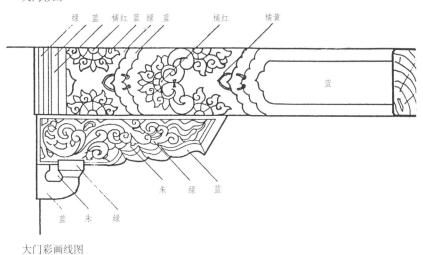

参考实例：山东曲阜孔府

大门彩画线图

图版十 琉璃彩画

琉璃山墙彩画

参考实例：北京故宫永康左门

琉璃彩画线图

图版十一 石刻彩画

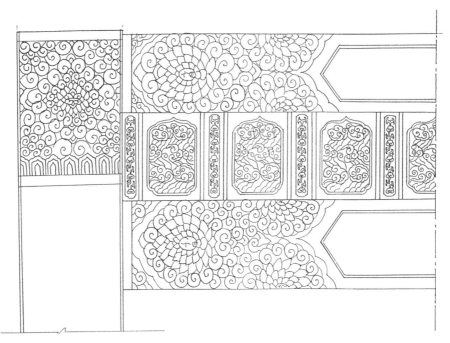

北京昌平明十三陵牌坊石刻彩画线图（次间）

北京昌平明十三陵牌坊石刻旋子彩画（明间）

参考实例：北京昌平明十三陵牌坊

参考文献

［1］ 中国科学院自然科学史研究所.中国古代建筑技术史[M].北京：科学出版社,1985.

［2］ 李明仲营造法式[M].上海：上海商务印书馆据武进陶湘本印本,1929.

［3］ (清)张廷玉等撰.明史[M].北京：中华书局,1974.

［4］ 南京工学院建筑系,曲阜文物管理委员会.曲阜孔庙建筑[M].北京：中国建筑工业出版社,1987.

［5］ 张道一.中国古代图案选[M].南京：江苏美术出版社,1980.

［6］ 潘谷西.中国古代建筑史 第四卷 元、明建筑[M].北京：中国建筑工业出版社,2001.

［7］ 刘敦桢.明长陵[J].中国营造学社汇刊,1933,4(2)：42–59.

［8］ 刘敦桢.北平智化寺如来殿调查记[J].中国营造学社汇刊,1933,3(3)：1–70.

第三篇　石作

第三篇　石作

12　明代官式石构建筑与石作发展概况

1）明代官式石构建筑发展

明代是砖石建筑发展的辉煌时期，石材除了延续若干前朝用于皇家陵寝、重要寺庙的塔、大型工程如桥梁和城墙外，还用于更广泛的范围和更多建筑类型中。明代官式建筑石作则发端于洪武年间的都城南京，在皇家建筑中大量使用。明成祖迁都北京，大量南方工匠北上，将南方石作技术融入了都城北京的营建。官式建筑石作不仅见于明代都城的宫殿、坛庙、陵寝之中，也在都城之外的寺庙、宫观、陵寝广泛运用，奠定了明代早期官式建筑石作基础。明正统至嘉靖年间，官式建筑石作发展稳定，弘治年间曲阜孔庙大规模修建、嘉靖年间皇家建筑大兴土木，留下了代表明中期官式建筑石作的重要遗存。嘉靖以后，"省工省费""利用余材旧材"成为皇家营建的重要前提，石作用料常改用旧石[1]，纯石构件用材。石料规模减少，砖石材料共同使用使得石材与砖材的结合更为紧密，推动了砖石空间结构的发展，万历年间，石殿、石塔、无梁殿在多地营建，为清官式建筑石作制度和技术的完善打下了基础。

2）明代建筑石作技术与风格

明以前建筑石作主要技术已比较成熟，明代早期都城建设、皇家建筑营建的需求使得石材被大量使用。明初官式建筑石作规模宏伟、用材巨大，其背后是石作能力的体现，石材选用、开采、运输、加工等每一环节的技术为明代石作成就提供了保障。除了大量劳动力的支配外，石作营建全过程还体现了对材料、地质的科学认知，泼水成冰的运输方式使得大石的运送得以实现，加工工艺和艺术审美使石作线条流畅、风格洗练，工程计算也更为合理。整体上而言，明代石作技术多是对前代技术的继承，但各环节呈现出技术的成熟与程式化。

（1）石材种类

明代官式建筑的石材种类多样，多为就近取材。《工部厂库须知》记录明中后期北京地区官式建筑用石有白玉石、青白石、青砂石、紫石、豆碴石等。

明代各地官式建筑用石具有明显的地域性特征：南京多用石灰石，兼用

1 "贺氏任事最大目标多侧重省费……'尚有可为后世发者，一则利用余材旧材，一则用材求当……'慈宁宫石础二十余，公令运入工所，内监哗然言旧，公曰：石安得旧，一凿便新，有事我自当，不尔累也。按利用旧石为省费项中之最大者，贺凤山《办京察疏》有'大木之费可钜百万，而石价居其大半'之语。"此句参见单士元. 明代营造史料 [J]. 中国营造学社汇刊，1933，4（2）：88-99.

花岗石，明中都石灰石和砂石兼有，北京汉白玉居多，兼用石灰石，武当山多采用周边产青白石，瞿昙寺则用西宁周边产红色砂石。

花斑石也是明代官式建筑中可见的一种石材，其使用并不完全受地域限制，明代花斑石多产自徐州、丰润等地。花斑石，也称文石，竹叶状砾屑灰质岩[2]，是变质岩的一种，其竹叶状纹理、温润的石质受中国古代历代皇家青睐。明初洪武年间宫殿落成，因俭德开基而不用文石甃地[3]，因此在洪武朝建筑中未见任何花斑石遗迹。明早期花斑石现于永乐年间敕建的青海瞿昙寺瞿昙殿和武当金顶金殿须弥座用石中，也见于《帝陵图说》永陵一节记载："石皆文石，诸陵不及也。"明中后期花斑石用于嘉靖、隆庆、万历皇帝陵寝之中：永陵宝城四周及明楼瓮门铺地皆文石；昭陵花斑石之精丽与永陵无殊；定陵门内铺地墙基、宝城四周明楼铺地皆用文石[4]。

（2）采石与运输

明代南京用石多来自周边山脉，南京麒麟门外江宁县汤山镇有座阳山，古称雁门山，明永乐三年（1405年），明成祖朱棣为其父朱元璋续建明孝陵即在此处开采石料，这是明代早期的一处重要石料开采地，至今仍留有当年开采巨大石碑用材的痕迹以及开采下来却未能搬走的石材。南京明故宫的花岗岩石材取自南京大连山，有"金陵红""南京红"之称。石材也有采自宜兴山中[5]、溧水[6]等地区。

都城北京初建，所用石材大多产自北京周边，首先，石料是建筑用料中搬运最艰难之材料，多就近取材；其次，元代都城营建即有从西山取木石的传统[7]。明人沈德符评价正德、嘉靖年间采石曾说："倘凿之他方，即倾国家物力亦不能办。"[8]因此，采石场距离营建地不能太远。清《日下旧闻考》及明万历年间营造专书《工部厂库须知》等文献对明代北京官式建筑常用石料及产地均有记载。明代北京宫殿、山陵用石除了花斑石，其他多来自北京周边地区：白玉石、青白石产自大石窝，青砂石产自马鞍山、牛栏山、石径山，豆碴石产自白虎涧，紫石产自马鞍山[9]，至今留有不少因采石而存在的村名、地名、"官山地界碑"等遗存。不同石材的成色、纹理及坚硬程度也有差别，通常被使用于不同部位。由于采集量大，明朝政府在这里驻有工部及御史衙门官员，专门监督采运。

开采石料是艰巨的工程，选择好开采地点以后，先要剥离表土，再挖出砾石、砂层，要清除几层至十几层的乱石[10]。一般良材都埋藏较深，多用木槌或铁锤敲击錾凿，开采后从地下翻出。南京阳山碑材采石遗址清晰整齐的钎痕、碑首、碑身遗迹可见对石材开采后搁置、搬运等全过程的通盘考量，是一套成熟有序的錾凿技术。

特大石料——类似云龙阶石[11]那样，翻塘上车需要一万个军工。工程之

2 王永成，芦华青.武当山金殿的须弥座及台基 [J].古建园林技术，2007（3）:26-28.

3 "明初，俭德开基，宫殿落成，不用文石甃地。"见：（清）张廷玉等，明史：卷六十五 [M].北京：中华书局，1974:1598.

4 （清）梁份.帝陵图说 [M].北京：北京出版社，2022:50, 54, 60, 61.

5 "明代官工之浮冒'孝陵碑石条，辛巳孝陵重立神烈山碑石，户部给石价四千金，石出宜兴山中，实七百金'"引自：朱启钤，阚铎.元大都宫苑图考 [J].中国营造学社汇刊，1930, 1（2）:1-118.

6 "采石地在溧水县东庐乡淛湖山北麓，距县城13公里。淛湖山本名青洪山……"明代曾在此大量采石。见：南京市地方志编纂委员会.南京文物志 [M].北京：方志出版社，1997:326.

7 "（至元三年十二月）丁亥，诏安肃公张柔、行工部尚书段天祐等同行工部事，修筑宫城……凿金口，导卢沟水以漕西山木石。"参见：（明）宋濂等撰.元史：第一册 [M].北京：中华书局，1976:113.西山，指的是北京西北部的山地。

8 沈德符.元明史料笔记丛刊：万历野获编（套装全3册）[M].北京：中华书局，1959:611.

9 （清）于敏中等编纂.日下旧闻考（全四册）[M].北京：北京古籍出版社，1981:2403.

10 苑焕乔.北京石作文化研究 [M].北京：中国地图出版社，2013:213, 214.

11 北京故宫保和殿后的一块云龙阶石，长16.5米、宽3米、厚1.7米，是用一块汉白玉雕成，重达200多吨。

大可见一斑。石料就地加工成粗料，垫以滚木，用撬杠、人拽，一寸一寸地移动到装车地点。一种特大石料的运载工具叫做"旱船"，由巨大的方木联结成木排，架在两排方木上面，其使用多在冬季，严寒季节在路面泼水结冰，用人力和畜力拉拽。《两宫鼎建记》载："三殿中道阶级大石长三丈、阔一丈、厚五尺。派顺天府等八府民夫二万，造旱船拽运。派同知、州判、县佐贰督率之。每里掘一井以浇旱船、资渴饮。计二十八日到京，官民费计银十一万两有余。"按前面所记，如果再加上军工，则运这块巨石所动用的人力达两万六七千人。房山到北京的距离以150里计，运了近1个月，每天行程约5~6里，可见运输之难。

至于一般中小石料则靠畜力车辆运输，车辆有16轮、8轮、4轮及2轮之分。建两宫大石，御史刘景晨亦有金用五城人夫之议。主事郭知易议：造十六轮大车，用骡一千八百头拽运，计二十二日到京，比人力拉运所差无几。

由于运输频繁而且艰巨，官府还动员大批劳力修路，大石窝子街中道用石有十余万斤者，开运一块费银千余。道路洼陷不平，损坏车石势所必至，令顺天抚按督责该地方司道州县官，多方设处，务期修垫如法，坚阔平坦，以便车行。如或虚应故事致损车石，除州县正官分别参处，巡捕官拏究外，仍责令该州县赔补原石。顺天府（所属北京周围各州县）的百姓不但要出工修路，而且要担负因事故而损坏车石的赔偿责任。这一带百姓为运石而支付的人力和财力可想而知。

至于一般小型石料的运输，起初雇用在官车户，嘉靖初在官车户仅仅9家。后来实行官造车辆，募集殷实富户领车并提供骡马，按日按头给运费。

（3）石作加工

以手工工具加工石作的工艺发展相对稳定，石料加工主要有劈、截、凿、扁光、打道、刺点、砸花锤、剁斧、锯、磨光等工序[12]。明代早期石作表面呈现的纹理有四种：磨平、旋螺纹、平行线形、点状（图12-1）。磨平是常见的石作表面处理方法，宋代即有采用水和沙子打磨的技术，对叠压石块上下承重面平整要求最为严格，稍有不平整易导致压力集中而碎裂；旋螺纹见于柱础上表面；竖向或斜向平行线形纹理见于铺地顶面或台基侧面；点状纹理主要见于铺地。

同时，建筑地面铺设方砖，为保证砖石平整交接，石块四周侧面上部常打磨边棱，使石构件边缘完全平整，埋于地下或与其他块材没有密切联系的部分则粗做以省工。推测，明代石作加工同清代一样，不同部位的石构件和周边构件的连接情况有详细的规定，也因石质不同，凿作要求有所差别[13]。

（4）石作风格

南京明初官式建筑石作风格既和恢复汉民族唐、宋正统规制有关，也和

12 刘大可.中国古建筑瓦石营法[M].北京：中国建筑工业出版社，1993：268.

13 梁思成.清式营造则例[M].北京：中国建筑工业出版社，1981：177，178.

旋螺纹 　　　　　　　　　　　旋螺纹

直线 　　　　　　　　　　　　点状

图12-1　作者拍摄

图12-1　明初官式建筑石作常见饰面方式

南京地方性有关。尤其是后者，由于南京在其历史上建都多次，明代之前稳定发达的砖石营造基础为明代（砖）石作的接续奠定了坚实的技术基础，积淀了孕育明初石作自然简朴又洒脱浪漫之风的沃土。王子云先生评价明孝陵石刻反映出"明代初年中国统一以后所应具有的博大坚实的气魄和朴素而又洗练的艺术特点"[14]。都城北京的石作继承了南京的制度，但迁都以后的石作纹样从简洁逐渐繁复，并出现程式化势态。同时，明代石雕装饰和小品的流行，如石柱、石牌坊、石花坛、石灯座等的出现反映其工艺美术的繁荣以及注重装饰的审美倾向。

14 向以鲜. 中国石刻艺术编年史：愉悦卷：两宋辽金西夏元明清 [M]. 上海：东方出版中心，2015：1082.

13 石构建筑类型与特点

1）石楼

明万历年间营建了大量无梁殿建筑，多数为砖构。明万历年间潞简王朱翊镠[15]所建的望京楼和明潞简王之赵次妃墓[16]建筑群中的石构方城是明代以石材为主要砌筑材料的石楼范例。

（1）十字石券构筑方式

望京楼平面为长方形，二层平面长约31.4米，宽约18.8米[17]。南北向与东西向的券洞面阔并不相同，其中南北向券洞面阔4.15米，东西向券洞面阔3.91米。此二券等高，故而在平面中间十字相交成券。从仰视平面可见，每个方向的券石均垂直于券脸石，宽度几近相同约250厘米，共计25道，居中对称砌筑，十分工整。

中间十字相交之处，分别从四个方向发券，自下至上分别为角柱石、压面石、平水墙石一块及券石五块，此五块券石尺寸相同，截面为"△"形，暂且称之为肋券石。由于两个方向面阔不同，所以这四道肋券从仰视平面上看并非"十"字相交，而是相交成"X"形，中心四券相交，此处顺着肋券石方向由整石凿刻成"X"形（图13-1），其上隐约雕有盘龙，但已斑驳难辨。

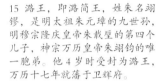

15 潞王，即潞简王，姓朱名翊镠，是明太祖朱元璋的九世孙，明穆宗隆庆皇帝朱载垕的第四个儿子，神宗万历皇帝朱翊钧的唯一胞弟。他4岁时受封为潞王，万历十七年就藩于卫辉府。

16 赵次妃墓，位于河南新乡市北郊凤凰山麓潞简王墓西侧。赵次妃，生前为丫鬟，死后破例追封为次妃，独享了一座亲王级别的陵园，《康熙新乡县志》亦谓其"营造逾制"。

17 大多数资料称望京楼长32米，宽19米，此为地面层数据，两者有出入是因为石壁外墙有收分，本文所录数据为笔者在望京楼二层考察时实测所得数据。

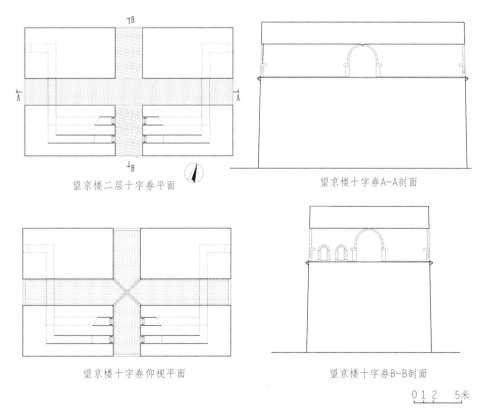

望京楼二层十字券平面　　　　　望京楼十字券A-A剖面

望京楼十字券仰视平面　　　　　望京楼十字券B-B剖面

0 1 2　　5米

图13-1 作者绘制　　　　图13-1 河南卫辉望京楼十字券测绘图

赵次妃墓方城石楼平面为边长6.6米的正方形，体量较小，四面辟小门发券，中间亦十字相交，可谓明代小型十字券发券之实例。其十字券构筑与望京楼不同，四面的券石虽然同样垂直于券脸石砌筑，但每道宽度不等，而是等同于相应的券脸石。四券相交之处，没有明显肋券石做法，只是随着十字发券形状将石块凿成相应的异形。四券相交之中心亦为整石，但与望京楼不同，此处之中心石并非顺着肋券石方向，而是垂直于各面的券脸成"十"字形放置，该石四向的宽度相等，与券脸之龙门石同宽，并随龙门石之曲线将底面凿成向上微曲的弧面。这两个实例基本可以考证明代晚期大型石构十字券和小型石构十字券之官式做法。

（2）内券石砌筑方式

石楼中的内券石是指位于券洞内的发券石。望京楼中的内券石砌筑方式有两种：

一是垂直于券脸石砌筑，这种做法出现在二层十字券中；

二是平行于券脸石砌筑，这种做法出现在楼梯道的顶部发券和采光窗洞的发券。一般券石大小同券脸石大小，即券脸石与内券石路数相同。赵次妃墓石楼一层十字券中的内券石即属此种砌法。

望京楼中的石券券脸数据统计见表13-1：

表13-1　望京楼内石券起拱数据统计

所处位置	平水墙高（毫米）	面阔（毫米）	起拱（毫米）	起拱/0.5面阔	备注
十字券之南北向	2 655	4 155	2 080	1.0	半圆拱
十字券之东西向	2 655	3 910	2 080	1.06	
二楼门洞	1 675	1 200	660	1.1	
二楼窗洞	1 415	920	460	1.1	半圆拱

望京楼既有半圆拱，又有清代规定的起拱曲线，即起拱高度/二分之一面阔约为1.1。纵观明代石券，起拱曲线是多样的，有小于半圆形的"坦拱"，也有半圆拱、双心拱、三心拱等。元末明初是拱券由半圆拱发展至双心拱的转变时期，地域上双心拱在北方发展早于南方，半圆拱在南方的运用多于北方。以南京为代表的江南地区对半圆拱的运用延续至洪武中期，明孝陵方城（洪武十六年，1383年）仍使用的是半圆拱起券。洪武十九年（1386年）建造的南京聚宝门（今中华门）及永乐年间建造的拱券采用了双心拱，明代正统年间所建的北京智化寺大门的发券是明显的三心拱，并且有尖券的趋势，可能与元代喇嘛教对汉地文化的影响有关。

从结构上看，影响筒拱受力情况的主要是起拱曲线。明代在营建中逐渐形成了受力更科学的双心拱，使其取代半圆拱成为明代官式建筑石拱券起拱方式的主流。

（3）石墙砌法

从部分剥落的外墙体看来，石材的砌筑方式类似今日砖墙之顺丁相间法。但排列顺序并非严格按照规律，而是根据石料大小进行调整。这种砌筑方式使丁部的石块起到了拉结的作用，与墙内砖体结合，再加上铁件加固，从而坚实异常，数百年不倒。望京楼内的石墙砌体基本完好，仅部分白石有风化现象。从风化的现状可看见内壁石墙与墙后砌体之间亦有铁件连接。

明代其他官式建筑中石墙的做法，见表13-2、图13-2。

表13-2　明代几种石墙做法及尺寸统计

建筑名称	平均每米收进尺寸（毫米）	每道石宽（毫米）	石块拉结手法	立面石块铺砌方式	备注
明孝陵宝城	160	350	磕绊	线道砖，陡石叠砌	亦作挡土墙用
明孝陵方城	40	380	磕绊	线道砖，陡石叠砌	石料大小相同
玉虚宫十方堂	35	160	黏结材料	卧石叠砌	石料长短不一

可见，明代早期的大型石墙收分与宋代的露龈砌非常相似，使用磕绊加固墙体。随着明代黏结材料的发展，石墙更加坚固。

（4）石楼用料

望京楼的石料有两种，一为青石，一为白石。其中白石易风化，故外墙除装饰性的腰檐为白石外，其余全部用青石砌筑。在石楼内部，楼道顶之券由白石券和青石券相间构成。既解决了结构抗压问题，又因其色泽不同而产生有韵律的视觉美感。赵次妃墓墓冢外壁下部六米以内以白条石垒砌，上部则以青白石相间（图13-3）。

图13-2 作者绘制
图13-3 作者拍摄

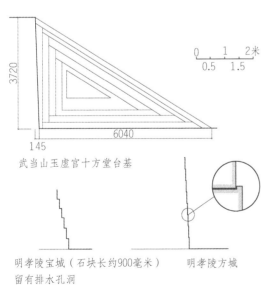

图13-2　几种石墙砌法示意图

图13-3　河南新乡赵次妃墓墓冢石壁

据明代《天工开物》载，黏结材料石灰的烧造方法与造砖瓦之煤炭窑烧造方法相同。砌造时按不同需要加入各种调和物，如"凡灰用以砌墙石，则筛去石块，水调粘合。甃墁则仍用油灰。用以垩墙壁，则澄过用纸筋涂墁。用以襄基及贮水池，则灰一分入河沙黄土二分，用糯米、粳米、杨桃藤汁和匀，轻筑坚固，永不隳坏，名曰三和土"[18]。黏结材料偏向于采用无机材料和有机材料相结合的混合材料。

18 潘谷西.中国古代建筑史·第四卷·元、明建筑 [M]. 北京：中国建筑工业出版社, 2001：462.

2）石券桥

明代官式石桥主要分为平桥和券桥。平桥的样式较为简单，桥身平直，桥洞为长方形，栏杆朴素。券桥的主要特点是：桥身向上拱起，桥洞采用石券做法，栏杆望柱做法讲究。在北京故宫、太庙、天坛斋宫、定陵、曲阜孔庙、武当山玉虚宫和紫霄宫、湖北钟祥显陵、南京明孝陵等明代建筑群中均有遗存。

（1）石券桥在建筑群中的位置

① 宫殿：洪武年间的南京宫殿中轴线上由南向北依次有外五龙桥和内五龙桥。此后的北京宫城中金水河之上五座金水桥与承天门五个门洞相呼应。午门内轴线上又有五座汉白玉石桥（图13-4）。同时，在流经宫殿的御河之上还设公生桥等券桥数座，一般以单数建造，即三座并联或者单独一座。其中公生桥是宫廷日常使用的通道，专供四品以下的官员、工役、太监等受诏入宫时的通路。

② 敕建寺庙道观：武当山的诸多敕建道观中皆有玉带河，河上造玉带桥，但位置不尽相同。如玉虚宫里乐城有玉带桥一座（图13-5），紫霄宫宫门外有玉带桥一座通向宫门。这些河流和桥的位置是道教风水与敕建形制相互影响的产物。

图13-4 作者拍摄
图13-5 作者拍摄

图13-4 北京故宫内金水桥

图13-5 湖北十堰武当山玉虚宫玉带桥

图13-6　四川平武报恩寺桥面铺彩色琉璃砖，
边界和栏杆用石

图13-7　湖北钟祥显陵九曲河上一组石桥

图13-6 作者拍摄
图13-7 作者拍摄

山东曲阜孔庙中轴线上有玉带桥一座，孔林有洙水桥一座。

四川平武报恩寺内有座琉璃砖铺地的石桥（图13-6）。

③ 陵寝：石桥是陵寝风水中的重要组成部分。定陵白石桥位于整个定陵建筑群的最始端，并排三座成为一组，桥下原有横过的水流，现已干涸。显陵的九曲河为陵内人工挖掘的御河，由城东北引上游山泉水入陵，环绕神道两旁，来去迂回，形成九道弯曲，因此得名。河上建有五处石拱桥，每处为三道并列单孔石桥，由北向南坐落在中轴线上，称神路桥。这五处石桥的设计和营建不仅满足了封建帝王陵寝对风水的要求，而且具有很高的审美价值（图13-7）。

④ 道路公共设施桥梁：南京的七桥瓮桥是保存至今的明代七孔石砌拱桥，明代正式名为上坊桥。该桥横跨城外秦淮河主流，位于南京城郊东南角，出光华门约3千米，通过该桥经高桥镇，可达句容县，是明初所建的南京重要城市桥梁之一（图13-8）。

（2）石券桥比例尺度

① 桥洞分配定例

明代石券桥实例中桥洞尺寸比例见表13-3、表13-4：

表13-3　明代官式石券桥实例桥洞跨度尺寸统计

石桥位置	建筑年代	形制	中孔形状	中孔宽/桥身通长	中孔宽/河口宽	中孔宽/河口宽（清）	次孔宽/河口宽	次孔宽/河口宽（清）	梢孔宽/河口宽	梢孔宽/河口宽（清）
武当山玉虚宫	永乐年间	一孔桥	半圆	1/2.9	1/1.8	1/3.0				
钟祥显陵	嘉靖年间	一孔桥	坦拱	1/3.0	1/1.0					
天坛斋宫		一孔桥	半圆		1/2.1					
北京故宫金水桥		三孔桥			1/3.2	1/5.4	1/5.2	1/6.06		
南京七桥瓮桥	明初	七孔桥	半圆	1/10.1	1/6.3	1/10.5	1/7.0	1/11.7	1/7.4	1/15.3

表13-4　石券桥实例桥面铺装统计

石桥位置	桥面铺地数
武当山玉虚宫	5路
钟祥显陵	9路/5路
天坛斋宫	5路
北京故宫金水桥	9路/7路/3路

由上表可以大致得出以下结论：明代官式一孔券桥的中孔宽度尺寸大致为桥身通长的三分之一，其尺度比例似与河口宽度无关；明代官式一孔券桥的形状早期为半圆，后逐渐出现双心拱；桥面铺装砌石路数总数皆为单数，从高到低依次为9路、7路、5路以及3路，一般中路的石块较两侧的宽些（图13-9）。

图13-8　作者拍摄
图13-9　作者拍摄

图13-8　江苏南京七桥瓮桥

图13-9　江苏南京明孝陵金水桥桥面铺装

② 桥长定法

明代石券桥实例中桥长尺寸比例见表13-5：

表13-5 石券桥实例桥长比例统计

石桥位置	建筑年代	形制	河口宽/桥身直长
武当山玉虚宫	永乐年间	一孔桥	1/1.6
钟祥显陵	嘉靖年间	一孔桥	1/2.7 1/3.0
天坛斋宫		一孔桥	1/1.2
北京故宫金水桥		三孔桥	1/2.6
南京七桥瓮桥	明初	七孔桥	1/1.6

明代官式一孔桥桥长为河口宽度的1.2～3.0倍不等，而清官式中取2倍，为明代数据的中间值。从现有的资料分析，明代官式多孔桥桥长为两边金刚墙里皮至里皮间之长度的1.5～2.6倍，清官式取其2，亦为中间值（图13-10）。

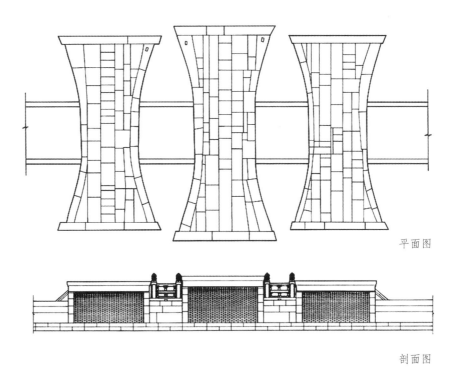

平面图

剖面图

图13-10 由天津大学建筑学院提供

图13-10 湖北钟祥显陵单孔组桥平面及剖面

③ 桥宽定法

券桥桥身宽度有桥身中宽及桥身两头宽两种。桥身中宽是指桥身中间一段的两侧仰天石外皮至外皮之间宽度。桥身两头宽指两端雁翅外口之宽度。

（3）桥券砌法

① 券脸和内券同一路数：即各路内券石的长度和宽度和券联石的尺寸是一样的。明代实例有南京七桥瓮桥券洞，其各券洞的砌筑方式并不相同。中孔金门券的券脸石是按照一顺一丁的方法砌筑。丁石居中，顺石12路，丁石11路，内券石以相似尺寸的石块依次砌筑（图13-11）；而次孔内券的每块券脸石都和金门券顺石尺寸相近，共13路，同样地，内券石以相似尺寸的石块依次砌筑（图13-12）。两种砌筑方式比较起来，前一种方式的拱券跨度大，起券高，砌缝大多为"丁"字形，受压性能更好些；后一种方式产生了很多"十"字形的砌缝，这种砌缝往往存在拉结问题，比较容易松动变形。

图13-11　江苏南京七桥瓮桥中孔内券　　　图13-12　江苏南京七桥瓮桥次孔内券

图13-11 作者拍摄
图13-12 作者拍摄

② 内券垂直于券脸丁砌：此种砌法的内券石和券脸石尺寸差别很大，实例有武当山玉虚宫玉带河上的石券桥（图13-13）。内券石垂直于券脸石砌筑，券脸石7块，而内券石有22路，用卧砌法。卧砌法中石块肋面向外，陡砌法中石块大面向外。

③ 内券砖砌：此种砌法实例见天坛斋宫外壕沟上石券桥。其券洞券脸为石，内券为砖，卧砌，应是随着制砖技术的发展和节省石料的意图而产生的。

3）石牌坊

（1）明代官式石牌坊遗构

明代官式石牌坊遗构主要竖立在宫殿、寺庙、陵墓等建筑群的前面，作为这组建筑群的一个标志性建筑。它们中有的是独立存在的，如孔庙"金声玉振"坊、明十三陵牌坊等；还有一种大门式牌坊，属于建筑群围合界面的一部分，具有牌坊的形式，如天坛圜丘四周的门、社稷坛四周的门等。明代一开间的石牌坊和乌头门的形式非常相似（图13-14）。宋《营造法式》中乌头门的样式为：在两挟门柱施一道额枋，额上用日月版，不施屋盖，柱头安带有纹饰的黑色瓦筒；柱间安门扇，门扇上半部安棂条，下半部用带有装

图13-13 作者拍摄
图13-14 作者拍摄

图13-13　湖北十堰武当山玉虚宫玉带桥内券砌法　　图13-14　北京昌平明十三陵神道龙凤门

饰的障水板。

　　明代遗存的石牌坊常见的是一间二柱和三间四柱这两种：一间二柱牌坊如昌明十三陵石像生北侧、天坛棂星门、社稷坛四周棂星门等，三间四柱牌坊见孔庙、颜庙牌坊。也有五间六柱十一楼的，如昌平明十三陵神道石牌坊（表13-6）。

表13-6　石牌坊实例现状情况

名称	年代	形制	柱底稳定构件	立柱样式	柱头样式	是否设门
天坛寰丘		一间二柱	抱鼓石	四方石柱	乌头门形式，云板	是
孔庙金声玉振坊	正德至嘉靖	三间四柱三楼	抱鼓石	八角石柱	蹲兽	否
孔庙太和元气坊	正德至嘉靖	三间四柱三楼	抱鼓石	八角石柱	蹲兽	否
孔庙至圣坊	弘治	三间四柱	抱鼓石	八角石柱	蹲兽	否
孔庙德侔天地坊		三间四柱三楼	夹杆石	木柱	木屋顶	是
孔庙阙里坊		三间四柱三楼	木戗柱，夹杆石	木柱	木屋顶	否
明十三陵牌坊	嘉靖	五间六柱十一楼	夹杆石	四方石柱	石楼顶	否
显陵棂星门	正德至嘉靖	一间二柱	抱鼓石	四方石柱	蹲兽，云板	是，四门簪
颜庙复圣坊	成化至正德	三间四柱	抱鼓石	八角石柱	蹲兽，云板	否
颜庙优入圣域坊	成化至正德	三间四柱三楼	抱鼓石	八角石柱	石楼顶	石栅栏
新乡次妃墓	万历	三间四柱三楼	抱鼓石	四方石柱，上有雕刻	石楼顶	是，六门簪
卫辉望京楼诚意坊	万历	三间四柱三楼	抱鼓，蹲兽	四方石柱，上有雕刻	石楼顶	否
孔林皇情坊		一间二柱	抱鼓石	四方石柱	乌头门形式	否
孔林洙水桥坊		三间四柱三楼	抱鼓石	八角石柱	蹲兽	否
孔庙棂星门	清乾隆	三间四柱	石戗柱，抱鼓石	圆石柱	仙人，云板	是
长陵神道棂星门	正统初年	一间二柱	抱鼓石，下有须弥座	八角石柱	蹲兽，云板	是，四门簪

（2）官式石牌坊的比例尺度[19]

以嘉靖年间所建的昌平明十三陵神道前石牌坊为例，分析明代五间六柱十一楼牌坊比例尺度（图13-15、图13-16）。

图13-15　北京昌平明十三陵石牌坊现状

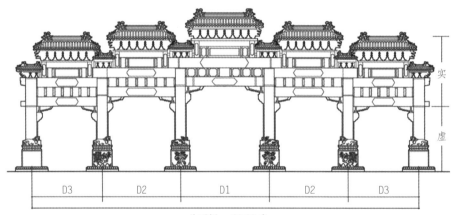

总面阔 = 28.98 米

图13-16　明代五间十一楼牌楼比例

面阔及柱高[20]：总面阔28.98米，用二百五十份除之，其中约五十六份为明间面阔6.46米，五十一份为次间面阔5.89米，四十六份为梢间面阔5.31米。明间柱子露明高7.89米，约为明间面阔的1.2倍。次间柱子露明高7.14米，约为次间面阔的1.2倍。梢间柱子露明高同次间柱子，因此，其高度约为梢间面阔的1.3倍。此数据与《营造算例》所列几乎吻合，因此可说明自明嘉靖以来牌楼比例无显著变化。

柱见方：明、次、梢间柱子见方尺寸相同，皆为0.89米，换算得明间面阔的百分之十三。

柱带做梓框云墩：明间柱子带做云墩，其高低一面随明间，一面随次间；次间柱子上云墩高一面随次间，一面随梢间；梢间仅有一面做梓框云

图13-15 作者拍摄
图13-16 作者绘制

19 参考《营造算例》梁思成编订 第十章 牌楼做法，载于：梁思成. 清式营造则例 [M]. 北京：中国建筑工业出版社，1981：186-195.

20 本节所谈及石牌坊构件术语出自刘敦桢先生对明长陵牌坊的描述。

墩。梓框云墩宽约为柱径二分之一，高为柱径五分之四，进深方向厚亦约为柱径五分之四。

小额枋：明间小额枋高0.72米，约为柱径的十分之八，厚同柱径。小额枋及下述花板、龙门枋等表面及柱上端均有彩画浮雕，其花纹似清之雅乌墨[21]，旧时曾施彩色，今大部分已剥落，尚留些许渍痕。

雀替：明间雀替高约为小额枋高十分之七，长在明间面阔四分之一至五分之一之间，次间及梢间亦同此算法（图13-17）。

图13-17 作者拍摄

图13-17 雀替及彩绘雕刻痕迹

花板（清称绦环）：明间花板长同小额枋，高0.68米，约为柱径的十分之七，厚为柱径的七分之五分半。次梢间算法同明间。

龙门枋（清称大额枋）：明间大额枋，长按面阔外加两头出头，各按柱径十四分之十五分算，三个数据相加即是明间大额枋长，约8.62米。高厚同小额枋。下面做柱子阴阳榫，上面做雷公柱阴榫。两榫各按本身高四分之一分[22]。

斗口：明间正面斗栱八攒，空档居中，出三跳，单翘重昂，前后共十六攒。其中最边上两攒为角科。山面无平身科。铺作层总长约为小额枋长的十分之九。

次间及梢间正面斗栱各七攒，斗栱居中，其余同明间算法。

明、次、梢间各楼出檐及瓦垄：明间正楼做庑殿顶；长按斗栱层长加两头出檐即是；进深宽为大额枋高加斗栱高之十分之七算；高按宽折半算。

21 刘敦桢.明长陵 [J].中国营造学社汇刊，1933，4（2）：42-59.

22 榫长尺寸来自《营造算例》，第十章 牌楼做法，载于：梁思成.清式营造则例 [M].北京：中国建筑工业出版社，1981：186-195.

明间正脊（含正吻）长共计4.6米，约合明间面阔十分之七。明间石瓦顶四条戗脊与正吻交接处有戗兽一个，下各有小兽三个。明间瓦垄27垄，筒瓦居中，这与《营造算例》中所指的"底瓦坐中"不同。每垄筒瓦宽约0.125米，瓦垄中到中距离约0.21米。步架按八举。次间、梢间算法同明间。

各间小楼及边楼：明、次间小楼挑山作，梢间一头挑山，一头庑殿作。面阔为柱径七分之十六分。明、次间斗栱各由两整攒、两半攒组成，攒档居中。梢间斗栱各由一攒半斗栱及一攒转角科组成。

夹杆：每根柱子用两块夹杆石，各自月台往上露明高（含趴兽高）2.65米，约为柱径之三倍。

（3）官式石牌坊的各部分榫卯搭接

石牌坊各部分的榫卯及搭接方法主要是穿插和叠放。

一般石牌坊柱头之上凿榫口以搁置小额枋及花板两端的榫，大额枋叠放其上。往上的每一层石块都预留卯口用来插放其上的石料下所凿的榫，如此叠筑而成的牌坊，充分发挥了石块的抗压性能。

从明十三陵神道石牌坊立面来分析，上面偏重，但是由于下面柱础部分使用抱鼓或者夹杆石这样的稳定构件，增加了下面的比重，从而平衡了整个立面，使得石构牌坊既拥有稳定的结构体系，又体现其标志性构筑物的特点。

4）石碑碣

（1）明代官式石碑碣现状

图13-18 江苏南京明孝陵四方城功德碑

图13-18～图13-20 作者拍摄

图13-19 湖北十堰武当山玉虚宫里乐城永乐碑亭

图13-20 湖北十堰武当山玉虚宫外乐城嘉靖碑

普通的碑或立于露天，重要的碑或建有碑亭。明十三陵的碑置于中轴线上，成为陵墓建筑群序列的一个重要部分；南京明孝陵四方城是一座碑亭，位于序列之上，内有立于龟趺座上的石碑，是明成祖朱棣为其父朱元璋建的"大明孝陵神功圣德碑"，碑高8.78米。碑文由朱棣亲撰，计2746字，详述明太祖的功德，碑座、碑额雕琢瑰丽（图13-18）。山东曲阜孔庙自金代以来在大成门前陆续修建了多座碑亭来保护石碑群，成了专门的十三御碑亭区。在武当山玉虚宫遗址内，尚存永乐碑亭两座、嘉靖碑亭两座，分别建在里乐城和外乐城，记述玉虚宫历次修缮经过（图13-19、图13-20）。

明代重要官式石碑碣为赑屃鳌坐碑的形式，主要赑屃鳌坐碑现状统计如表13-7：

表13-7　明代主要官式鳌坐碑现状统计表

所处地点	年代	碑首描述	碑身描述	碑座描述	土衬	备注
明孝陵四方城	永乐十一年（1413年）	六条盘龙		鳌坐	无雕刻	
中都皇陵	洪武十一年（1378年）	六条盘龙		鳌坐，鳌足小，龟背纹密集	无雕刻	
长陵碑亭	嘉靖二十一年（1542年）	探出碑外的盘龙，无碑额	碑身由祥云基座承托，碑身本无字，清代始刻	龙头龟体神兽座，遍身鳞甲，趺下刻山、海纹样	有雕刻	
长陵明楼	万历三十三年（1605年）	浅浮雕"双龙戏珠"纹，碑额书"大明"		须弥座，有金刚角柱，无雕刻	无雕刻	
定陵		六条盘龙，碑额长方形，无字	碑身无字	鳌坐	有雕刻	
定陵明楼	万历十五年（1587年）	浅浮雕"双龙戏珠"纹，碑额书"大明"	碑身四周有祥云图案饰边	叠涩座，上小下大，共五层，从上而下分别雕刻龙、云、山、海	无雕刻	
明十三陵神道	宣德十年（1435年）	六条盘龙，碑额正方形，书"大明长陵神功圣德碑"		鳌坐，龟甲饱满	有雕刻	
天坛斋宫	弘治十二年（1499年）	四条盘龙，碑额长方形，书"御制重建□乐观山碑"			无雕刻	体量较小，土衬石椭圆形
武当山御碑亭	永乐十一年（1413年）	镂雕"二龙戏珠"纹，碑额书"圣旨"		鳌坐		现状残破
显陵		四条盘龙，碑额长方形			有雕刻	现状残破
玉虚宫外乐城	嘉靖三十一年（1552年）	镂雕"二龙戏珠"纹，碑额书"圣旨"		鳌坐，形似龙	无雕刻	
玉虚宫里乐城	永乐十一年（1413年）	镂雕"二龙戏珠"纹，碑额书"圣旨"		鳌坐，线条流畅形体饱满	无雕刻	
智化寺如来殿		四条盘龙，碑额无字	碑身由仰覆莲承托，无字	鳌坐	无雕刻	体量较小
智化寺	正统年间	四条盘龙，碑额书"敕赐智化禅寺报恩山碑"		鳌坐		体量较小
平武报恩寺	正统十一年（1446年）	浮雕"双龙戏珠"纹，碑额正面书"万乘皇恩"，背面书"敕修大报恩寺之记"	碑身由荷叶承托	鳌坐，与宋法式上绘图很像		
孔林		剔地起突"双龙戏珠"纹，无碑额				孔子墓碑
孔庙		线刻"二龙戏珠"纹，碑额书"大明"				现状残破，仅剩碑首

（2）官式石碑碣的造型及各部分比例

① 赑屃鳌坐碑

明代敕造的大部分赑屃鳌坐碑形式保留了宋《营造法式》所述的样式，即：碑首为六条盘龙缠绕，龙头朝下，从两侧看各为三条并列，从正面看是由左右两条龙身包围着中间的篆额天宫，此处书写碑名，如北京智化寺正统年间所立碑的碑额书"敕赐智化禅寺报恩之碑"（图13-21），玉虚宫内的永乐碑碑额书"圣旨"二字，而定陵万历碑碑额书"大明"二字。碑首的下部还有一层云盘与碑身相连。从所遗实例与《营造法式》比较来看，明代的云盘较宋代的要小些。

图13-21　作者绘制
图13-22　作者拍摄
图13-23　作者拍摄

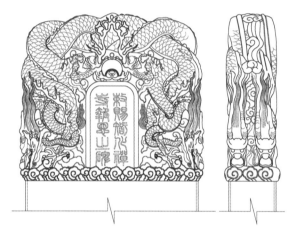

图13-21　北京智化寺正统碑碑首

图13-22　江苏南京明孝陵神功圣德碑碑座

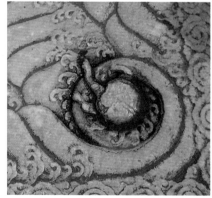

图13-23　北京昌平明定陵万历碑基座雕刻

所谓鳌坐是以龟为原型的碑座。明代鳌坐整体延续了宋《营造法式》规定之特点，以驼峰承托碑身、碑首，余作龟纹造，实物见南京明孝陵神功圣德碑碑座（图13-22）、南京大报恩寺明永乐碑座、北京智化寺明正统碑座等。明代早期碑座比例较为扁长，尺度宏大，明中后期规模有所减小。

明代皇家一些赑屃鳌坐碑的土衬石之上雕刻同样精美。定陵中轴线上之

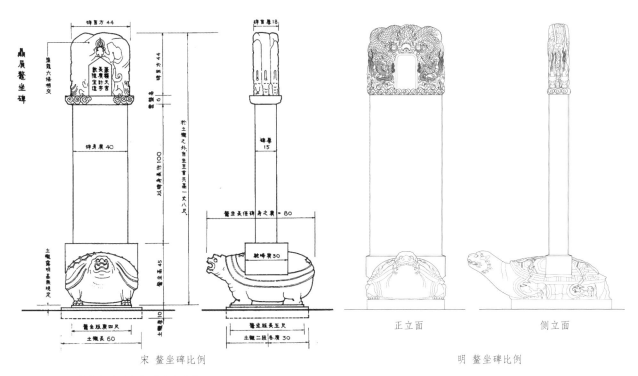

图13-24 宋代鳌坐碑比例与明代的比较

图13-24 左图选自《营造法式》
右图作者绘制

万历碑于鳌坐四周土衬石顶面满雕海浪纹，四角漩涡之中刻蟹、龟、虾等海洋生物（图13-23）。这样的土衬石雕刻在小型碑及早期的碑中未曾见过，而在显陵、长陵嘉靖碑等明代中后期陵寝中可得见，此种做法在宋《营造法式》中也有提及。

赑屃鳌坐碑从宋代就已经有很成熟的比例尺寸。宋《营造法式》规定："其首为赑屃盘龙，下施鳌坐，于土衬之外，自坐至首，共高一丈八尺。"约合今5.6米[23]。至于碑的其他各部分尺寸，《营造法式》规定"其名件广厚，皆以碑身每尺之长积而为法"，即石碑各部分大小都以碑身的尺寸为依据来进行推算。例如"鳌坐""长倍碑身之广，其高四寸五分"等。

以长陵赑屃鳌坐碑为实例，将其与宋碑作比较（图13-24）。明代鳌坐碑与宋代做法基本相似，但碑座部分较宋代广，约为碑身厚之六倍，且鳌头比例较大。碑首所占比例基本相似。

② 石碣

宋代称笏头碣，是一种没有赑屃盘龙碑首而仅有碑身、碑座的石碑，碑座的形式不是鳌坐而是简单的方座。宋法式规定全碑总高九尺六寸（约合2.97米），碑的其他尺寸也是以碑身的高度为基准来计算的。

明代石碣碑座样式有须弥座基、方直石块带镌刻，还有特殊造型如定陵"神宗显皇帝之陵碑"，碑座可分五层，自上而下变大，每一层为枭混面带

23 按杨宽《中国历代尺度考》中：明营造尺一尺合0.317米，清营造尺一尺合0.320米，宋营造尺一尺合0.312~0.329米，余同。参见：杨宽.中国历代尺度考[M].上海：上海商务印书馆，1938.

皮条线，每层雕刻图案，分别是龙、云、山、海。

5）华表和望柱

（1）华表的位置和作用

崔豹《古今注》中说："尧设诽谤之木，何也，答曰：今之华表木也，以横木交柱头，状如华也，形似桔槔。"[24]可知华表最初的样子可能是头上有横木或者其他装饰的一根立柱。最早的华表既然是木质，又露天而设，经不住风吹日晒，因此逐渐被石材所代替。华表作为一种标志性构筑物，不仅出现在重要建筑的大门外，有时也设在桥头或建筑四周。今天安门前后总共有华表四座，是明成化元年（1465年）重修时竖立的。里面的一对称"望君出"（图13-25），外面的一对称"望君归"。明代所留的华表除天安门前后四座，在十三陵长陵神道起始端以及曲阜孔林也有所见。这些华表对主体建筑都起着烘托的作用，它们的形象虽然相似，但大小比例及所处的位置都注意与周边环境协调，与主体建筑组成一个完整的群体。

图13-25 北京天安门内东华表

图13-25 作者拍摄

（2）华表的造型及尺度比例

华表可分为三个部分：柱头、柱身和基座。华表柱头上有一块"承露盘"，为圆形石块，刻成上下两层16瓣宝相莲瓣，中间有一道小珠子束腰相隔。天安门前华表承露盘直径1.07米，高0.44米。承露盘上有石犼，呈蹲守姿势。华表柱身细高，天安门前华表高9.57米，柱身一般做成圆八角形，对边距离是0.85米，上刻巨龙盘绕，龙头向上，龙身外满布祥云纹。柱身上方有横插的云板，可能是从早期的横木演变过来的。明代华表柱身上端横板刻云纹，不见日月，称之为云板。天安门华表云板长3.15米，高1.01米，小头在外，大头在里。华表的基座一般为须弥座形式，随柱身呈八边形，上枋及束腰上刻满龙纹雕饰。天安门的华表基座外还加了一圈石栏杆，四角望柱上各立有一只小狮子，狮子的头部都与柱顶石犼朝着同一方向，狮子亦有雌雄之分，雄狮弄绣球，雌者抚小狮，颇生动可爱。栏杆对华表既起到保护作用，又起到烘托作用，使华表更显皇家气派与威严。华表比例见图13-26。

（3）华表上的雕刻

天安门华表柱身上刻浮雕上升的蟠龙，此龙刻工极佳，圆润中见刚劲。正面云板之下偏右刻龙头侧面，口微张露齿，须髯倒卷，怒目圆睁，发眉反竖，极其狰狞，有角平直，分两杈，曲颈呈"S"形，带背鳍通体刻鳞片，如甲胄，腹有纹，向右后绕行三匝，四腿分列上下，前后相对，五指大张，骨节突兀，爪尖锐利（图13-27）。尾在最下，细而肥厚，微卷，带尾鳍。龙体间隙填满种种生动的祥云纹，同时还刻有二方连续的番草纹。华表柱身所插云板小头如云尾，略向上翘起，若天降祥云，其上刻六朵云朵，上下

24 崔豹. 古今注 [M]. 北京：中华书局，1985：22.

图13-26 北京天安门华表测绘图（左：数码扫描立面成像图；右：剖面示意图）

图13-27 北京天安门华表柱身龙爪

图13-26 作者绘制
图13-27 作者拍摄

两列，有倒转、正转，单卷、双卷，各三朵，皆三弯九转式，排列有异，尺寸相对较小。大头一端刻大小六朵云朵，四大两小，平行排成两行三列。大者为双卷如意头，小者为单卷，皆由三弯九转式卷纹构成。云板之云朵之间雕出空隙，透出天空之色，更突显其与天齐高的旷远之感（图13-28）。华表之上蹲兽的造型特征，有与龙相似的头，但吻较长；颈长而曲，身躯似狮，前足直立，后足蹲坐，尾巴多毛而向上卷曲，与长曲的发毛、背鬃连成一体，遍身鳞甲，挺胸收腹，体量虽不大，但甚是威武（图13-29）。

（4）望柱

古时望柱也称石柱。明代望柱的样式从早期传承宋制的中都皇陵望柱样式，到明孝陵以及此后诸多明陵都采用望柱样式，从侧面体现了明代石作与宋的关系（图13-30）。显陵石像生前有一对望柱，下设八边形须弥石座，立于正方形基座之上，柱身也是八边形，满刻祥云纹，由整块汉白玉石料雕琢而成，通高6.5米，显得雍容挺拔，非常壮观。柱身之上有承露盘，上刻祥云，盘上放置上小下大的云龙纹圆台柱头。

图13-28　北京昌平明十三陵神道华表云板　　　　　　图13-29　华表之上的"犼"

　　　宋陵　　　　　　　　明皇陵　　　　　　　　明孝陵　　　　　　　　明十三陵　　　　　　　　明显陵

图13-30　望柱的形式演变

6）小型石构筑物

图13-28~图13-30 作者拍摄

（1）夹杆石及旗杆座

　　夹杆石既可以作为木牌楼石活中的一部分，又可以用来树立旗杆等标志性木料而独立存在。夹杆石，顾名思义是用来夹住杆子使其不倒的辅助构筑。当柱子较粗壮时，常在两块夹杆石之间再填充两块石料，这两块石料叫做"厢杆"。北京智化寺第一进院落内尚存一夹杆石，它的样式和天坛圜丘以及曲阜孔庙德侔天地坊的夹杆石一样，都由夹杆和厢杆构成。这四块石料由铁兜绊捆绑固定。在"夹杆"大面的兜绊之下凿一圆孔洞，用来从中间穿过杆子，加强稳定性（图13-31）。由于所夹之杆大都细长，故夹杆的露明部分亦不能太短太小。因此，讲究的官式做法是在石上雕刻图案。智化寺夹杆石上部雕刻图案由上而下依次为蕉叶、仰莲、莲珠、覆莲和如意云，天坛圜丘夹杆石上的图案与之非常相近，只是后者在蕉叶下多刻了一道卷草纹带（图13-32）。孔庙德侔天地坊的夹杆石比较特别，其夹杆部分的外侧还有

图13-31　北京智化寺夹杆石　　图13-32　北京天坛圜丘夹杆石　　　　　　　图13-33　山东曲阜孔庙德侔天地坊夹杆石

图13-34　湖北十堰武当山玉虚宫遗址内夹杆石　　　　　图13-35　北京先农坛旗杆座

图13-31~图13-35 作者拍摄

石兽（图13-33）。孔庙阙里牌坊的坊柱夹杆石仅有夹杆而无厢杆，柱子被夹住的部分露明在外。武当山玉虚宫遗址内尚余一夹杆石，样式简单，仅有两块顶端磨圆的青石立于石台之上，石块上各凿一圆孔（图13-34）。至于旗杆座，用于插放旗杆，常见于宫殿庭院中，如先农坛具服殿前月台上周边旗杆座，由整石刻成，上雕龙纹及祥云纹，下面四周有圭角。这是旗杆座中等级较高的样式（图13-35）。

（2）上下马石及下马碑

上马石一般位于讲究的宅院大门两侧，是显示主人身份的标准。人站在上面便于蹬鞍上马。讲究的上马石，侧面呈"L"形，且有雕饰。曲阜孔府门口即有上下马石。河南卫辉赵次妃墓前下马石，长840毫米，宽340毫米，高710毫米，共有两块分立于门前，一石侧面雕刻带项圈的狮脸，另一石侧面雕刻如意结环（图13-36）。

此外，在重要官式建筑群的入口附近，都会立一下马石。这是礼仪性的标志，尤其是帝陵前必不可少。在我国封建社会，帝王的尊严至高无上，陵

图13-36　河南卫辉赵次妃墓前上下马石

图13-36 作者拍摄

区被视为神圣的禁区，不仅百姓不能随便出入，即便是朝廷命官谒陵也必须下马以示恭敬。因此下马碑是重要的警示标志。在明代，下马谒陵的禁令是非常严格的，到明末依然如此。明崇祯十四年（1641年）五月，立于明孝陵入口处下马碑旁禁约碑碑文中有记载："天下诸司官员人等，车马过陵，百步外下马，违者以大不敬论。"[25]

计开：

一、天下诸司官员人等，车马过陵，百步外下马，违者以大不敬论。

……

一、巡山官军，凡遇骑坐马骡，赶喝头畜，于园林内边墙作践，行走褰慢，略无敬畏，即拿送该衙门，究问如律……

崇祯十四年五月

显陵下马碑由汉白玉石雕琢而成，东西两侧各立一块。碑身两面均为楷书阳刻"官员人等至此下马"8个大字，据说是严嵩的手书，碑高2.9米，宽0.76米，厚0.31米[26]，碑身下部四角各用一块抱鼓石倚戗。下马碑置于方形的汉白玉石基座上。整座下马碑稳重典雅，朴实大方（图13-37）。

曲阜孔庙牌坊区外设有下马碑，上亦刻"官员人等至此下马"8个大字，这是表达皇帝对孔子的尊敬（图13-38）。

（3）石灯座

北京故宫内以及斋宫前皆有石灯座，样式相似（图13-39）。斋宫石灯座下部是高束腰的须弥座，圭角处平面为825毫米见方，上下枭刻巴达玛（莲花）。须弥座上有石室，檐口高680毫米，普拍方上有一斗三升，

25 顾炎武．肇域志 [M]．上海：上海古籍出版社．2004：135.

26 数据来源：周红梅．明显陵探微 [M]．3版．香港：中国素质教育出版社，2011.

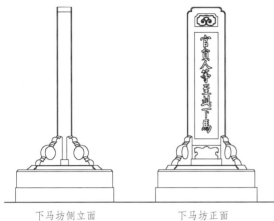

下马坊侧立面　　　　下马坊正面

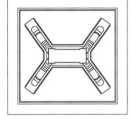

下马坊平面

图13-37　湖北钟祥显陵下马碑测绘图

图13-37　作者绘制
图13-38　作者拍摄
图13-39　作者拍摄

图13-38　山东曲阜孔庙下马碑

图13-39　北京故宫内石灯座

正面平身科两朵，庑殿顶正面34垄瓦，侧面20垄瓦。整个石灯座非常精致，造型比例和谐。

14　石作技术

1）地面

① 室外道路石活

明代官式建筑群中的主体建筑主要沿中轴线按序展开，官式建筑群中位于中轴线上的室外甬路，可视为建筑群中央轴线的具象表现。明代官式建筑群中轴线甬路（也称御路）基本都由石块铺就，其铺装方式主要有以下两种：

有中心石的御路：这是明代官式建筑群中最常见的室外道路铺装方式。中间甬路由大块的中心石铺成，石块看面微微隆起，便于排水。紧挨着中心石两侧是较窄的牙子石，一般用条石铺成。牙子石之外是散水，此处的铺装样式比较多，有的用大小相同的条砖45°斜铺使路面避免单调，增加变化，如北京故宫、定陵、天坛具服台、南京明孝陵等御路［图14-1（1）（2）］；有用条砖错缝铺装的，如十三陵神道铺地［图14-1（3）］；有用碎石填铺的，如显陵铺地［图14-1（4）］。

（1）北京故宫太和殿前御路

（2）北京定陵棱恩门前御路

（3）北京昌平明十三陵神道御路

（4）湖北钟祥显陵石桥前御路

图14-1　各种有中心石的御路石铺装

明代御路的中心石有严格的等级和尺度规定，现存的明代早期实例御路中心石（表14-1）在1 590～2 520毫米（合5.0～7.9尺），宫殿御路用石规格高于陵寝御路，北京用石阔于南京，符合永乐时期北京营建"高敞壮丽过之（南京）"的原则。最宽的御路见于永乐年间修建的大报恩寺遗址，石板宽2 520毫米、厚22毫米，石板砍口齐边，以保证顶面整齐。大报恩寺明代遗址道路采用《营造法式》铺地面中磨砖对缝做法，下棱收入，填实夯土，达到铺装严丝合缝的效果（图14-2）。在所有御路之中，南京明故宫御路表面呈现出独特纹理效果（图14-3），是江南地区特有的铺装表面处理方式。

无中心石的御路：此种御路由牙子石限定中间道路的范围，两道牙子石之间可以用方石整齐铺设，这样的做法在武当山明代道观建筑群中比较多见，云南建水文庙也是这种路面；同时，两道牙子石之间也可用规整的海墁条石砌筑，如十三陵长陵神道御路。这样的路面铺装较有中心石的御路简单些，道路之外一般直接和砖铺地或者草地相接，无明显散水，因此中间的路面凸起较高。

图14-1　作者拍摄

"两砖面相磨令平"

"斫四边，以曲尺校合方正"

"下棱收入一分"

磨砖对缝铺地面法

0 5 10 20寸

明故宫御路铺装

明长陵御路铺装

图14-2 江苏南京大报恩寺遗址道路与《营造法式》铺地面方砖法　图14-3 江苏南京明故宫与北京明长陵御路铺装

图14-2 作者拍摄、绘制
图14-3 作者拍摄

表14-1 明初主要建筑群御路宽度

建筑群		宽度（毫米）	1明尺=317.5毫米计
南京明故宫御路		1 890	5.9尺
南京明故宫内金水桥	正中桥面	1 890/1 590	5.9/5.0尺
	次外侧桥面	1 530/1 320	4.8/4.1尺
	最外侧桥面	1 440/1 000	4.5/3.1尺
南京明孝陵御路		1 590	5.0尺
南京大报恩寺		2 520	7.9尺
北京长陵		1 850~1 890	5.8~5.9尺
北京故宫午门前、太和门至太和殿间御路		2 200	6.9尺
武当山玉虚宫十方室遗址前		1 590	5.0尺

图14-4 北京故宫乾清宫地面铺装

图14-4 作者拍摄

（2）室内地面石活

明代官式建筑室内地面做法大多仿方砖地面，以石代砖，石板与方砖形状、规格相仿，这是室内或者廊庑地面的普遍做法，并且一直沿用至清代官式建筑中。故宫乾清宫廊道地面采用的是花斑石铺地（图14-4）。

2）台基

台基的本义包括地下部分和露明部分。地下部分为"埋身"，露明部分通常称为"台明"。明代官式建筑台基简单可分为普通台基和须弥座台基。

（1）普通台基石活的构件分述

官式建筑的普通台基主要由土衬石、陡板石、埋头角柱石、阶条石和柱础组成，其中陡板石常常被砖砌台帮取代（图14-5）。

① 土衬石：土衬石是台基石活的第一层，也是台基中"台明"和"埋身"的分界。土衬石以下（包括土衬石）为台基埋身。土衬石一般比室外地面高出1~2寸，比陡板石宽约2寸，宽出的部分叫"金边"。

② 陡板石：陡板石是台基石活的第二层，陡板石外皮与阶条石外皮在同一条直线上，下端装在土衬石槽口内，上端可做榫，装入阶条石下面的榫窝内。现存明代遗构中，早期用陡板石的尚可见，如长陵碑亭台基。到明代后期以及等级较低的建筑台基中，陡板石被砖砌代替，这和明代砖的制造工艺进步和成熟使用是密不可分的。

③ 埋头角柱：埋头角柱俗称"埋头"，位于台基的四角，所见之明代官式建筑台基若施角柱一般均设于阳角转角处，即"出角埋头"，且只用"单埋头"，即只用一块埋头石，其宽与厚基本相同，称为"如意埋头"，亦称为"混沌埋头"。

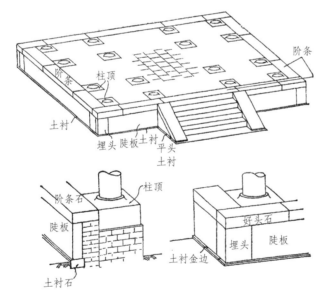

图14-5 刘大可. 中国古建筑瓦石营法[M]. 2版. 北京：中国建筑工业出版社，2015:376.

图14-5 台基石活名称图示

④ 阶条石：阶条石为台基最后一层石活的总称。每块石活由于所处位置的不同，有不同的名称。其中好头石位于前后檐的两端，压于转角埋头石之上；当好头石与两山端头条石为同一块石合并砍制者，为联办好头，此种做法在明官式建筑中很多见，如长陵碑亭、定陵棱恩殿、先农坛宰牲亭等（图14-6、图14-7）。

⑤ 柱础：明代官式建筑中的柱础以鼓镜式最为普遍，并且沿用至清。

图14-6 联办好头

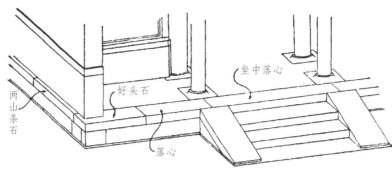

图14-7 阶条石部分名称图示

图14-6 作者拍摄
图14-7 刘大可. 中国古建筑瓦石营法[M]. 2版. 北京：中国建筑工业出版社，2015:380.
图14-8 作者绘制

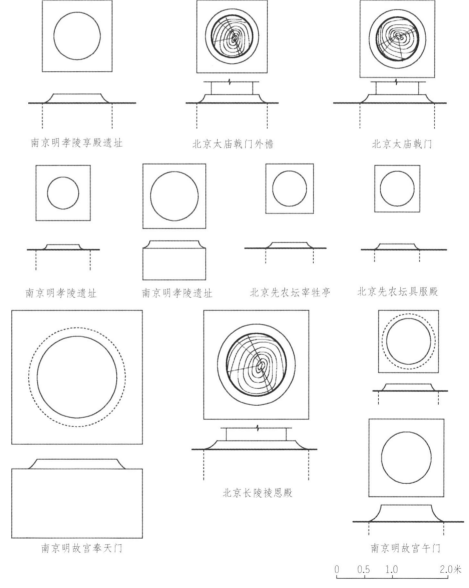

南京明孝陵享殿遗址　　　北京太庙戟门外檐　　　北京太庙戟门

南京明孝陵遗址　南京明孝陵遗址　北京先农坛宰牲亭　北京先农坛具服殿

北京长陵棱恩殿

南京明故宫奉天门　　　　　　　　　南京明故宫午门

0　0.5　1.0　2.0米

图14-8 明代鼓镜柱础（柱顶石）比例

山东长清灵岩寺大殿柱础（宋）　　　　　　　山东曲阜孔庙大成门柱础（明）

图14-9　铺地莲花柱础

图14-10　山东曲阜孔庙鼓墩柱础　　　图14-11　北京先农坛掏当槛垫

北京定陵　　　　　　　　　　　北京天坛圜丘棂星门

图14-9~图14-12　作者拍摄

图14-12　明代建筑明实例中带下槛槛垫

也有少数官式建筑中使用带雕刻的柱础，但大都以简约朴素的风格为主，不同于地方建筑中雕饰繁复。明代柱础鼓镜尺寸比例见图14-8。

　　宋《营造法式》"石作制度"之"柱础"载，如素平及覆盆用减地平钑、压地隐起、剔地起突；亦有施减地平钑及压地隐起于莲花瓣上者，谓之宝装莲花。明代尚保留带有雕刻的柱础主要见于山东曲阜孔庙，有雕刻成巴达玛样式的宝装莲花，也有铺地莲花样式的柱础（图14-9），还有奎文阁内鼓墩柱础（图14-10）；这些带雕饰的柱础，多出现在早期，有可能继承宋代的遗风，也有可能受到地方建筑工艺的影响。

（2）门石、槛石等散件石活

门石、槛石等台基面上的散件石活与建筑的大门有着密切的关系，包括槛垫石、过门石、门枕石、殿心石和滚墩石。

① 槛垫石：此类石位于柱顶与柱顶之间，门槛之下，在明代的官式建筑中经常使用，用于加固门槛下的地面。

明代槛垫石做法主要有以下两种：

掏当槛垫：门槛下使用过门石的，槛垫石被过门石断开，过门石两侧的槛垫即为掏当槛垫。实例：太庙戟门、先农坛具服殿（图14-11）。

带下槛槛垫：此种做法常见于明代官式建筑中的室外构筑物门槛，如牌坊、棂星门等。此类槛垫是门槛和槛垫为整石做成，即"联办"而成，多用于宫门、山门等建筑。其中，带下槛槛垫与门枕石"联办"的被称为"带下槛门枕槛垫"。通常将带下槛槛垫分成三段，即"脱落槛"做法。两端的带下槛和门枕叫做"脱落槛两头带下槛门枕槛垫"，中间的叫做"脱落中槛带下槛槛垫"（图14-12）。

② 过门石：明代官式建筑中常常使用过门石，一般设于明间门槛之下，次间亦有设过门石。两者若都有的话，一般明间过门石较次间的尺寸略大。铺设在出入所必经之路上的过门石，除了起到加固地面的作用外，还显示出皇家的高贵和官方的权威（图14-13、图14-14）。

③ 门枕石：用于安放门轴之用，此石相应门轴的地方凿出"海窝"。清代官式建筑中海窝内放置生铁片，铁片四周可浇注白矾水固定，宫殿建筑多用盐卤铁或铁水浇注固定（图14-15）。

④ 殿心石：或可称为拜石、如意石。位于大殿内，是参拜的位置标志。

⑤ 滚墩石：这是一种极具装饰效果和结构作用的稳定性构件。明代常见于垂花门、陵寝牌坊等。为了加强稳定作用，滚墩石上安装柱子的"海眼"一般凿成透眼，使柱子穿过此石落在石下套顶石和底垫石之上。有的滚墩石下只有底垫石，则柱底凿出管脚榫。实例有山东曲阜孔府垂花门、北京昌平定陵棂星门（图14-16）。

3）台阶

中国传统建筑一般位于高出地面的台基之上，因此台阶是必不可少的要素，不仅解决功能之需，而且丰富了建筑立面层次。

明代官式建筑中的台阶按照做法主要分为踏跺和礓磜两大类。

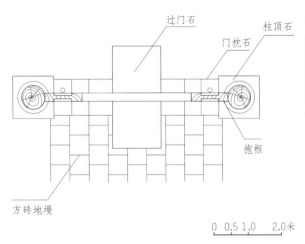

图14-13 北京太庙戟门过门石测绘

图14-14 江苏南京明孝陵祾恩殿
遗址过门石

图14-13 作者绘制
图14-14 作者拍摄

图14-15 明代常见门枕石样式

图14-16 北京昌平明定陵棂星门滚
墩石

图14-17 北京故宫中和殿渲染图

智化寺藏殿

湖北十堰武当山玉虚宫十方堂遗址

山东曲阜孔庙承圣门

图14-18 垂带踏跺的几种样式

图14-13 作者绘制
图14-14~图14-16 作者拍摄
图14-17 故宫博物院、中国文
化遗产研究院《北京城中轴线古
建筑实测图集》
图14-18 作者拍摄

（1）踏跺种类

御路踏跺： 踏步两侧有垂带，石板居中，石板上常刻有龙、凤、山、海、云等纹样（图14-17）。

普通垂带踏跺： 垂带踏跺是常见的踏跺形式，有单踏跺、连三踏跺及带垂手踏跺（图14-18）。建筑开间数较多时，只对应明间做踏跺的称为单踏跺；明、次间三间皆对应且连起来做的踏跺称连三踏跺，实例如武当山玉虚宫十方堂；三间都做踏跺，且分开做的，中间的称正面踏跺，两边的称垂手

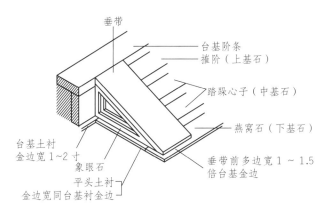

图14-19　垂带踏跺的组成

图14-20　北京故宫太和殿前踏跺雕饰

图14-19 作者绘制
图14-20 作者拍摄

踏跺。此外，垂带踏跺中三层台阶（不含阶条石）的称"莲瓣三"，五层的称"莲瓣五"。

（2）踏跺石活做法

一般踏跺由平头土衬、燕窝石（下基石）、踏跺心子（中基石）、撺阶（上基石）、阶条、垂带、象眼组成（图14-19）。

① 踏步石

此处所指踏步石是上基石、中基石、下基石的合称。它们的大面俗称"站脚"，讲究的建筑中大面或者侧面有雕饰（图14-20）。官式做法中往往各石之间做"磕绊"，在武当山玉虚宫十方堂遗址中，可见此种做法（图14-21）。

② 象眼与垂带

典型象眼做法：踏道两帮以条石拼合，层层内深，条石层数随踏道高度增减，近《营造法式》所定之制，如武当山紫霄宫踏道象眼（图14-22）；当踏道平缓，两帮之下象眼以整石刻做层层三角形内深的效果，如平武报恩寺大雄宝殿后檐踏道象眼。

垂带、象眼及土衬联办做法：此种做法多见于有勾阑的踏跺，在接近地面处，垂带、象眼及土衬由一石雕刻而成，留凿磕绊与其他石块衔接，以太庙戟门为例（图14-23）。

垂带和土衬联办做法：象眼用石或用砖，如北京长陵碑亭（图14-24）。

③ 丹陛石

这里指位于御路踏跺中间的石板，将踏跺分成两部分。丹陛石表面多雕刻龙凤图案，如云龙、海水龙、龙凤呈祥等（图14-25）。曲阜孔庙圣时门前后正中的两方丹陛石雕刻精美，双龙戏珠用云水烘托，龙身翻转腾跃，姿态生动，山形奔竞，水势汹涌，行云流畅，呈现一种动态美。钟祥显陵祾恩门前后皆有丹陛石。门前的丹陛石：下面是海水江牙云腾浪涌，海水中宝山矗

223

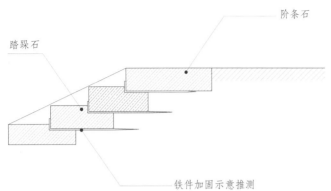

图14-21　湖北十堰武当山玉虚宫踏步测绘示意图

图14-22　湖北十堰武当山紫霄宫永乐碑亭下层踏道象眼

图14-23　北京太庙戟门垂带、象眼及土衬联办

图14-24　北京明长陵碑亭垂带和土衬联办

立，上面是两条巨龙在云海中飞翔，追逐火珠，描绘出波澜壮阔的雄伟景象。后面的御路石：下为龙凤并列，似在云海中追逐。中间是一条在云海中腾飞的龙。上为龙凤祥云图案，左升凤、右降龙，与一般"左升龙、右降凤"不同。

（3）礓磋的做法

礓磋又叫马尾礓磋，特点是剖面呈锯齿形。礓磋台阶多用于车辆经常出入的地方，如宫门、陵寝大门等处，既可以供人行走，又便于车辆出入行驶。铺设礓磋的石料长度没有规定（图14-26）。河南卫辉赵次妃墓中的礓磋石为长1.43米、宽0.6米的青石。长陵陵门用礓磋石与之不同，每道礓磋约0.1米宽，皆由尺寸为长0.3~0.5米、宽0.1米的小青条石铺就而成。十三陵神道碑亭用礓磋每道约0.2米宽，皆由尺寸为长0.3~0.5米、宽0.2米的小青石块整齐铺就而成。

4）石栏杆

在宋代，起遮挡以防人跌落的护栏被称为"钩阑"[27]。明代官式建筑的石栏杆主要由望柱和栏板构成，多用于须弥座式的台基上，但也有用于普通台基之上者。除此之外，作为石桥的护栏，华表、花坛、树池及水池等周围

图14-25　北京故宫御路石

图14-21　作者绘制

图14-22~图14-25　作者拍摄

27　亦称作"勾阑"。

河南卫辉赵次妃墓礓磋

北京昌平明长陵大门礓磋

北京昌平十三陵神道碑亭礓磋

图14-26　明代几种礓磋做法

安徽凤阳明中都遗址（龙凤）

北京昌平明长陵祾恩门（龙凤）

北京太庙戟门（龙凤）

北京故宫午门（石榴头）

北京故宫武英殿（二十四气）

山东曲阜孔庙大成殿（莲瓣）

图14-27　石栏杆典型实例

图14-26　作者拍摄
图14-27　作者拍摄

亦会使用雕刻精美的栏板望柱。

（1）望柱做法

望柱可分为柱头和柱身两部分。柱身平面形状一般为正方抹角，立面上落两层"盘子"，又叫"池子"。柱头是望柱的主要装饰部位，也是明代诸多栏板望柱样式中主要有变化的部位（图14-27），常见的官式做法有：

① 龙凤柱头：分云龙柱头及云凤柱头两种式样。主要见于皇室宫殿及陵寝建筑中，如故宫三大殿台基望柱头、太庙戟门台基望柱头，明中都遗址、明显陵祾恩殿台基望柱头皆使用云龙头及云凤头雕刻图案。

② 二十四气柱头：柱头上部刻有24道曲折纹路，下部有仰莲承托，莲

座下还有莲珠和荷叶，雕刻细致。这种柱头用于宫殿建筑，尤其是与自然有关的建筑或者石桥。实例有：故宫武英殿前台基上望柱头、曲阜孔庙大成殿及寝殿月台上望柱头。

③ 石榴头柱头：柱头下部同样有荷叶及仰莲，莲座上刻石榴头，石榴头上可变化雕刻。此种样式多用于宫殿及园林建筑。故宫午门上望柱如是。

④ 莲瓣柱头：柱头下部同样有荷叶及仰莲，莲座上刻多层莲瓣形式，莲瓣一般不少于四层。武当山诸多道教建筑中几乎都使用这种望柱，只是有些望柱头莲瓣饱满，有些则仅似线刻。

⑤ 狮子柱头：钟祥显陵中间主桥的望柱头为狮子柱头，非常独特，且雕刻精美。

（2）栏板做法

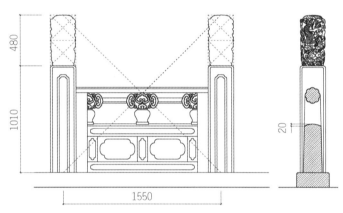

图14-28　北京太庙戟门石栏杆尺寸比例

图14-29　江苏南京明孝陵金水桥

明代官式钩阑栏板样式基本统一，使用寻杖栏板（亦作"禅杖栏板"）[28]，中间施净瓶。故此种栏板主要由寻杖（禅杖）、净瓶和面枋组成，由整石雕刻，明初中都便已有此种做法。禅杖的剖面一般为八边形，或起鼓线，或素平。净瓶一般为三个，两端凿半个，中间为完整样式。净瓶上宋代称"云栱"的部分在明代官式做法中一般刻三幅云或者荷叶形象，雕刻纹样或有微差，但外轮廓基本不变。面枋上刻盘子，也叫合子。栏板与净瓶接触的窄面上常常起拱成琴面（图14-28），但明中都及武当山未发现此种做法。

（3）石券桥上的栏杆

官式石桥的栏杆主要由地栿、栏板、望柱和抱鼓四个部分构成，材料一般用青石。正中的地栿叫"罗锅地栿"，简称"罗锅"，因其顺应桥面曲线而作，有明显曲率，故此得名。两头的叫"扒头地栿"，简称"扒头"。同样地，券桥正中间的栏板叫"罗锅栏板"。桥身较长又桥面起拱高并不明

图14-28 作者绘制
图14-29 作者拍摄

28 刘大可. 中国古建筑瓦石营法 [M]. 北京：中国建筑工业出版社，1993：305.

图14-30　江苏南京七桥瓮桥栏板残件

图14-31　北京故宫石券桥靠山狻猊

图14-32　湖北钟祥显陵石栏杆（复原）

图14-30～图14-32 作者拍摄

显的券桥，除"罗锅栏板"外的栏板皆顺桥面作成斜直线，如定陵石桥等；桥身较短、桥面曲率较大者，每块栏板皆顺桥面作成弧线状，如南京明孝陵金水桥等（图14-29）。和普通台基石栏杆不同的是，桥上望柱中有"八字折柱"，位于雁翅桥面里端拐角外。其余望柱相同。石桥柱头随该桥所在建筑群等级而定式样，明孝陵石桥为龙凤柱头，武当山玉虚宫玉带河畔残留望柱采用当地官式建筑中常见的重莲瓣柱头。《营造算例》规定"罗锅栏板"长按柱通高1.2倍定；其余每块长，按地栿通长减去"罗锅栏板"长、柱子长、抱鼓及抱鼓至地栿所留金边，所得长度均匀等分。根据考察实例可以看出，明代石券桥"罗锅栏板"长按柱通高1.18～1.30倍定，与《营造算例》所述基本接近，其余"扒头栏板"长度基本相等（表14-2）。

表14-2　石桥实例中罗锅栏板尺寸比例

石桥位置	望柱通高/罗锅栏板长
武当山玉虚宫	1/1.29
北京故宫金水桥	1/1.30

从南京七桥瓮桥附近打捞上来的残留栏板来看，其寻杖与栏板之间并非透雕出净瓶，而是采用了浮雕的形式（图14-30）。这样的处理，应该是考虑了其作为公共设施桥梁的坚固性和安全性。

抱鼓又叫"戗鼓"，其长、高及厚均同栏板。两大面起框线做圆鼓子、云头或素线麻叶头，如武当山上的明代石桥多采用圆鼓形抱鼓。讲究的做法可将抱鼓改做成"靠山兽"，形象可以为麒麟、坐龙、狮子或狻猊等，称为"靠山麒麟"等。钟祥显陵神路桥主桥两端施靠山狻猊，故宫西华门附近的石券桥也是如此（图14-31），而且这两座桥的望柱头皆刻石狮。

钟祥显陵五座石桥中，望柱式样就各不相同。同一组三座桥上，正中间一座望柱头为石狮，两侧则为覆莲（图14-32）。

（4）栏板望柱石活做法与宋代的异同

宋代望柱间距较大，非常稀疏，两片钩阑对接需要用榫卯结合，而栏板固定于地面则主要依靠下面螭子石的承托，栏板的稳定性与安全性也较差[29]。到了明代官式建筑中，每一块栏板立一根望柱，直接安于台基上的地栿上，且高度样式比例都有规律可循。

宋代望柱有柱础。明代望柱直接由榫栽入地栿上卯口中。

明代柱身底面凿出榫头，明中都残留石望柱柱身侧面刻栏板槽，槽内按照栏板榫的位置凿出榫窝，榫窝大小不定，一般在寻杖所对位置。亦有榫窝狭长超过栏板高度的一半者，此种柱身侧面不留栏板槽。

栏板的两头和底面凿石榫，安装在柱身和地栿的榫窝内。

据《营造法式》所述，宋代的石钩阑各部分比例、尺寸和小木作相近，既不易加工，又不够坚固。明代栏板、望柱的比例已经非常符合石材的本身材料特性，尤其是官式做法中（表14-3、表14-4）。

表14-3　宋明栏杆尺寸比例比较

宋					明				备注
名件	尺寸	宋营造尺	折合尺寸（毫米）	比例	名件	尺寸	实测尺寸（毫米）	比例	
栏板	高	3.5	1 085	100	栏板	高	805	100	
望柱	高	4.55	1 410.5	130	望柱	高	1 490	185	
	径	1	310	/		径	250	31	
寻杖	广	0.35	108.5	10	寻杖	广	150	19	
	厚	0.35	108.5	10		厚	150	19	
云栱	长	1.12	347.2	32	三幅云	长	310	39	
	厚	0.35	108.5	10		高	150	19	注：构件名称按照宋《营造法式》中单勾阑名称进行相应比较，故带"☆"符号的为相应位置构件，并非明代称呼
撮项	高	0.9	279	26	净瓶	高	150	19	
	厚	0.56	173.6	16		厚	160	20	
盆唇	广	0.21	65.1	6	盆唇☆	宽	160	20	
	厚	0.7	217	20		高	120	15	
万字板	广	1.19	368.9	34	花板	广	390	48	
	厚	0.105	32.55	3		宽	185	23	
蜀柱	高	1.19	368.9	34	蜀柱☆	高	240	30	
	广	0.7	217	20		广	100	12	
	厚	0.35	108.5	10		厚	185	23	
地栿	广	0.35	108.5	10	地栿	宽	320	40	
	厚	0.63	195.3	18		高	140	17	

29 潘谷西，何建中.《营造法式》解读 [M]. 南京：东南大学出版社，2017：199.

表14-4　栏杆比例样式统计

所在建筑	望柱露明宽(见方)/高≈	露明柱头高/望柱全高	栏板露明长/高	栏板上口厚/下口厚	柱头样式	净瓶样式
中都遗址	1/5.3	1/3.04	1/3.0		龙凤	三幅云
天坛	1/5.1	1/2.85	1/1.8	165/200	龙凤	三幅云
故宫武英殿	1/5.4	1/2.67	1/2.3	133/200	二十四气	三幅云
武当山玉虚宫	1/6.1	1/3.46	1/2.1	150/150	莲瓣	荷叶
太庙戟门	1/5.9	1/3.10	1/1.6	150/185	龙凤	三幅云

5）须弥座

北京昌平明长陵棱恩门台基　　　　山东曲阜孔庙大成门台基　　　　四川平武报恩寺大雄宝殿后檐台基

图14-33　须弥座台基转角处理

图14-33 作者拍摄

须弥座最早是由佛座演变来的，形体与装饰比较复杂，一般用于宫殿、坛庙的主殿以及塔、幢的基座等。

（1）须弥座

实例：四川平武报恩寺大雄宝殿，北京智化寺万佛阁，山东曲阜孔庙大成门，北京故宫，南京明孝陵。

须弥座多用于宫殿建筑，有时也用于一般大式建筑。

须弥座石构件从下而上基本有：土衬、圭角、下枋、下枭、束腰、上枭和上枋。如果高度不能满足要求时，上枋和下枋做成双层，也有将土衬做成双层的，但应有一层土衬露明。坐落在砌体之上的须弥座，可以不用土衬石。

须弥座台基的转角归纳起来通常有两种做法（图14-33）：

其一，高度较小的须弥座，转角不做处理，每层构件按照剖面进退比例直接转折向另一面，但会在转角处雕刻一些纹样，如椀花结带图案等，实例有平武报恩寺的大雄宝殿、智化寺万佛阁、曲阜孔庙大成门基座等。

其二，使用大角柱，阳角处的叫"出角角柱"，阴角处的叫"入角角柱"。角柱高度为上枋至圭角之间的距离，上施转角螭首。实例如长陵祾恩门台基、故宫太和殿三重台基等。

① 勾阑须弥座

官式建筑中的须弥座一般都比较讲究，一般都带有勾阑，勾阑地栿与须弥台基之间施石雕螭首，起排水的作用，俗称喷水兽。每一根望柱下对应一个小螭首，其高度略大于柱子宽。转角的螭首较大，置于金刚角柱之上，从平面上看与台基边缘呈45度夹角向外伸出。

至于勾阑与须弥座的高度比例：太庙戟门台基高（土衬石顶至阶条石顶）1.41米，勾阑高（地栿底至望柱顶）1.63米；长陵祾恩门台基高1.48米，栏杆高（地栿底至望柱顶）1.54米。总结实例数据，勾阑高与须弥台基高基本为1:1，而勾阑稍高一些。

《清式营造则例》中以皮条线为一份，得须弥座总高共51份，现以太庙戟门勾阑须弥座为例，按照《则例》方法分析：以皮条线为一份，总高得70份，其中上枋、下枋同为8份，束腰13份，圭角16份（图14-34）。

② 重台须弥座

重要宫殿建筑的基座，常由普通台基和须弥座复合而成，极重要的宫殿建筑甚至做成三层须弥座，俗称"三台须弥座"，简称"三台"。南京明孝

图14-34 作者绘制

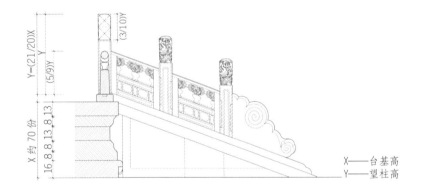

明式须弥座台基比例

须弥座及勾阑立面图　　台阶垂带上勾阑立面图

清式须弥座台基比例

图14-34 明清须弥座台基比例比较

30　王剑英.明中都研究[M].北京：中国青年出版社，2005:268-277.

陵（图14-35）及北京明长陵祾恩殿台基、清北京故宫太和殿台基，即是三台须弥座的实例。

从遗存实例来看，三台须弥座各层的高度通常是最下层高度高于上两层，南京孝陵享殿三台，上层、中层高0.98米，下层高1.04米；昌平长陵祾恩殿下层高1.15米，上两层各高0.98米；北京太庙正殿须弥座上层高1.02米，中层高1.12米，下层高1.32米，这可能是明代三重台基的特点，从立面关系上对各层高度有所控制。

（2）门洞墙身须弥座

实例：明中都午门，故宫长康右门，明孝陵四方城。

石须弥座除了用于台基以外，还常用于墙体的下碱部位，如宫墙下碱、琉璃花门下碱等。

明中都午门须弥座样式较简单，枭线由直线代替，但是其束腰部分几乎是连续不断的雕刻图案，总长188.67米（图14-36）。中都午门门洞须弥座总高161厘米，束腰高32厘米，雕刻深度3~5厘米。据统计[30]，龙、凤石雕占了块

图14-35 作者拍摄
图14-36 作者拍摄

图14-35　江苏南京明孝陵三台须弥座遗址

龙（四爪）　　　　　　凤　　　　　　方胜和云

图14-36　安徽凤阳明中都午门须弥座雕刻

图14-37　北京故宫午门须弥座墙基　　　　　　　　　　图14-38　北京故宫长康右门须弥座

数的40%，长度的45%；云纹、方胜等装饰石雕占了块数的49%，长度的45%，而白石条只占块数的6%多些，长度的5%，可见其石雕工程量之大。

图14-37、图14-38 作者拍摄

明北京故宫的午门下部也为石须弥座，高1.45米，比中都午门低，且上、下枭素面，束腰刻椀带结花，束腰转角部位刻金刚柱子（图14-37）。

小型石须弥座如故宫西路长康右门下碱，此为明代遗物。石须弥座与门枕石结合，成为此门的基座。其上、下枭部位雕刻巴达玛，束腰刻椀带结花，束腰转角部位刻玛瑙柱子。因为此种须弥基座尺度较小，故其上枋、上枭和束腰为一整石联办刻成，下枭、下枋和圭角为另一整石联办刻成，土衬为单独石块。该须弥座高0.99米，约为门洞高的3/10（图14-38）。

（3）供像须弥座

实例：智化寺转轮藏，玉虚宫大雄宝殿遗址，十三陵石五供基座。

供像须弥座常以独立形式出现在官式建筑的殿宇中，仍然是由上枋、上枭、束腰、下枭、下枋及圭角组成，特殊的须弥座会增加一道上枋或者下枋。供像须弥座主要以雕刻纹样来体现各自的供奉意义和雕镂工艺。因而一般此类须弥座皆为满雕纹样。

北京智化寺须弥座为八角形，第一道上枋除雕刻缠枝外，还刻着"佛八宝"以及三宝珠图案，其余枋子上刻着卷草，束腰雕刻一对相向的"四不象"，此种形象在明十三陵神道牌坊夹杆石浮雕中亦可见。转角处雕有"天龙八部"装饰，可以看到风格已趋于繁琐堆砌，可见元大都时代喇嘛教艺术对北京地区影响很深，明代禅宗寺院也有沿袭（图14-39）。

北京真觉寺金刚宝座塔创建于明永乐年间，建成于明成化九年（1473年），用砖和汉白玉砌筑而成，下为高7.7米近似方形的宝座（图14-40）。其形制沿袭印度之制[31]，雕刻上掺入了大量藏传佛教的题材和风格，清初所

31《明宪宗御制真觉寺金刚宝座塔碑记》曰："永乐初年，有西域梵僧曰班迪达大国师，贡金身诸佛之像，金刚宝座之式，由是择地西关外，建立真觉寺……朕念善果未完，必欲新之。命工督修殿宇，创金刚宝座，以石为之，基高数丈，上有五佛，分为五塔，其丈尺规矩与中印土之宝座无以异也。"见于：（清）于敏中等编纂．日下旧闻考（全四册）[M]．北京：北京古籍出版社，1981：1290，1291。

图14-39　北京智化寺藏殿须弥座

图14-40　北京真觉寺金刚宝座塔须弥座

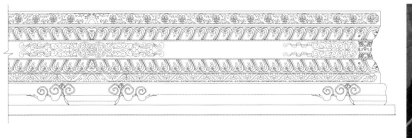

图14-41　北京昌平明定陵石须弥座供案图

0　　0.5　　1.0　　2.0米

图14-42　北京智化寺门口石狮须弥座上包袱纹理

图14-39、图14-40 作者拍摄
图14-41 作者绘制
图14-42 作者拍摄

建内蒙古呼和浩特慈灯寺金刚宝座舍利塔与此塔十分相似。

　　此外，明陵之中的石五供所置石供案均为须弥座制，上枋刻缠枝莲花，上、下枭刻巴达玛，束腰为椀花结带图案。明定陵供案高1.1米，长6.2米，宽1.7米（图14-41）。明显陵供案高1.1米，长2.94米，宽1.48米。

　　讲究的明代宫宅大门前常置石狮等雕刻，其基座通常为须弥座，故宫天安门前石狮下置长方形满雕须弥座，台面上雕成铺置包袱的纹理，上、下枭刻巴达玛莲瓣，很华丽。智化寺门口石狮须弥座与之非常相似（图14-42）。

　　（4）须弥座石活加工

　　须弥座各层的名称虽然不同，但在制作加工时却可以由同一块石料凿出，即所谓"联办"或"联做"。一块石头能出几层一般根据石料的大小以及操作上的便利来决定。从实例来看，常见的是将上枋和上枭联办，圭角、下枋和下枭联办，而束腰、圭角单独成石，这样便于加工和安装。尺寸小的须弥座用石块数酌减。

　　根据《营造法式》中规定宋代须弥座角柱为一整石雕成，但是此构造并不合理，很难保持角柱的稳定，明代须弥座亦无此实例。图14-43列出了几种须弥座的石块分割示意。

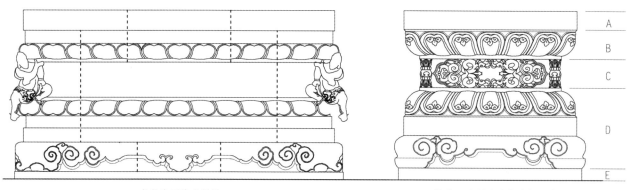

虚线为石块分割线   5块整石雕刻后垂直叠加而成

图14-43 须弥座石块分割示意图

图14-43 作者绘制

6）其他石构件

（1）沟门

沟门位于沟眼的外端，与墙外皮平。官式建筑群的沟门都比较讲究，雕刻出壶门形状，因此官式建筑中的沟门既不影响沟眼排水，又给单一的墙面增添了装饰（图14-44）。

（2）井口石

井口石位于井口上方，用于围护井口。明代官式建筑群中几乎都有井，虽然没有固定的范式，但是对于井口石的雕砌和围护往往都非常讲究（图14-45）。

讲究的井口上方，除了井口石之外还建造井亭。武当山玉虚宫龙井亭遗址内尚保留了井亭的柱子和四周的栏杆，其青石井口石外圈雕刻着卷草纹，线条流畅，层次丰富，为井口石雕刻之上品。此外，明孝陵井及颜庙陋巷井皆有井亭。

凤阳明皇陵碑亭附近龙泉井，井口石样式较简朴，无雕饰，无井亭，亦无护栏，但是井口石沿口有孔洞及卯口，推测为系提桶绳缆及安放井口盖之用。

15　石雕刻工艺

1）石雕刻工艺

明代的石构件雕刻繁简决定于建筑的等级，普通台基一般不用雕饰，须弥座台基的上枋、束腰、圭角上一般都采用浅浮雕和线刻手法，须弥座上的螭首则采用圆雕手法；踏道中间的丹陛石也采用浮雕或者线刻手法雕饰；栏杆的望柱头或采用圆雕，或采用浮雕和透雕，栏板如有雕饰，则采用浅浮雕；抱鼓石鼓面采用减地平钑或线刻图案。至于牌坊等石构建筑中的装饰，

北京故宫沟门

北京天坛皇穹宇沟门

山东曲阜孔庙沟门

图14-44　几种沟门样式

安徽凤阳明皇陵

湖北十堰武当山玉虚宫

江苏南京明孝陵

山东曲阜颜庙陋巷井

图14-45　明代井口石实例

图14-44 作者拍摄
图14-45 作者拍摄

一般都用线刻、减地平钑来雕饰。

　　从雕刻题材来看，明官式建筑中雕刻图案主要由人物、动物、植物、几何图案四个部分组成。其中人物主要出现在石像生的文武官员、勋臣等；动物比较多，有龙、凤、狻猊、麒麟、獬豸等石兽，也有马、羊、大象、骆驼、狮子等写实动物；植物题材主要有牡丹、莲等花卉，以及卷草、缠枝等茎叶图案；几何图案少些，主要有方胜、菱形、圆形等。位于偏远地区的敕建建筑题材会更丰富些，当地工匠会将常用题材融入官式建筑中。

　　从雕刻工艺来看，明初的建筑石雕线条饱满流畅，体积感较强，至明北京永乐时期起石作线条渐为僵直，交接转角处由圆润饱满转向平直方正。明初官式建筑石作雕镌采用多种地方或前代的官式纹样，随明代官式建筑制度的建立趋于程式化，永乐营建北京时官式建筑石作雕镌奠定了其后明清两代官式建筑石作的主要纹样基础，也是明代官式建筑石作雕镌转向衰落之始。

2）石雕刻类别

明代的石作雕镌技法对《营造法式》有很大的继承，但不限于《营造法式》第三卷《石作制度》所列的四种雕镌制度：剔地起突、压地隐起、减地平钑和素平[32]。《营造法式》第十二卷的《雕作制度》提到了"混作"和"透突"，混作即圆雕，透突近似透雕，虽然这里指的是木雕做法，但是明代石雕中亦有体现。此间又可分出另一种做法即"半混"[33]。另外，《〈营造法式〉解读》一书中提出了"平钑"和"实雕"的概念：平钑意指现在所说的线刻，其与"减地平钑"的区别在于是否去地；实雕做法不去地，省工但效果亦佳。

由于明代未有雕镌制度留存，为便于描述，以现代石雕做法对应宋《营造法式》中技法分类，便于理解明代石雕技法的传承和衔接：圆雕主要指代混作，浮雕指代剔地起突、压地隐起、减地平钑；线刻指代平钑。

（1）圆雕

① 石像生

陵园前石雕，又称石像生，具有守护、辟邪、吉祥和役使象征之功能。明陵石雕保持着唐代开创、宋代延续的造型基本模式，趋于集中、概括，设神道望柱、猛狮、神兽、马、象、驼、文武臣和石碑等，是明、清两代皇家陵寝之范式标准。

南京明孝陵石象路前半段两侧立石兽6种12对，依次是：狮、獬、骆驼、象、麒麟、马，每种各四，二立二卧。石兽尽端立石望柱一对，上雕云龙。过此折向北，列石翁仲八躯，身着盔甲或蟒袍的文臣武将各四，分立道旁。孝陵石人、石兽均为整块石料雕凿而成，体量高大，生动粗犷，是明代帝陵石刻中的经典之作。

北京昌平明十三陵神道两旁排列着18对石像生，南为24座石兽（狮、獬豸、骆驼、象、麒麟、马各四，均二卧二立），北为12座石人（文臣、武臣、勋臣各四），均由整石雕刻而成。其中石象、石骆驼的体量都较大，最大的达30立方米。这些石像生结构准确、形态自然、栩栩如生。

湖北钟祥显陵的石像生建于明嘉靖六年（1527年），共12对，除文臣武将形体略有夸张外，其余8对石兽与现实生活中的形体比例十分接近，与明代其他陵墓石像生的高大粗犷不同，达到神形兼备的效果。

河南新乡潞简王墓神道两旁有14对石兽。比较特别的是其中部分神兽是帝陵中所没有的，陵前除两对石人外，石兽的种类达14种，而明孝陵仅列6

32 梁思成先生将此四种做法解释为：剔地起突即今所谓浮雕；压地隐起也是浮雕，但浮雕题材不由石面突出，而在磨琢平整的石面上，将图案的地錾去，留出与石面平的部分；减地平钑是在石面上刻画线条图案花纹，并将花纹以外的石面浅浅铲去一层；素平是在石面上不作任何雕饰的处理。

33 "一面贴'地'的圆雕则可称之为'半混'。"参见：潘谷西，何建中.《营造法式》解读 [M]. 南京：东南大学出版社，2017：15.

种，长陵遵祖制亦只列此6种，潞简王陵超过了明代帝陵的规制。

石狮　百兽之王，它既是皇权的象征，又起到镇魔辟邪的作用（图15-1）。显陵石狮高1.3米，长1.8米。

獬豸　为"神羊"，独角、狮身、青毛，秉性忠直，能辨别是非邪正，被称为公正的神兽，在陵墓标榜皇帝是执法如山的圣明天子（图15-2）。显陵獬豸高1.3米，长1.7米。

骆驼　象征着沙漠与热带，表示大明疆域辽阔，皇帝威震四方。显陵跪卧骆驼高1.4米，长2.7米。

大象　兽中巨物，性格温良，寓有"顺民""太平"的意思，表示国家江山的稳固。显陵跪卧石象高1.65米，长2.7米。

麒麟　传说中的"四灵"（麟、凤、龟、龙）之首，它是披鳞甲、不履生草、不食生物的仁兽，雄的叫麒，雌的叫麟，象征吉祥、光明。放在陵前有粉饰太平，为帝王歌功颂德之意。显陵石麒麟高1.2米，长1.6米。

马　马在古代是帝王南征北战、统一江山的重要坐骑，为历代封建统治者所钟爱，是陵前石像生中不可缺少的一种石兽（图15-3）。显陵跪马高1.2米，长1.6米。

武将　披甲带盔，手执佩剑，威武雄壮。显陵石武将高2.63米（图15-4）。

文臣　头戴七梁冠，身穿朝服，手扶朝笏，端庄肃穆，为明朝一品官形象（图15-5）。显陵文臣高2.54米。

勋臣　头戴七梁冠，身穿朝服，手扶朝笏，但七梁冠上雕有笼巾貂蝉，为功臣中一级功臣的形象。

② 石五供

石五供一般位于二柱门和方城明楼之间，是明长陵及其以后明代帝陵的组成之一。据考察，明长陵、献陵、定陵等的石五供均置于石须弥座供案之上（图15-6），而明显陵、潞王陵及潞王次妃陵的石供案尺寸偏小，五供只能放在案前（图15-7）。

正中为石香炉，香炉为三足鼎形，炉身和炉顶各用一块玉石雕成，炉身圆浑，炉耳和炉沿均雕刻成回纹图案，炉顶雕刻龙盘海水寿山石，似火焰；炉足外侧均呈饕餮头状。河南潞间王陵及次妃墓前石香炉与其他地方不同，虽同样双耳三足，但炉顶为重檐攒尖顶石楼，一层凿出券洞，下檐四边形；上檐圆形，皆雕刻出勾头、滴水及飞椽，雕刻细腻（图15-8）。

香炉两侧，设石烛台各一。石烛台由整石雕刻而成，圆台形，台身刻满祥云图案，下有圭角，样式同须弥座圭角；烛台口承托盘周围亦刻祥云一道，下凿一圈仰莲，为巴达玛样式。

石烛台两侧，设石花瓶各一。瓶身光滑，有耳一对，耳上套环。瓶沿口

孝陵　　　　　　　　十三陵　　　　　　　　潞王陵

图15-1　明代陵墓石像生中的石狮

孝陵　　　　　十三陵　　　　　潞王陵　　　　　显陵

图15-2　明代陵墓石像生中的獬豸

皇陵　　　　　孝陵　　　　　十三陵　　　　　显陵

图15-3　明代陵墓石像生中的马

图15-1～图15-9 作者拍摄

图15-4 明代陵墓石像生中的武将

图15-5 明代陵墓石像生中的文臣

图15-6 北京昌平明定陵石五供

图15-7 湖北钟祥显陵石五供

图15-8 河南新乡赵次妃墓石五供

图15-9 河南新乡赵次妃墓石五供细部

刻回纹图案。瓶底有圭角，样式同烛台。河南潞简王陵及次妃墓前石香炉与其他地方不同，瓶身为方形，正反两面精雕鹭鸶荷花图，瓶顶部雕满盛开的缠枝牡丹，其中次妃墓前石花瓶顶上除牡丹外，还雕刻竹节图案几何分割石块纹样，可见工匠之用心（图15-9）。

五供若不放于供案上，则每供下皆有三足鼎形平圆盘底座。石供案为须弥座制，上枋刻缠枝莲花，上、下枭刻巴达玛，束腰为椀花结带图案。

（2）浮雕

① 石龙柱

龙的形象作为中国封建皇权的象征，在官式建筑中必不可少，而石龙柱更是有力表达了皇家的气派和威严。山东曲阜孔庙和颜庙的石龙柱，不仅体现了敕建建筑的最高等级，而且其精湛的石雕工艺，堪称明代石雕龙之典范（图15-10）。

图15-10 山东曲阜孔庙大成殿龙柱

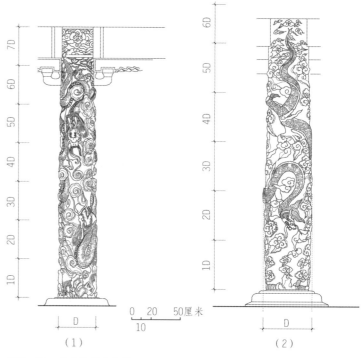

图15-11 龙柱比例及纹样

曲阜孔庙崇圣祠石雕升降龙圆柱（明弘治十七年，1504年），下为覆盆柱顶石（柱础）。柱身雕有两条龙，一龙头朝下，从柱顶弯曲身体盘绕而下，周围雕有祥云，宛若从天而降；另一龙头朝上，从柱底的瑞山开始盘绕柱身而上，两龙头相会的中间，有一雕花宝珠，缠绕彩带。整个柱身布满祥云，龙身鳞片整齐排列，背鳍曲线流畅，龙爪刚劲有力，龙须丝丝分明［图15-11（1）］。由于保存得非常完好，整根石龙柱雕刻生动饱满，龙须、

图15-10 作者拍摄
图15-11 作者绘制

祥云等细节处施用透空雕，其余为浮雕，浮雕最高处离底面10厘米厚，底面刺点。这一龙柱的雕刻特点就是既有整体的气势与很强的体积感，又不乏细部雕琢，龙身比例恰到好处。

曲阜颜庙复圣祠的龙柱（成化至正德年间）与孔庙的有所不同：柱身雕一条降龙，龙身较孔庙的稍瘦，鳞片更密集，但立体感较弱，浮雕高度约4～6厘米，龙身外祥云相对较小，底面仅凿平。此柱明显雕刻体积感较弱，但主题龙身很突显，且龙爪紧抓云朵，非常生动［图15-11（2）］。

云南建水文庙大成殿外两根擎檐石龙柱，被视为镇庙之宝（图15-12）。从雕刻纹样来看，其与曲阜的石龙柱差别甚大，但从意义和所处建筑的位置来看，基本可以看出中原主流文化对边远文化的影响，但也存有地方特色。

② 丹陛石

丹陛石置于踏道中央，雕刻图案通常以龙为题材，少数刻有凤、狮、鹿等（图15-13）。从现存的明代丹陛石来看，基本都是浮雕，即剔地起突。

明代早期的丹陛石雕刻较浅，仅起突1～2厘米，主体龙形所占图面比例小，大部分是祥云、山海等图案。如明孝陵四方城丹陛石上，于石块中央八边形菱花框内刻团龙一条及流云，石块上下各有双狮舞球图案，四周有一圈二方连续的卷草图案，整块石的底纹是四椀菱花。浮雕较浅，仅龙形图案突起较多些（图15-14）。又如，长陵祾恩门前后丹陛石上雕二龙，左降龙、右升龙，镌刻颇浅（图15-15）。年代晚一些的丹陛石雕刻起突高一些，约4～6厘米，主体龙的形态所占比重增大，龙身姿态盘转生动，山海等静止图形的比重减小。定陵祾恩门丹陛石上刻龙凤图案，左降凤、右升龙，底纹为回纹，四周布满流云，穿插在凤羽之间，龙爪亦握着一朵祥云（图15-16），同样

图15-12～图15-13 作者拍摄

图15-12 云南建水文庙龙柱

图15-13 北京故宫内丹陛石

图15-14　江苏南京明孝陵四方城丹陛石

图15-15　北京昌平明长陵祾恩门后丹陛石

图15-16　北京昌平明定陵祾恩门丹陛石局部

内容在曲阜颜庙复圣殿石柱上亦可见。

③ 须弥座

石须弥座上的雕刻重点主要分以下四种：

a.素平，无雕饰，见于普通台基须弥座。

b.只在束腰处雕刻纹样，此种做法较多，见于明代早期须弥座及城门下碱。

c.束腰雕刻，上、下枭施巴达玛，见于门洞下碱。

d.满雕，用于供像须弥座、等级较高建筑对应的须弥座等。

须弥座上、下枋若有雕刻，一般为压地隐起法；上、下枭或素平，或刻巴达玛莲花，上面亦施压地隐起浅雕图案；束腰中常见的是剔地起突和压地隐起；圭角上常常用线刻。

北京智化寺转轮藏殿八角须弥座，不仅有须弥座中常见的浅浮雕，而且束腰八角处的力士可谓高浮雕或者说半混，力士姿态生动，衣袂飘飘，颇具匠心。

图15-17、图15-18列出了几种常见的束腰椀花结带纹样和圭角纹样。

④ 金刚宝座塔

北京真觉寺金刚宝座塔由汉白玉石和砖砌筑而成，通高17米，分塔座

图15-14~图15-16 作者拍摄

图15-17 作者绘制
图15-18 作者绘制
图15-19 作者拍摄
图15-20 作者拍摄

和五塔两部分。宝座正方形，高7.7米，前后辟有门，内有阶梯，盘旋可达宝座顶部。顶部有五座石塔和琉璃罩亭，相传五尊金刚界金佛分别埋在五座石塔之下，塔的造型仿照印度佛陀伽耶精舍而建，具有浓厚的印度风格。此塔以精美的雕刻艺术而著称，塔座和五塔上雕刻绚丽多姿的佛像、花草、鸟兽等图案，其中有一对佛的足迹，象征"佛迹天下"之意，被视为佛的象征（图15-19~图15-21）。

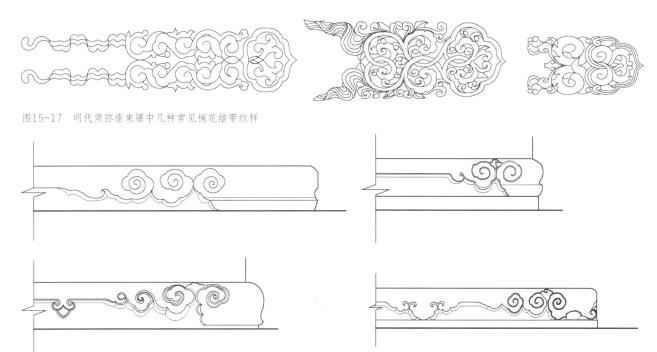

图15-17　明代须弥座束腰中几种常见椀花结带纹样

图15-18　明代须弥座圭角中几种常见纹样

图15-19　北京真觉寺金刚宝座塔

图15-20　北京真觉寺金刚宝座塔五塔之一

图15-21　北京真觉寺金刚宝座塔雕刻细部

⑤ 其他

江苏南京明孝陵石栏杆中龙、凤望柱头采用了局部透雕的工艺，同样的透雕技法也见于南京明故宫望柱头，为明初南京龙凤望柱头雕刻之特色（图15-22）。

四川平武报恩寺万佛阁内有一雕刻精致的石香炉，为明代遗物。此炉共有三层，下为基座，雕刻着狮子舞球，为浮雕，且透雕花草图案，在一排仰莲所托的石板上，立着一圈栏杆，栏杆后面站着生动的人物形象，每边2个人、共计12人，尚能分辨所雕人物正在对弈、看书、抚琴；中间有直径600毫米，高270毫米的蟠龙石，其上承托着三足鼎，雕刻着祥云和龙纹。整座石香炉层次丰富，造型别致，雕工精湛，堪称石雕上品（图15-23、图15-24）。

图15-21～图15-25 作者拍摄

图15-22　江苏南京明孝陵望柱透雕细部

图15-23　四川平武报恩寺石雕香炉细部

图15-24　四川平武报恩寺石雕香炉

（3）线刻

线刻，即平钑，在明代石作雕刻中主要用于石碑碑身及石柱之上，此外，在一些圆作石雕中也会在细部使用线刻来体现其精美雕琢之工。线刻的工艺主要取决于纹样，明代常见的线刻纹样有云龙、瑞凤、牡丹、莲花、卷草叶。曲阜孔庙、颜庙石柱上的线刻具有代表性。石柱柱身八角形，线刻龙、凤、祥云、花卉，线条流畅，八面图案连成整体（图15-25）。线刻艺术，是体现工匠对于石上线条把握的技艺，它使石面于平整中见变幻，也是一件雕塑品的精致所在。

山东曲阜孔庙大成殿后檐（线刻 龙）

山东曲阜孔庙寝殿（减地平钑 凤）

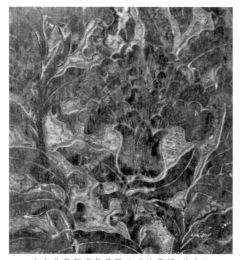

山东曲阜颜庙复圣殿（减地平钑 花卉）

图15-25 石柱上的浅雕艺术

16 | 明代官式建筑石作范式图版

图版一 五间十一楼石牌坊（一）

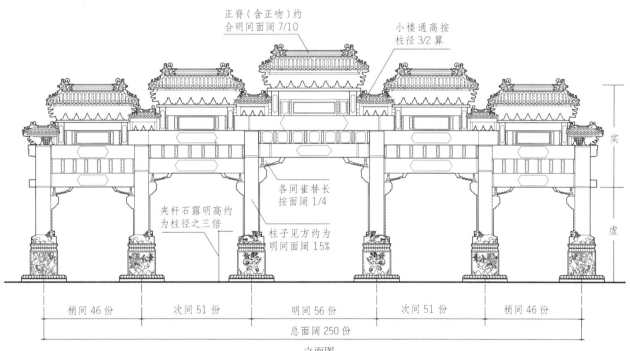

正脊（含正吻）约
合明间面阔 7/10

小楼通高按
柱径 3/2 算

各间雀替长
按面阔 1/4

夹杆石露明高约
为柱径之三倍

柱子见方约为
明间面阔 15%

实

虚

| 梢间 46 份 | 次间 51 份 | 明间 56 份 | 次间 51 份 | 梢间 46 份 |

总面阔 250 份

立面图

参考实例：北京昌平明十三陵神道牌坊

图版二　五间十一楼石牌坊（二）

参考实例：北京昌平明十三陵神道牌坊

图版三　一间二柱石牌坊（棂星门）

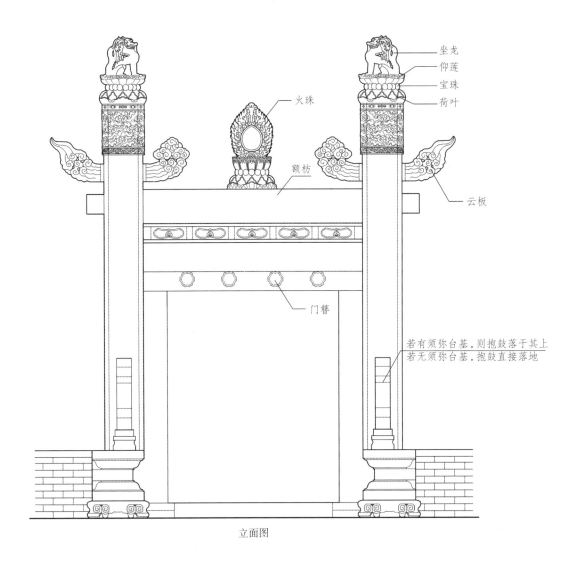

坐龙
仰莲
宝珠
荷叶

火珠

额枋

云板

门簪

若有须弥台基,则抱鼓落于其上
若无须弥台基,抱鼓直接落地

立面图

参考实例：北京昌平明十三陵龙凤门、北京天坛圜丘、湖北钟祥明显陵棂星门

图版四　单孔石拱桥（一）

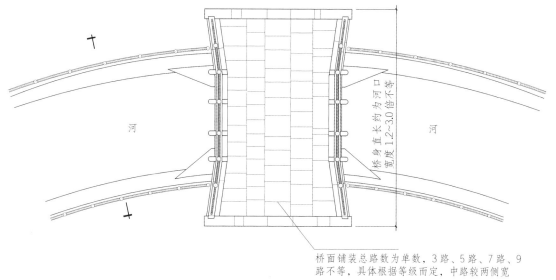

平面图

桥面铺装总路数为单数，3 路、5 路、7 路、9
路不等，具体根据等级而定，中路较两侧宽

```
         1        5 米
 0       2
```

望柱头样式见图版，
随建筑台基护栏样式

桥身直长约为河口宽度 1.2~3.0 倍不等

券洞宽约为桥身直长 1/3

立面图

```
           0.5      2.5 米
 0          1
```

参考实例：湖北十堰武当山玉虚宫、湖北钟祥明显陵、北京天坛斋宫

图版六 赑屃鳌坐碑（一）

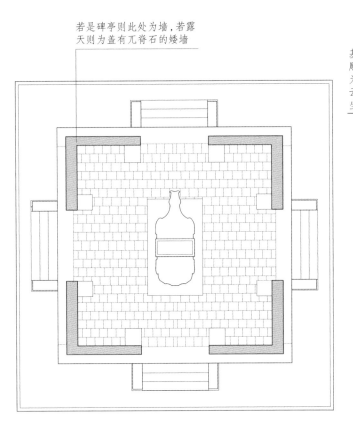

若是碑亭则此处为墙，若露天则为盖有兀脊石的矮墙

基座若有雕刻，则为山、海、云及海洋生物图案

碑亭平面图

碑平面图

0.5　2.5 米
0　1

0.2　1 米
0　0.4

参考实例：江苏南京明孝陵神功圣德碑、北京昌平明十三陵神道碑、湖北十堰武当山玉虚宫内外碑

图版七　赑屃鳌坐碑（二）

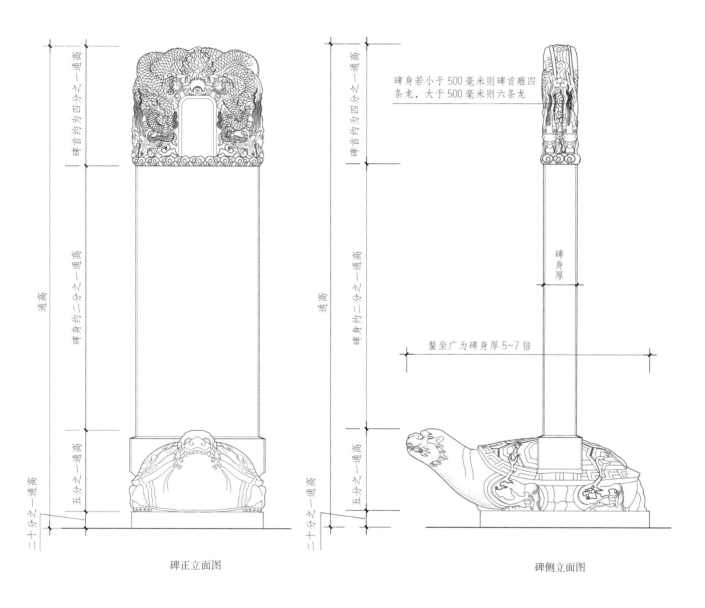

碑身若小于500毫米则碑首雕四
条龙，大于500毫米则六条龙

鳌坐广为碑身厚5~7倍

碑正立面图

碑侧立面图

参考实例：江苏南京明孝陵神功圣德碑、北京昌平明十三陵神道碑、湖北十堰武当山玉虚宫内外碑

图版八　华表

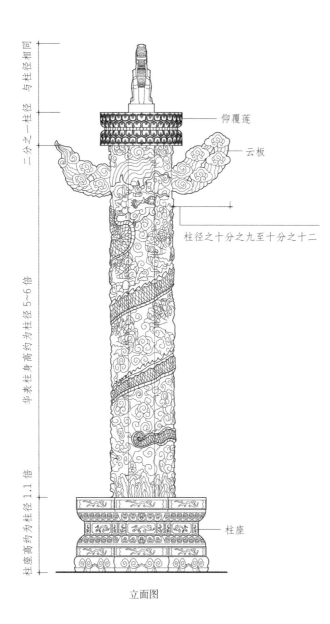

立面图

仰覆莲

云板

柱径之十分之九至十分之十二

柱座

二分之一柱径　与柱径相同

华表柱身高约为柱径5~6倍

柱座高约为柱径1.1倍

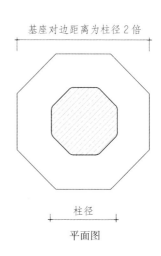

基座对边距离为柱径2倍

柱径

平面图

参考实例：北京昌平明十三陵神道华表、北京天安门前后华表

图版九　须弥座

角螭

角柱

转角立面图

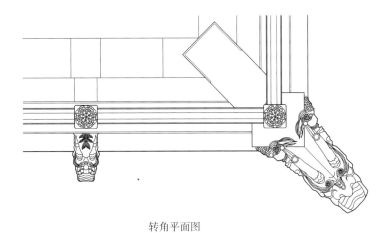

转角平面图

参考实例：江苏南京明孝陵祾恩殿、北京昌平明长陵祾恩殿、北京昌平明定陵祾恩殿

图版十　须弥座与石台

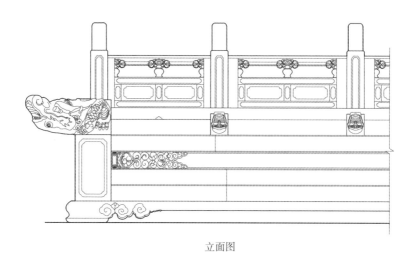

立面图

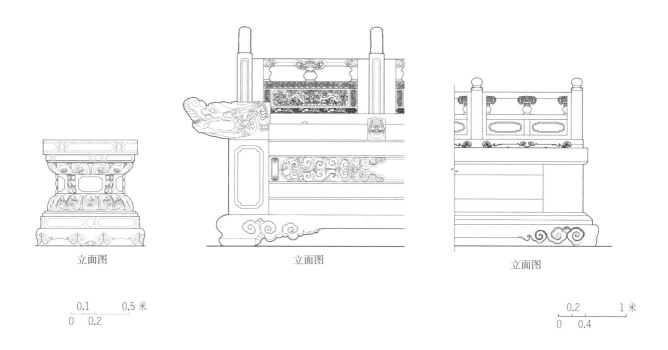

立面图　　　　　　　立面图　　　　　　　立面图

参考实例：北京明长陵棱恩门、北京故宫钦安殿、湖北十堰武当山太和宫金殿

图版十一　须弥座栏杆及象眼

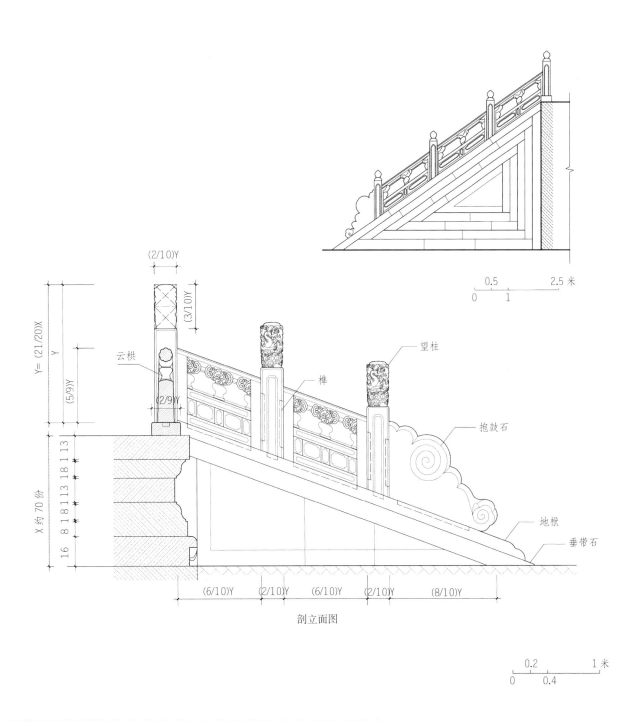

剖立面图

参考实例：江苏南京明孝陵棱恩殿、北京明长陵棱恩殿、北京明定陵棱恩殿

图版十二 须弥座及栏杆

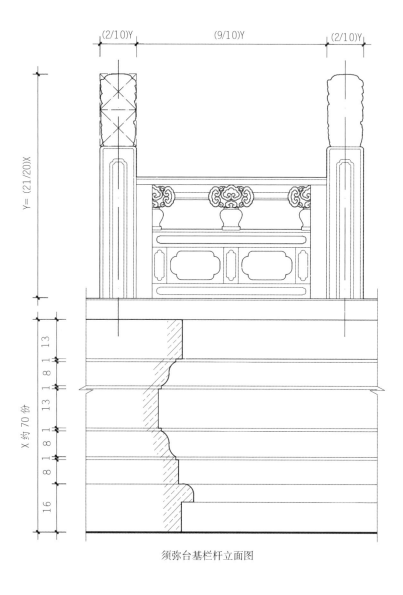

须弥台基栏杆立面图

图版十三　角螭及望柱

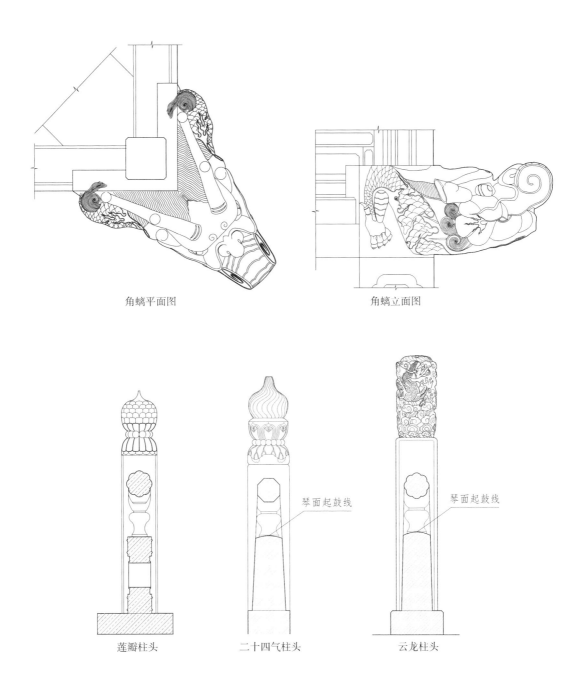

角螭平面图　　　　　　　　　　　角螭立面图

莲瓣柱头　　　　二十四气柱头　　　云龙柱头

琴面起鼓线

琴面起鼓线

图版十四 地面石活

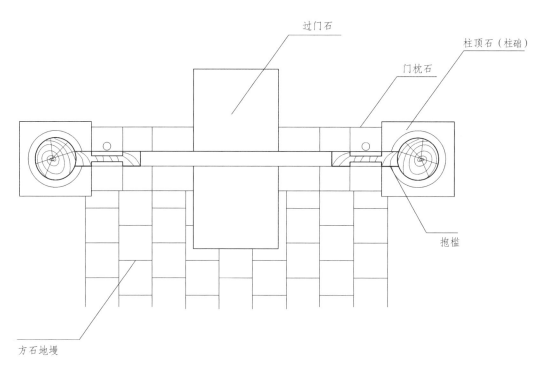

过门石

柱顶石（柱础）

门枕石

抱檔

方石地墁

门枕地墁平面图

图版十五　下马坊

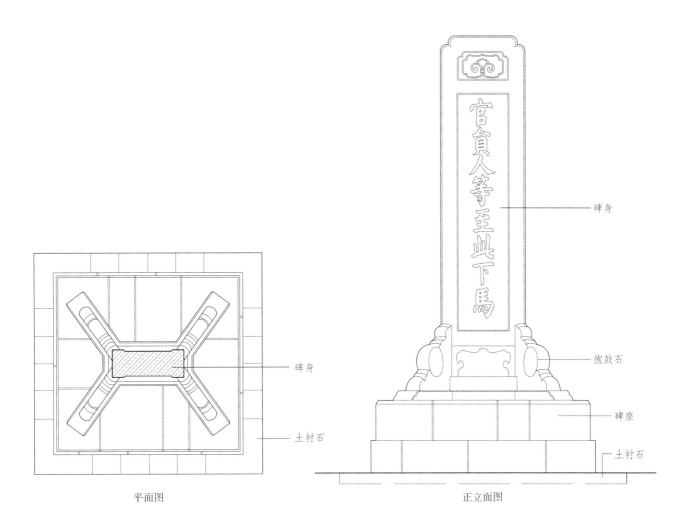

平面图　　　　　　　　　　　　　　　　　　　正立面图

参考实例：北京昌平明十三陵、湖北钟祥明显陵

图版十六　石五供

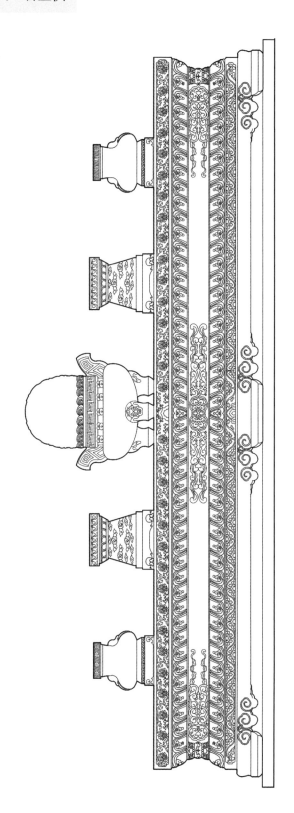

0　0.2　0.4　1 米

参考实例：北京昌平明长陵、湖北钟祥明显陵、北京昌平明定陵

图版十七 石龙柱

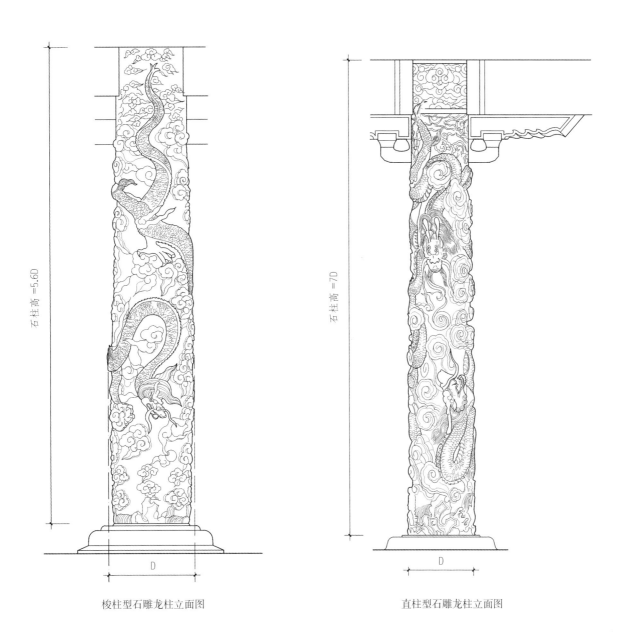

梭柱型石雕龙柱立面图　　　　直柱型石雕龙柱立面图

参考实例：山东曲阜颜庙复圣祠石雕降龙圆柱，山东曲阜孔庙崇圣祠石雕升、降龙圆柱

参考文献

[1] 李诫.营造法式[M].北京:中国建筑工业出版社,2006.

[2] 申时行,赵用贤,李东阳,等.大明会典[M]//《续修四库全书》编委会.续修四库全书.上海:
上海古籍出版社,1996.

[3] 何士晋.工部厂库须知[M].明代万历刻本.北京:人民出版社,2013.

[4] 贺仲轼.两宫鼎建记[M].北京:中华书局,1985.

[5] 李贤,等.大明一统志:卷七[M].明天顺原刻本影印.西安:三秦出版社,1990.

[6] 张廷玉,等.明史[M].清乾隆四年(1739)武英殿原刊本影印.北京:中华书局,1974.

[7] 于敏中,等.日下旧闻考(全四册)[M].北京:北京古籍出版社,1981.

[8] 王璞子,故宫博物院古建部.工程做法注释[M].北京:中国建筑工业出版社,1995.

[9] 潘谷西,何建中.《营造法式》解读(修订本)[M].南京:东南大学出版社,2005.

[10] 潘谷西.中国古代建筑史 第4卷 元、明建筑[M].北京:中国建筑工业出版社,2001.

[11] 刘大可.中国古建筑瓦石营法[M].北京:中国建筑工业出版社,1993.

[12] 梁思成.梁思成全集:第七卷[M].北京:中国建筑工业出版社,2001.

[13] 刘敦桢.刘敦桢文集(一)[M].北京:中国建筑工业出版社,1982.

[14] 梁思成.清式营造则例[M].北京:清华大学出版社,2006.

[15] 王璧文.清官式石桥做法[M].中国营造学社,1936.

[16] 楼庆西.中国小品建筑十讲[M].2版.北京:生活·读书·新知三联书店,2014.

[17] 李允鉌.华夏意匠 中国古典建筑设计原理分析[M].天津:天津大学出版社,2005.

[18] 南京工学院建筑系,曲阜文物管理委员会.曲阜孔庙建筑[M].北京:中国建筑工业出版
社,1987.

[19] 武当山志编纂委员会.武当山志[M].北京:新华出版社,1994.

[20] 王剑英,等.明中都研究[M].北京:中国青年出版社,2005.

[21] 单士元,王璧文.明代建筑大事年表[M].北京:紫禁城出版社,2009.

[22] 马国馨,等.北京中轴线建筑实测图典[M].北京:机械工业出版社,2005.

[23] 于倬云.紫禁城始建经略与明代建筑考[J].故宫博物院院刊,1990(3):9-22.

[24] 单士元.明代营造史料[J].中国营造学社汇刊,1933,5(3):110-138.

[25] 刘敦桢.明长陵[J].中国营造学社汇刊,1933,4(2):42-59.

[26] 苏文轩.明孝陵[J].文物,1976(8):88-89.

第四篇　砖作

- 明代官式砖作建筑及其发展概况
- 砖作建筑类型与特点
- 砖作建筑技术
- 制砖工艺、技术及产地
- 明代官式建筑砖作范式图版

第四篇　砖作

17　明代官式砖作建筑及其发展概况

1）明代官式砖作建筑的定义与范式的界定

明代官式砖作建筑，指由明代工部或内府主持或派员，依照官方规定建设的以砖作为主材的砖构建筑。明代官式砖作建筑有一定层次划分，包括：一是依照官方形制和皇家风格建设的砖作建筑，如帝宫、皇陵、御用庙观等；二是依照官方形制营造的且带有部分地域做法的砖作建筑，如地方衙署、官邸等。

明代官式砖作建筑范式形成，有时间发展的进程。如明代陵寝建筑中关于陵台营造：洪武初期国家百业待兴，明皇陵的建造沿用宋代遗制，是为"方上"；至孝陵则更变古制，陵式呈宝城，砖砌筑；永乐时建陵墓择地北京附近，但继续沿用南京旧制并继续完善，遂成定制；此后历代因循并延及清代皇陵。

就砖作技术和艺术而言，有地域的流传和风格的相融。明初南京建设，征集工匠达二十余万，且多为江南地域工匠，但对北方工匠亦有所征用[1]。客观上形成了明初官式砖作建筑在吸收了江南砖作传统的基础上，对北方做法亦有所吸收的状况。及至永乐迁都北京，"凡天下绝艺皆征"，江浙一带工匠奉命北上，营造北京宫室。如此，这种南北工匠集中使用的方式，催化了南北砖作技术相互交流和融合，为形成明代砖作范式奠定了坚实的基础。

2）明代官式砖作建筑发展概况

中国古代砖作建筑发展有两个高潮发展时期，其一是汉代，其二便是明代。汉代砖作技术呈现了砖作砌体整体性加强的轨迹：砖块型号的定型化、整体性的砌筑方式出现，多种类型的砖作结顶体系的出现[2]。但总体来说，汉代的砖作建筑成就主要在地下的墓葬中，而明代的突出标志是大量官式砖作建筑建在地面上。

从洪武历经建文、永乐、洪熙、宣德共五朝六十余年（1368—1435年），京师南京、中都临濠、永乐迁都北京的建设中形成的建筑，构成明代砖作建筑主体。洪武时期建筑营造中，汉族工匠和军工是官式砖作建筑营造的主力，传统的砖石建筑技艺更多地被使用，官式砖作建筑整体风格朴实、雄浑，装饰简

1 其时徐达已攻克元大都，根据现存南京明代官式砖作建筑南北风格兼具的特点以及明代大型营造多聚集天下能工巧匠的具体情况，其建筑营造对大都附近聚集的大量北方工匠无不征集之理。

2 中国科学院自然科学史研究所主编. 中国古代建筑技术史 [M]. 北京：科学出版社，1985：168.

约，更多表现砖材特质。永乐年间，社会日趋繁荣安定，大规模营造活动频繁，北京宫殿、湖北武当山道教宫观及南京大报恩寺琉璃塔等，都是此时重要的官式建筑。砖作建筑技术在洪武时期大量实践及规制确立的基础上进一步完善、发展。此时砖作制作技术水平进一步得到提高，砖作建筑规格、形制、质量等各个方面都达到了很高的水平，明代官式砖作建筑做法及规制基本形成。

由正统历经景泰、天顺、成化、弘治、正德、嘉靖的一百三十余年间（1436—1566年），社会稳定、民物康阜，社会整体处于持续发展阶段，官式砖作建筑规制更加完善。正统年间北京城防设施的修筑，天顺至弘治年间边城边墙的修筑，北京十三陵的持续兴建，弘治年间孔庙、孟庙等儒家庙宇的扩建等一系列建筑的重建、扩建，从及嘉靖年间更定洪武坛壝制度构成了这一时期官式砖作建筑营造的主要内容。

由隆庆历经万历、泰昌、天启、崇祯七十余年间（1567—1644年），砖作建筑雕饰频繁、崇尚奢华，早期的规制日渐失去其约束力。砖作建筑的突出表现有两个方面：一为万历时期无梁殿建筑的大量兴建；二为砖雕饰大量施用、砖作建筑风格渐趋繁缛，砖雕匠人发展为"凿花匠"业。明末砖作建筑的技艺为清代承袭，并延及清初康熙、雍正。

明代官式砖作建筑成就如表17-1所示，南京、中都、北京城防的营造以及长城和沿线城堡的修建构成了明代砖作建筑中分量最重的部分，其中长城及沿线城堡成为终明一世一直持续的砖作营造；无梁殿、砖作宫门等殿阁建筑的营造成为砖作技术在高级殿阁建筑类型中的具体应用；砖木、砖石混合结构的建筑实例则展示了明代工匠对砖、石、木材质的把握、理解及灵活运用。

表17-1　明代现存官式砖作建筑成果一览表

朝代	内容	时间	备注
洪武	南京明故宫、坛庙	元年始	午门城台等现存建筑、构筑物
	北京城垣与城门	元年~三十二年	洪武、正统、嘉靖三朝均有大的修造
	安徽凤阳明中都	二年~八年	宫垣、城台，鼓楼砖台等
	西安城墙城防	三年	现存明代砖作部分
	山西平遥城防	三年	现存明代砖作部分
	山东曲阜孔府、孔庙、孔林	九年~明崇祯七年	现存明代砖作部分
	南京明孝陵	十四年	大金门、四方城等明代砖作部分
	青海乐都瞿昙寺	二十五年~宣德二年	
	南京灵谷寺无梁殿		具体建造时间不详
永乐	北京故宫、坛庙	四年~二十一年	现存明代砖作部分
	长陵	七年~宣德三年	大红门、内红门等
	湖北武当山道教建筑群	十年~二十一年	现存明代砖作部分

朝代	内容	时间	备注
洪熙	献陵	元年	
宣德	景陵	十年	
正统	四川平武报恩寺	五年～天顺四年	
	北京智化寺	八年	
景泰	庆陵	八年	
天顺	裕陵	八年	
成化	茂陵	二十三年	
弘治	泰陵	十八年	
正德	康陵	十六年	
嘉靖	湖北钟祥显陵	元年～十八年	在正德十四年工程的基础上改建而成的帝陵
	永陵	十五年～二十七年	
隆庆	昭陵	六年	
万历	定陵	十二年～十八年	
	河南卫辉望京楼	十九年～二十一年	具有部分地域做法
天启	庆陵	元年	
	德陵	七年	

3）明代砖作技术大发展的成因与成就

（1）明代砖作技术对宋、元的继承

一方面，明代砖作技术大量吸收和沿用了宋《营造法式》的制度及技术。尤其在管理上，明代初期对工匠的集中征用及所实行的"住作""轮班"工匠管理制度对明代官式砖作建筑技术及范式的形成、发展产生了重大影响。

另一方面，元代实行的工匠管理制度及砖石建筑技术的实践促进了砖作建筑技术的普及与发展，成为明代砖作建筑大发展的必要前提。元代是少数民族掌握的政权，来自草原的蒙古贵族对农业一无所知，但对手工业的重要性有充分的认识。在蒙古族征服各民族的过程中，手工业者照例可免于杀戮而被集中起来加以役使。蒙古族由于缺少本民族的建筑文化传统，所以对外来建筑没有排他性而能够兼收并蓄，从而出现了中国历史上少有的建筑技术与文化交流的盛况。元代大量砖作建筑的营造促进了匠人对砖作建筑技术的探索、了解、普及，拉开了明代砖作建筑大发展的序幕，如拱券技术的广泛使用与完善。

（2）煤炭产业的开发为砖作技术的发展提供了前提

明代砖作建筑材料制作技术已比较发达，石灰生产技术进一步发展，而

煤炭的普及也为烧造砖料、石灰产量骤增提供了前提。现今探明的煤田，当时差不多都已进行了初步的开采。不仅盛产煤炭的北方数省如山西、河南、河北、山东、陕西等省的煤炭已得到开发，而且南方数省如江西、安徽、四川、云南等省的煤炭也得到了开发。

（3）砖作建筑施工技术在南京有历史悠久的传统

洪武朝都城南京的建设，对大帝国的城防要求很高，而江南雨水繁多，只有砖石作可以有效发挥防水效能。而早在六朝时期，大量的砖作建筑已表现出高超的施工技术，如拱券无支模施工技术在东吴大墓（南京江宁）中就已实现。地方做法及其民间传统技术在明代南京得以延续。

（4）清代对明代砖作进行继承，可反观明代重要影响

经过200多年的发展和完善，明代砖作技术体系已经非常成熟，对清代官式砖作建筑影响深远。清朝建国立都之初，几乎沿用了一切明代北京城的旧制和设施。宫殿、坛庙、衙署等继承原制度，仅在旧基上做了一些翻修，从这些建筑也可反视明代砖作的成就。雍正十二年颁布的清工部《工程做法》实际也是对明代后期及清初建筑制度、做法的总结。"《营造算例》所辑各种抄册中，亦间杂明代工程制度……《工程做法》在清代官刊工籍中最先出现，内容包罗多方面，编纂时必然有所取资才能有所速成。明清两代直接延续，前朝事例旧档犹多可考"[3]，清代官工物料名制规格、产地供应诸项，多引录自明《工部厂库须知》一书[4]，可见明代对清代有重要影响。

4）明代官式砖作营造管理与工官制度

（1）砖作营造事宜

《明史·食货志》载"采造之事……其事日繁琐，征索纷纭，最巨且难者曰采木，岁造最大者曰织造、曰烧造"。对于砖料等用量大的材料，由工部派员督造，或地方政府首脑担任提调官，负责建筑造作事务。苏州陆墓（今称陆慕）为著名的金砖产地，工部郎中张问之驻苏州三年，"亲督金砖五万块至京"。山东临清盛产城砖，故工部在此设工部营缮分司监督建窑、烧造、运输事宜。

明代官式制砖技术非常普及，烧造地点繁多，考古发掘也有证明。营造所用砖料有现场烧造而后刻上烧造者籍贯的砖料，也有从其他地区烧造好后运输至工程地点的砖料。砖料烧造以及砖料的运输和管理，在当时的条件是一项繁重的营造事务。

明代砖料运输多赖漕运，皇家御窑及专门为官式建筑营造所需制作砖料的砖厂多设在运河两侧。著名者如临清贡砖，通过漕运送到北京。据《临清

3 王璞子主编，故宫博物院古建部编. 工程做法注释 [M]. 北京：中国建筑工业出版社，1995：7.

4 王璞子主编，故宫博物院古建部编. 工程做法注释 [M]. 北京：中国建筑工业出版社，1995：8.

州志》记载：明初"临清砖就漕艘搭解，后遂沿及民船装运"，故有"漂来的北京城"之说。水运成为当时砖料运输的最为主要的方式。

由于运河通惠河段水势浅涩，无法直抵京师北京，通州张家湾便成了运河水运的终点，砖运至此，再从陆路转运到京师。《工部厂库须知》载"临清厂每年烧造年例砖一百万个，运至大通桥砖厂堆放，年年不问旧存多寡，循例而烧且有十余年，已烧之砖已领之价至今砖不起运者，本司于四十二年查明砖厂宁有三百余万个，厂无隙地而外解砖价又不及半，业经题减，原额四十万个，并止窑户雇运，即今再减十万个，未为不足省，至十年可积银十数万两，倘大工肇举，或取用过多厂存无几，又查原额补烧而非执减数为定则云"。可以了解当时的砖料运输、管理之真实状况。

（2）制度管理

官员负责：由于明代诸多大型营造均为当时全国的大事，更是工部的大事，因此工部主要负责官员都参与营造并形成常例。《明史》本传记载："洪武八年，（薛祥）授工部尚书，时造凤阳宫殿……"永乐时期，营造湖北武当山道教宫观，在玉虚宫内乐城东碑亭小碑背面上记载有"官舍人等蒯祥……"的碑文，可见当时工部大员蒯祥参与了这一当时重要的营造国事。蒯祥人称"蒯鲁班"，生于洪武三十一年（1398年），卒于成化十七年（1481年），苏州吴县人。景泰七年（1456年）任工部左侍郎，曾参加或主持多项重大的皇室工程，如北京故宫的营造，其时杨青、蔡信等人年事渐高，营造设计多为此人手笔。

图17-1 作者拍摄

图17-1 有铭文的南京明城墙城砖

工匠管理：明代官式建筑营造所使用的劳动力主要有三种，一为工部和内府控制下的工匠，这是具有专业造作技术的劳动者，是明代官式建筑营造的骨干；二为都司卫所控制下的军匠、军夫，这是具有一定营造技术的劳动者，是官式造作的次要力量；三为户部控制下的匠夫，包括农民、军士、囚徒，是协助工匠进行建造的劳动力。不同层次各司其职，加强了工匠管理的有效性。

刻铭司职：在明代官式砖作建筑中，如城墙砖体上，有大量砖刻铭文的现象（图17-1）。这主要是为防止粗制滥造而加强管理和督造的措施，是自上而下的生产责任制。铭文既有府州县各级提调官的本职和姓名，也有农村各级基层组织人员的姓名，责任人最多的达十一级。标准的城墙铭文，责任人从大到小排列。一侧是：府级提调官、司吏，州级提调官、司吏，县级提调官、司吏；另一侧是：总甲、甲首、小甲、窑匠、造砖人夫。

通过如上的工官制度管理，保证了砖的质量和砖作建筑的坚固、实用、耐久，使得明代砖作建筑成为明代官式建筑极具特色的一部分。

18 砖作建筑类型与特点

1）明长城

明长城主体为城墙，并在城上建有无数坚实雄伟的城台，与矗立于崇山峻岭上的烽燧墩台遥相呼应，构成了长城重要的防御设施体系（图18-1）。明长城建筑中不少为砖构，基本范式如下：

明长城北京居庸关段　　　　　明长城北京八达岭段　　　　　明长城河北抚宁段局部

图18-1　明长城段落

（1）城墙

城墙多蜿蜒于曲折山脉之上。其构造按地区特点有条石墙（内包夯土或三合土）、块石墙、夯土墙、砖墙（内包夯土或三合土）等数种，从城墙的构造可看出明代长城在重要程度上有所区别。城墙高度视地形起伏而定，多利用陡坡构成城墙的一部分，高在3~8米之间。厚度视材料及地形的不同多有差异，除司马台长城等少数部位异常狭窄外，顶宽大多在4~6米之间。墙身置有梯道，循梯可通墙顶，墙顶多用三四层大型城砖铺砌，以方便军士、战马通行。墙上置有女墙和雉堞垛口，用以瞭望和射击（图18-2）。

图18-1　作者拍摄

图18-2 河北抚宁段长城砖砌
瞭望口

图18-2 作者拍摄
图18-3 作者拍摄
图18-4 作者拍摄

（2）墙台、敌台

长城每间隔30～100米建有敌楼或墙台以司巡逻放哨，墙台为实心台，由早期的墩台演变而来，是明代长城戍守制度的一大进步。敌台也称敌楼，为空心台，是明中叶的新创造[5]。《练兵实纪》载："先年边墙低薄倾圮，间有砖石小台，与墙各峙，势不相救。军士暴立暑雨霜雪之下，无所藉庇。军火器械如临时起发，则远关不前；如收贮墙上，则无可藏处。敌势众大，乘高四射，守卒难立，一堵攻溃，相望奔走，大势突入，莫之能御。"为克服上述缺点，"继光巡行塞上，议建敌台"[6]（图18-3）。

河北抚宁段明长城砖砌敌楼

河北抚宁段明长城砖砌敌楼角部

位于山巅的河北抚宁段砖石砌筑的敌楼

图18-3 河北抚宁段明长城敌楼

图18-4 河北抚宁段明长城敌楼楼橹砖砌拱券

5 刘敦桢，建筑科学研究院建筑史编委会. 中国古代建筑史 [M]. 北京：中国建筑工业出版社，1984：307.

6（明）戚继光撰，邱心田校释. 练兵实纪 [M]. 北京：中华书局，2001：325,326.

7 房立中. 兵书观止：第四卷 [M]. 北京：北京广播学院出版社，1994：647.

墙台平面多为方形或长方形，个别为圆形。一般凸出于城墙外侧一部分，也有凸出于内外城墙的，高与城墙齐平或略高，只能在顶部瞭望射击。其构造为三面采用砖石材料垒砌，内侧依托城墙，凸出于城墙的部分，三面均设置雉堞，作用为当敌人逼近城墙或准备登城时，城上守军可凭借墙台作掩护，从三面打击来犯之敌。个别墙台上部建有铺房，以供戍卒栖身或安置火器。

敌台（敌楼）"台高五丈，虚中为三层"[7]，造型雄伟有力。下层为毛石或条石基础，上砌城砖墙体，多为骑墙凸出于城墙两侧，一般是外侧大于内侧，内填砂石、黄土或三合土夯实。下层基本与城墙齐平，多数略高于城墙，个别略低于城墙。中层多为拱券结构的砖室，个别采用砖木混合结构，供士兵休息住宿。由中层至上层一般在室内建砖、石梯，个别只设天窗，安装木梯或软梯以供上下。顶层多建有楼橹，楼橹也称为望亭，供守卒躲避风雨（图18-4）。个别只设平台，供烽火报警之用。中层墙体设有箭窗，开窗数量多少不等，一般外侧三四窗，内侧二三窗，与城墙平行的内侧墙上开一窗一门或两窗一门，以供出入，上层楼橹多为一间或三间硬山或悬山顶建筑。上层四周建有垛口墙，一般为三垛，个别四垛。两垛间下部设置瞭望孔，内侧安装石质吐水嘴。

依照平面形式的不同，敌台（敌楼）结构主要有三券三通道式、二券三通道式、回字形式、目字形式、一字或二字形式等，其中三券三通道式为敌楼的主要形式。

（3）烽堠

烽堠即烽火台，是报警的墩台建筑，建筑在山岭的最高处，相距约1.5千米，一般用夯土筑成，重要烽堠多外包砖石。个别内部砌筑砖、石梯供上下，绝大多数为实心台，内侧上层安挂钩，以备士兵上下，上层中心为一平台，供点燃烟火，也有在上层建楼橹，供戍卒瞭望、栖身以及贮藏器物，上层四周建有垛口墙，以利防守、瞭望，"各处烟墩，上可贮五月粮及柴薪、药弩，墩旁开井，井外围墙与墩平，外望如一"[8]。若干烽堠设总台一座，总台往往建在营堡附近，外有围墙，形如敌楼。

遇有敌情，烽堠日间焚烟，夜间举火。举烽方法，按来敌多少而定。明成化二年（1466年）规定："今边堠举放烽炮，若见敌一二百余人一烽一炮；五百余人二烽二炮，千人以上三烽三炮，五千人四烽四炮，万人以上五烽五炮。"[9]

（4）关隘

凡长城经过的险要地带都设有关隘（图18-5）。关隘是军事孔道，防御设施极为严密，一般是在关口置营堡，加建墩台，并加建一道城墙以加强纵深防卫。如京师北部的孔道，在三处窄口建墩台以为掩护，北端建在八达岭山坳，东西连接城墙，形势极为险要；往南是居庸关，是屯兵所在；最南为南口堡，为内部接应之所，并起着防守敌兵迂回袭关的作用。其他如山海关控制海陆咽喉，嘉峪关为长城的终点，关城建筑坚固雄伟。

两山之间的河北绥县九门口关隘

河北绥县关隘位于水体部分

河北绥县关隘位于山体部分

图18-5　河北绥县九门口关隘

无论"两京锁钥无双地，万里长城第一关"的山海关，还是"天下第一雄关"的嘉峪关以及沿线的卫所城堡，在选址上为堑山堙谷、显要形胜，布局上结构谨密、层次清晰、重点突出，单体建筑造型雄伟壮丽，建筑细部砖石雕刻细致挺括，展示了非凡的艺术成就。

8 钱泳，等. 笔记小说大观：第三册 [M]. 扬州：江苏广陵古籍刻印社，1984：265，266.

9 （明）申时行，赵用贤，李东阳，等. 大明会典 [M]//《续修四库全书》编委会. 续修四库全书. 上海：上海古籍出版社.1996：336.

2）城墙

明代是我国古代砖作筑城最为广泛普及的阶段，这一时期城防建造相较前代，突出特点有几个方面：① 在继承前代规制及成就的基础上，明代城垣普遍采用砖石包砌墙体的做法，形制、体系进一步完善；② 城门瓮城卫戍规制有所继承与创新，有些瓮城改设在城门内，即今天所说的"内瓮城"；③ 随着砖的大批量生产以及攻城火器性能大幅度的提高，城门瓮城的营造大量使用砖作，城门洞逐渐摒弃了宋《营造法式》中记载的"排叉柱上承木梁"的做法，大量采用更为坚固的砖石拱券砌筑技术。

（1）都城城墙

明代南京、北京两京师的城垣形制，包括宫城墙、皇城墙、城墙、郭墙，除满足军事卫戍的需要，还传承都城的固有礼制，加上有明一代城墙砖作，坚固威严，是砖作发展史上重要的内容。

① 明南京城墙

南京明城墙的建造肇始于元至正二十六年（1366年），前后历时二十一年，明洪武十九年（1386年）竣工，从内而外由宫城、皇城、京城、外郭四重城墙构成。

宫城位于京城东隅，辟有六门；现尚存午门部分城台、东华门城台和西华门须弥座；皇城围绕宫城，东西宽2千米，南北2.5千米，周长约9千米，辟有六门；京城墙全长35.267千米，囊括了六朝时期的建康城和南唐

图18-5~图18-6 作者拍摄

江苏南京明城墙东部大多数为砖砌　　　　　　　　　　砖砌细部

图18-6　南京明代城墙

时期的金陵城。城墙主体以砖石砌就（图18-6），城门计有13座，门上皆有城楼、水关两座。重要城门设瓮城1~3道，如壮观的聚宝门设置3道瓮城，每道瓮城设有闸门，以增强防御。城墙上有垛口13 616个，窝铺200座，以供军事防守之用。外郭俗称土城头，利用京城外围的岗垄建筑

而成，平面略呈菱形，除险要地段外，其余大部分用土筑成，周长60余千米，包括面积达230平方千米。唐代宏伟的长安城城池面积不过84平方千米，明代南京的外郭远超过中国古代任何一座城池，初建时为16门，晚期增加到18门。

② 明北京城墙[10]

明代北京的城垣和城门，是明代永乐朝在元代大都的基础上改建和扩建的，以紫禁城（宫城）为核心，外围皇城、京城和外郭，共四道城墙构成。

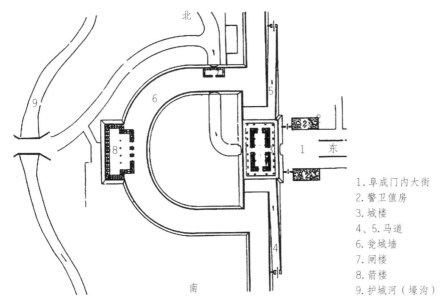

1.阜成门内大街
2.警卫值房
3.城楼
4、5.马道
6.瓮城墙
7.闸楼
8.箭楼
9.护城河（壕沟）

图18-7 北京阜成门平面图

图18-7 喜仁龙著、邓可译《北京的城墙与城门》

宫城位于皇城中偏东南，宫城南北960米，东西宽753米，呈矩形，四面都有高大的城门，城的四角建有形制华丽的角楼，宫城城垣内外侧各用四重城砖，约2米厚，内实夯土，城墙高9.9米，墙基厚8.62米，顶阔6.66米，两侧收分0.96米，城垣顶外部海墁城砖，稍向内斜，以利排水。皇城始建于明永乐十五年（1417年），四向辟门，周长11千米，西南缺角，呈不规则方形，墙用城砖砌筑，抹麻刀灰，涂红土，黄琉璃顶，墙高6米，墙下脚连外墙皮厚近2米，顶厚1.7米；京城城墙自洪武元年徐达攻下大都后即开始修建，至正统十年（1445年）京城九城门城楼、箭楼、角箭楼、城垣等修筑完毕，明北京京城楼铺、月墙之制（图18-7）始基本完备。京城城垣周长23.3千米。四垣外侧有大小墩台173个，内侧各筑登城马道，四隅各建角箭楼，辟有9门。外郭始建于明嘉靖三十二年（1553年）闰三月，后因人力不足，物力匮乏，仅将南郊居民及商业稠密地区包含其内，于同年十月竣工，辟门7座。周长14.41千米，嘉靖四十三年（1564年）增筑外城七门之瓮城，外郭城垣规制比京城小，为砖包砌墙体。

10 本节数据资料引自：张先得.明清北京城垣和城门 [M].石家庄：河北教育出版社，2003：5.

③ 京城城墙结构与构造

南京城墙的墙身结构分为墙基、墙身、雉堞三个层次。城墙的高度一般在10～21米之间，城基的宽度为14米左右，顶部的宽度在4～9米之间。大部分城墙都先用长1米左右、宽0.7米、厚0.3米的花岗岩或石灰岩的条石作基础，上面再用规整统一的巨砖（一般长0.4米、宽0.2米、厚0.1米）垒砌内外两壁和顶部，内外壁之间常用碎砖、砾石和黄土层层夯实，许多重要地段则内外两壁从顶到底全部用大块条石砌筑，或两壁用条石砌筑，中间全用砖砌。整个墙体取梯形堆砌，下宽上窄，以保持平衡稳定；城砖砌筑每层犬牙状接榫相咬，增加内部拉力；城墙基础底部一般深入地面以下2～5米，底脚宽于城墙1～2米，以保证城墙基牢固。城墙顶部和内外两壁的砖缝里，都浇灌一种"夹浆"，系用石灰、糯米汁（或果汁）或再加桐油掺和而成，凝固后黏着力很强，保持墙身经久不坏。墙顶用砖铺成地面砌成雉堞，并安置石刻的泄水槽以排出雨水。墙基部分间隔设置排水洞，以排除城墙内侧的积水。

北京明城墙的墙身结构分为墙基、墙身、雉堞三个层次。内包夯土心，墙基采用条石砌筑，上砌城砖，因历代修缮，所砌城砖有多至四重者。城垣顶海墁城砖，呈外高内低，外侧砌雉堞垛口，雉堞高1.6～2.1米，宽1.25～1.86米，厚0.50～0.85米，垛口宽0.45～0.5米，内侧砌女墙，墙高0.98～1.25米，厚同雉堞，女墙下有泄水沟眼，高0.385米，宽0.45米。明初城砖用元代式样小薄砖，规格29厘米×14.5厘米×4厘米，洪熙、宣德始用大城砖，规格为长47～49厘米，宽23～24.5厘米，厚11.5～13厘米。

（2）京城城门（瓮城）

京城城门是城墙上开设的、沟通内外的重要节点，包括普通城门和瓮城，明代城墙注重防守，瓮城独具特色。

① 明南京聚宝门

聚宝门是南京内城城垣十三个城门中最大、最雄伟的一个城门，位于南京城南，是在南唐都城南门故址上重建的，洪武年间开始兴建，前后历时21年。整个瓮城南北长128米，东西宽118.5米，占地面积15 168平方米。它的南面有雨花台作为天然屏障，门前后有两支秦淮河水横贯东西，前临长干桥，后倚镇淮桥，地势险要，为城南交通咽喉所在。

聚宝门共建有瓮城三道，由四道拱门（券门）贯通，各门均有可以上下启动的千斤闸和双扇木门，现闸、门均无存，仅存闸槽和门位遗迹。在第二道拱门至第四道拱门上方建有木结构绞关亭（闸亭，现已无存），在首道拱门二层藏兵洞的南端东西两侧墙体上，尚存绞关石柱一对。城门外壁高20.45米，除箭垛以外，全部用巨型条石砌成。首道城门上下共分三层，最上层原筑有一座三檐歇山顶敌楼，用以瞭望。中层为砖石结构（上砖下石），面北筑有藏兵洞7个（图18-8）。下层正中筑拱门通瓮城，面北左右各筑藏兵洞3个。瓮城东西两侧筑有宽11.5米、长86.1米的马道，马道陡峻壮阔，是战时运送军需物资登城的快道，将领亦可策马直登城头（图18-9）。聚宝门瓮城上下两层分布有13个藏兵洞，加上东西两侧马道下方的14个藏兵洞，共计27个，可藏兵3 000。首道拱门二层面北的中洞进深45米、宽6.85米、高6.32米，居各洞之首。这些藏兵洞在战争期间对于军需物资的储备和兵源的设伏，都有十分重要的作用。聚宝门整体采用巨型条石、大城砖与糯米汁、石灰、桐油拌合后砌成，建筑宏伟，结构复杂，设计巧妙，别具匠心。

图18-8　江苏南京中华门（明代称聚宝门）马道　　　　图18-9　江苏南京中华门（明代称聚宝门）瓮城及藏兵洞

② 北京阜成门[11]

位于北京内城西垣南侧，今北京阜成门内大街西口，原为元大都西垣南侧门"平则门"，正统元年（1436年）重建城门，增筑瓮城、箭楼、闸楼，正统四年（1439年）竣工，取《尚书·周官》"阜成兆民"之意，改名"阜成门"，1956年被完全拆除。

城楼为三重檐歇山重楼建筑，台座呈梯形状，连同城楼通高35.1米。台座顶面铺设城砖，并与城垣顶面甬道相连，其余箭楼、瓮城及瓮城门城楼的规划均类西直门。瓮城近方形，东端二直角接西城垣，西端为圆弧形，东西长65米，南北宽74米，瓮城北侧辟券门，券门上建闸楼，形成明北京内城楼铺、月墙的形制。

（3）宫城城门

① 明中都西华门

明中都西华门与东华门相对，砖砌，三券，中券洞略大。门内设置木板平开门及闸门，由于是侧门，夜间人员亦有所出入，故同午门中间三券门相比，其侧壁砌有灯龛，灯龛宽37厘米，高39厘米，深70厘米，一排共11个，间距不等，最短235厘米，最长320厘米，一般是260厘米。立面构图分三

图18-8 作者拍摄
图18-9 作者拍摄

11 阜成门瓮城于1953年被拆除，城楼1965年被拆除。参见：张先得.明清北京城垣和城门[M].石家庄：河北教育出版社，2003：319.

个层次，下层为砖作低矮台基，高约20厘米，靠近城门洞位置及券门洞内壁下部为砖作须弥座，高80厘米，上部为一丁一跑城砖清水墙，城砖为400毫米×185毫米×100毫米，墙体收分非常大，为11.02%，顶部雉堞、女墙已倾圮。

② 午门

《明太祖实录》卷一一五："洪武十年冬十月，是月，改作大内宫殿成，阙门曰午门，午门翼以两观，中三门，东西为左右掖门。"《全明诗》魏观[12]《午门阙上》亦有"……双阙云中开凤扇，六王天上捧龙舆……"的描述。考察南京、凤阳、北京现存3座午门，合于此史料：平面呈"凹"字形，皆门阙合一形制。此种形制亦有历史上的因循：唐长安大明宫含元殿的两侧建有翔鸾、栖凤高阁，再用曲形廊庑与含元殿两翼相连，就组成"凹"字形制平面的殿宇；金代中都宫城应天门、元大都宫城崇天门皆以"凹"形制建造。明午门东西城台上各有庑房13间，从门楼两侧向南排开，形如雁翅，也称雁翅楼。在东西雁翅楼南北两端各有重檐攒尖顶阙亭一座。威严的午门，宛如三峦环抱，五峰突起，气势雄伟。

午门砖台平面正中为三门，两侧为左右掖门，由于两掖门隐于两观，故从正面看仅见三门，东西掖门分别由东、西向进入，再向北拐，从城台北面出去。因此从午门的背面看，为五门洞，故有故宫午门"明三暗五"之说。其中中门最高，两侧门逊之，左右掖门最矮，皆为券门。正中三券门内皆设有两道门——平开木门及闸门，形制合于其他宫城城门。

午门砖作城台下层为石作须弥座，施有精美石雕，高约1.2米；中为收分砖墙；上为无收分雉堞。

（4）明代地方城市的城墙砖作

① 曲阜万仞宫墙

明代建造的曲阜万仞宫墙也是采用的城门、瓮城体系，但形制特殊，瓮城三向开门，蕴寓之意远大于军事防御功能，成为明代宫墙中的一个比较特殊的例子（图18-10）。

古时七尺或八尺叫作一仞，后人觉得子贡"夫子之墙数仞"之言不足以表达出对孔子的敬仰，于是明胡缵宗题写了"万仞宫墙"镶在仰圣门上。清乾隆皇帝为表示对孔子的尊崇，又换上了自己御笔书写的"万仞宫墙"四个大字（图18-11）。

曲阜万仞宫墙瓮城东西约56米，南北约30米，呈椭圆形。不同于一般瓮城城防卫戍体系，曲阜万仞宫墙瓮城正面及两侧向各辟拱券门洞，中券与城门同轴，取"得其门以窥宗庙"之意，为儒家文化与城防坚固寓意相合之作。城墙二层设有城楼，瓮城正面中间位置略宽。宫垣形制同于明北京城垣规制而尺度逊之。

12 魏观，洪武元年前后宫城大本堂太子之师。《午门阙上》全诗为"旌旗骑旆集中衢，日上金桥剑佩趋。双阙云中开凤扇，六王天上捧龙舆。成均被命仍敷教，大本承恩复说书。殊渥无涯嗟未报，几回退食重踟蹰。"

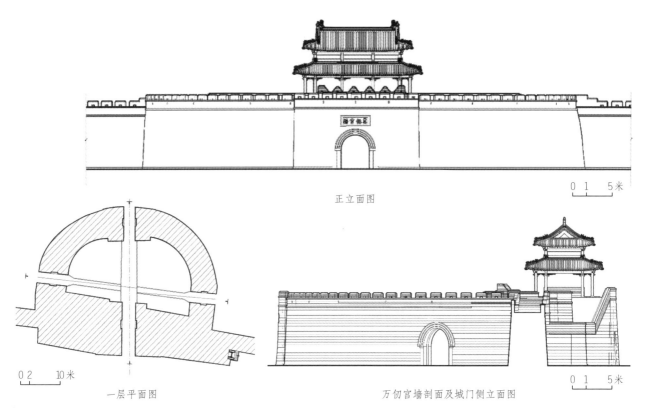

正立面图

0 1 5米

一层平面图

万仞宫墙剖面及城门侧立面图

0 2 10米

0 1 5米

图18-10 山东曲阜万仞宫墙测绘图

图18-11 山东曲阜万仞宫墙

图18-10 由曲阜文物局提供，
天津大学测绘
图18-11 徐宽拍摄

3）砖山门

　　我国古代建筑中，用于佛寺道观总的出入口的门称为山门。明代官式砖
作山门皆宫门形制，建筑特征鲜明，实例很多，见表18-1。

表18-1　砖山门范图参考实例表

实例名称	地点	建造年代	结构	备注
明孝陵大金门	江苏南京	明永乐	砖石	
十三陵大红门	北京十三陵	明永乐	砖	隔减施有角柱石
武当山玉虚宫二山门	湖北武当山	明永乐	砖石	
武当山遇真宫山门	湖北武当山	明永乐	砖	
长陵内红门	北京十三陵	明永乐	砖	隔减施有角柱石，内宫门
天坛昭亨门	北京天坛	明嘉靖	砖	隔减施有角柱石，内宫门
定陵红门	北京十三陵	明万历	砖	施有角柱石、腰线石，内宫门

现以明孝陵大金门、湖北武当山玉虚宫二山门、十三陵大红门等典例为主，论述各建筑部位特征如下：

（1）明孝陵大金门（表18-2）

明孝陵大金门是孝陵的第一道正南大门，建于明永乐九年（1411年）[13]。砖石结构，面阔26.66米，进深8.09米。丹墙黄色琉璃瓦重檐屋顶，由于残损严重，屋顶已经倾圮。三孔拱券门，中门较高为5.05米，左右两门高4.25米。檐高6.50米，通高10.2米。山门台基之上设石作须弥座，其上为墙身，施七层带橡飞冰盘檐，墙面阔、进深方向皆有收分，门两侧衬以琉璃八字影壁。

表18-2　南京明孝陵大金门

部位		细部图片	特征
平面			面阔进深比例为3.3∶1
台基			台基低矮，仅一层
墙身	下部		精美的缠枝如意纹须弥座，简约大方但唯美的装饰代表了明初最高规格的建筑风格
墙身	上部		"一丁一跑"城砖砌筑墙体。墙面施土红灰抹灰，墙体正身与侧身均有收分，须弥座高度与上身高度比例为1∶2.685，券门四券四伏，小砖砌筑
屋檐			石作五层冰盘檐（根据现场考察，应施有橡飞）
屋顶			黄琉璃重檐屋顶，已倾圮，当为庑殿顶

13 潘谷西．中国古代建筑史·第四卷·元、明建筑 [M]．北京：中国建筑工业出版社，2001：191．

（2）湖北武当山玉虚宫山门（表18-3）

明永乐十一年（1413年）营建，坐南面北，建在二重高的石台基之上，砖石结构，丹墙绿瓦单檐歇山三孔门，中券门宽3.45米、高4.4米，边门宽2.6米、高3.55米。面阔19米、进深9.4米，设置月台和台基，月台面宽39.5米、进深35.20米、高1.6米，台基高0.32米，分别设三通道台阶。山门台基之上设石作须弥座，其上为墙身，施七层带椽飞冰盘檐，墙面阔、进深方向皆有收分，收率为5%，两侧承以琉璃八字墙。

表18-3　武当山玉虚宫二山门

部位		细部图片	特征
平面			面阔进深比例为2：1
台基			台基低矮，仅一层
墙身	下部		明代早期典型官式精美的缠枝如意纹须弥座，座净高1.6米
	上部		"一丁一跑"城砖砌筑墙体。墙面施土红灰抹灰，墙体正身与侧身均有收分，上部墙体高3.76米，须弥座高度与上身高度比例为1：2.35，券门四券四伏，小砖砌筑，券施券脸砖
屋檐			石作五层冰盘檐，上置椽飞
屋顶			绿琉璃单檐歇山屋顶

（3）十三陵大红门

北京十三陵陵区的总门户，坐落在陵区龙山和虎山之间的一个高岗上，明永乐年间营建，砖结构，面阔37.85米，进深11.75米；丹墙黄瓦单檐庑殿顶，未施斗栱，代之以石作冰盘檐无椽飞；辟券门三洞，边券为半圆，中券双心，"与南京孝陵四方城同一结构，门两胁朵墙三叠，向下递减，作梯级状"[14]，两侧承以神墙。

明代砖山门皆采用官门形制，建造非常考究，平面划分、立面构图多受木构殿堂建筑影响，细部特征则多与木构建筑有一定的区别，显现砖作材质的特征。

平面形制：砖山门面阔进深比例依不同实例大致在2:1～3.3:1之间，开券门三道，中券尺度大于两边券门，三券门均靠近中间位置，这主要是由于在构造上需加厚边墙以平衡边跨拱券水平推力所致，所以平面形制明显受木构建筑影响但亦有所差异。

14 刘敦桢. 明长陵[J]. 中国营造学社汇刊, 1933, 4（2）: 42-59.

立面构图：立面分三段——台基、墙身、屋顶。台基非常低矮，为一道土衬石，约20厘米左右；墙身分两段，皆有收分，隔减部位置须弥座或干摆清水墙，为保护墙角，设有柱角石，上部施丹墙，出挑石作混枭冰盘檐五道或七道，上承琉璃或削割椽飞；屋顶为琉璃顶，皇家陵寝建筑中施黄琉璃庑殿顶，御用宫观建筑等级逊之，施绿琉璃歇山顶。

剖面结构：早期砖山门拱券结构多为三个垂直于面阔方向的筒券，彼此之间不连通，如十三陵大红门、湖北武当山玉虚宫山门、长陵内红门等明早期建筑；晚期则更多地体现了匠人对拱券技术的灵活把握，内部空间连通，多采用一字形平行面阔方向的筒券，门洞拱券则垂直于一字筒拱，具体实例如建于嘉靖年间的天坛昭亨门。

4）砖塔

明代是我国砖作佛塔发展的一个高峰时期，式样非常丰富，其中传统的楼阁式塔仍处于主要地位，明代砖塔之精华与成就主要集中表现于此种塔上。现存明代官式佛塔实例当首推江苏南京宏觉寺，该塔构图严谨，施工精确，结合地宫中出土的御用监太监奉施的出土文物，与明代官式佛塔"大内图式"[15]多有呼应。宏觉寺塔位于牛首山东峰的西南，海拔标高为180.5米，始建于唐大历九年（774年），后毁，现存佛塔为明初重建。

（1）塔结构

宏觉寺塔是一座砖石木混合结构楼阁式塔。塔身由青砖砌筑，在塔的外壁腰檐、平坐的斗栱下各有一层厚8~9厘米，与须弥座、平坐相同质地的石枋，相当于塔身的圈梁。此塔为外壁八角、内筒四方、隔层错角的空筒式结构。这种结构在江南古塔中较为流行，最早见于宋代建造的苏州罗汉院双塔，为八角七层；扬州文峰塔，建于明万历十年（1582年），也是八角七层；历史记载的明代南京大报恩寺塔，也是这种结构。宏觉寺塔克服了早期空筒式结构的弱点，外壁开门，隔层错开，避免了从上到下在门（或窗）外的纵向开裂和破坏。塔顶外形为八角攒尖顶，室内砖作穹窿，由下至上分三个层次，由四角向八角再向圆逐步过渡，塔刹杆坐落在顶层斗栱上部，双向置木梁承之（图18-12）。

（2）塔立面

砖砌塔身的外檐及内壁均埋有木作悬臂梁——斗栱，外檐斗栱和平坐斗栱上承木作塔檐和平坐，内壁斗栱上承塔之木构地面；塔顶用木刹柱，固定在六层的横梁上，上部穿出屋顶，形成塔刹；底层外施木构围廊。宏觉寺塔从底层室内地平至塔顶覆盆共35.88米，加上塔刹共高约44米。塔每层高度及平面尺寸均有缩减，这种渐变的设计手法形成了砖塔极富韵律的立面

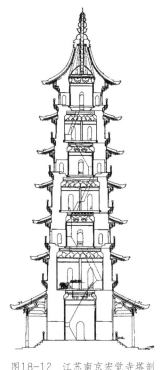

图18-12 江苏南京宏觉寺塔剖面图

图18-12 作者绘制

15 "敕工部侍郎黄立泰，依大内图式，造九级五色琉璃宝塔一座。"参见：潘谷西．中国古代建筑史·第四卷·元、明建筑 [M]．北京：中国建筑工业出版社，2001：311．

构图：塔低层较高，为7.10米，二层以上各层高度递减，二层至三层减少较大，为10厘米，其他各层为3~4厘米；一层至七层的腰檐及平坐斗栱高度均相同，故塔在高度上的递减为柱身的递减；塔的外八角平面尺度随层相应收敛，底层边长为3.35米，二层为3.17米，三层为3.00米，四层为2.80米，五层为2.64米，六层为2.46米，七层为2.22米，平均每层收面宽18厘米；塔的内壁为方形空筒，底层内径为3.85米，二层为3.60米，三层为3.44米，四层为3.299米，五层为3.04米，六层为2.87米，七层为2.58米，尺寸依次递减（图18-13）。

（3）细部做法

底层下为石作须弥座，高77厘米，边长3.85米，由红色花岗岩加工拼制而成，有款圭角、束腰以及上下枭混曲线，为明初形制；四出宽80厘米的踏步上下，底层为宋《营造法式》副阶周匝形制，副阶宽2.18米，四面开门。

塔身各层均置拱门，为四实四虚壸门形式。拱门低矮，它的高度和宽度随塔高而减少，表面由面砖嵌入，磨缝拼制。拱门的入口装有花岗岩门槛，槛正中有长方形凹槽，当与拱门门扇安置构造。

每层拱门的两侧有灯龛，灯龛制作特殊，在通向外廊的壁边砌出龛室，再由龛室向两个方向伸出灯龛。二至七层灯龛计96个。

宏觉寺塔的倚柱、阑额等均为磨缝的青砖砌筑的仿木构件，表面加工细腻。倚柱位于塔外壁转角处，由特制的子母砖固定在转角墙体内，构造如图18-14所示。

塔身用青砖规格多种，长度有33.5厘米、34厘米、35厘米、35.5厘米数种，宽度有16.5厘米、17厘米、17.5厘米，厚度7~8厘米。砌筑方法均为上下皮一顺一丁式，灰缝的黏结材料为白石灰，十分坚硬，估计加了糯米汁。每层的上檐部都留有椽洞，直径8厘米，每面均有10个椽洞。

塔的各层平坐和下檐，内层楼板下均有斗栱，每面转角均设置转角斗栱，补间斗栱两朵。斗栱材宽9.5厘米，合明制3寸（按1尺=31.7厘米），相当于清制的七等斗口，宋制的八等材。斗栱的总高度为70~80厘米，合9~10斗口，相当于清五踩斗栱的高度（9.2斗口）。各层的内外檐斗口相同，出跳均五踩。

5）无梁殿

明代砖作无梁殿建筑的出现，是我国古代砖作建筑发展历程中令人瞩目的成就。此类建筑因其结构均采用承重墙及拱券而不施寸木，故名之。明代无梁殿的形制、技术和式样随时间、地域的不同有所变化。早期无梁殿等级

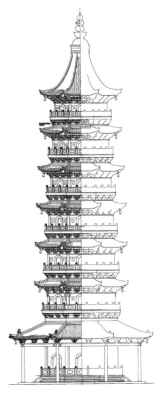

图18-13 南京宏觉寺塔立面图

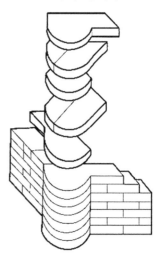

图18-14 倚柱子母砖砌筑构造图

图18-13 作者绘制
图18-14 作者绘制

高，体量大，外表简洁，墙身素砌，无木构装饰，整体造型质朴雄伟。中期无梁殿体量趋小，装饰成分增加，平坐、栏杆雕饰仿木，风格统一。晚期无梁殿受当地建筑风格的影响，形制各异，处于杂变阶段。

（1）南京灵谷寺无梁殿

在明代诸无梁殿中，当推南京灵谷寺无梁殿建造年代最早（洪武年间）[16]，规模最大（图18-15）。

江苏南京灵谷寺无梁殿外观　　江苏南京灵谷寺无梁殿门洞起拱　　江苏南京灵谷寺无梁殿窗洞拱券

江苏南京灵谷寺无梁殿砖拱结构　　　　江苏南京灵谷寺无梁殿主体和山花用砖造

图18-15 作者拍摄

图18-15　江苏南京灵谷寺无梁殿

平面形制：面阔53.8米，五间；进深37.35米，采用纵轴方向并列三座筒拱的结构方式，其中中列最大，宽11.15米，高14米，前后列筒拱宽5米，高7.4米。故平面上形成了由前、中、后三槽的组合形体。前后各施用厚近4米的檐墙以平衡拱券推力，两山墙墙体为取得与前后檐墙视觉一致的效果，也构筑了同一尺度的厚墙。就此平面与断面的组合形状而言，显然是模仿了木构建筑通常采用的格局手法。

立面构图：共分三层次，低矮台基、厚重墙身、重檐歇山式屋顶，高22米。面阔五间，正面每间各施一券；中间三券施门，尽间做窗，背立面仅中间三间开券门，两尽间无窗，以示与主立面有所区别；东西山墙各开三窗，

16 白颖，陈涛.砖塑造的空间：明初南京灵谷寺无梁殿研究 [J].建筑学报，2023，653(4):102–108.

门窗均为三券三伏的拱券，拱券表面贴有水磨砖板，置于三筒拱各自中轴线上。屋檐之下均承以斗栱，下檐施三踩平昂斗栱，上檐则为单昂单翘五踩斗栱，与规制不合。

（2）北京天坛斋宫

斋宫大殿建于明永乐十八年（1420年），单檐黄琉璃庑殿顶，戗脊跑兽七件。大殿坐于一层砖台基之上，前有月台，后有甬道，围以石质栏杆。殿的外观为面阔七间，进深二间，正面当中五间各开一门，明间门稍大，其余四门大小相同，背面正中开一小门，山墙实砌无窗。所有门洞均为木过梁式矩形门，是明代无梁殿中的孤例。此殿在额枋以下用砖素砌，施土红粉刷，墙裙部分则为干摆清水墙面。内部结构为纵向并列的五个连续半圆形筒拱，各间开一小门连通，山墙为厚重实墙以平衡拱券水平推力，此殿是明代无梁殿用纵列拱结构的现存最早实例。

（3）北京皇史宬

皇史宬是一处四合院建筑，面积为2 000余平方米，主要建筑有皇史宬门、主殿、东配殿、西配殿、碑亭等，四周环以朱墙。皇史宬建于明嘉靖十三年（1534年），是迄今我国保存最古老和最大的档案库，也是研究古代"金匮石室"之制的珍贵实物。建筑整体"不用木植，专用砖石垒砌"[17]，以便于防火及坚固耐久。

主殿为砖石结构，汉白玉石栏杆须弥座崇台，坐北朝南，台高1.42米，南侧殿前月台部分三向辟阶。明代无梁殿中，此殿台基等级最高。外观面阔九间，进深五间。单檐黄琉璃庑殿顶。檐下椽子、斗栱、阑额、柱子等全部由石料雕成，施以油作彩画。阑额以下为干摆青砖墙体，墙裙部分为汉白玉须弥座。殿背面无门窗洞，正面开大小相同的拱门五个，中间三间各设一门，然后隔间再对称开门，砖门券脸均贴有水磨砖板。整个立面构图主次分明。内部结构为一横向半圆形大筒拱，跨度9米，高约12米。山墙上于内筒拱中轴线位置各开一外观矩形而内部圆券的窗使殿内空气对流，具有防火、防潮、防蛀三功能为一体的特点，是为"石室"。殿内砌有高1米，满雕海水游龙图案的汉白玉石座，上置鎏金铜皮樟木柜152只，是为"金匮"，皇室的圣训、玉牒、实录等文献档案即存于柜中。前后檐墙作为受力墙，厚达6米。

6）砖照壁

照壁也称树屏、照墙、影墙，其功能为建筑物前的屏障，以别内外，并有壮观和装饰作用。既能防止行人窥视内部，又是人们进入院落前停歇和整理衣冠的空间。按形式可分为一字照壁和八字形照壁、依墙式照壁等，依照

17 明孝宗实录：卷六三 [M]. 台北："中央"研究院历史语言研究所校印，北京：北京图书馆红格钞本微卷影印，1962：1218.

材料又可分为琉璃照壁、木照壁、石雕照壁、砖照壁，用于皇宫建筑、皇家陵寝、王府及一些庙宇宫观之中。

由于官式建筑等级较高，明代官式建筑照壁（表18-4）多为琉璃照壁，砖作照壁仅见于八字墙形式（表18-5）。八字照壁又称一封书撇山影壁，位于门的两侧，各由一大一小墙体组成，小墙与门平行，一般位于围墙的位置，连接门的山墙，大墙与小墙成钝角相连，整体平面呈八字形。从形制的简繁演变来看，八字照壁应是从一字照壁演变而来的。

表18-4 现存明代官式照壁

	地点	建造时间	备注
山西大同九龙壁	山西	洪武二十五年	一字琉璃照壁
湖北钟祥显陵裬恩门八字墙	湖北	嘉靖年间	琉璃造
武当山遇真宫八字墙	湖北	永乐年间	砖作
武当山紫霄宫龙虎殿八字墙	湖北	永乐年间	砖作
颜庙复圣门八字墙	山东		砖作
孔庙圣时门八字墙	山东		砖作

表18-5 武当山遇真宫八字墙与太子坡八字墙

		武当山遇真宫八字墙	武当山太子坡八字墙
顶部	图片		
	瓦顶	绿琉璃歇山顶	绿琉璃歇山顶（后世维修）
顶部	正脊	升起2%～3%，中间三道筒瓦处平，余者就势升起	后世维修
	飞椽、檐椽、望板	飞椽为方椽，椽头有卷杀；檐椽为圆椽；四部分构件分别烧造拼装	飞椽为方椽，椽头有卷杀；檐椽为圆椽；四部分构件分别烧造拼装
	翼角	冲翘皆具，其中起翘除利用升头砖外，尚利用苫背中薄边厚以利之	冲翘皆具，其中起翘除利用升头砖外，尚利用苫背中薄边厚以利之
	角梁套兽	仿木异型砖件，老角梁仔角梁皆具，仔角梁头施青瓦套兽	仿木异型砖件，老角梁仔角梁皆具，仔角梁头施青瓦套兽
	挑檐檩枋	无此部分，用混、枭砖做出线脚以承托檐椽	无此部分，用混、枭砖做出线脚以承托檐椽

		武当山遇真宫八字墙	武当山太子坡八字墙
墙身	图片	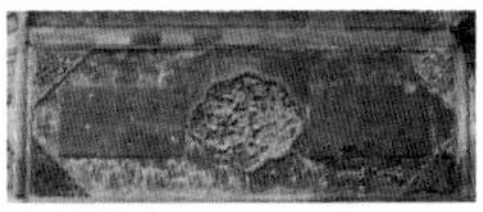 大墙墙身 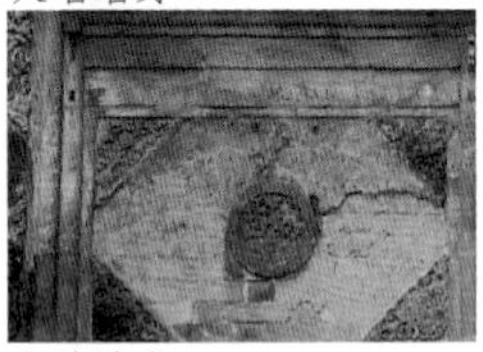 小墙墙身	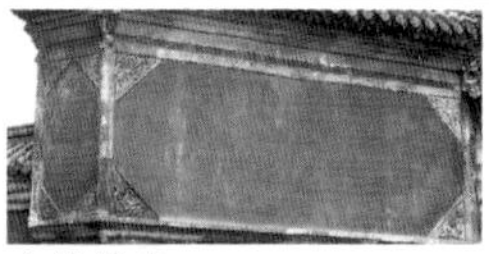 大墙墙身 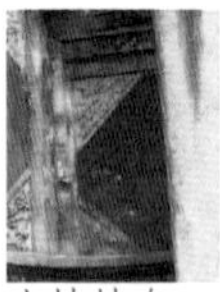 小墙墙身
	平板枋阑额	上层阑额模制隐刻一整二破旋子画，素枋心。下层阑额素平，带耳	上下阑额均素平，带耳
	柱子、马蹄磉	圆柱。圆马蹄磉	
	盒子	大墙：模制浮雕牡丹花纹饰，衬以瑞禽，如意形平雕线边。分九块拼合。小墙：模制浮雕荷花纹饰，衬以瑞兽，圆形平雕线边。分四块拼合	丹墙无盒子
	岔角	墙体上部为模制圆雕西番莲，下部为平雕卷草花纹，点缀圆雕须蔓；大、小墙唯大小有别，制式相同	岔角为模制圆雕西番莲，上下图案相同；大、小墙唯大小有别，制式相同
基座（须弥座）	图片		
	上、下坊	素面	素面
	上、下枭	素面	素面
	束腰	两侧及腰心施椀花结带和折枝莲花图案，转角施竹节柱	两侧及腰心施椀花结带和折枝莲花图案腰心，转角施竹节柱
	圭角	雕如意云纹样，典型明早期官式式样	如意云纹样，典型明早期官式式样
	土衬	素面	素面

　　砖作照壁分壁顶、壁身和基座上中下三部分，砖雕采用模刻工艺，大型雕刻为分块烧造，类似琉璃造而不施釉。

　　壁顶：多为琉璃庑殿顶，由于砖作相较琉璃等级略低，屋面所施多为绿琉璃或布瓦屋面。正脊中间几皮瓦处平，余者依斜率为2%～3%，向两侧生起，翼角皆有冲翘，类于同时期木构。顶部构件主要有椽望、老角梁、仔角梁、套兽、升头砖、混枭线砖等构件，不施斗栱、檩等构件。其中椽望为分离烧造，拼装使用，式样类于同时期木构；角梁为老角、仔角合体为一异型构件进行烧造，混枭线砖为叠涩出挑，以承檐椽。

　　壁身：丹墙，主要装饰构件有额枋、线枋、岔角、中心盒子、柱子、马蹄磉等。主要做法类于琉璃八字照壁：额枋多包含大、小额枋及由额垫板等部分，做法有表面素平或大额枋模制隐刻旋子彩画，余者素平两种。

基座：须弥座形制，分石质与砖细砌两种。

7）焚帛炉

焚帛炉，又称神帛炉、燎炉，用于祭祀完毕时在炉内焚烧祝版、神帛。作为具有实用价值的小品建筑，焚帛炉具有鲜明的个性：殿阁形制，多为四边形平面，尺度相对较小；制作颇为精致，台基施须弥座，炉身正面中开炉膛门，多为雕花饰带的拱券门，左右两侧镶嵌仿木砖雕菱花格门或为雕饰同正身而尺度小之的拱券门；炉侧身及背面为干摆砖面，侧身上部正中各开一圆洞以通风排烟，该圆洞与炉膛内耐火砖砌筑的拱券小室中轴相合；上身檐下饰以砖作斗栱、阑额；顶为布瓦或琉璃歇山屋面。就所用材料而言，现存明式焚帛炉有琉璃构件拼筑和砖石砌筑两种，琉璃焚帛炉居多，砖石焚帛炉较少，主要实例见表18-6。

明代官式砖石建筑中，焚帛炉是同木构建筑最为接近、仿木构件施用最多的砖作殿阁小品建筑。但由于营造及材质的差别，其外观与木构相较仍有所不同。这主要表现为：① 立面虽多施用槅扇，但其仅仅为比例恰当的、非出于自然的构图拼饰，同木构虚实相间、光影叠出的效果相去甚远。② 檐口出檐较短，这主要是由于砖件不善出挑所致。这也成为小型焚帛炉屋面高跨比较大的主要原因。我国古代建筑中，上檐出是大于下檐出的，由于砖作出挑较短，焚帛炉基本无下檐出，炉基与炉身较为修长，必然要求屋面有一定的高度以保证立面构图的视觉均衡与整体比例的协调美观，小型焚帛炉进深尺度本就很小，出檐尺度相较大型焚帛炉而言，成为影响屋面跨度的一个重要因素，故此小型焚帛炉高跨比无法依照木构之举折而得以灵活加大，而大型焚帛炉屋面则因循木构之举折，高跨比并未加大。

表18-6　现存明式焚帛炉

	地点	建造年代	材质	备注
武当山玉虚宫焚帛炉	湖北	明永乐年间	外饰琉璃，内为防火砖	
武当山南岩宫焚帛炉	湖北	明永乐年间	外饰琉璃，内为防火砖	
武当山紫霄宫焚帛炉	湖北	明永乐年间	外饰琉璃，内为防火砖	
武当山转运殿焚帛炉	湖北	近代仿明式样	外饰琉璃，内为防火砖	
明十三陵长陵焚帛炉	北京	明永乐年间	外饰琉璃，内为防火砖	
武当山黄经堂焚帛炉	湖北	明永乐年间	砖石砌筑	
武当山太子坡焚帛炉	湖北	明嘉靖年间	砖石砌筑	平面六边形，攒尖顶
先农坛焚帛炉	北京	明永乐年间	砖石砌筑	
太庙焚帛炉	北京	明朝	砖石砌筑	

① **太庙焚帛炉**

太庙焚帛炉位于太庙享殿前，东西各一座对称布置，其中东侧焚帛炉为绿琉璃造，疑为后世之作，西侧为削割砖砌筑，周身不施琉璃，具体年代不详，根据现场考察，该焚帛炉当为明代中期或中晚期作品。其各部分特点归纳如下（表18-7）。

表18-7　太庙焚帛炉

		太庙焚帛炉
顶部	瓦顶	单檐布瓦歇山顶，无仙人走兽，正脊无升起，垂脊置垂兽，戗脊分兽前兽后，兽前脊高约为兽后2/3，山面设砖细搏风板，勾头、滴水模刻龙纹
	飞椽、檐椽、望板	断面方形，有卷杀； 圆椽； 砖望板，三者连体烧制
	角梁套兽	老角梁带仔角梁一起烧制，为保证仔角梁抗剪，断面加大，老角梁略加高断面以示区别
	挑檐檩	模刻勾丝咬旋子彩画，两端箍头收尾，素枋心
	斗栱	单翘单昂五铺作，耍头单材，侧面栱垫板处置通风孔2道，余者为缠枝莲花图案
	平板枋	模刻"降魔云"图案（"降魔云"为清代叫法，该图案与之相似）
	图片	
炉身	额枋	模刻一整二破旋子彩画，素枋心
	柱子马蹄磉	圆柱，顶部模刻箍头彩画圆马蹄磉
	壁身　正面	正中为券门，券边饰以落地花罩，花罩两侧各镶嵌仿木四抹头槅扇两块，心屉图案为三交六椀菱花，绦环板为如意条纹装饰，裙板为如意纹和卷草纹装饰，槅扇分两块烧造，心屉连同上抹、边框为一块，余者为另一块，抹框交接线脚同木构
	壁身　背面	六槅扇拼嵌，槅扇做法同正面
	壁身　侧面	四槅扇拼嵌，槅扇做法同正面
	炉膛内部	耐火砖发券小室
	图片	
基座	土衬	素面
	圭角	素面
	上、下枋	素面
	上、下枭	素面
	束腰	椀花结带图案，转角模刻玛瑙柱

（2）先农坛焚帛炉

　　该炉始建于明永乐十八年（1420年），为现存明代焚帛炉之最大者（图18-16）。同太庙焚帛炉相较，其不同之处有二：一为正身的处理，两侧施雕花饰带的拱券门，形制与中间拱券门同而尺度逊之；二为屋面高跨比例不同，先农坛焚帛炉更为接近同时期木构屋面，为1：3.4，太庙焚帛炉及其他明代琉璃焚帛炉屋面高跨比均较大，如武当山玉虚宫焚帛炉高跨比已接近1：2，与同时期木构举折显有不同。

图18-16 作者拍摄

图18-16　北京先农坛永乐时期建造的焚帛炉

（3）武当山太子坡焚帛炉

　　该炉建于明嘉靖年间，砖石结构，平面八角形，攒尖顶，为明代焚帛炉之孤例。盖为明世宗朱厚熜"制礼作乐自任"（《明史·礼制》），以开创一代新规之反映，整体风格已趋于繁缛。此外，该实例表达了另一重要信息，即斗栱为块砖雕刻细作所成，并非模制，当为嘉靖年间砖细加工、块砖雕刻已较为盛行之反映。

8）其他

（1）宫墙

　　宫墙，宋代称为露墙，民间俗称围墙。在中国古代建筑群体中，宫墙起到分隔空间、明确内外、防御等作用，成为其中重要的组成部分。此外，人们又赋予了它其他的意义，如曲阜的"万仞宫墙"。

　　我国现存明代宫墙实例较多，如武当山道教宫观、故宫、十三陵之宫墙等等。其形制基本相同。现以武当山玉虚宫宫墙为例，归纳各部位特点如下。

墙体制作非常考究，立面分三段，墙基低矮，多为一层地栿石。墙身分两段，下碱清水墙体，干摆或丝缝淌白做法；上为丹墙，丹墙顶部叠涩3～5层砖细冰盘檐。墙帽为琉璃或布瓦带正脊屋面。

墙体高厚比依具体施用多有不同，如天坛圜丘处为祭天环境之营造，宫墙较为低矮，武当山玉虚宫、北京故宫宫墙拱卫意义较强，多高大，其高厚比约为1∶5。墙身下碱部位无侧脚，丹墙收分约为1.6%。墙顶屋面多陡峻，高跨比约为1∶2。

（2）宝城宝顶

明代帝王陵墓共6处：明太祖朱元璋父母的皇陵，在安徽凤阳县城西南8千米处；朱元璋及皇后马氏的孝陵，位于江苏南京市中山门外钟山之阳独龙阜玩珠峰下；朱元璋三代祖考妣的祖陵，在江苏盱眙县西北管镇乡明陵村境内；及至永乐五年（1407年）皇后徐氏病故后，卜选陵址，永乐七年（1409年）选定现今北京天寿山十三陵处。此外，尚有景泰帝陵，位于京西金山南麓；嘉靖皇帝的父陵——显陵，位于湖北钟祥东北15里松林山南麓。

其共同特征是陵体采用宝城宝顶形制。这种形制当应防止土体被雨水冲刷而坚固为之，但也有风水之说。明皇陵营造于元至正二十六年（1366年），开始营建时，还是采用宋朝帝陵覆斗形陵体；及至孝陵，据说受当时流行的形势宗风水术"形止脉尽"之说的影响，陵体又恰处钟山之阳独龙阜玩珠峰前的山麓间——后紧贴钟山，左右护砂抱卫[18]，地势所限，于是有了平面圆形而馒首自然隆起之形的宝顶，南向设置宝城明楼，可登临宝顶；最重要的是宝城宝顶皆砖砌，进行了很好的排水组织，是建于南方帝陵的必要做法。之后，明代诸帝陵均沿袭之。

以孝陵和长陵为例，宝顶墙体做法为：低矮条石墙基，上承收分较大砖墙，顶部外为雉堞，内置女墙。同城墙相较，不同点主要如下：① 顶部排水龙嘴设置在外侧，城墙设置在内侧；② 墙体厚度较城墙薄，外侧墙体收分较大，内侧宇墙无收分；③ 无敌台等其他城防设施。宝城城台收分大，正中有门道，可进入宝城与宝顶之间形成的院落，组织起登临宝城宝顶的空间。门道和登城步道均为砖砌，通常为礓磋露龈造以防滑。

（3）砖石楼台

作为建筑的一部分，明代砖石楼台上承楼阁而共同组成建筑整体，是大型官式建筑常见做法。

河南卫辉望京楼，位于卫辉古城东北隅，为全国重点文物保护单位。此楼为潞简王（朱翊镠）思母所建，万历十九年（1591年）冬动工，万历二十一年（1593年）秋竣工。楼台平面呈长方形，坐北向南，砖石结构，共

18 按当时《葬书》要求：穴的左右两侧，须"龙虎抱卫"，有重重砂山拥护环抱。

分三层。外壁用青石砌筑，内壁用白石镶筑，外壁中间有白石腰檐。第一层东、西、北三面共有四窗，为券顶，青石窗桭残迹尚存。在东、西、南角各辟一石券门，为青石门框，由两门青石踏步可登至第一层楼。首层建十字拱券，四面辟门，高大宽敞。每券门上有两道木栏杆槽，下有一道石栏杆槽。北券有四门，均为青石门框。由东西两门沿青石踏步可登至第三层楼。第二层原有五间歇山式大殿，名曰"崇本书楼"，是供父子藏书和习书画的宫室。崇本书楼已毁，大殿柱础尚存。大殿前、左、右有回廊，殿后有两个小门。大殿正前方有石坊一座，名曰"诚意坊"。

明中都鼓楼砖台位于凤阳县府城镇偏南处。《凤阳新书》载："明洪武八年（1375年）始建鼓楼，筑台为基，下开券，上有楼九间"，"制度宏大，规模壮丽"。楼内设有计时漏壶和报时更鼓，并驻有军士164个，兼习鼓乐队。崇祯八年（1635年）楼宇毁于兵火，崇祯十二年（1639年）重建。现存台基南北长72米，东西宽34.25米，高15.8米，城砖砌成。台基下有东西向3个券门；门洞外侧镶有10厘米宽白玉石门边，正中门上方的白玉门额上刻有阴体楷书"万世根本"四个大字。

明代官式砖作建筑尚未完全形成成熟的体系，如明代无梁殿、砖山门平面和立面形态均仿照木构建筑，檐部多施用砖作斗栱、檩枋、椽望等仿木构件，又由于砖作不善支挑，仅采用叠涩做法仿木檩椽出挑，所以出檐尺度较木构的小。从结构上说，拱券体系中边跨多只施用厚墙以平衡其侧推力，所以尽间往往比较靠里。

19　砖作建筑技术

1）砖作基础

相较木构建筑，砖作建筑的自重非常大，成熟的基础营造技术尤为重要。明代城墙、城门、无梁殿等大型官式砖作建筑，其占地面积也相当大，如何通过基础建设保证砖作建筑不沉降或沉降均匀，是明代砖作建筑技术的关键。1999年山东蓬莱水城一段城墙修复后因沉降等问题发生墙体断裂，以及2007年7月9日明中都午门东翼楼南墙墙体由墙头至墙基的断裂以至坍塌的事件，均表达了砖作建筑基础之重要性。随着建筑考古发掘的增多，可知明代官式砖作建筑基础可分为木桩基础、条石基础、圆木平铺基础、殿阁建筑基础。

（1）木桩基础

我国古代建筑木桩基础的做法，明代之前已有记述，如宋《营造法式》卷三"筑临水基"及"卷辇水窗"项，对木桩基础做法有具体的记载，其主要作用是通过木桩侧摩擦力及下端部打入牢固持力层以加大地基承载能力。

明代木桩基础的营造承袭了宋代木桩基础的做法，主要用在地下水位比较高的南方地区。官式砖作建筑中采用此种处理方式的典型实例有：

① 南京明故宫内廷部分，是在被填平的燕雀湖上建造的，采用了打入木桩、巨石铺底以及石灰三合土打夯等方法加固地基。

② 南京明代部分城垣基础，主要用于低洼或土层松软地段。

③ 明中都西安门基础，根据王剑英先生《明中都遗址发掘报告》：该城门遗址占地范围为东西宽36.5米，南北长56米，占地面积2 016平方米。遗址下基础由上向下层次为：黏土夯土层→碎砖夯土层→上承接城门砖墙内包土布满木桩基础，木桩为松木桩，直径为10厘米、12厘米、15厘米、18厘米、20厘米，以12~15厘米居多，最长2.07米，最短1.6米不等，木桩下端砍削成锐三角尖，部分三角尖上有题注，以表明该桩的制作者，木桩所在的土层土质为黏土。根据发掘的范围推测，该木桩可能布满整个城门，从剖面来看，桩基础的设置与黏土层密切相关，木桩的顶端完全随黏土层的深浅而高低变化，木桩的三角尖基本上也是一直插到黏土层的底部。据凤阳实地考察调研资料展示，可能凡是底层有黏土的部位，都是先打木桩，再在上面用碎砖一层层填土夯实，然后再在上面修筑重量大的建筑物。

（2）条石基础及石板基础

该类型基础施用实例非常多，其中最著名及技术精妙者当为戚继光修筑的长城老龙头入海口处墙垣条石基础。相较砖基础，条石基础耐腐蚀、自重大、整体性强，浸泡于海水之内，以铁汁（根据史料，铁汁中加入松香等料以降低熔点，以防止石块因高温炸裂）浇入连为整体，以承接砖构，如此营造技术，放之当今亦非常先进。

明南京、北京城垣营造中，条石基础多有使用。根据《南京城墙维修初探》载，南京明代城墙是分段砌筑而成，其基础有的直接利用山体岩石；有的是在地下5~12米处深砌巨型条石；也有的是在地下5~6米处铺以碎砖瓦石，或以上下两层井字形圆木平铺，或以未经修琢的大石块、块石石灰浆浇结作为城墙地基铺垫；又在墙基用圆木打桩，以防止平铺之木向外滑斜。张先得先生编著的《明清北京城垣和城门》亦有类似记述述。

王剑英先生在其《明中都遗址发掘报告》中对明中都午门墙下石板基础有着详细记述："午门采用石板三合土基础，构造层次为：午门白石须弥座→方石板层→三合土夯土层→原土层，方石板大小不等，宽有32厘米、36厘米、37厘米、42厘米几种，长有36厘米、42厘米、55厘米几种，厚有8厘米、10厘米、11厘米几种，像铺墁方砖地面那样整齐地平铺在夯实的三合土土层上，然后四层错缝铺砌以承载须弥座，对于外部的墙体，其基础也砌筑了宽厚各有四五十厘米的大石条。"明中都的此基础非常考究。

（3）圆木平铺基础

圆木平铺具有均布荷载、增强基础承载能力的作用，但造价相对较高。明代官式砖作建筑中对于上部荷载不均衡或地基承载能力不均衡的情况，多采用此种方式。具体实例如下：

① 城门甬道圆木平铺基础：由于城门洞的甬路是各种车辆通行之处，上承不均衡的集中荷载，基础需要有较好的整体性承载能力，明中都午门甬路的基础展示了这样的需求：生土层 → 夯土黏土层 → 原木层 → 铁板层 → 铺砖层。基础为横铺原木，直径在20厘米左右，原木的上方满满铺钉了一层宽12厘米左右、长35厘米左右的铁板，把原木牢牢固定连接在一起，铁板层的上方再铺四层城砖。

② 墙垣井形圆木平铺基础：如北京城墙，是明初在元代大都城的基础上改建和扩建的，洪武元年（1368年）八月，徐达攻下元大都后即开始了城垣修建。明代北京城墙基础处理情况基本与南京明城墙相同，对于有流沙层的不稳定地基多采用了上下两层井字形圆木平铺的处理方法，具体处理实例如北京明内城南城墙基础。

（4）殿阁建筑基础

根据殿阁建筑规模及地基承载能力的不同，殿阁基础处理有所不同，小殿由于尺度较小，自重较轻，多采用浅基础，原土夯实后上做碎砖土垫层，而后上置柱础石的做法，对于台明部分则下为素土夯实或灰土垫层，上砌台明砖。

对于大型殿阁，现在尚无基础发掘资料可供参考，考虑20世纪80年代山西大同上华严寺辽代大殿维修时，曾发现基础部分砖作磉墩及地垄墙（清代称拦土）的做法，估计明代大型殿阁采用砖作磉墩及地垄墙的可能性较大。这主要是基于大型殿阁建筑需要承重的结构逻辑而推测的，其基础承载主要包括柱础及维护墙体承载，即形成了柱础下的磉墩以及墙体下的条形基础——地垄墙，且磉墩和地垄墙的交接是直缝交接，以防止因为墙体荷载和柱础所施加给磉墩的荷载不同，而引起不均匀沉降以致基础断裂，这个构造措施现代建筑多有采用，称之为"沉降缝"。

明代对多种不同地基土质已掌握并具备了较高的地基基础处理经验和技术水平，成为明代官式建筑技术体系中非常重要的组成部分。对于较好地基主要采用夯土、砖石砌筑基础；对于膨胀土地基或流沙地基则充分利用木材抗弯、均衡荷载等材料性能，从而保证了建筑坚固耐久；对于殿阁建筑基础则利用夯土、砖石砌筑等构造措施。考察清代殿阁建筑基础处理，可以看出这种基础处理措施被明、清匠人不断发展、完善，最晚至清已成定制。

2）地面铺墁

（1）普通铺地

依照铺地位置的不同，分室内铺地与室外铺地。室内铺地主要具有防潮、耐磨、清洁的功用，室外铺地主要在于解决雨水冲刷、排水、防滑等问题。特别是檐口下的散水、道路等处，都是需要加以重点处理的部位。其中室外道路的铺砌比散水要求更高，因为除了雨水对它的冲击以外，还有车马人行对它的撞击、压力和磨损。

依照铺地砖的不同可分为方砖铺地和条砖铺地两类，方砖有尺二、尺四、尺七方砖等；依照排列形式的不同，砖铺地可分为方砖十字缝、条砖十字缝、条砖拐子锦等类型。明代铺地纹样较为严谨，铺地发展到清代，则出现了更为繁琐花哨的铺砌方式。

（2）金砖铺地

金砖铺地主要包括垫层处理、金砖铺墁、后期处理三大环节[19]。

垫层处理：金砖所用垫层并非夯土或灰土，而是采用墁砖作为垫层，层数可由三层多达十几层，垫层错缝铺墁，其间不铺灰泥，每铺一层砖，灌一次生石灰浆，这种做法称为"铺浆做法"。

钻生泼墨：合格的金砖出厂后表面会封一层软蜡，成品呈烟灰色，但色泽并不均匀。桐油钻生前，金砖要进行泼墨处理，即用黑矾水涂抹地面。黑矾水做法为：将10份烟子用酒斥开后与1份黑矾混合，另将红木刨花与水一起煮熬，待水变色后将刨花滤净，然后放入黑矾烟子混合物倒入红木水中一起煮熬至液体呈深黑色为止。然后趁热将制成的黑矾水泼洒到地面上，待地面干透色泽均匀后再钻生、烫蜡。

钻生：是建筑材料表面的一种特殊处理办法，即用生桐油对砖的表面进行涂抹或浸泡，增加构件防潮、耐磨、防腐能力。

烫蜡：为细地表面一种特殊处理手法，在完活的地面上，将白蜡熔化其上，然后再用竹片将蜡铲去，最后用软布擦亮，使地面更加光亮。

经此严格工艺制作的地面

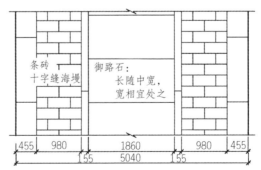

图19-1　室外路面

图19-1　定陵神道尺寸，作者绘制

19 该调研资料结合了北京故宫维修队瓦匠师傅及《中国古建筑瓦石营法》作者刘大可先生讲述资料。

色泽漆黑光亮、经久耐磨。拼缝为十字缝较多，但是缝隙很细，十分讲究，是铺地中最高级的一种。

（3）泛水处理

我国古代建筑地面无论室内室外，多注意泛水处理，一般通过找坡解决。宋《营造法式》就有详细的规定：室内铺地需要保证0.2%～0.4%的坡度，而室外台基则为0.4%～0.5%。明代官式建筑铺地基本沿袭了这个坡度处理，但对于室外道路，其路中至路沿坡度较大，如定陵神道路面坡度为0.6%。南京明故宫午门甬路为使水尽快排出，坡度更大，达1.54%。

（4）室外道路、散水做法

明代官式建筑室外道路铺墁具有一定的定制，多为三段式，中为御路，两侧铺以条砖间隔以牙子石、条子石，具体做法如图19-1所示。

散水多置于建筑四周或前后两侧，对于等级比较高的路面，明代官式建筑中亦在道路两侧设置散水，散水的操作俗称"砸散水"。工序包括"栽牙子""攒角"和墁砖。散水多采用条砖平砌，糙墁做法。

3）墙体砌筑

（1）类型

我国古代早期地面以上建筑多采用夯土版筑墙体与土坯墙体，除砖塔外，地面以上建筑通体采用砖墙的做法，多见于明代砖大量使用之后的情况。目前发现最早的地面以上建筑采用砖砌的实例为汉代洛阳西郊居住遗址的几处房基[20]和方仓；至唐宋，殿堂建筑在土坯墙下"隔减"才较多用砖砌筑；元代已出现质量较高的实砖墙、包砖墙、包框墙；明代砖砌墙体广泛应用，用砖技艺大大提高，这一时期不仅广泛应用砖体砌墙，并以更加娴熟的技艺采用混合材料砌筑墙体。

实砖墙：明代民间建筑中，随着砖山墙的普及导致硬山顶的兴起与推广，但在明代官式建筑中，硬山建筑因等级低用得少，主要在"裙肩"即宋时"隔减"处砌实墙。元代以前隔减与墙体收分相同，明代官式建筑墙体隔减与上部收分多有不同，隔减不收分或收分小于上部墙体。从做法上看，有混水墙和清水墙两种：混水墙采用干摆或撕缝做法，上部墙体采用草砌混水砖墙，隔减收分小于上部墙体收分，实例如武当山玉虚宫围墙、故宫、天坛中部分明代建筑等等；清水墙用于官式建筑中等级非常高的建筑，隔减与上部墙体做法相同，唯通过墙体进退突出腰线以区分隔减与上部墙体，隔减收分小于上部墙体收分，具体实例如天坛皇穹宇等建筑。砖墙下方随柱子处往往设有砖砌通风口，利于木柱的长久保存（图19-2）。

包砌墙：明代官式建筑中，包砌墙多见于军事防御建筑，如城墙、城门

20 郭宝钧.洛阳西郊汉代居住遗迹[J].考古通讯，1956（1）：18-26，4-9.

图19-2 北京先农坛残存的明代砖透风

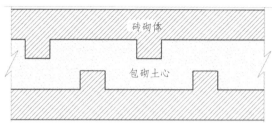

图19-3 包砌做法城墙内的墙丁构造

石砲砖墙体（河南卫辉望京楼）

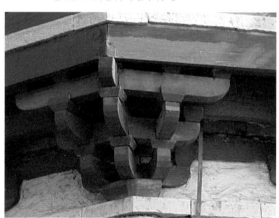

江苏南京宏觉寺塔石普拍方

角柱石、压阑石（北京天坛皇穹宇处门）

石檐及石角梁（湖北武当山玉虚宫二宫门）

图19-4 砖石混合墙体实例

等建筑。它是用整砖墙砌筑外墙，内填夯土或土坯的合砌砖墙，夯土墙与砖墙所占比例依照制作考究的程度不同多寡不一，整砖墙内包夯土在构造处理上有多种方式，大抵包含有墙丁（图19-3）（实例如平遥古城）与无墙丁（实例如明中都城墙）两种情况。

　　砖石混合墙体（图19-4）：① 石包砖墙体:以石块陡砌外墙内包砖墙的做法。具体实例如建于万历年间的河南卫辉望京楼，在这个极尽奢华之能事的建筑中，展示了当时匠人对砖石砌体材料的深刻理解及对墙体砌筑构造技术的高超把握，外砌墙体为精细加工的陡砌石块，石块上下错缝砌筑，丁石与顺石相间而置，那个时期的匠人已经充分认识到了砖、石两种材料比重的

图19-2 作者拍摄
图19-3 作者绘制
图19-4 作者拍摄

不同，除了精细砌筑外，更采用了金属拉接的构造措施，构造水平很高。②利用大尺度石块支挑、均衡砖墙集中荷载的砖石混合墙体。这种取两材料之优而用的构造理念具有一定的历史，明代官式建筑中，用这种构造理念的砖作墙体需关注：a.利用石材出挑者如砖墙内砌挑檐石；b.腰线石、押砖板不仅是形式的需要，更有均衡墙体荷载、加强墙体整体性的构造意义；c.石材置顶以承接上部木构屋面，变集中荷载为均布荷载构造措施；d.压阑石、角柱石的使用。

（2）砌法

磨砖对缝（亦称干摆）：所谓磨砖即指砖块的细加工，多采用五扒皮砖，干摆是指砌筑时先不使用灰浆而是直接将加工好的砖依照其摆放方式进行摆放，摆放时要求砖缝严密（对缝），摆放中内衬乱砖，而后灌浆逐层砌筑。磨砖对缝做法始于汉代，唐、宋、元、明、清皆有实例，唐代如运城泛舟禅师塔，元代如北京后英房遗址墙体，及至明代，官式建筑中宫室、殿宇、苑囿、居室等重要建筑，其墙壁下部的裙肩、槛墙、影壁、看墙、门墙等，凡露明及重点装饰之处，多采用磨砖对缝做法。

撕缝做法：又叫磨砖构缝，该种做法精细程度仅次于磨砖对缝。相较磨砖对缝做法，区别有三：墙体采用石灰砌筑而非灌浆；砖缝为2～4毫米，略大于磨砖对缝砖缝；同磨砖对缝墙面相比较略微粗糙。

带刀灰：该种为等级较低的一种墙面做法，多用于明代官式建筑中军事防御建筑，如长城、城墙、城门等建筑的墙体，所使用的砖体不做细加工，采用灰浆砌筑，外以瓦刀勾缝，砖缝依照其所采用的条砖规格的不同略有差别，为1～1.5厘米。

糙砌（草砌）：该做法多用于抹灰的混水墙面，如武当山道教宫观中的混水墙体，砖不加工，灰浆砌筑，砖缝较大，以便于抹灰与墙体的结合。

（3）砖组合

平砖顺砌错缝：此法具有悠久的历史，战国时的冶铁遗址浇铸槽壁及西汉条砖墙壁即采用此种砌筑方式，为单砖墙，墙体较薄、稳定性差。该做法在明代官式建筑中仅见于磨砖对缝或撕缝砖墙的外皮部分，该墙体多用于等级较高的建筑的下碱位置，外为磨砖顺砌错缝，内衬乱砖墙，部分等级较高建筑则通体采用该种做法，具体实例很多，如天坛皇穹宇、先农坛太岁殿下碱等等。

平砖顺砌与平砖丁砌组合：唐宋以来，一般地面建筑墙下隔减或槛墙全作平砖顺砌，墙的上身每隔三五层平砖顺砌加一层平砖丁砌。及至明代官式建筑，仍多采用平砖顺砌的墙，其做法通常为每层平砖三顺一丁，实例如明中都大多明代建筑；二顺一丁，一顺一丁，实例如北京八达岭长城等。由于一顺一丁砌筑方式较为简单，是明代官式建筑中使用最多的一种砌筑方式。

满顺满丁砌筑：为全顺砖与全丁砖相隔砌筑，是明代官式建筑带刀缝做法中典型的砌筑方式。具体实例如南京宏觉寺塔内壁与一层隔减位置墙体。

多跑一丁与多丁无跑：对于糙砌墙体，如长城及城墙等建筑类型，尤其在明初时期，墙体垒砌较粗放，砌筑顺丁规律有所混乱，存在多跑一丁、多丁无跑等情况，这种情况在混水墙体中更为明显，反映了明初除匠师外，充分利用军士、匠夫、囚徒等技术不甚高超的人员参与营造的情况。

（4）墙体稳定技术

结构设计：明代砌砖技术在吸取前代成就的基础上，有了很大提高，这主要体现在以下几个方面。① 墙体整体性大大增强，普遍采用石灰黏结材料，重要部位采用桐油石灰灰浆[21]、金属拉结等技术。② 采用砖石混合砌筑方式，充分利用石材均衡荷载、便于支挑等优点。③ 由早期采用厚墙平衡拱券侧推力发展至采用扶壁构造增加墙体稳定性以平衡拱券推力，晚期无梁殿中扶壁构造的使用是明代砖作技术的重要突破之一，如山西太原永祚寺无梁殿、苏州开元寺无梁殿等。

收分设计：明代通体砖墙大量采用后，其墙体形式因沿袭了前代做法，殿阁围护墙体厚度相较高度依然非常厚重，远远超过因墙体稳定性所需要的厚度 [墙体稳定的高厚比因素根据现代力学计算：砌筑砂浆（以$M_{2.5}$砂浆为例）未硬化时其高厚比应在14：1范围内，硬化后应在22：1范围内]。分析这种情况，其原因主要有两个：其一，因我国古代殿阁建筑木柱砖墙构造的需要，明代殿阁建筑中，围护墙体一般做法为由柱中线或中线以里，外包木柱一皮砖以保证外墙的连贯，这样的构造措施必然会导致墙体厚度较大；其二，因循古法的理念、师徒心手相传的授业形式、传统审美惯视等因素成为厚度较大的人为原因；其三，因寒冷地区热工性能的需要，采用厚墙防止冬季室内热量快速传到室外。

高厚比：对比宋《营造法式》的记述，明代官式建筑中砖作墙体收分及高厚比已经有所变化。其一，明代现存殿阁建筑砖作围墙墙体，其高厚比大体在4：1~5：1之间，殿阁建筑中砖作围护墙体高厚比略有变大；其二，明代官式殿阁建筑中，墙体混水墙与清水墙墙体收分不同，虽均为砖作，混水墙收分大于清水墙收分，墙体收分整体小于宋代殿阁墙体收分；其三，明代官式砖作围墙（宋代称露墙）高厚比远大于宋代露墙，墙体收分小于宋代露墙（表19-1）。

21 参见王剑英先生《明中都遗址发掘报告》之午门砌筑材料部分，以及杨新华先生《古城一瞬间》南京明代城垣砌筑黏结材料部分。

表19-1 明代官式建筑部分砖作墙体收分实录表

砖作墙体类型		高厚比	大致收分	备注	数据来源（自测）
殿阁墙体	清水墙	4.2∶1	2.5%	隔减与上部墙体相同	北京故宫、天坛殿阁建筑
	混水墙	4∶1	4.5%	隔减无收分	北京故宫长春宫建筑等
城门		—	11.15%	正身收分	明中都城门
城墙		—	11.15%		明中都城墙
长城		—	6.7%		北京八达岭长城
围墙		4.6∶1	1.6%		武当山道教宫观围墙
碑亭			1.6%	两方向数值相同	武当山道教宫观碑亭
无梁殿		—	3.7%	该数据为个例数值	河南卫辉望京楼
		—	2.1%	正侧身相同	天坛斋宫无梁殿
焚帛炉			3.1%，2.1%	小值为进深方向	先农坛焚帛炉
陵寝宝城墙体			3.6%		显陵宝城与卫辉次妃墓宝城同
阶基		—	无收分		北京故宫中明代殿阁

4）砖木混合结构中的砖结构

（1）砖木混合结构体系的构成

砖作耐压而不抗剪，木构则便于出挑；砖作结顶非常复杂，对墙体提出较高要求，并且自重非常大，而木构架则便于结顶，易于施工，自重非常轻。此外，正方形平面最合适的砖作结顶为穹窿结顶，而汉地大跨穹窿技术在明代早期并不成熟（现存由我国自由发展起来的拱穹技术其跨度最大者当为山西太原永祚寺大雄宝殿二层之穹顶结构，直径为4.7米），最为擅长的拱券技术又不适于方形平面，因此木构结顶也就成了必然。

砖木混合承载结构体系正是利用了材料的这些特点，以砖构为主要承载主体，檐部出挑及屋面结顶均采用木构，这种非常科学的理性手段具有一定的历史传承，如建于五代吴越钱弘俶十二年（959年）的苏州虎丘云岩寺塔，其外檐砖作斗栱实际是以木构出挑，上承砖斗栱，只是没有明代砖木混合结构体系将材料特点发挥得更为淋漓尽致而已，明代南京宏觉寺塔为重要实例。

（2）砖木混合结构体系的构造

砖木混合结构体系的构造体现了明代匠人的智慧与思考。首先，均衡荷载：具体实例如武当山玉虚宫碑亭，在这个建筑中大量采用了均衡荷载，变集中点型荷载、线型荷载为均布荷载的构造措施。如下檐位置砖作墙体保留了安放额枋、平板枋空间，使下檐斗栱对墙体的点型荷载变成了均布荷载；上檐墙顶置大尺度石材并安置平板枋、上檐额枋，上檐斗栱的集中点型荷载变为由额枋传导的线型均布荷载，而后通过大块石材变线型均布荷载为面型均布荷载，最大限度地避开了砖作墙体整体性较差、受力不均易开裂的弊端，构造措施非常理性。其次，安装木斗栱：平衡斗栱檐部压力是该构造中最为切要之处。武当山玉虚宫碑亭下檐斗栱里拽部分砌筑于墙内，在该建筑的测绘过程中，我们发现在墙体斗栱卯洞上部有个垂直斗栱方向的空洞，该空洞断面尺寸约为30厘米宽、18厘米高，其构造作用为平衡下檐各斗栱里拽部分对墙体的压力，斗栱安置构造非常缜密。

5）拱券技术

在明代辉煌的砖作建筑中，拱券技术成熟，应用广泛，颇为壮丽。明代拱券之券伏构造体系、起拱曲线、拱券侧向力平衡及十字拱券技术水平较前代有了很大的提高。在支模施工技术条件下，其跨度、高度也较前代大大增加，一般城门洞拱券跨度都在4~5米；而在无梁殿建筑中，其跨度更大，如南京灵谷寺无梁殿，其中跨跨度达11.25米，净高达14米，充分展示了明代拱券技术的精湛技艺。

（1）券伏构造体系

砖砌拱券技术在我国有着悠久的历史，西汉中叶已开始盛行，早期的拱券技术主要应用于地下陵墓。其成拱曲线多样化，有板梁式、斜撑式、折线式、圆弧式等不同类型，跨度也比较小，多为无模施工的自承重衬砌，所形成的筒拱券承载体系有早期的整体性较差的"并列式筒拱"以及此后的衬砌较为困难但整体性较强的"纵连式筒拱"构造方式。筒拱结顶由于其不便施用于正方形或近方形的平面，汉代末年，在墓室由长方形向方形的变化中渐渐退居次席，直至元末大跨问题解决后，复回砖石结顶结构的主要地位。

拱券结构之初，多为薄拱，在构造上多为有券无伏，东汉时券上已经有伏，如河南中牟西关的汉墓墓门拱券结构就是二券二伏的构造。宋《营造法式》卷三"卷輂水窗"项中载"用斧刃石斗卷合，又于斧刃石上用缴背一重"，即券石上用伏一道，可见宋代券上施伏的做法具有一定的基础。券上施伏的做法是一种科学地利于拱券整体性的构造措施。但元大都和义门瓮城门洞为砖砌筒拱，跨度4.62米，纵连拱，用券四层，并不施伏，也达到了很大的跨度。券伏相间的拱券构造体系的普遍使用是在明代才有的事情。券伏构造体系的完备是明代重要砖作技术成就之一，进而产生了我国古代建筑史上一种新的建筑类型——无梁殿。

券伏相间的构造可以极大提高拱券结构的整体性及拉接强度。考察明代拱券使用数量与跨度之间的关系，发现有荷载越大使用券伏层次越多的现象，但部分实例也有例外，如河北秦皇岛明长城部分敌楼也存在小荷载多券伏的情况。明代早期的券脚和券伏构造与中后期略有变化，早期部分拱券起券有不在同一水平高度上的不同做法，而是呈阶梯状发券，具体实例如明中都午门、明中都鼓楼、南京灵谷寺无梁殿窗洞拱券、南京玄津桥等，这种把拱顶荷载及早分担到整个墙体上的构造措施具有拱券承载的力学科学性，但这种构造在明代永乐之后的拱券结构中尚未发现，可见早期拱券券伏构造并未形成定制，之后的拱券起券位于同一水平线上的做法虽然会导致应力集中，但这种做法形式规整、立面构图结构明晰，盖此之故，遂成同一水平线高度起券的定制。

此外，尚需引起注意的是同一建筑中拱券券伏用砖尺度多小于墙体用砖规格，部分考究的建筑，其券伏用砖有细加工使砖断面呈梯形的做法。这些措施促进了拱券曲线的形成，防止了券伏砌筑灰缝的扩大。券伏构造依照做法及使用材料的不同有多种类型，根据券脸做法的不同可分为使用贴砌券脸砖（石）和不使用贴砌券脸砖（石）两个类别，部分拱券亦有内券采用石券、外券采用砖券的砖石混合拱券做法。

（2）起拱曲线

明初的起拱圆弧曲线是多样化的，有矢高小于券跨的坦拱，实例如南京灵谷寺窗券；也有半圆拱，实例比较多，如明中都午门、鼓楼；亦有双心拱。甚至在同一建筑中既有半圆拱，也有双心拱，实例如南京聚宝门、明长陵内红门等建筑。如果再加之明代广泛使用拱券技术的山西、河南等地区的民间建筑，拱券成拱曲线则更为多样、复杂。

明代拱券体系的成拱曲线多样而复杂，有坦拱、半圆拱和双心拱券等多个类型。坦拱是小于半圆的拱，仅在少数明初建筑中有所运用。双心拱和半圆拱则基本伴随了明代官式砖作建筑的整个时期。就地域而言，明初北方多用双心拱，江南多用半圆拱券。明初定都南京后，所用工匠以南方工匠为主，建筑实例中以使用半圆拱居多，如明中都、明初南京等大部分砖作建筑实例。永乐迁都北京后，北方拱券技术的影响日益增强，起拱曲线渐趋双心拱。定陵地宫的双心券矢高与半拱跨之比约为1∶1.07，与《营造算例》之"发券做法"中1∶1.1的比例已经非常接近。由于明代官式砖作建筑中大量使用拱券结构，为了便于施工、估料，统一拱曲线做法，在总结明代拱券曲线的基础上，定出了拱券计算方法[22]。

《营造算例》"发券做法"规定："凡平水墙，以券口面阔，并中高定高。如面阔一丈五尺，中高二丈，将面阔丈尺折半，得七尺五寸，又加十分之一，得七寸五分，并之，得八尺二寸五分，将中高二丈内除八尺二寸五分，得平水墙高一丈一尺七寸五分，平水墙上系发券分位。"根据以上计

22 中国科学院自然科学史研究所. 中国古代建筑技术史 [M]. 北京：科学出版社，1985：178.

算，《营造算例》中高跨比为0.55：1拱跨，相较半圆拱，其矢高增加量为0.05拱跨。

此外，对于明代三心拱的成拱曲线（图19-5），多数年长的瓦作匠师认为三心拱的形成有两方面的因素，一种为视觉矫正，另一种是拱券抹灰形成的成拱曲线。抹灰因素主要是指该拱券实际为双心拱券，尖部抹灰较厚一些，使双心拱轮廓不甚明显，则视觉形成了三心拱。

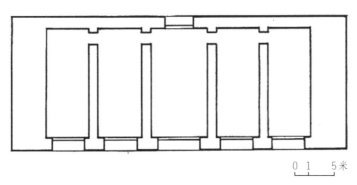

OA=OC=OE=5% 跨度，分别以 A(C) 为圆心，以 AB(CD) 为半径画圆，交 AE、CE 于 F、G，再以 E 为圆心，EF（或 EG）为半径画圆。

图19-5 三心拱画法示意

（3）拱券侧向力平衡技术

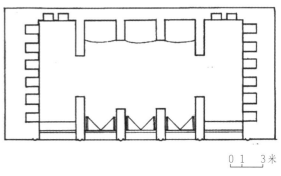

图19-6 北京天坛斋宫平面图 图19-7 山西太原永祚寺无梁殿平面

拱券侧向推力的消解是拱券技术的重要构成之一，早期主要采用增强边墙厚度的方法来实现，具体实例如天坛斋宫（图19-6），其平面形式也较为简单；后期明代砖作建筑则出现了设置扶壁以减少墙体厚度共同来抵消拱券侧推力的精巧构造措施，具体实例如山西太原永祚寺无梁殿（图19-7）、苏州开元寺无梁殿，平面形式也更为复杂。这种处理方法能节约用砖，同时增加门窗面积，有利于室内采光。扶壁构造在明代无梁殿上的使用是我国古代砖作技术的一大突破。这种构造及平面形式的变化展示了明代匠人对拱券体系由广泛使用到熟练把握并进行优化改进的探索过程。

此外，承重墙的厚度与拱跨跨度也有一定的对应关系，边承重墙厚度约为拱券跨度的1/3～1/2，连续拱中间承重墙厚度为拱券跨度的1/6～1/8，基本形成了一定规律。

为均衡拱券侧向推力，明代拱券建筑对筒拱轴线多采用了受力更为合理的垂直布置的构造措施。明代早期的拱券体系建筑多为单层，其筒拱多采用了轴线垂直布置的方式以平衡拱券侧向推力，实例如南京灵谷寺无梁殿、南京中华门（图19-8）。随着砖作技术的发展，多层拱券建筑较多出现，则采用了上下层筒拱轴线垂直交错布置的构造措施。这种方式可以防止拱券侧向力同向叠加，防止应力集中，是一种科学的处理方式，具体实例如五台山显通寺小无梁殿等。

图19-5 作者绘制
图19-6、图19-7 选自潘谷西主编《中国古代建筑史·第四卷·元、明建筑》

图19-8　江苏南京中华门（明代称聚宝门）砖拱门洞做法

图19-8 作者拍摄

（4）十字拱及高低相交拱构造体系的提高

明代砖石建筑内部拱顶多为一道筒拱，部分建筑出现了十字拱及高低拱相交的例子，如河南卫辉望京楼、明长城空心敌楼、部分无梁殿建筑等等。明代砖石十字拱实际为两筒拱垂直的叠加，而不是追求大空间和以柱代墙的产物，因此，明代砖作十字拱四角仍是厚重的实墙。虽然侧推力已相对减小，但在建筑结构上没有更多的创新，相对而言，构造技术有一定的提高、发展：设置有拱顶石及十字券肋。对于筒拱相交的其他形式，多把两筒拱处理的一高一低、一大一小，在技术上还是一个单独的筒拱。

6）其他砖作结顶技术

明代官式砖作建筑中，尚有两种砖作结顶技术在部分官式砖作建筑中使用，即穹窿技术与叠涩技术，明代汉地自行发展的穹窿技术由于尚未完全成熟，且施工工艺复杂，仅个别官式建筑采用，实例如南京永乐年间建造的宏觉寺塔。这一时期，叠涩结构体系由于不适合于大跨结顶而被淘汰，其更多地被用于屋顶檐口出檐。

（1）穹窿

汉地自行发展的穹窿技术在早期以拱壳技术命名似乎更为确切，这种适合于正方形平面构图的建筑结构沿平面方圈砌筑，逐圈向中心收砌成顶，实例如嘉峪关汉画像砖墓、唐永泰公主陵等等。这种营造技术与我们现在所看到的半球形穹窿顶差距很大。因外来建筑文化的影响及域外工匠的流入，元代一些伊斯兰教礼拜寺后殿多采用穹窿形式，具体实例如杭州凤凰寺大殿，由砖砌的三个并列的穹窿顶组成。这种穹窿顶和西域有着较多的渊源关系，可看作是元代这个多民族社会中外来建筑形式在中国的吸收移植。

穹窿技术的关键在于穹顶的圆形平面与支撑它的方形墙体间的交接，明代多以叠涩出挑形式成穹隅来解决方圆之间的过渡问题，实例如建于明代晚期的山西太原永祚寺大雄宝殿二层穹窿结构，跨度达4.7米，是当时跨度最大者。明代官式砖作建筑中的穹窿实例当为南京宏觉寺塔顶层屋顶。这种结构由于主要依靠厚墙来平衡其侧推力，墙体厚度往往很厚，导致建筑的平面布置和空间利用受到很大限制，所以明代以后就很少采用了。

（2）叠涩

叠涩结顶技术在我国始见于东汉时期，它是在拱壳发展过程中从拱壳顶矢高增大后的砌筑方式中变异产生的。汉代以后，叠涩结构方式在砖塔顶、塔檐、门窗等部位普遍应用。由于这种叠涩结构需要较大矢高，因此在明代大跨结构的广泛使用中逐步被淘汰，转而用于屋檐、穹窿穹隅等局部部位，应用也极为普遍。

20 制砖工艺、技术及产地

1）制砖工艺[23]

（1）过程

选土："凡埏泥造砖，亦掘地验辨土色，或蓝或白，或红或黄，皆以粘（黏）而不散、粉而不沙者为上。"[24]这是《天工开物》中关于选土的要求：粘（黏）而不散、粉而不沙。临清的土十分特别。由于黄河的多次冲击，临清很多地方的土往下挖1米多后，就会发现红、白、黄相间的"莲花土"。烧砖用"莲花土"细腻无杂质，沙黏适宜。

熟化："汲水滋土，人逐数牛错趾，踏成稠泥"[25]，熟化环节是制坯过程的重要环节之一，主要包含黏土泅水去碱、搅拌融合、静放、再融合等环节。土料挖出后，其土质为沉积形态，各相异性，沙黏、含水率并不完全均匀融合，气泡较多，经过熟化环节，料土已经完全熟化，各部位含水率相同、沙黏完全均匀，呈现相同性的状态，保证了制作晾干的砖坯各向同性、坯内质地密实。

制坯："然后填满木匡之中，铁线弓戛平其面，而成坯形"[26]。制坯过程主要包括沙模、团泥、填泥入模、割除多余泥料、修补割除面、脱模等环节。

23 对于制砖工艺及产地，作者主要调研了临清窑厂及其遗址以及江苏陆墓砖厂，关于金砖的制作工艺，潘谷西先生主编《中国古代建筑史·元、明建筑》（第四卷）多有叙述，这里主要结合临清窑厂调研资料以及明代宋应星的《天工开物》及张问之的《造砖图说》。

24（明）宋应星. 天工开物 [M]. 明崇祯十年涂绍煃刊本.

25（明）宋应星. 天工开物 [M]. 明崇祯十年涂绍煃刊本.

26（明）宋应星. 天工开物 [M]. 明崇祯十年涂绍煃刊本.

沙模：主要是用沙土洒在模具上以形成一层薄薄的沙土模，以方便脱模；团泥：即用泥刀在静放泥料中取出适量泥料，而后摔打成方体，以方便填泥入模，这个过程是最后一次熟化泥料的过程，也是检验泥料中是否还有未熟化泥料的细小硬黏土块的一个过程；填泥入模：主要要求泥料完全填充到模内，防止局部泥料在填充过程中与模之间留有气泡；割除多余泥料环节的重点在于泥料割除后的割除面修补环节，割面修补完毕后，则在晾坯区域进行脱模。

晾坯：该环节主要包括晾坯、起坯、码坯、校坯、继续晾坯、码放坯料等环节。泥坯具有一定硬度且尚未完全硬化的时候，要进行一次坯体校正。泥料由于脱模后质地较软，容易变形，要进行一次校正。码放坯料要有所间隔，以便于通风，晾坯过程要防止砖坯暴晒开裂，故而码放之后的砖坯上部多覆以洇湿的草衫。晾坯环节持续的时间根据坯料大小、厚薄，多有不同，其总体原则是晾干、晾透，到坯体表面发白为止。

烧造：主要包括装窑、封窑、烧窑、窨水、晾窑、出窑等环节。这也是整个制砖环节技术性最强的环节，多由年长经验丰富的师傅担当。装窑要求坯砖间隔得当，便于通风跑烟，烧窑则需要烧窑师傅以经验来把握时间，火候不够或过火均会导致砖体质量下降，所谓"凡火候少一两则锈色不光，少三两则名嫩火砖。本色杂现，他日经霜冒雪，则立成解散，仍还土质。火候多一两则砖面有裂纹，多三两则砖形缩小拆裂，屈曲不伸，击之如碎铁然，不适于用。巧用者以之埋藏土内为墙脚，则亦有砖之用也。凡观火候，从窑门透视内壁，土受火精，形神摇荡，若金银熔化之极然，陶长辨之"[27]，正是道出了烧窑环节的重要。窨水是砖由红砖变为青砖的环节，其间的化学变化是高价的Fe_3O_4还原为黑色的Fe_2O_3，"凡转锈之法，窑巅作一平田样，四围稍弦起，灌水其上。砖瓦百钧用水四十石。水神透入土膜之下，与火意相感而成。水火既济，其质千秋矣"[28]。窨水环节不再烧窑，此时窑内完全封闭，上部窨水，静待其变化。

成品检验：明代对成品砖的质量要求很高。万历十二年（1584年）十月，为营造定陵，工部覆司礼监太监张宏："传砖料内粗糙，着申饬烧造官务亲查验，敲之有声，断之无孔，方准发运。"[29]同年十二月，工部侍郎何其鸣条陈营建大工十二事，亦有"议办物料，砖需有声无孔，石须色鲜体坚"[30]之说。此外，砖体越大，其损坏率越高，出窑之砖"或三五选一，或数十选一，必面背四旁……无燥纹无坠角，叩之声震清者，乃为入格"[31]。至此，历经千锤百炼的青砖始成。

（2）砖型与规格

早在新石器时代，我们的祖先已熟练掌握了制陶技术，为以后烧制砖、瓦创造了条件。秦代以前，砖坯制作多采用"片作"法[32]，这种做法反映了

27（明）宋应星.天工开物 [M].明崇祯十年涂绍煃刊本.

28（明）宋应星.天工开物 [M].明崇祯十年涂绍煃刊本.

29 明神宗实录：卷一五四 [M].台北："中央"研究院历史语言研究所校印，北京：北京图书馆红格钞本微卷影印 .1962：2851，2852.

30 明神宗实录：卷一五六 [M].台北："中央"研究院历史语言研究所校印，北京：北京图书馆红格钞本微卷影印 .1962：2883.

31 引自《四库全书总目》，卷八十四史部四十，清乾隆武英殿刻本.

32 中国科学院自然科学史研究所.中国古代建筑技术史 [M].北京：科学出版社，1985：253.

早期的砖体制作因袭制陶工艺的状况，砖的类型也呈现为大型空心砖或者较薄的实心铺地砖，多用于地面、贴墙或用于墓室，多为非承重砖。

在西汉时期，制砖生产与制陶生产分离，出现了专业制砖的工匠，称为"甓师"。这个时期制砖工艺有了很大提高，已经开始制作条砖，用于地面以上建筑的墙体，砖的结构有了重大发展。大约在西汉晚期，承重条砖逐渐取代大型空心砖，成为砖的主要类型，作为我国古代建筑砖结构发展的第一个高潮时期，两汉时期呈现的砖体品种多样，主要有大型空心砖、承重条砖、砌筑拱顶的异型砖、铺地砖等类型，其砖坯制作方法有所不同，大型空心砖推测为一次成型法[33]，承重条砖砖坯制作有两种方法，即硬泥成型法和软泥砖斗成型法[34]。

两汉之后，各种异型砖逐渐为通用性最强的条砖所代替，条砖应用更为广泛，其产量也显著增长。魏晋以后的砖几乎就是指这种形体简单用于砌筑的条砖[35]。

魏晋南北朝时期是我国历史上由动荡到安定、由分裂到统一的时期。民族的融合使制砖技术在全国范围内传播和发展，条砖的应用有了更为广阔的空间，这个时期的砖主要用于地下墓室、地上的塔及城墙。

唐朝经济繁荣，承重条砖更为普及，砖塔更多地取代了木塔。这个时期条砖多采用素面砖，反映了由于用砖需求大大增加，需要提高制砖效率的情况，砖坯制作更多地采用了无压纹的砖斗模具。

宋代以前的砖规格尚不统一，《营造法式》对于制砖技术进行了总结推广，对于功限、用料以及砖的规格尺寸进行了统一。规格化的统一为大规模的建筑活动提供了便利的条件，宋代制砖基本已不再压印纹饰，只有少量铺地砖印有纹饰。

元代拉开了砖石建筑发展的大序幕，受统治者建筑观念的影响以及宗教的影响，这个时期则更多地采用了砖石建筑技术，砖的需求更为增加，制砖工艺在宋代的基础上得到更大的普及、传播。

明代制砖水平在承接前代制砖工艺与技术的基础上有了较大的提高。考察现今所遗明代砖料，较前代其突出特点有几个方面：第一，砖的厚度、实体体量大大增加，如永乐时期，临清城砖体量为420毫米×185毫米×150毫米，这个尺度远大于宋代砖料，也大于唐代砖料。第二，这一时期烧制的金砖质量高，体量大，厚70毫米，长、宽皆600毫米的金砖大量生产。第三，瓷土砖出现并开始应用。明代砖料依其原料可分三种——黏土砖、沙土砖及瓷土砖。其中尤以瓷土砖为明代砖料中之珍品。这种砖在《工部厂库须知》中被称为"白城砖"，因其颜色米黄不同其他青色砖而名之。瓷土砖是一种高岭土砖，质地细腻紧密，表面光滑，吸水性弱。这种砖在明代多烧制于江

33 中国科学院自然科学史研究所. 中国古代建筑技术史 [M]. 北京：科学出版社，1985：254.

34 中国科学院自然科学史研究所. 中国古代建筑技术史 [M]. 北京：科学出版社，1985：255.

35 中国科学院自然科学史研究所. 中国古代建筑技术史 [M]. 北京：科学出版社，1985：256.

西省，明代部分城垣有所采用。第四，望砖开始烧造，明代诸砖料，以此类砖料最小，是明代最小体量的砖料。

明代制砖技术虽然非常成熟，但各地所用砖斗并不统一，规格只能限制在一个尺度大体接近的程度，手工操作本身也会引起规格的细小误差。在明《工部厂库须知》中，除金砖外，其他类型的砖鲜有明确的规格，而只限以工限，当是对明时用砖规格并不完全统一的有利佐证。《工部厂库须知》所记载砖的种类及规格详见表20-1。

然而，明代用砖规格并非无迹可寻，以大城砖为例，统计各地明代官式砖作建筑用料，结合临清城砖规格（表20-2），大城砖比例大体遵循了4:2:1的比例。

表20-1 明"黑窑厂"烧造各式砖之规定（据《工部厂库须知》卷之五整理）

名称	尺寸（明尺）	公制尺寸（毫米）（1明尺=317.5毫米）	每工造坯定额（个、块）	每烧一块砖所需要的柴数（斤）
方砖	二尺	635×635	4	120（万历时拟减10斤）
	尺七	540×540	6	90（万历时拟减10斤）
	尺五	476×476	10	70（万历时拟减6斤）
	尺二	381×381	13	50（万历时拟减4斤）
大平身砖	长一尺六寸宽一尺	635×635	9	70（万历时拟减6斤）
平身砖			13	50（万历时拟减4斤）
城砖			10	50（万历时拟减4斤）
板砖				40
斧子砖			26	40
券副砖			24	40
望板砖			60	70
混砖			100	
沙板砖			100	

相比较前朝砖型，明代能烧厚砖、大砖，并大量烧望砖，这和明代普遍采用煤炭有关。宋《营造法式》卷二十七窑作载"烧造用芟草"，所谓"芟草"即割下来的草，可见宋代"制砖烧石（灰）"所用主要燃料为柴草。而明代用煤炭烧，使大体量砖烧造、石灰的完全焚化成为可能。明代青砖厚度明显大于前代，达到115毫米，柴草很难将其烧透，煤的使用则解决了这个问题。由于烧造规模的提高，使得砖料、石灰的成本大为降低，价格更为低

廉，这又促进了砖、石灰的广泛使用。

表20-2 明代大样城砖规格及比例变化一览表

庙号	朝名	时间	典型砖料尺寸（毫米）	大致比例
明太祖	洪武	1368—1398年	420×200×105，413×210×120	
明成祖	永乐	1403—1424年	420×185×150	4：1.7：1.4
明仁宗	洪熙	1425年		
明宣宗	宣德	1426—1435年		
明英宗	正统	1436—1449年		
	天顺	1457—1464年		
明代宗	景泰	1450—1457年		
明宪宗	成化	1465—1487年	450×190×92	4：1.7：0.8
明孝宗	弘治	1488—1505年		
明武宗	正德	1506—1521年	496×264×148，	4：2.1：1.2
明世宗	嘉靖	1522—1566年	466×242×125，	4：2.1：1.1
明穆宗	隆庆	1567—1572年		
明神宗	万历	1573—1620年	485×242×125，475×235×□ 445×115×185，475×245×□	4：2：1
明光宗	泰昌	1620年		
明熹宗	天启	1621—1627年	422～426×215×108	4：2：1
明思宗	崇祯	1628—1644年		

（制表依据资料：工程实例考察资料及临清黑窑厂考察资料）

2）黏结材料及墙面抹灰

（1）石灰烧造技术

石灰由于产量增加及成本下降，在明代砖作建筑中被广泛使用。考察现今所存明代官式砖作建筑，绝大多数使用石灰浆作为其黏结材料。明代石灰烧造技术的提高不仅体现于用煤，就原料选择、烧造火候等方面，也有非常成熟的技术。

首先，选石原料具有明确的规定，明《天工开物》中说"石以青色为上，黄白次之"，青石是致密的石灰石，氧化钙含量高，杂质少，烧造出的石灰质量上乘。

其次，对于烧造用的火候和温度也有恰当的控制，《营造法式》中强调"火力均匀而文"，过高或者过低均会影响石灰成品的质量。明《天工开物》中说"燔灰火料煤炭居什九，薪炭居什一。先取煤炭泥和做成饼，每煤饼一层叠石一层，铺薪其底，灼火燔之。最佳者曰矿灰，最恶者曰窑滓灰。火力到后，烧酥石性，置于风中久自吹化成粉。急用者以水沃之，亦自解散"。可见对石灰的烧造技术，明代匠人已经有了非常成熟的把握。

（2）石灰灰浆黏结

对武当山道教宫观、南京明故宫午门、湖北钟祥显陵、北京十三陵中提取了部分黏结灰样品，检验有淀粉类有机物质存在，但这种物质具体是什么，无法探知。后南京明故宫午门修复，对加入石灰浆的材料亦多有讨论，然终无定论。

南京城垣所用黏结材料，据杨新华《古城一瞬间》中的记述"南京城垣多使用糯米汁石灰黏结材料，亦有部分学者认为南京城垣采用了桐油、石灰、糯米汁三种混合材料的黏结材料"。

此外《明中都遗址考察报告》中尚提及：（明中都午门）"砌筑浆料呈乳白色，极少数略带黄色，承受荷重较大的部位，看不到灰膏的成分，更没有砂子掺杂在内，呈半透明体，浆料的成分尚未化验，从浆料淋漓冻结的状态观察，砌筑时可能进行了浇灌，浆料是很稀薄的，几乎只有很小的砖缝，浇灌以后，随即凝冻。城砖之间的缝隙几乎全部都被浆料填满，把砌体胶结成了一个整体，因此黏结力和抗压强度相当大，丁字镐抡上去火星直冒，很不容易把它劈开"。推测该黏结材料加入糯米、石灰、桐油三种材料混合料的可能性较大，就其机理而言，糯米汁等有机物汁液中含有淀粉胶黏剂，这种胶黏剂是多羟基物质，具有黏结和增强的作用，加入石灰浆后并无化学变化，掺入汁液中淀粉胶黏剂的多寡决定了这种黏结强弱的效果，现代建筑中所施用的改性高分子淀粉胶也是这种原理的具体应用。就其强度性能，中国科学院自然科学史研究所主编的《中国古代建筑技术史》中通过实验，得出的结论是"虽然糯米石灰的早期强度不如纯石灰，但在潮湿的条件下，其后期强度的生成，比普通石灰来得快"。至于强度，则明显优于纯石灰浆。石灰中加入桐油形成油灰具有良好的黏结性与憎水性，多用于造船与墁地。明《天工开物》中说"甃（修井）墁（铺地面）则仍用油灰"，可见当时桐油、石灰具有一定的使用量。仅仅糯米汁加少量石灰，强度不会如此之大，估计加入桐油的可能性较大。

黏结灰浆中掺入糯米汁的做法在元代已经开始出现，实例为葬于元大德九年（1305年）的范文虎之墓，其椁顶用砖封砌，再盖以木板，木板上有米汁石灰浇浆层[36]。实际石灰中加入有机物的例子非常多，如明代之前就已使用于彩绘地仗中的血料石灰等。

明《天工开物》燔石第十一对砖黏结材料多有记述："用以砌墙石，则筛去石块，水调黏合。墁则仍用油灰。用以垩墙壁，则澄过入纸筋涂墁。

36 潘谷西. 中国古代建筑史·第四卷·元、明建筑 [M]. 北京：中国建筑工业出版社，2001：216.

用以襄墓及贮水池，则灰一分，入河沙、黄土二分，用糯粳米、羊桃藤汁和匀……凡温、台、闽、广海滨石不堪灰者，则天生蛎蚝以代之"。总之，明代黏结材料石灰被普遍应用，且普遍存在石灰浆中加入有机物质汁液的做法，较前代有了很大发展，性能大大提高。

（3）金属拉结及胶料黏结

明代黏结材料的优良不仅体现在其广泛使用石灰浆上，更体现在金属拉结材料的使用上，拉结材料的使用，在宋《营造法式》中亦有所记述："每用坯墼（即土坯）三重，铺襻竹一重……"其使用的是竹而非金属，金属材料在明以前更多地用于石块之间的拉结，明代官式建筑中用金属拉结实例较多，如明中都午门拱券，为增加洞券拉结力，洞券顶部加有不少"长五六十到八九十不等，宽二指的铁钩，铁构都在券顶内部，外面砌砖"[37]；另河南卫辉望京楼采用横向及纵向方式对铁件拉结亦多有使用，构造措施为：在石头砌筑面凿眼，而后以垂直墙面埋于墙内的铁件勾拉并灌注石灰浆（图20-1），平行墙面方向则采用U形铁件进行顺石勾拉（图20-2）。

图20-1～图20-2 作者拍摄

图20-1　河南卫辉望京楼砖石纵向拉结

图20-2　河南卫辉望京楼砖石横向拉结

37 王剑英，陈怀仁，等. 明中都研究 [M]. 北京：中国青年出版社，2005：263.

（4）墙面抹灰

明代官式建筑墙面有清水、混水两种做法，清水墙面主要以干摆、丝缝做法为主，混水墙面则更多因循了宋代《营造法式》中的红灰、黄灰做法。这一点可以在武当山道教宫观及北京十三陵等明代建筑墙面抹灰做法中得以证实。

宋代宫殿用红灰配比已相当严密，根据宋《营造法式》的记述，每一方丈其配比为：石灰：赤土：土朱=30斤：23斤：10斤；黄灰石灰泥配比为：石灰：黄土=47斤4两：15斤2两（半斤=八两）。此外两灰中对麻刀的用量也有明确的规定："凡和石灰泥每石灰三十斤用麻刀二斤。"并规定"其和红黄青灰等，即统计用朱土、赤土、黄土、石灰等斤数在石灰内"，即麻刀的掺入量为：成品色灰：麻刀=30斤：2斤。

此外对于白灰麻刀墙面，为保证其洁白、稳定，多刷以矾水，如明北京故宫殿内墙面，刷矾水本为墙面制作壁画的工序之一，白灰墙面罩一层矾水后在其表面形成一层透明的薄膜，在其上画壁画不洇不滞，其本身也有隔尘作用。

3）砖砍磨及砖雕饰

（1）砖件砍磨加工的分类

异型砖件加工：根据用途的不同，被加工的异型砖件可分为仿木构件砖料、屋面瓦饰砖料、券脸料等。仿木构件主要包括砖椽、砖枋、砖斗栱等等，主要用于砖塔、无梁殿、砖作焚帛炉等建筑中。屋面瓦饰砖料主要包括脊组件、吻兽座，主要用于明代等级较低的附属官式建筑中，如宫墙、八字墙等等。脊组件指屋脊上的砖料，如硬瓦条、混砖、陡砖、宝顶用料等等。在明代附属官式建筑中，吻兽座主要指吻、兽下的底座。

砖料细加工：根据使用部位的不同可以分为墙身砖、地面砖、砖檐料和杂砖料。墙身砖：在明代官式建筑中主要是干摆、撕缝墙面用料。地面砖：在明代官式建筑中主要是指金砖地面。砖檐料：指砖檐用的混砖、直砖、半混砖枭砖等檐子用料。杂砖料：指用量小但造型多变的砖料，如影壁、廊心墙、匾圈用料、素面须弥座用料、升头砖、砖挑檐用料、搏风、靴头等。一般说来，用量少的小型砍磨砖料可视为杂料子。

（2）砖料砍磨加工主要工具

主要包括刨子、斧子、扁子、敲手、磨具、錾子、制子等工具。

北京故宫太和殿维修的操作工艺基本延续了传统砖料砍磨加工技术，所用工具如图20-3所示，所用工具中，部分工具为近代砖料砍磨加工实践中由匠人发明制作。

图20-3 作者制作

图20-3 砖料砍磨加工主要工具

（3）砖料砍磨加工技术工艺

墙面砖：砖料砍磨之前，应先砍出样板砖即"宣砖"，然后统一按官砖砍制。官砖的规格即其所需砖料的标准尺寸。

金砖砍磨：地面用金砖除应砍包灰外，也应砍转头肋。地面砖的转头肋宽度不小于1厘米。方砖要选择比较细致的一面——"水面"，作为砍磨的正面。比较粗糙的"旱面"在墁地时应朝下放置。金砖看面参照墙身用五扒皮的方法，先铲磨面，再砍四肋（再转头肋），四个肋要互成直角，包灰1~2毫米。看面尺寸要与官砖相吻合，任取两块磨平的盒子面也应能完全相合。金砖加工工艺非常精细，尤其是看面平整度，要求用软平尺检查。软平尺是用不易变形的木料制作的，然后将毡子粘在平尺的小面上。使用时应先将软平尺的小面上沾上红土粉，然后在砖的表面刮一下，未沾上红土粉之处即为低洼之处，颜色较深之处即为高出之处，需要进一步修整才可使用。

异型砖和杂料：异型砖料一般在初步砍磨后再根据需要进一步加工，其加工根据起样的不同有多种方法，样板法先做样，而后依据样进行画线砍制；活弯尺法用木弯尺画线加工等（表20-3）。

表20-3　明代官式建筑砍磨加工砖料成品类型

砖件类型		工艺特点	主要用途	工程实例
五扒皮砖		砖的6个面中加工5个面	干摆做法的砌体；细墁条砖地面	大多明代官式建筑
地面金砖		五扒皮，四肋应砍转头肋，表面平整要求极严	金砖地面	北京天坛、明故宫
异形构件	仿木砖料	看面加工严整，部分构件拆解加工	挑檐，砖作檩、枋构件	北京先农坛焚帛炉
	须弥座料	看面加工严整	须弥座台基	北京先农坛焚帛炉
	升头砖	重在形状合于尺度	歇山屋面翼角屋面升起	武当山遇真宫八字墙
	檐砖料	看面加工，形状合于尺度		武当山玉虚宫宫墙
	脊砖料	看面加工，形状合于尺度	正、垂脊组件	武当山玉虚宫宫墙
	吻兽座料	看面加工，形状合于尺度	吻、兽基座	武当山遇真宫八字墙
	券脸砖	看面加工，形状合于尺度	拱券	武当山玉虚宫碑亭等

（4）砖雕饰

明代是我国砖雕工艺发展的一个高峰时期。随着砖作普遍使用，砖作雕饰技艺不断发展。根据制作工艺的不同，明代砖雕饰可分为两大类别：模印烧造及砖料雕刻。现存明代建筑实例呈现了砖雕工艺流变的概况：以正德、嘉靖两朝为限，之前砖雕多为模印加工工艺；之后除少数仿木构件采用模制加工外，多以砖料雕刻而成。

图20-4 作者拍摄

图20-4　湖北十堰武当山遇真宫八字墙模制砖雕

模印烧造工艺：其花纹在砖厂制砖坯时使用刻有花纹的砖斗印制而成。具体实例如洪武年间建造的明中都砖雕饰、永乐年间建造的湖北武当山道教建筑砖雕饰等（图20-4）。模制雕饰烧造工艺出现非常早，具体实例如四川彭州东汉墓出土的画像砖。文献中所称的"文砖"即是这种模制花纹砖或画像砖。

建筑实例考察过程中，就模印砖雕尚发现一种现象：明、清官式砖作建筑中，其檩条、额枋所施用模制"旋子彩画"图案砖雕基本一致，这与明、清木构建筑中旋子彩画多有不同的实际情况相异，实例如明太庙焚帛炉、先农坛焚帛炉，其旋子彩画与清东陵砖作建筑旋子彩画相同。概因明清檩、枋砖雕多为模刻（印），工匠之间工艺多为薪火相传，砖斗图案少有变化，故而在北京地区呈现了明代、清代砖作旋子雕饰图案基本一致的情况。

砖料雕刻工艺：使用烧造好的砖料砍凿雕刻而成的砖雕饰工艺。由于模制烧造加工工艺窑作阶段非常复杂，砖料雕刻工艺得以发明并发展。相较模制加工砖雕，砖料雕刻工艺出现较晚，南北朝时期，因佛教的兴盛，砖作佛塔大量建造，砖料雕刻得以出现并使用。由于砖的质地同石头相比较软，砖雕较石雕更易于加工且省工，砖的质地越细腻，砖雕则更为精美，砖雕的层次也越深。随着制砖技术的成熟与砖作建筑的应用，至清乾隆，砖雕日渐盛行，砖雕技术多采用剔地雕，走向了立体化程度。明代砖料雕刻工艺的砖雕大量出现于明正德、嘉靖两朝以后，砖作斫事也渐成一业，"凿花匠"出现。

砖雕可以在一块砖上进行，也可以由若干块组合起来进行。一般都是预先雕好，然后再进行安装。明代官式建筑砖雕题材多以卷草、花卉、云纹、瑞兽、祥禽为主，无人物雕刻。雕刻技法娴熟、构图严谨、分布精慎，风格淡雅、细腻、挺括，绝少铺张滥用，万历以后有繁缛铺张的倾向，但尚未泛滥。

砖雕类别包括以下几种：

线雕：主要通过图案的线条给人以立体感，这种雕刻的图案完全在一个平面上，也称作平雕。

浮雕：又可分为浅浮雕和高浮雕，其手法是采用剔地做法雕出立体的图案形象。明代官式建筑浮雕图案枝蔓多为平面而少有混面做法，风格较为严谨均衡，与明代官式建筑的严谨稳重的风格相合。

透雕：剔地雕的进一步发展则形成透雕，浮雕的形象只能看见一部分，透雕的形象则大部分甚至全部都能看到。透雕手法甚至可以把图案雕成多层。

4）制砖产地

明中都所用砖根据砖铭涉及江苏、安徽、江西、湖广等省份的22个府68个县；由卫所烧造的砖涉及凤阳卫、怀远卫、长淮卫、扬州卫、应天卫，加之五行编号的题刻文字，共计201种，此外尚涉及135种题刻的字号砖以及少量的刑狱砖[38]。明代武当山道教宫观的营造、军事防御建筑所涉及的用砖无不是

38 该数据资料引自：王剑英，陈怀仁等. 明中都研究 [M]. 北京：中国青年出版社，2005：383，384.

全国动员的制作活动。近年来，对于明代砖作官窑的遗址多有发现，这些官窑分布地区非常广泛，且数量庞大，山东临清以烧造城砖为主，根据近年发掘资料及《直隶临清州志》记载：明清两代，临清东、西吊马桥官窑72座；东、西白塔窑官窑48座；张庄窑、河隈张庄官窑72座。以上共计192座，每个官窑都是2个窑口，共计384个窑。苏州陆慕御窑村为金砖产地，自明永乐至清光绪的两朝数百余年间，陆慕御窑一直是官府定点烧制皇家砖瓦的主要基地。江西分宜主要为明代皇城城墙烧制墙砖的官窑，目前尚有100多个砖窑遗址。

（1）土质、产地与制砖

制砖技术主要体现于砖坯的制作以及砖坯的烧造。根据不同地区的土质，砖体制作的类型也多有不同，直隶临清州地表以下1米多深，为红、白、黄相间的"莲花土"。这种"莲花土"细腻无杂质，沙黏适宜，烧成砖后"击之有声、断之无孔，坚硬苦实、不碱不蚀"，故而用来烧制城砖。

苏州陆慕则主产金砖。该地区地表以下深层为优质黏土，制作时，必须练泥，要把这些纹理细腻的上好黏土一片片地扦碎，越细越好，和水后派工人赤脚踩泥。一定要把泥彻底踩和练熟，如同面团一样，搓成很长很细很黏的"胶泥条"样时才能制坯。制坯是个精细活。由于每块"金砖"尺寸体制较大，厚薄见方，必须光滑均匀，按质量规格，平均误差不得超过一毫米，要求特别高。每个熟练工人全凭眼力手工抟制，一天只能制作几块砖坯。砖坯成型后，须整齐地码放在阴凉密闭的环境中经自然阴干，才可入窑烧制。烧制"金砖"对窑温要求极高，只有窑心部位才可达到。故装窑时窑壁要用普通砖瓦坯团团护砌好，中间才放"金砖"坯子。因此每一窑烧制的"金砖"数量不多。每块砖坯从入窑到出窑据说要连续约烧130天，不得熄火。如果从采泥算起至成品"金砖"出厂，经过层层工序，历时往往要近两年的时间，极费工夫。烧制的特大细料方砖质地密实细腻，断之坚细无孔，敲之清脆有金石声。

（2）制砖管理

考察明代制砖管理及责任制度，大致可分两套体系，该两套体系均隶属工部或内阁，具体管理多有不同：一为工部派员督造砖料的管理体系，一为地方官员负责督造的管理体制。至今为止所查找到的对明代砖料烧造管理最为齐全的砖铭之一，责任人多达九级，分别为：府级提调官、司吏、县级提调官、司吏，以及总甲、甲首、小甲、窑匠、造砖人夫。

对于制砖的重要产地，明代政府则多派员督造，如苏州陆慕、山东临清。根据明代《工部厂库须知》记载及对临清明代官窑的考察，其管理体系为各层管理各有职责，形成了一套完备的包含生产、管理、运输等体系。

工部营缮分司：工部所辖官署，工部主管全国各项工程、工匠、屯田、水利、交通、营造等事务。长官为工部尚书，副长官为侍郎，下设营缮、屯田、虞衡、水部四司，设在临清的工部营缮分司专门督管建窑烧砖。

砖厂：隶属于工部营缮分司，负责征收各窑户送缴的砖，并安排运输，临清城内砖厂有四处，砖厂主管由朝廷委派的太监担任。

窑户：掌管官窑和政府划给的烧砖取土用地等生产资料，同时，享受明政府赐予的一些特权，虽为窑主，但没有窑厂的所有权，掌管交给国家产品得到的"工价银"，并参加"工价银"的分配。

作头：窑厂生产的参加者和生产的直接组织者、指挥者。

匠人：依"轮班匠"制度到指定地区为政府服役的具有匠籍的手工业匠人，其下尚设有小工（匠夫）与其配合。

（3）砖上题刻

砖体雕刻砖铭，并非明代才有的事情，但各个时期题刻内容及其作用多有不同，如山西大同魏司马金龙墓所用条砖约5万块，"模端一侧有阳文'琅玡王司马金龙墓寿砖'"十字，重在表明该砖的用处[39]。明代题刻主要作用在于表明砖的制作来源，以约束制作者保证砖的质量，而并非表明砖的确切生产产地，如部分临清所产砖题刻有"河南府××造"。这种情况主要和明代工匠管理制度息息相关，明代采用"轮班制度"，这些编有匠籍的手工业者轮流到朝廷指定地点服徭役，在这种制度下，明政府既然在临清"设工部营缮分司"，监督建窑烧砖，便指定全国部分地区匠籍的手工业者到临清服役烧砖，故而在临清便出现了上述字样题刻的临清砖。这种情况在秦皇岛长城的修建过程中也可看到，秦皇岛山海关东罗城修建所使用的砖均有题刻，部分砖刻有"××府造"字样，但这些砖实际都是由该府籍贯的军士在当地烧制而成，故而刻上了该制作者的籍贯之地。在近年山海关明代烧制城砖的官窑的考古发掘是这种情况的实际佐证。这种责任到人的制度为砖的制作质量提供了基础保证。

考察各地明代官式砖作建筑的铭文，其内容反映了一块砖制作所涉及的官员和造砖人夫的层层责任人，如府、州、县、总甲、甲首、制砖人夫、窑匠等达九级之多。每一块明代砖料，都蕴涵了丰富而珍贵的历史和文化信息。

（4）明代用砖与主要产地

明代几项大型营造项目多为举国行动的项目，故而明代用砖产地较为庞大，且部分砖是在营造地直接取土烧造。如明中都所用地方砖涉及江苏、安徽、江西、湖广等省份的22个府68个县；由卫所烧造的砖涉及凤阳卫、怀远卫、长淮卫、扬州卫、应天卫。明南京城的营造、湖北武当山的营造亦涉及多个省份地区。"若皇居所用砖，其大者厂在临清，工部分司主之。初名

39 山西省大同市博物馆. 山西大同石家寨北魏司马金龙墓 [J]. 文物, 1972（3）: 20-33+64+89-92.

色有副砖、券砖、平身砖、望板砖、斧刃砖、方砖之类，后革去半。运至京师，每漕舫搭四十块，民舟半之。又细料方砖以甃正殿者，则由苏州造解。其琉璃砖色料，已载瓦款。取薪台基厂，烧由黑窑云"[40]，《天工开物》大体提及了典型砖料产地。一者在山东临清，以烧造城砖为主，一者在苏州陆慕，以烧造金砖为主。此外，这些地区之所以成为砖之主要产地，盖源于土质、运输等方面，如临清成为官式建筑用砖主要产地的原因如下：其一，临清的"区域性地理优势"。临清傍临运河，运输方便，相当一部分临清贡砖是搭乘漕运船只解运到北京。据《临清州志》记载，明初"临清砖就漕艘搭解，后遂沿及民船装运。今（乾隆五十年前后）仍复漕船运解通州"。砖运至通州张家湾码头后，再从陆路转运到京师。其二，临清的土十分特别。由于黄河的多次冲击，临清很多地方的土往下挖1米多深后，就会发现红、白、黄相间的"莲花土"。这种"莲花土"细腻无杂质，沙黏适宜，烧成砖后"击之有声、断之无孔，坚硬茁实、不碱不蚀"。现在一般砖的硬度是70号，临清舍利宝塔上的古砖硬度达到200号，比部分石头的硬度都大。

40（明）宋应星.天工开物 [M].
明崇祯十年涂绍煃刊本.

21 | 明代官式建筑砖作范式图版

图版一 砖山门（不带须弥座式）

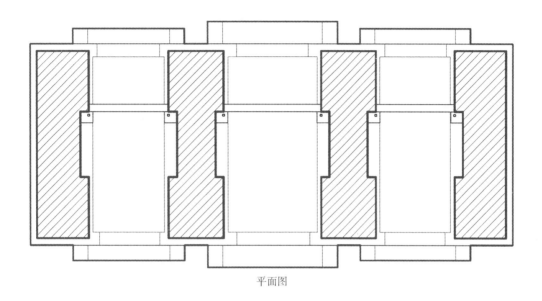

平面图

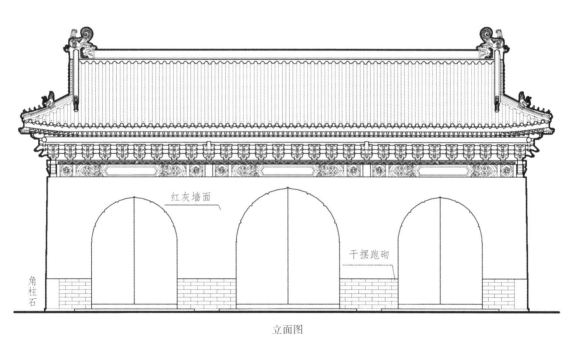

立面图

参考实例：北京天坛昭亨门

图版二 砖山门（底座为须弥座）（一）

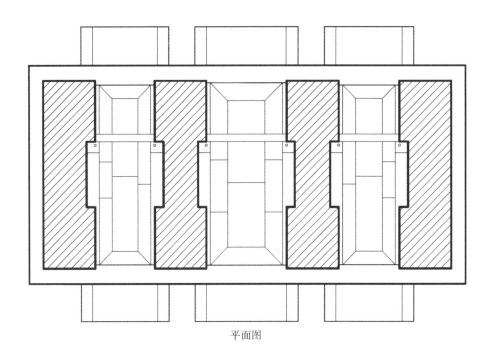

平面图

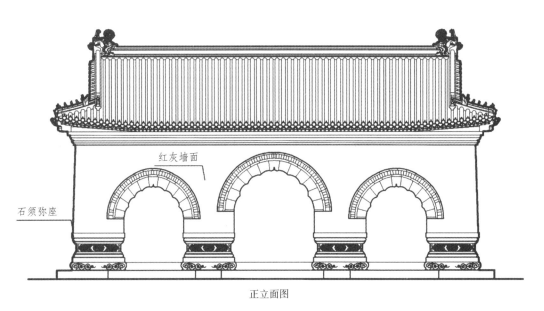

红灰墙面

石须弥座

正立面图

参考实例：湖北十堰武当山玉虚宫山门

图版三 砖山门（底座为须弥座）（二）

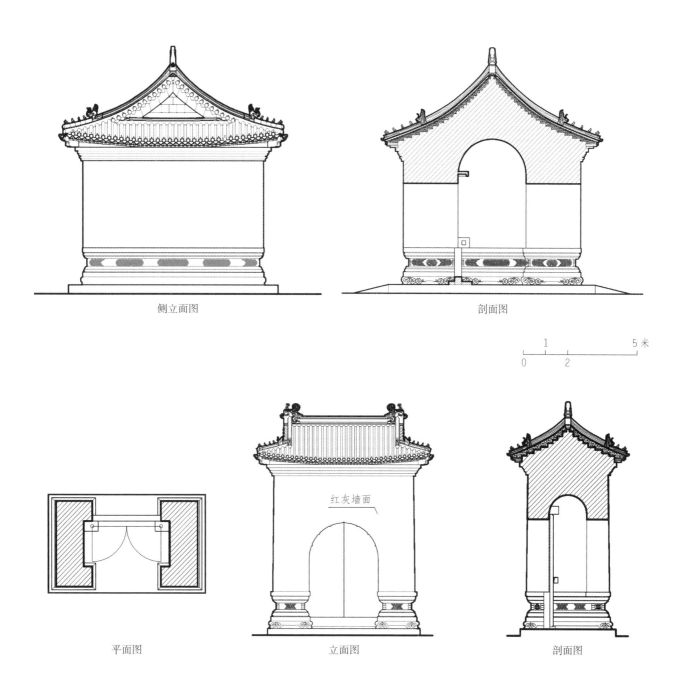

侧立面图

剖面图

红灰墙面

平面图

立面图

剖面图

参考实例：湖北十堰武当山玉虚宫山门

图版四　焚帛炉（一）

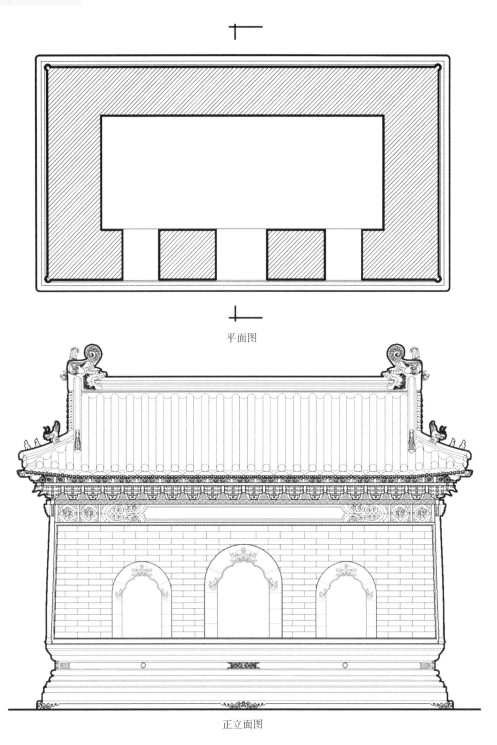

平面图

正立面图

参考实例：北京先农坛焚帛炉

图版五　焚帛炉（二）

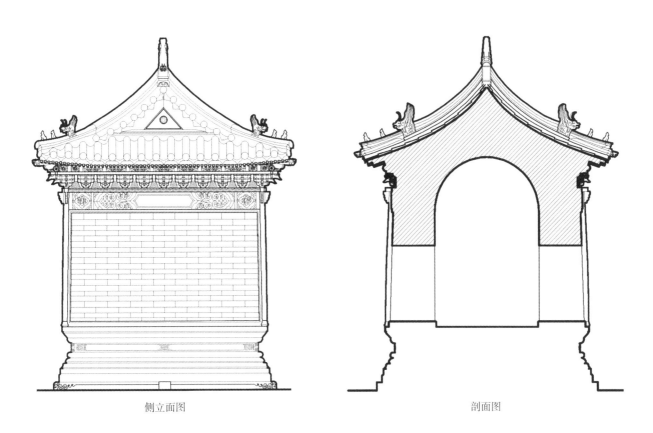

侧立面图　　　　　　　　　　剖面图

参考实例：北京先农坛焚帛炉

图版六　砖照壁（一）

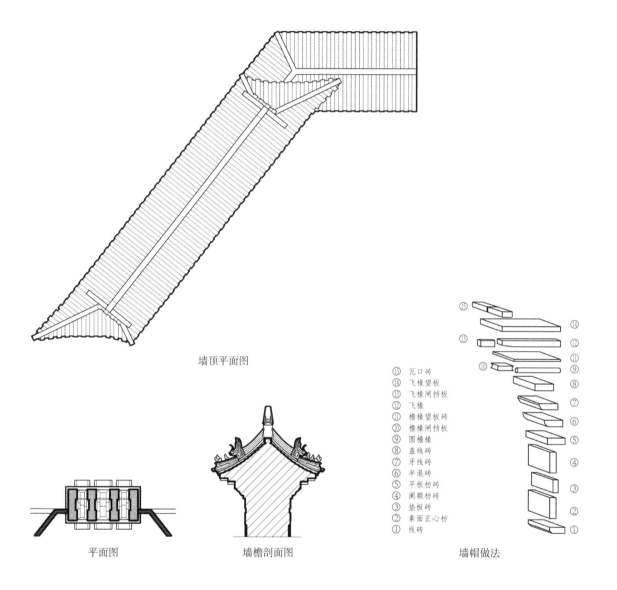

墙顶平面图

平面图　　　墙檐剖面图　　　墙帽做法

⑮ 瓦口砖
⑭ 飞椽望板
⑬ 飞椽闸挡板
⑫ 飞椽
⑪ 檐椽望板砖
⑩ 檐椽闸挡板
⑨ 圆檐椽
⑧ 盖线砖
⑦ 牙线砖
⑥ 半混砖
⑤ 平板枋砖
④ 阑额枋砖
③ 垫板砖
② 素面正心枋
① 线砖

参考实例：湖北十堰武当山遇真宫八字墙、武当山玉虚宫八字墙

图版七　砖照壁（二）

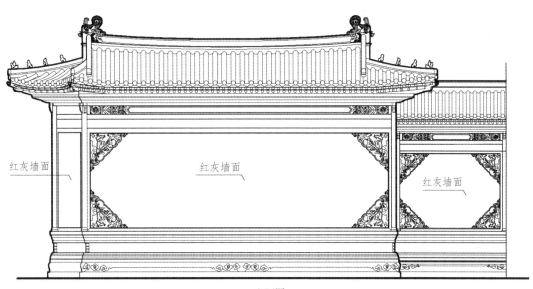

红灰墙面

红灰墙面

红灰墙面

立面图

参考实例：湖北十堰武当山遇真宫八字墙、武当山玉虚宫八字墙

图版八　砖宫墙

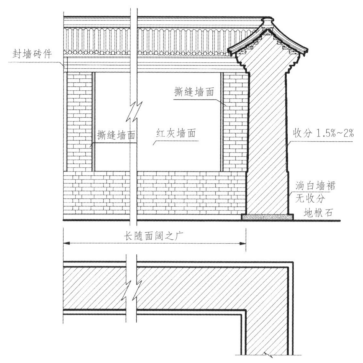

封墙砖件

撕缝墙面

撕缝墙面　红灰墙面

收分 1.5%~2%

淌白墙裙
无收分
地栿石

长随面阔之广

注：上图为宫墙与其他建筑连接时的情况，如无连接，则边出墙檐，侧檐做法同正身。

立面图

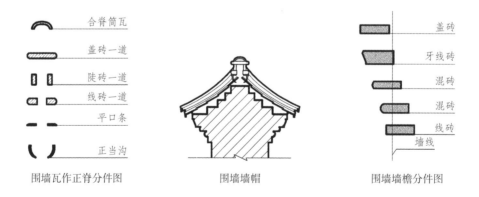

合脊筒瓦

盖砖一道

陡砖一道

线砖一道

平口条

正当沟

围墙瓦作正脊分件图

围墙墙帽

盖砖

牙线砖

混砖

混砖

线砖

墙线

围墙墙檐分件图

0.5　　2.5 米

0　　1

图版九　混水砖墙

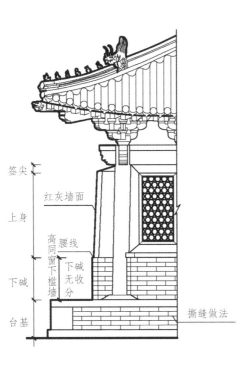

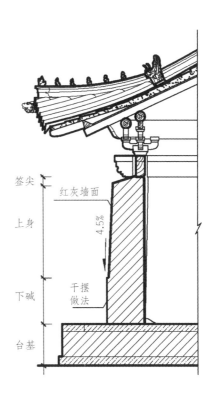

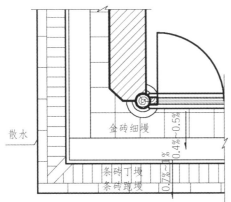

山墙抹灰下碱干摆做法

参考实例：北京故宫长春宫正殿、先农坛太岁殿

图版十　清水砖墙

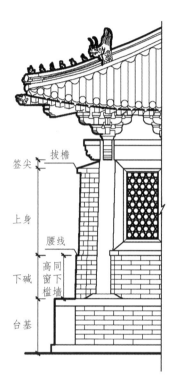

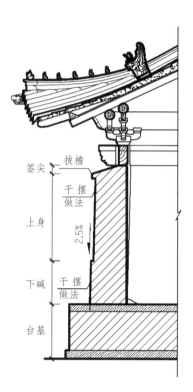

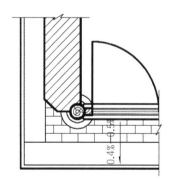

山墙通体砖墙干摆做法

参考实例：北京天坛殿宇

参考文献

[1] 谈迁 . 国榷 [M]. 北京：中华书局，1988.

[2] 中国科学院自然科学史研究所 . 中国古代建筑技术史 [M]. 北京：科学出版社，1985.

[3] 张先得 . 明清北京城垣和城门 [M]. 石家庄：河北教育出版社，2003.

[4] 龚恺 . 明代无梁殿 [D]. 南京：南京工学院，1987.

[5] 胡汉生 . 明朝帝王陵 [M]. 北京：北京燕山出版社，2001.

[6] 王剑英，陈怀仁 . 明中都研究 [M]. 北京：中国青年出版社，2005.

[7] 张德信 . 明朝典章制度 [M]. 长春：吉林文史出版社，2001.

[8] 王璞子，故宫博物院古建部 . 工程做法注释 [M]. 北京：中国建筑工业出版社，1995.

[9] 张惠衣 . 金陵大报恩寺塔志 [M]. 北平：国立北平研究院史学研究会，1937.

[10] 杨新华，卢海鸣 . 南京明清建筑 [M]. 南京：南京大学出版社，2001.

[11] 周红梅 . 明显陵探微 [M]. 3 版 . 香港：中国素质教育出版社，2011.

[12] 杨国庆 . 南京明代城墙 [M]. 南京：南京出版社，2002.

[13] 林徽因，梁思成 . 晋汾古建筑预查纪略 [J]. 中国营造学社汇刊，1935，5(3)：12–67.

[14] 沈朝阳 . 秦皇岛长城 [M]. 北京：方志出版社，2002.

[15] 刘敦桢，建筑科学研究院建筑史编委会 . 中国古代建筑史 [M]. 北京：中国建筑工业出版社，1984.

[16] 梁思成 . 清式营造则例 [M]. 北京：中国建筑工业出版社，1981.

[17] 李诚，梁思成 . 营造法式注释 [M]. 北京：中国建筑工业出版社，1983.

第五篇　琉璃作

第五篇　琉璃作

22　明代官式建筑琉璃的兴起

建筑琉璃是中国古代建筑的重要材料之一，目前所知最早在北魏时期出现于建筑上，经过隋、唐、宋、元的发展，到明代进入鼎盛时期。明代建筑琉璃开始广泛使用，其工艺和技术得到了空前的发展，逐步成熟，形成了严格的规制，成为官式建筑的重要部分。明代官式建筑琉璃在数量、色彩、式样、规模上都代表了琉璃的最高成就。

1）明代官式建筑琉璃产生的基础与发展

（1）明代官式建筑琉璃产生的基础

建筑琉璃的发展经历了颜色越来越丰富，类型越来越多，应用越来越广的过程。从南北朝时期琉璃开始用于建筑，直到唐代，琉璃多用在建筑屋面，已有了配套的屋面琉璃构件。宋代除继续使用并逐步完善屋面构件系统外，还制成了琉璃贴（墙）面材料，琉璃使用的范围向构筑物上扩展。如至今仍然屹立的河南开封祐国寺琉璃塔就是一例证，塔的外观全部采用琉璃仿木构件，构件多达八十余种。当时已经具备可以制作大型琉璃构件的能力，如山西大同上、下华严寺大雄宝殿和薄伽教藏殿的鸱吻（金代）那样的大型琉璃构件，变形控制、制作、安装都有相当的难度，说明了生产技术工艺已经发展到一定程度。随着琉璃构件品种的增多，加之琉璃构件施工的特殊性（无法现场砍削加工），宋代已经初步考虑构件的定型化和逐步标准化，并且渐渐形成系列。宋李诫的《营造法式》中对琉璃的生产进行了较为详尽的介绍性描述，并在瓦作制度和窑作制度部分，规定用瓦的规格尺寸。

元代建筑琉璃使用范围更为广泛。蒙古统治者在大都的建设中，"凡诸宫门，皆金铺朱户丹楹，藻绘雕壁，琉璃瓦饰檐脊……"[1]。到元末，建筑琉璃的使用除皇亲国戚、达官显贵的宫殿、府邸外，甚至在民间的庙宇中也不鲜见。二十多年前潘谷西先生在山西境内考察中，发现了多处尚存的具有琉璃瓦屋面的元代乡村庙观。随着建筑琉璃的使用更加广泛，琉璃的颜色也更加丰富。由最初仅有黄、绿两色，并以绿色为主，到唐代中期以后可以生

1（元）陶宗仪.南村辍耕录[M].北京：中华书局，1959：2.

产出绿、黄、蓝、黑等数种颜色，经宋、辽、金直至元末，颜色更加齐全，还出现了白、赭石、青等颜色。

宋、元以来，建筑琉璃的制作工艺、生产能力以及施工组装技术有了长足发展，为明代官式建筑琉璃的出现和发展奠定了基础。

明代是我国古代建筑历史上的重要时期，它处于建筑风格迥异的唐宋与清代之间，是一个承上启下的朝代。明代建筑在规格、尺度、形式、质量等各方面都达到了很高水平，已形成了成熟的木作体系。建筑木构与装饰日益分化，木构简洁有序，整体性加强，受力传载路线明确、直接，构件在用材、构造、做法及形式上更趋规范与制度化[2]。这为琉璃构件的使用和构件生产系列化、定型化奠定了基础。

明代是结束了元代少数民族统治转入以汉族为统治中心的中央集权的社会。在建国初期，统治者大力宣扬汉文化，推行弃元扬宋的政策。明代官式建筑琉璃吸收了宋代的技术特点。如琉璃纹饰雕刻继承唐宋传统，雕刻细腻流畅，形象饱满生动；屋顶角脊的蹲兽名目沿用宋制而来；正脊吻兽从宋代龙尾发展变化而来。但是，明代官式建筑琉璃并没有一味地拘泥宋代旧制，也继承了元代的先进技术，如没有沿用宋代的垒瓦屋脊，而是继续发展了元代出现的筒子脊的做法。

（2）明代官式建筑琉璃在明代的发展

明代建筑琉璃的发展可分为三个阶段。

① 初期（洪武—宣德，1368—1435年）

这一时期为新王朝建立初期，营造活动频繁。朱元璋建都南京，在南京开始大规模兴建宫殿、坛庙，并于洪武二年到八年营建了中都凤阳，虽然中途罢废，但宫殿也初具规模。这些皇家建筑大量使用琉璃瓦和脊饰，琉璃的生产也大大增加。洪武年间，从全国征调琉璃匠人，官窑中集中了手艺较高的南北匠人，打破了工匠的地域门派之别，提高了琉璃工艺水平。从南京故宫、明孝陵、安徽凤阳以及附近官窑出土的一些琉璃构件和历史文献记载中可以看出，洪武年间琉璃构件的形式、规格已经形成了一定规制。永乐年间，明成祖朱棣迁都北京，北京城的"宫殿、门阙规制，悉如南京，壮丽过之"[3]。北京城内设琉璃厂，匠人主要来自山西。随着北京宫殿、武当山道教建筑群、南京报恩寺琉璃塔的相继建成，表明琉璃的烧制工艺、安装技术都达到了很高水平，构件样式也已定型。

明代统治者在建国初期大力宣扬汉文化，推行弃元扬宋的政策，明初官式建筑琉璃的色彩和造型也体现了这一国策。琉璃颜色的使用摒弃元代喜用多种颜色的做法[4]，而结合五行、五色的思想，体现了中国传统思想文化。琉璃纹饰雕刻继承唐宋传统，雕刻细腻，形象饱满，线条流畅，造型灵活生

2 郭华瑜. 明代官式建筑大木作研究 [D], 南京：东南大学，2001：5-6.

3 （清）张廷玉，等. 明史 [M]. 北京：中华书局，1974：1668.

4 刘大可. 明、清官式琉璃艺术概论（上）[J]. 古建园林技术，1995（4）：29-32.

动，具有很高的艺术价值。

这一时期官式建筑琉璃的特点是数量多、质量好，艺术价值高，样式样制也基本确定。

② 中期（正统—嘉靖，1436—1566年）

这一时期社会稳定，财富积累不断增加，经济发达，处于上升阶段。官式建筑琉璃的规制更加完善，规格、尺度、形式、质量都达到了很高的水平。从这时期敕建的庙宇以及对皇家建筑的改建重建中琉璃的应用可以看出官式建筑琉璃的使用到了成熟期。

这一时期建筑琉璃的另一发展趋势是民间建筑琉璃开始出现并有了一定的发展。这与当时社会逐渐富庶，统治者慢慢放宽对琉璃的使用范围有关，但民间建筑琉璃的使用仅限寺庙道观建筑。民间建筑琉璃远不如官式建筑琉璃使用规模大、规格统一，但是也具有形式丰富、灵活多变的特点。山西洪洞广胜寺飞虹塔[正德十年—嘉靖六年（1515年—1527年）]就是这个时期民间建筑琉璃使用的代表。

③ 后期（隆庆—崇祯，1567—1644年）

这一时期社会经济繁荣，渐渐出现了奢侈之风。官式建筑琉璃的造型已经定型，开始追求细节，装饰繁冗复杂。图案雕饰构图形态变得刻板僵硬，不及明代初期、中期时灵活生动。到了明末，社会动荡，民不聊生，经济开始衰退滞后，琉璃的发展也受到了很大的制约。

（3）清代对明代官式建筑琉璃的继承与发展

明代与清代之间有着更为明显的承传关系。清初期仍然沿用明代做法，通过对清工部《工程做法》与明《工部厂库须知》中有关琉璃构件记载的比较可以看出，清代琉璃构件在样制上承明制，但对构件的尺寸规格进行了整理。到清乾隆时期，琉璃的生产与应用又有了大的发展，开始了一个新的高潮。清代对明代建筑琉璃也有所发展变化。据有关资料显示，清代对明代有明显改造的屋面琉璃构件至少达30多种[5]。这些改变一方面体现在一些构件（如正吻、吻座、背兽、剑把以及垂兽等）的样式略有变化，另一方面，也是最主要的变化体现在清代对一些构件的构造（主要是拉结构造）进行了简化。明代许多建筑琉璃构件的拉结方式是源于木作榫卯的方式，而琉璃构件是需要经过制胎和两次焙烧制成的，在这一系列过程中，变形是不可避免的，因此琉璃构件之间靠榫卯的连接不可能像木构件之间那样可以做到严丝合缝，不仅增加了施工的难度，构件也容易损坏。如明代背兽尾部会做出突出的榫头与正吻连接，清代对构件进行改造，背兽尾部做成中空的榫槽，用木销与正吻的榫槽连接，既方便施工，又保证了连接的严密性。

5 李全庆. 明代琉璃瓦、兽件分析 [J]. 古建园林技术，1990（1）：5—14.

2）明代官式建筑琉璃的成就与特点

琉璃作是建筑的重要部分，明代官式建筑的建设过程中使用了大量的琉璃构件，建筑了各类琉璃构筑物。其中有两京（南京、北京）大规模的宫殿、坛庙、陵墓和寺观建筑，如两京宫殿、北京十三陵、天坛、南京大报恩寺、湖北武当山道教宫观等，还有各地（山西、四川、青海、山东等省）敕建的建筑群。

经考察和查阅资料，现存（或可以确定）的明代建筑琉璃主要见表22-1：

表22-1　明代主要建筑琉璃

	时间	建筑	备注
洪武	元年始	南京明故宫、坛庙	部分琉璃构件残件
	二年—八年	安徽凤阳中都	部分琉璃构件残件
	十四年	南京明孝陵	部分琉璃构件残件
	十四年	山西太原崇善寺大悲殿	部分屋面琉璃构件 殿内琉璃供桌和龛座
	二十五年	山西大同九龙壁	
		山西大同五龙壁	原位于南门外光国寺山前，后迁至善化寺
		山西大同三龙壁	
	二十五年—宣德二年	青海乐都瞿昙寺	
永乐	四年—二十一年	北京故宫、坛庙	部分琉璃构件琉璃花门
	七年—宣德三年	长陵（清乾隆和民国年间大修）	焚帛炉、琉璃花门
	十年—二十一年	湖北武当山道教建筑群	
	十一年	玉虚宫	焚帛炉、八字墙、部分屋面琉璃构件
	十一年	紫霄宫	焚帛炉
	十一年	南岩宫	焚帛炉
	十四年	金殿	为明初琉璃样制与特征的实例
	十年—宣德三年	南京报恩寺琉璃塔	已毁
洪熙	元年	献陵	
宣德	十年	景陵	
正统	五年—天顺四年	四川平武报恩寺	
	八年	北京智化寺	
景泰	八年	原景泰帝陵	土木之变后废，后改建为庆陵
天顺	八年	裕陵	
成化	二十三年	茂陵	
弘治	十八年	泰陵	
正德	十年—嘉靖六年	山西洪洞广胜寺飞虹塔	非完全官式
	十六年	康陵	
嘉靖	元年—十八年	湖北钟祥显陵	正德十四年动工，嘉靖元年—八年、嘉靖十八年两次改建
	十五年—二十七年	永陵	
隆庆	六年	昭陵	
万历	十二年—十八年	定陵	明楼琉璃山花
	三十五年	北京东岳庙"秩祀岱宗"琉璃牌坊	
天启	元年	庆陵	
	七年	德陵	

明代官式建筑琉璃的特点主要体现在两个方面：

其一，颜色丰富，种类丰富，技艺高超。明代琉璃的釉色远比前代丰富，具有十余种颜色。除了使用于建筑屋面与墙面的琉璃构件，还出现了琉璃花门、琉璃照壁、琉璃牌楼、琉璃塔、琉璃焚帛炉等各种构筑物。构件规范化、标准化，形成一套独特的施工安装做法，体现了高超的工艺水平和先进的生产技术。

其二，等级分明，并限定使用范围。明代琉璃为皇家专用，到明代中后期，逐渐放宽对琉璃的使用范围，但也仅限寺庙道观建筑中才能使用。琉璃的使用在样数、颜色上都有严格规制约束，体现等级。如黄色以及龙的纹样和造型多为皇家宫殿、陵墓中使用，寺观庙宇中多用绿色、黑色以及花卉纹样。

23 琉璃作的类型和特点

1）建筑琉璃构件（图23-1）

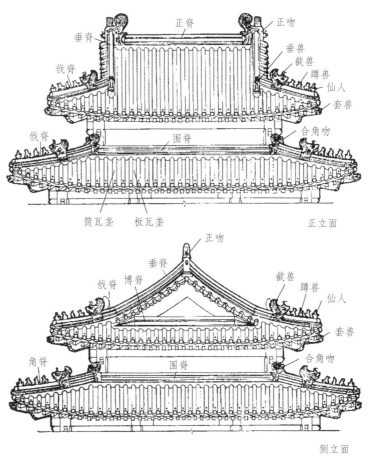

图23-1 以重檐歇山顶为例。参见侯幼彬、李婉贞编《中国古代建筑历史图说》第185页

图23-1 屋顶琉璃构件名称示意图

（1）琉璃瓦

筒瓦：屋面上防水构件，盖在两垄板瓦之间的接缝处。横截面为半圆形，后尾有榫头，称作雄头，用于与上面一块筒瓦的搭接。明代筒瓦的雄头上多有一道楞，与上面的瓦咬合后可以增加两块瓦间的拉接，使它们连接更牢固。筒瓦背上涂釉，内侧及后尾雄头不上釉，表面粗糙，便于灰浆粘贴（图23-2）。

图23-2　江苏南京明孝陵筒瓦

板瓦：覆盖在屋面的防水构件，横截面为四分之一圆。调查中发现，明代板瓦有大小头之分，铺在屋面上，窄的一头朝下，这种做法可以更有效地防止雨水流入屋面内。为增大摩擦力，防止瓦件下滑，板瓦只在下部露明面上釉。

勾头：安放在筒瓦垄最下端的构件，封护住筒瓦垄端头，使水顺利排走。勾头的瓦身与筒瓦相同，只是前部端头有一块圆盘形挡头，挡头上有图案装饰，明代时常用龙、凤或莲花图案。瓦背上有一圆孔，是为防止瓦垄下滑，加钉瓦钉所留的孔洞。勾头只在瓦背和挡头上挂釉色，其余地方不上釉（图23-3~图23-5）。

图23-2　作者拍摄
图23-3　作者拍摄
图23-4　作者拍摄
图23-5　作者拍摄

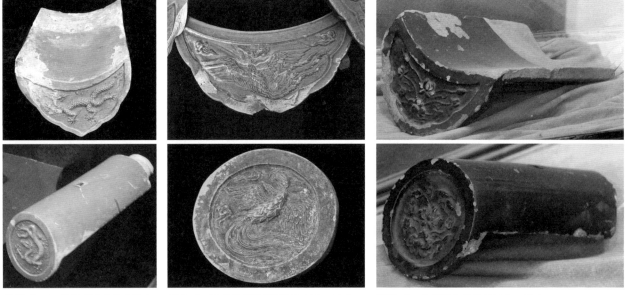

图23-3　江苏南京明孝陵龙纹勾头、滴水　　图23-4　江苏南京明孝陵凤纹勾头、滴水　　图23-5　北京智化寺莲花勾头、滴水

明代遗构中有一种较特殊的勾头，被称作螳螂勾头（图23-6）。该构件位于檐角处，封护在檐角最前端。此构件是在普通勾头的两侧面做出类似斜当沟的弧线，从正面看是勾头，侧面看则是斜当沟，对三个面起到了有效的封护作用，设计十分巧妙，是典型的明代琉璃构件。

滴水：安放在板瓦垄最下端，是封护板瓦垄端头的排水构件。滴水的

图23-6 螳螂勾头

图23-6 作者拍摄

瓦身与板瓦相同，横截面也为四分之一圆。目前所见明代滴水也有分大小头的，宽的一头做下垂的如意形舌片，上面有装饰图案，明代常见图案有飞龙或莲花。滴水的瓦身两边分别留有缺口，是为防止瓦垄下滑加钉瓦钉用的。滴水只在露明面挂釉色（图23-3~图23-5）。

现存明代琉璃构件实测数据见表23-1。

表23-1　现存明代琉璃瓦实测尺寸

北京智化寺

		长	宽	相当于清样数
筒瓦	公制	32.0厘米	14.0厘米	六样
	营造尺	1.01尺	0.44尺	
板瓦	公制	32.0厘米	21.5厘米	七样
	营造尺	1.01尺	0.68尺	

湖北武当山玉虚宫

			长	宽	相当于清样数
山门	筒瓦	公制		17.0厘米	五样
		营造尺		0.54尺	
	板瓦	公制	31.7厘米	25.5厘米	五样或六样
		营造尺	1尺	0.80尺	

北京故宫

		长	宽		相当于清样数
			大头	小头	
筒瓦	公制	33.0厘米	14.5厘米		五样
	营造尺	1.04尺	0.46尺		
板瓦	公制	32.0厘米	23.5厘米	22.0厘米	六样
	营造尺	1.01尺	0.74尺	0.69尺	
勾头	公制	34.5厘米	14.5厘米		六样
	营造尺	1.09尺	0.46尺		
板瓦	公制	30.5厘米	22.0厘米	20.5厘米	七样
	营造尺	0.96尺	0.69尺	0.65尺	
滴水（黑）	公制	34.2厘米	23.0厘米	21.5厘米	六样
	营造尺	1.08尺	0.72尺	0.68尺	

（2）脊

明代官式建筑屋脊采用筒子脊做法，而不再采用《营造法式》中记载的全瓦脊。屋脊琉璃构件分段预制然后拼装。

正脊：正脊位于屋面前后两坡相交处，不仅有装饰作用，而且有防止雨水渗漏的构造作用。官式建筑脊的大小、样式都有规定，与建筑体量有关，根据脊高即可确定整个建筑用瓦的样数。正脊部分由扣脊筒瓦、正脊筒、群色条、压带条、正当沟等构件组成。对于大型屋面，正脊较大，为了烧制容易、施工方便，大型正脊筒又分为赤脚通脊和黄道两部分，并且与之相配使用形状较复杂、体积较大的大群色。

垂脊：与正脊或宝顶相交的脊。

戗脊/岔脊：与垂脊相交，45°斜出的脊。

围脊：在重檐屋面中，沿下层檐的屋面（上边）与木构架（如承椽枋、围脊板等）相交处的脊。围脊多可头尾相接呈围合状。

角脊：重檐屋面中，下檐屋面与围脊相交的脊。

（3）吻

正吻：又称"龙吻""大吻"，位于正脊两端，是各向坡顶的交汇点，既是重要的构造节点，也是屋顶最重要的装饰构件。明代官式建筑的正吻已经有了较为统一的样式，只是由于工匠的不同，自身比例、细部做法会略有不同。明代正吻表面饰龙纹，将龙首与龙尾几乎直接连接在一起，用龙爪和鳞会意龙身，造型十分巧妙。龙首张口吞脊，龙尾先向内，尾稍再向外翻转卷曲，龙脊表面多雕刻有类似五朵祥云的纹样，龙脊背上插有剑把，剑把上部微向里弯，增加动感，顶部也做成五朵祥云的纹样，龙脊后装有背兽，背兽为异兽，上唇向上卷曲，面部有卷须和鳞片纹样（图23-7）。

图23-7 明代官式建筑正吻

图23-7 作者绘制

宋代官式建筑正脊用兽多为鸱尾，用龙尾者少。明代正吻形象应是宋代龙尾的继承与发展。根据《营造法式》记载，宋代官式建筑正脊用兽有鸱尾、龙尾和兽头三种，多用鸱尾，用龙尾者少。但元代起，官式建筑更多继承龙尾，且明清改称龙吻、正吻。鸱尾于南方各地演变为鱼尾。明清官式建筑龙吻，外轮廓大致相同，仅细部各异。

明清两代的龙吻外形区别主要体现在[6]：明代龙嘴张开较大，将正脊从上到下皆吞入口中，包括盖脊瓦、正脊筒和群色条三部分，而清代的群色条已在龙嘴下唇以下了；明代龙吻嘴的上唇较长，多向上卷起，清代龙吻多为平唇，上唇一般不上卷；明代龙吻龙脊表面多雕饰五朵祥云的纹样，而清代这个部位多不见祥云纹样，仅有仔龙的雕饰。此外，安装在正吻上的剑把与背兽，明清也有所不同，除了纹样上的差别，明显的不同还体现在与正吻连接的构造方式上：明代剑把顶端雕有五朵祥云，微向里弯，下部随云纹的向下伸展而有5个圆弧，剑把底部有突出的榫头，插入正吻顶部预留的榫眼内，而清代剑把上端是直的，云纹下方有如意纹装饰，底部无榫头而也为一凹槽，需另外用方木做键连接剑把与龙吻；明代背兽上唇较长并上卷，尾部

6 参见：李全庆. 明代琉璃瓦、兽件分析 [J]. 古建园林技术，1990（1）：5-13

有突出榫头,插入正吻侧面,而清代背兽上唇短不向上卷曲,尾部也无突出的榫头而做成中空的榫槽,用木销与龙吻的榫槽连接(图23-8、图23-9)。

图23-8 北京故宫西南角楼明代正吻

图23-8 左图作者绘制;右图引自高甜《故宫西南角楼明、清瓦件对比》,《故宫学刊》2014年第2期
图23-9 左图摹自李全庆《明代琉璃瓦、兽件分析》,《古建园林技术》1990年第1期;右图为北京故宫养心殿正吻,作者拍摄

图23-9 清代正吻

合角吻:位于重檐屋顶下层檐围脊的转角处,起封护围脊与角脊的交汇点、防止雨水渗漏的作用,同时也有很强的装饰作用。合角吻造型与正吻相似,两个吻兽后尾连接,分立在相互垂直的两个方向。

(4)兽

垂兽和截兽造型相似,仅使用位置不同,垂兽安装在垂脊端头,截兽安装在戗脊小兽之后,两者都具有防水和装饰双重作用。垂、截兽中空,钉入兽桩,顶部装有两角。从保存下来的明代垂、截兽看,兽的造型生动,雕刻细腻,线条流畅。一般兽嘴紧闭且无牙齿露出,腿和爪有力,大腿45°斜向后上方,小腿与之成90°转向斜下方,兽爪脚趾张开,并塑造出指甲,兽后尾与盖脊瓦相交处有雄头和半圆形的梗条(图23-10)。

仙人走兽:安装在建筑物的檐角戗脊之上的构件,封护两坡瓦垄的交汇线,防止雨水渗入,并且有很强的装饰效果。仙人位于戗脊端头,其后为一串造型各异的小兽(图23-11)。

从武当山太和宫金殿上的仙人及凤阳中都、明孝陵出土的琉璃残件上

图23-10-1　江苏南京明孝陵出土垂兽　　　　图23-10-2　北京故宫西南角楼明代垂兽

图23-11　湖北十堰武当山金殿仙人走兽　　　　图23-12　江苏南京明孝陵出土仙人

看，明初仙人的造型是仙官坐凤的形式，身着长袍的仙官手持笏板侧坐在仙凤之上，形态优美（图23-12）。为减轻重量和便于烧透，中间是空的，压在方眼勾头上。而从明代后期到清代，仙人的造型变为骑坐在凤鸟上，且凤的形象也逐渐变得臃肿，更似鸡的形象。

　　建筑屋角岔脊端头仙人形象从宋至清代的变化，体现出宗教含义的变化。宋代建筑屋角角脊之端置嫔伽，为人首鸟身站立状。嫔伽是梵语"迦陵频伽"的简称，意译为妙音鸟或美音鸟，具有佛教含义。明代改为"仙官坐凤"，具有道教含义。明后期至清代又改为"仙人骑鸟"，其宗教含义淡化[7]。

　　仙人之后是一串小兽，蹲坐在岔脊的盖脊瓦之上，又称作走兽、蹲兽。这些小兽体形较小，故与盖脊瓦连为一体烧制。明官式建筑上使用的蹲兽形象可以追溯到宋代。宋《营造法式》卷十三瓦作制度，"垒屋脊"条记载："其殿阁于合脊筒瓦上施走兽者（其走兽有九品，一曰行龙，二曰飞凤，三曰行狮，四曰天马，五曰海马，六曰飞鱼，七曰牙鱼，八曰狻狮，九曰獬豸，相间用之。）"明、清两代蹲兽名目应是沿此而来。这些小兽在中国传统文化都有各自的象征和寓意：龙、凤是中国传统吉祥富贵的象征；天马、海马是神话中的动物，在古代象征尊贵，可突出殿宇的尊严（图23-13）；押鱼是一种头似虬龙，尾部带有尾鳍似鱼形，生活在水中的动物，有镇火作用；狻猊即狮子；獬豸是传说中的一种异兽，能辨曲直，见人争斗，即以角

图23-10-1　作者拍摄
图23-10-2　引自高甜《故宫西南角楼明、清瓦件对比》，《故宫学刊》2014年第2期
图23-11　作者拍摄
图23-12　作者拍摄

7 潘谷西，何建中.《营造法式》解读 [M]. 南京：东南大学出版社，2005：165-166。

（1）海马

（2）狮

（3）飞马

图23-13 江苏南京明孝陵出土蹲兽

图23-14 明代象鼻套兽（北京故宫西南角楼）

图23-13 作者拍摄
图23-14 引自高甜《故宫西南角楼明、清瓦件对比》，《故宫学刊》2014年第2期

触不直者，装饰殿宇，含有主持公道的意思。用这些猛兽异兽装饰屋顶，有镇灾降恶的意思[8]。使用小兽的数量往往与建筑物的体量和等级有关。宋代多用八、六、四、二的双数，从现存实物看，明代单数、双数都有使用，清代则变为只能用单数，最多为九个（只有北京故宫太和殿用全了十种小兽，是独一无二的）并且对蹲兽的位置有了明确的顺序定位。

套兽：安装在檐角仔角梁端头的构件。外形雕塑成兽头形状，中间掏空，套在角梁端头的榫头上，既具有保护仔角梁头的使用功能又有装饰作用。在已发现的明代套兽实物中有一种兽的造型上唇很长并向上卷起，好象一个象鼻子，腮后毛发为火焰状，一对单独烧制的象牙白兽角插入龙头（图23-14），有学者称其为象鼻子套兽。从目前掌握的资料与实物来看，这种套兽仅明代有，并未在清代遗物中出现。但明代套兽并非都是这种象鼻子套兽，武当山金殿（图23-11）和明万历地宫中石门上的套兽形象都没有向上卷起的上唇[9]。

2）琉璃构筑物

（1）琉璃花门

琉璃花门常用于皇家建筑群的围墙上，它既起到空间的过渡作用又有很强的装饰效果。琉璃花门装饰华丽，形式灵活，各具特点，但是总的看来，大致可分为两类。

一类是高度高于宫墙的琉璃花门。由于门高墙低，视觉上门显得突出，墙处于从属地位。此类门的顶部一般做成歇山顶。

另一类则是低于宫墙的琉璃花门。这类门由于墙高门低，看起来好像含于墙内，门的顶部一般做成庑殿式。

北京故宫内，特别是在后宫，由于居住功能的需要，由宫墙划分出许多小的院落，形成院落套院落的格局，这些院落的门大多做成琉璃花门，所以

8 参见：李全庆、刘建业.中国古建筑琉璃技术 [M].北京：中国建筑工业出版社，1987：45-47.

9 参见：李全庆.明代琉璃瓦、兽件分析 [J].古建园林技术，1990（1）：5-13；高甜.故宫西南角楼明、清瓦件对比 [J].故宫学刊，2014(2):240-256.

图23-15 北京故宫明代琉璃花门位置   图23-16 北京故宫迎瑞门
示意图

图23-15 底图来自故宫古建部
图23-16 作者拍摄
图23-17 作者拍摄

图23-17 北京故宫大成左门

故宫中琉璃花门数量众多，其中的大成左门、大成右门、长泰门、迎瑞门都是明代修建后保存下来的[10]（图23-15）。

　　迎瑞门（图23-16）、长泰门是高出宫墙的歇山顶琉璃花门，大成左门（图23-17）、大成右门是低于宫墙的庑殿顶随墙琉璃花门。下面将它们按构件列表进行归纳比较（表23-2）。

表23-2　故宫内琉璃花门

		迎瑞门、长泰门	大成左门、大成右门
顶部	瓦顶	歇山顶，高出宫墙，岔脊上仙人走兽不全，最多有三个小兽	庑殿顶（仅大成左门外侧面即西面为歇山顶的形式），低于宫墙，岔脊上仙人走兽不全，最多有一个小兽
	飞椽 檐椽 望板	飞椽方形绿色，有卷杀；檐椽圆形绿色，端头有花纹；望板黄色，三者连成一体烧制拼装	

10 郭华瑜.明代官式建筑大木作研究[D].南京：东南大学，2001：207.

续表

			迎瑞门、长泰门	大成左门、大成右门
顶部	角梁套兽		老角梁带仔角梁，绿色上有黄色花纹；套兽为黄色	
	挑檐檩		绿色上有黄色一整二破旋子彩画	
	随檩枋		绿色素面	
	斗栱部分		斗栱为五踩单昂斗栱，绿色底黄色勾边；角科斗栱上宝瓶为黄色；栱眼壁黄底上有绿叶黄花图案	
	平板枋		绿底布满黄色花纹	
	图片		迎瑞门顶部	大成左门顶部
墙垛	额枋	门外侧	只有大额枋，绿底上刻黄色一整二破旋子彩画，一个箍头	只有大额枋，绿底上刻黄色一整二破旋子彩画，两个箍头
		门内侧	大、小额枋，绿底上刻黄色一整二破旋子彩画，一个箍头由额垫板，黄色素面	大、小额枋，绿底上刻黄色一整二破旋子彩画，一个箍头由额垫板，黄色素面
	柱马蹄磉		外角为圆柱，圆马蹄磉，黄色，顶部为绿底黄色花纹；里角为方柱，方马蹄磉，黄色	
	岔角		黄底上雕莲花卷草，花黄叶绿，花共五朵，三大两小，上下岔角不对称，小花都在大花上方	黄底上雕莲花卷草，花黄叶绿，花共八朵，三大五小，上下岔角不对称，都是三朵大花在中间，上面三朵小花，下面两朵小花。大成右门外侧即东面岔角花朵数量和分布与其他不同，花共三朵，大花在中间，两边各一朵小花，且大花突出较多，应为单独烧制。岔角图案的下部中央还有深色山石造型
墙垛	盒子		黄底上雕莲花卷草，花黄叶绿，花共七朵，中央一朵大花，周围六朵稍小一点的花。迎瑞门内侧即西面盒子花朵数量和分布与其他不同，花共十一朵，中间竖向排列三朵大花，且花突出较多，应为单独烧制，两侧各四朵小花	黄底上雕莲花卷草，花黄叶绿，花共九朵，五大四小，五朵大花，中央一朵上下左右各一朵呈十字排列，四朵小花在周围大花之间。大成右门外侧即东面盒子花朵分布与其他不同，花共九朵，中间竖向排列三朵大花，两边各三朵小花
	图片		迎瑞门外侧墙身 　迎瑞门内侧墙身	大成左门外侧墙身 　大成左门内侧墙身
基座			石须弥座	

由上表比较可知，两类琉璃花门顶部的最显著区别在于屋顶形制的不同，墙垛部分的区别是门外侧额枋彩画，庑殿式比歇山式多了一个箍头，岔角与盒子的莲花朵数前者也要多一些，可见虽然庑殿式琉璃花门含于墙中，看起来没有歇山式突出，但是，它的等级还是稍高于歇山顶琉璃花门。二者的基座差别不明显。在构造上比较二者，庑殿式琉璃花门所在的墙一般显得高厚，正是利用这一特点，庑殿式琉璃花门在外观上比歇山式琉璃花门出檐小。同时，从墙体的两面来看，琉璃花门的庑殿式顶并不是被墙体一分为二，每侧的脊、吻都是完整的。

虽然琉璃花门无论是屋顶还是彩画都带有明显的仿木制门楼的做法，但是琉璃花门与木构门头相比有许多其自身特点。琉璃花门顶部虽然外形模仿木构，但也略有不同，如斗栱只是纯粹的装饰作用所以摆放较密，木构门头上斗栱较之疏朗许多。琉璃花门与木构门头最大的不同在于顶部之下墙垛和基座的做法，琉璃花门门洞两侧是墙垛坐落在须弥座上的形式，墙垛完全按照墙面做法，有边柱、岔角、盒子等琉璃构件装饰，门洞内安装木门。而木构门头门洞两侧为木柱，木柱直接落在柱础上，门洞较大，一般在可开启的门扇两边安装两片固定的门板。

可见，琉璃花门可分为三个组成部分：顶部、墙垛和基座。

顶部：高出宫墙的花门瓦顶为歇山，完全按照歇山的形制安装琉璃瓦件，对于低于宫墙的花门，瓦顶为庑殿，宫墙内外各出半坡。瓦顶下主要构件有琉璃烧制的板椽（檐椽、飞椽、望板连在一起烧制）、宝瓶、老角梁（带仔角梁，即老角梁和仔角梁合成一个构件烧制）、套兽、枕头木、挑檐檩、挑檐枋、平身科斗栱、角科斗栱、栱垫板、盖斗板、平板枋等。挑檐檩上多有一整二破旋子彩画，角梁、栱垫板与平板枋上多有花纹图案。

墙垛部分：主要使用的琉璃构件有额枋（有的分为大、小额枋及由额垫板）、岔角、中心盒子、耳子、柱子、马蹄磉等。门洞两侧墙垛突出于宫墙墙面，四外角用圆柱子及圆马蹄磉，四内角则用方柱子及方马蹄磉，门洞之内左右墙面各嵌有上下两块门档花。岔角与盒子内的图案多为花卉卷草。

底部：墙垛下部为石制须弥座。

（2）琉璃照壁

琉璃照壁一般内部为砖砌筑，外表用琉璃砖装饰，用于皇宫建筑、皇家陵墓、王府及一些庙观中，有以龙为装饰题材的龙壁、以植物花卉为题材的琼花照壁，以及没有图案只用琉璃砖砌的照壁。按形式可分为一字形琉璃照壁和八字琉璃照壁。

一字形琉璃照壁通常位于大门对面，起屏蔽或与大门对景的作用。一字形琉璃照壁多为单面贴琉璃，但也有双面贴的，如大同观音堂前三龙壁，它位于崖边，照顾了对面的街景。明十三陵中各陵宝山前也设有一字形琉璃照壁，位于地宫羡道入口封墙的外侧，成为地宫的屏障。

八字琉璃照壁则位于门两侧，做成八字墙的形式，多双面贴琉璃，又称作"一封书撇山影壁"。于门两侧各有一大一小两堵墙，小墙与门平行并与门屋（一般是门屋的山墙）相接，大墙则成一角度与小墙相连，整体平面呈八字形。与常见的设在门对面的影壁墙不同，八字墙具有分割的功能，是院落围墙的一部分。从功能上说，八字墙既是独立的，又是围墙的一部分。

① 一字形照壁实例

一字形琉璃照壁最有代表性的要属龙壁，有九龙壁、七龙壁、五龙壁、三龙壁、一龙壁，其中首推大同九龙壁。

山西大同九龙壁，建于洪武二十五年（1392年），原为代王府前一座照壁，坐南朝北，单面琉璃饰面，长45.5米，高8米，厚2.02米，是迄今所存明代琉璃照壁中规模最大者。

大同九龙壁由基座、壁身、壁顶三部分组成。基座是琉璃砖拼砌的须弥座，且两层束腰，下面一层塑有麒麟、狮、马、象、兔等动物形象，上一层则是几组小型双龙戏珠图案。这些小兽刻画得生动传神。须弥座主体是蓝色，束腰部分图案是黄色。壁身部分南面是砖墙，没有任何装饰，东西两端砖墙上分别嵌有琉璃烧制的"旭日东升"和"明月当空"的图案，北面是有六层共计426块琉璃构件嵌入砖墙中拼砌成姿态各异的九条龙，龙与龙之间用云山海浪相连，九条巨龙好似翻腾于波涛云海之中，气势磅礴，逼真传神。龙都为四爪，龙爪伸张，极富力度。云海为蓝色，海浪为绿色，浪尖为黄绿色，颜色的变化使图案显得更加生动形象。九条龙既可看成一个整体，又可自成一体，构图灵活巧妙。正中的主龙为正黄色，姿态端正，昂首向上，其左右两边的龙依次为浅黄色、中黄、宝石蓝和赭石色。远望九龙壁的图案好像左右对称，但是仔细观看可以发现，每条龙的姿态都各不相同，形成了一个既富于变化又协调统一的画面，可见构图之巧妙。壁顶（见表23-3）为庑殿仿木结构形式，顶下有斗栱、垂莲柱等。颜色以黄、蓝为主，制作精巧（图23-18-1、图23-18-2）。

表23-3 大同九龙壁屋顶琉璃构件颜色纹样

正脊	瓦				椽	檩条	斗栱	栱垫板
	盖瓦	底瓦	勾头	滴水				
蓝色底上布满黄色莲花装饰，正中有4条黄色游龙	有黄有蓝	赭石	蓝色龙纹	蓝色龙纹	蓝色	黄色	出两跳，蓝色	蓝底上有黄色游龙图案

图23-18-1　山西大同九龙壁东面　　图23-18-2　山西大同九龙壁正面

图23-19　湖北十堰武当山玉虚宫龙虎殿八字墙

图23-20　湖北钟祥显陵祾恩门八字墙

② 八字照壁实例

武当山玉虚宫龙虎殿和钟祥显陵祾恩门两侧的琉璃八字墙（图23-19、图23-20）都是明代原物。下面将它们按构件列表进行归纳比较（表23-4）。

图23-18　作者拍摄
图23-19　作者拍摄
图23-20　作者拍摄

表23-4　玉虚宫龙虎殿及显陵祾恩门八字墙

		玉虚宫龙虎殿八字墙	显陵祾恩门八字墙
顶部	瓦顶	已毁，推测为歇山顶	已毁
	飞椽 檐椽 望板	飞椽方形绿色，有卷杀； 檐椽圆形绿色； 望板绿色，三者分别烧制拼装	
	角梁 套兽	老角梁带仔角梁，绿色； 套兽已无	
	挑檐檩枋	无此部分，用琉璃枭砖、混砖做出线脚承托在檐椽下	
	斗栱部分		已毁，仅残留一块黄色栱垫板，上有黄花绿叶图案
	图片	玉虚宫八字墙顶部	显陵八字墙顶部

		玉虚宫龙虎殿八字墙	显陵祾恩门八字墙
墙身	额枋	绿色铺底，刻一整二破旋子彩画，花心、边线为黄色	大部已毁，从残迹可看出为绿色铺底，刻有彩画
	柱子马蹄磉	圆柱，圆马蹄磉，绿色，顶部有两道黄色条纹	大墙，圆柱，圆马蹄磉，黄色；小墙，方柱，方马蹄磉，黄色
	盒子	大墙：绿底，绿叶中黄色的牡丹花有盛开的，有含苞待放的，花丛下有两只好似悠闲散步的绿色孔雀。如意形轮廓。分为二十小块烧制再拼砌；小墙：绿底，黄色的荷花，绿色的荷叶，下部绿色的水波中有若隐若现的黄色游鱼。圆形轮廓，边框上雕有一圈缠枝莲花。一整块烧制	大墙，正面黄底上雕绿色枝叶，花朵已无存。如意形轮廓，边框上雕有一圈卷草图案；背面黄底上有仙山、祥云，绿叶中有两条张口吐须的游龙。如意形轮廓，边框上雕有一圈卷草图案；小墙上盒子已毁
	岔角	大、小墙的两组岔角图案相同，只是大小不同。下面两对岔角为椀花结带，上面的岔角一边为黄色西番莲与绿叶，一边为黄色葵花与绿叶。大墙岔角分为三小块烧制拼砌，小墙岔角整块烧制	已毁
墙身	图片	 玉虚宫八字墙大墙墙身 玉虚宫八字墙小墙墙身	 显陵八字墙大墙正面 显陵八字墙大墙背面
基座（须弥座）	土衬	绿色，素面	黄色，素面
	圭角	绿色，雕有如意云纹样	黄色，雕有如意云纹样
	上、下枋	绿色，素面	黄色，上有缠枝莲花，花黄叶绿
	上、下枭	绿色，素面	黄色，仰覆莲
	束腰	绿色，上有椀花结带和折枝莲花图案，莲花为黄色，枝叶为绿色；转角为玛瑙柱	黄色，上有椀花结带和折枝莲花图案，莲花为黄色，枝叶为绿色
	图片	 玉虚宫八字墙琉璃须弥座	 显陵八字墙琉璃须弥座

从规制角度看，显陵属改建的皇陵，所以祾恩门八字墙面的琉璃以黄色为主调颜色，如意形轮廓的琉璃盒子内用了张口吐须的游龙图案，而武当山玉虚宫是皇帝敕建的道教庙观，其龙虎殿八字墙面的琉璃以绿色为主调颜色，装饰图案多为植物花卉，这些都符合明代严格的等级规定。

琉璃照壁分为壁顶、壁身和基座上中下三部分。构件按琉璃制作工艺分块制作。

① 壁顶：照壁的琉璃瓦顶多为歇山或庑殿顶。瓦顶下主要构件有琉璃烧制的檐椽、飞椽（带望板）、宝瓶、老角梁（带仔角梁，即老角梁和仔角梁合成一个构件烧制）、套兽、枕头木、挑檐檩、挑檐枋、平身科斗栱、角科斗栱、栱垫板、盖斗板、平板枋等。也有瓦顶下不用斗栱，而只用琉璃枭砖、混砖做出线脚承托在檐椽下。

② 壁身：主要使用的琉璃构件有额枋（有的分为大、小额枋及由额垫板）、岔角、中心盒子、耳子、柱子、马蹄磉等。额枋上有琉璃烧制的旋子彩画。

壁身做法主要有两种，一种是局部用琉璃饰面砖，即中心用琉璃盒子，四角为琉璃岔角，图案多为卷草花卉、祥禽瑞兽，琉璃装饰以外的墙面为红灰做法。另一种是全部用琉璃饰面砖，多见于龙壁的做法上。

③ 基座：多为须弥座，有石制须弥座和琉璃须弥座两种。

由于照壁的功能（大面积装饰）要求，对琉璃的质量要求更高，所以，（大同）九龙壁的琉璃制作、安装都是当时琉璃生产、制作、施工的最高水平表现，反映了颜色和造型艺术的成熟。

（3）琉璃焚帛炉

琉璃焚帛炉外形仿木结构，多为单檐歇山顶，檐下饰以斗栱额枋；四角有圆柱，炉身正面正中开有炉膛门，多为雕花饰带的拱券门，左右两侧嵌仿木琉璃菱花格门；炉膛内为耐火砖砌发券小室，一般在两侧壁上部正中各开一个圆洞用作通风排烟，从外部看，该洞位于歇山山面正中，也有焚帛炉在栱垫板上开洞排烟，总之，洞口的设置十分巧妙。炉身下承须弥座。

现存明代建造的焚帛炉有琉璃构件拼筑和砖石砌筑的两种（见表23-5）。本文仅研究琉璃焚帛炉。

表23-5　现存明代建造的焚帛炉

	地点	建造年代	材质	备注
明十三陵长陵焚帛炉	北京	明永乐	外饰琉璃，内为防火砖	
武当山玉虚宫焚帛炉	湖北	明永乐	外饰琉璃，内为防火砖	
武当山紫霄宫焚帛炉	湖北	明永乐	外饰琉璃，内为防火砖	
武当山南岩宫焚帛炉	湖北	明永乐	外饰琉璃，内为防火砖	
武当山太子坡焚帛炉	湖北	明永乐	砖石砌筑	平面正六边形，六角攒尖顶
武当山黄经堂焚帛炉	湖北	明永乐	砖石砌筑	
武当山转运殿焚帛炉	湖北	明永乐	砖石砌筑，顶为绿琉璃歇山	
先农坛焚帛炉	北京		砖石砌筑，顶为黑琉璃绿剪边歇山	无格门，正面开一大两小三个炉膛门
太庙焚帛炉	北京		砖石砌筑	炉门为矩形，上部雕花饰带

图23-21　作者拍摄

图23-21　北京昌平明长陵焚帛炉正、侧立面图

琉璃焚帛炉实例：

长陵焚帛炉（图23-21）：位于长陵祾恩殿前，左右各一座对称布置，由于坐落在永乐皇帝的陵寝内，等级很高，主要使用黄色琉璃。其各部分特点归纳如下（表23-6）。

表23-6　长陵祾恩殿前焚帛炉

顶部	瓦顶	单檐歇山黄琉璃瓦顶，岔脊上仙人走兽不全，最多仅留有两个小兽，山面黄琉璃搏风板，勾头、滴水上雕龙纹
	飞椽 檐椽 望板	飞椽方形绿色，有卷杀； 檐椽圆形绿色； 望板黄色，三者连成一体烧制
	角梁 套兽	老角梁带仔角梁一起烧制，绿色上有黄色花纹； 套兽黄色
	挑檐檩	绿色铺底，刻旋子彩画，两端以箍头收尾，素枋心，花心、边线用黄色
	随檩枋	绿色素面
	斗栱 部分	单翘三踩斗栱，绿色底黄色勾边，耍头单材；角科斗栱上宝瓶为黄色； 栱垫板前后两面为黄底上饰有缠枝莲花图案，左右两侧面为黄底上一条绿线勾边
	平板枋	绿色底上布满黄色花纹，类似清式"降魔云"图案
	图片	
炉身	额枋	绿色铺底，刻旋子彩画，两端以箍头收尾，素枋心，花心、边线用黄色
	柱子 马蹄磉	四角有圆柱，黄色，端头饰以类似箍头的花纹； 柱下为圆马蹄磉，黄色

续表

炉身	壁身	正面	正中为一券门，券周饰以落地式花罩，花罩左右两侧各嵌两块仿木四抹黄琉璃格门，格心图案为三交六椀菱花，绦环板为如意纹条装饰，群板为如意纹和卷草装饰，格心、绦环板、群板各为一整块琉璃板烧制，槛框则分块烧制，横竖槛框交接线脚外观与木制槛框交接线脚相同
		背面	黄色琉璃条砖错缝砌筑
		侧面	黄色琉璃条砖错缝砌筑
	炉膛内部		耐火砖砌发券小室，两侧壁上部正中各开一个圆洞用于通风排烟
	图片		
基座（须弥座）	土衬		黄色，素面
	圭角		黄色，雕有卷云纹样
	上、下枋		布满缠枝莲花，黄花绿叶
	上、下枭		黄色，素面
	束腰		黄色，上有椀花结带图案装饰；转角为玛瑙柱
	图片		

武当山玉虚宫焚帛炉：在湖北武当山皇家敕建的道观群中，焚帛炉比较多见。现存的各琉璃焚帛炉形制相仿，主要使用绿色琉璃。下面以玉虚宫十方堂前琉璃焚帛炉（图23-22）为例加以说明，其各部分特点见表23-7。

表23-7　武当山玉虚宫十方堂前焚帛炉

顶部	瓦顶	毁坏严重，从残状可看出：歇山式琉璃瓦顶；正脊筒绿色上有两道黄色装饰线；压带条为黄色；正当沟绿色；瓦黑色；勾头全无，仅存一个滴水为绿色，刻有三朵莲花图案；歇山山面搏风皆为绿色琉璃板拼筑，正中有一圆孔贯通炉内外；排山勾滴为绿色。推测屋面为黑绿剪边做法。
	飞椽 檐椽 望板	飞椽方形绿色，有卷杀； 檐椽圆形绿色； 望板绿色；三者分别烧制拼装
	角梁 套兽	老角梁带仔角梁一起烧制，绿色； 套兽已无
	挑檐枋	绿色素面
	斗栱部分	双昂五踩斗栱，绿色，耍头足材， 栱垫板为绿底上饰有三朵如意云头和卷草图案
	平板枋	绿色素面
顶部	图片	

图23-22 作者拍摄

图23-22　湖北十堰武当山玉虚官焚帛炉

续表

炉身	额枋			大、小额枋绿色铺底，刻旋子彩画，两端以箍头收尾，素枋心，花心、边线用黄色，由额垫板绿底，上面雕有绿色卷草和黄色如意云头与卷草组合的装饰
	柱子马蹄磉			四角有圆柱，绿色，顶部有两道黄色条纹； 柱下为圆马蹄磉，绿色
炉身	壁身	正面		正中为一券门，左右两侧各嵌两块仿木四抹琉璃格门，格心图案为三交六椀毯纹菱花，绦环板为如意云头和卷草图案，群板为如意纹、卷草和西番莲装饰，格心、绦环板、群板各为一整块琉璃板烧制，槛框则分块烧制，横竖槛框交接线脚外观与木制槛框交接线脚相同。格门以绿色为主，花心、边线用黄色点缀
		背面		绿色琉璃条砖错缝砌筑，四角为椀花结带图案的岔角
		侧面		绿色琉璃条砖错缝砌筑
	炉膛内部			耐火砖砌发券小室，两侧壁上部正中各开一个圆洞用作通风排烟； 内壁在洞口稍偏下的位置上有一圈凹槽，是安铁箅子的位置
	图片			
基座（须弥座）	土衬			绿色，素面
	圭角			绿色，雕有卷云纹样
	上、下枋			绿色，素面
	上、下枭			绿色，素面
	束腰			绿色，上有椀花结带图案装饰；转角为玛瑙柱
	图片			

琉璃焚帛炉外形模仿木构，用琉璃烧制出橼、檩、枋、柱甚至是格门等构件，装饰于炉身之外，但由于材料的不同，构件的安装、做法也不同，以致外观上与木构建筑还是有所不同。焚帛炉的屋顶高跨比较大，武当山的焚帛炉表现尤为明显，玉虚宫焚帛炉的屋顶高跨比接近1∶2，而木构建筑屋顶的高跨比多在1∶3到1∶4之间，分析其原因可能有二：其一，焚帛炉炉膛顶部是砖砌半圆形拱券，两侧壁开有圆洞排烟，从外部看，这个洞口位于歇山山面正中，为保证洞口的完整，需要屋顶的斜率稍大一点；其二，焚帛炉只是一种小品建筑，尺度很小，它的造型也就不必严格受限制，更强调其自身整体比例的和谐美观。其屋顶是在内部砖券上用灰石堆成斜面，上面再盖瓦，而不是像木构建筑那样由檩条按照严格的规定做出举折，所以屋面的斜度比较灵活。

（4）琉璃塔

琉璃塔在结构、构造上与普通砖石塔相同，只是外表面部分或全部用琉璃贴砌，使塔色彩绚丽，更为美观，同时还可以起到防止外界侵蚀（特别是防水）的作用，保护砖石砌体免受潮（湿）碱化、风化，以延长塔的寿命。

明代官式琉璃塔的代表当推被誉为"中国之大古董，永乐之大窑器"的南京大报恩寺琉璃塔。该塔位于南京中华门外古长干里的报恩寺内。据史料记载，永乐十年（1412年），明成祖朱棣为纪念其生母，敕工部按照宫阙规制兴建大报恩寺琉璃塔，当时监工的有永康侯徐忠、工部侍郎张信，以及太监汪福、郑和等，征集了军匠夫役十万人建造，宣德三年（1428年）完成，历时十六年（一说宣德六年完成，历时十九年）。塔建成后世人称奇，被称作中世纪世界七大奇观之一，可惜的是在太平天国时期（1856年）被韦昌辉下令炸毁，据说大火烧了七天七夜。据明行太仆卿鄞陈沂《琉璃塔记》载："大浮图下周广四十寻，重屋九级，高百丈，外旋八面，内绳四方，外之门牖实虚其四，不施寸木，皆延埴而成。"[11]塔坐落在五色琉璃砌成的莲台座（须弥座）上，外观是黄、绿、红、白、黑五色琉璃，各层柱子为红色，橼子、斗栱黑红相间，外壁无琉璃处嵌白色瓷砖，塔体由下至上逐层收缩，但每层用砖数量相等。拱券门边由五彩琉璃构件分段砌筑，上有白象、狮子、飞羊、蛇、火烈鸟等浮雕图案，造型优美生动。九级以上是塔刹部分，"铁轮盘，盘上轮相叠成数仞，冠以黄金宝珠，顶维以铁缣，坠以金铃。"[12]塔内四壁布满佛龛，供奉高约1米的佛像，极致精巧，眉发都栩栩如生（图23-23）。

据明张岱《陶庵梦忆》中记载，建塔时琉璃构件烧了三份，都编好号，一份用于建塔，另两份作为日后修补备用[13]。1959年曾经有人在聚宝山琉璃窑址附近挖掘出大量报恩寺塔琉璃构件，但是并未仔细探查地下库房的位置范围。根据已挖出的琉璃拱门构件，研究人员恢复了一座拱门，内径宽1.24

11（明）葛寅亮. 金陵梵刹志 [M]. 天津：天津人民出版社，2007.

12 同上。

13《陶庵梦忆》报恩塔一文："闻烧成时，具三塔相，成其一，埋其二，编号识之，今塔上损砖一块，以字号报工部，发一砖补之，如生成焉。"参见：（明）张岱撰. 陶庵梦忆 [M]. 北京：中华书局，1985：2.

图23-23 作者拍摄　　　　　图23-23　江苏南京大报恩寺琉璃构件

米，高3米，外径宽2.18米，高3.55米，构件厚0.32米（图23-24）。

　　现存的明代琉璃塔的代表是山西洪洞广胜寺飞虹塔（图23-25），它与南京报恩寺塔在形式上有所相似。飞虹塔始建于明正德七年（1512年），完成于明嘉靖六年（1527年）。该塔"平面八角形，共十三级，高达47.31米"[14]。塔身全部用青砖砌筑，外表饰以琉璃烧制的瓦、斗栱、角柱等构件，以及琉璃浮雕的人物、盘龙、花卉装饰，琉璃装饰只用黄、绿、蓝三种颜色，所以尽管装饰繁琐，却并无杂乱之感。塔底层有一圈木围廊，回廊的正南面、塔出口处有龟头屋一间，两层，重檐十字歇山顶，脊兽都由琉璃烧制，各脊背上都塑有植物花卉图案（正脊、垂脊为缠枝葵花，戗脊、围脊为缠枝莲花），图案采用了浮雕形式，立体感很强。屋角立有角神，仔角梁上有套兽，都是琉璃烧制。塔的第二层加施平坐，仿木作栏板和望柱皆是琉璃烧制。各层檐下用斗栱和仰莲瓣隔层相间，每层塔壁上各面砌有券龛和门洞，券龛和门洞外由琉璃贴边，自二层到十一层，洞外镶嵌有琉璃佛像、菩萨像、盘龙、宝珠和花饰，券龛内有琉璃佛像、莲花或宝瓶，第二、三层的装饰尤其精致（图23-26）。第十二、十三层只有券龛，龛内有琉璃莲花、宝瓶。

14 山西省地名委员会，山西省古建筑保护研究所，李玉明，王宝库，柴泽俊．山西古建筑通览 [M]. 太原：山西人民出版社，1986：257.

图23-24 作者拍摄
图23-25 作者拍摄
图23-26 作者拍摄

图23-24 江苏南京大报恩寺琉璃拱门　　　图23-25 山西洪洞飞虹塔

图23-26-1 山西洪洞飞虹塔细部　　　图23-26-2 山西洪洞飞虹塔细部

（5）琉璃牌坊

明代已出现了琉璃牌坊，但并不多见，国内现存的明代官式琉璃牌坊仅北京东岳庙"秩祀岱宗"坊（图23-27）一座，它也是我国现知最早的一座琉璃牌坊。同时期的民间琉璃牌坊可能也只有山西介休真武庙内尚存一座。

东岳庙建于元代，牌坊位于庙前（由于城市建设，该坊现与东岳庙隔朝阳门外大街而立），于明万历三十五年（1607年）增建，清康熙年间曾大修。南面的坛额上石刻"秩祀岱宗"，旁有"万历丁未孟春秋吉日"和"内官监总理太监马谦、陈永寿、卢升立"的题记。牌坊的主体为三券洞式的砖拱结构，两侧柱子为青石，中间二柱及券墙为砖砌，在拱门上部用黄绿两色琉璃构件，镶砌成三间七楼仿木牌坊饰面。屋面、檐部、斗栱、枋柱、雀替等全部用琉璃构件砌出。主楼、次楼三座用歇山，夹楼两座用夹山，边楼两座是内侧夹山外侧歇山，都是布瓦心绿色琉璃瓦剪边的做法。檐下饰以

图23-27　北京东岳庙琉璃牌坊

图23-27 作者拍摄

琉璃斗栱，明间正楼四面摆单翘重昂七踩黄绿色琉璃斗栱，角科四攒，平身科二十攒；次间次楼两座，每座四面摆重昂五踩黄绿色琉璃斗栱，角科四攒，平身科十八攒；夹楼两座，每座两面摆单翘单昂五踩黄绿色琉璃斗栱，平身科六攒；边楼两座，每座三面摆单翘单昂五踩黄绿色琉璃斗栱，角科两攒，平身科十六攒。琉璃额枋刻一整二破旋子彩画，绿釉铺底，花、边线用黄釉。明间正楼中心有石匾两块，南面刻"秩祀岱宗"，北面刻"永延帝祚"。次楼南北两面各由三块布满莲花卷草的琉璃板拼筑，花黄叶绿。

此坊并不是通体镶砌琉璃，琉璃也只是用黄绿两色，所以色彩效果并不十分强烈，可以看出是处于琉璃牌坊刚出现的探索时期。

24　琉璃作的等级

明代建筑琉璃的生产技术日趋成熟，颜色、纹样丰富，在使用上更加注重文化内涵。由于汉文化的复辟，在三次都城（南京、凤阳、北京）的建设中，从皇宫到宗庙寺院，大到应用范围，小到琉璃构件的尺寸、颜色，都形成了严格的规定，建筑琉璃逐步成为官家专用，黄色成为皇家独有。至此，可以说建筑琉璃的发展已经达到了成熟阶段。

等级制还表现为屋面的形式。吻、脊（正、垂、围、戗脊）、瓦（板瓦、筒瓦）、兽（跑兽）、配件（瓦当、滴水、钉帽）等造型与使用逐渐形成定式，相互配套，这些本来是屋面防水的构造措施中使用的构配件，最后发展成为等级的标志。在巧妙地满足了屋面防水功能的同时，也丰富了中国传统建筑艺术，形成了独特的中国古建筑艺术风格。

1）颜色

在我国古代颜色往往具有特定含义，承载着文化信息。明代建筑琉璃已经有"黄、绿、紫红、紫、赭、酱、棕、黑、蓝、大青、白、翠绿……"[15]
等十余种颜色，不同颜色琉璃的使用不仅可以表达出特定的意义，还可以表
达出建筑物的等级，并形成了琉璃的用色规律。

（1）颜色含义

颜色的含义由五行说衍生而来。在我国五行说产生很早，古人在观察自
然中得出木、火、土、金、水是构成宇宙的基本物质的认识，后来又不断发展
这种认识，与五行相对应，派生出方位的五方、色彩的五色等（表24-1）。

表24-1　五行、五方、五色对应表

五行	木	火	土	金	水
五方	东	南	中	西	北
五色	青	赤	黄	白	黑

颜色与五行的对应关系直接影响了琉璃的用色。社稷坛坛顶按照方位
覆盖五色土，坛四周的墙墙也按五行用不同颜色的琉璃砖砌筑，东方为青蓝
色，南方为红色，西方为白色，北方为黑色，体现了五行中五色与五方的对
应关系。

明代皇家建筑大规模使用黄琉璃瓦覆顶，"黄"与"五行"中的
"土"、"五方"中的"中"相对应，位居中央，象征权力。在《周礼·考
工记》中就有"地谓之黄"的记载，自"西汉中叶厚重土德，尚黄，黄色只
能为天子专用"[16]。明代皇宫建筑大量使用黄琉璃，象征皇权。

红色对应五行中的火，象征赤日，明坛墙之制中规定"朝日坛红琉璃，
夕月坛用白"[17]。明代日坛坛面用红琉璃。

黑色的情况较为复杂。首先，它在五行中主"水"，因此黑色琉璃作为
屋面或屋脊的颜色，主意是水可灭火防灾。并且，黑色主北方，明宫城北门
玄武门的值朝房屋面就使用了黑琉璃瓦。其次，在佛教意义上，"黑色"有另
外的意义。佛经上的"四种色"之说是"息灾为白""增益为黄""敬爱为
赤""降伏为黑"，喻"地、水、火、风"之"四大"。黑者，为风大之色，
风为大力之义；如来成道时，亦以风指降伏魔，魔降伏之。[18]智化寺用黑瓦覆
顶是这一诠释的代表。此外，黑琉璃瓦在许多皇妃的墓（坟）遗址（如南京明
高宗的张庶妃和北京十三陵中明神宗的郑贵妃墓）也有所见。

白琉璃覆顶在元代曾流行一时，到明代基本绝迹。

（2）用色等级

明代官式建筑琉璃的颜色有明确的等级次序，由高到低依次为：黄—
有黄色的各种剪边—绿—黑琉璃心绿剪边或布瓦（陶瓦）心绿剪边—黑。琉

15 刘大可.明、清官式琉璃艺
术概论（上）[J].古建园林技术，
1995（4）：29-32.

16 汪永平.明代建筑琉璃的等
级制度[J].古建园林技术，1989
（4）：48-52.

17 （清）张廷玉等.明史[M].北
京：中华书局，1974：1229.

18 许惠利.智化寺建筑管窥[J].古
建园林技术，1987（3）：59-61.

璃用色有严格的规定，如《明史》志第四十四舆服四亲王府制中记载"（洪武）九年定亲王宫殿、门庑及城门楼，皆覆以青色琉璃瓦"[19]。现存的明代建筑实物或遗迹也反映了这种严格的等级规定，皇宫、皇帝陵寝多用黄色，皇家园林多用黄绿剪边，王府多用绿色，城门楼多用黑心绿剪边或布瓦心绿边，皇妃、王妃陵寝可用绿琉璃、黑琉璃。庙宇多用绿琉璃、黑琉璃及黑绿剪边或黄绿剪边。

（3）用色规律

明代琉璃的釉色远比以前任何朝代丰富，但是工匠在用色上却"操纵得宜"。典型的实例当属大同九龙壁，其上除两条宝蓝色的巨龙之外，其余七条均为黄色，主龙为正黄色，两侧分别为浅黄、中黄和赭石。每条龙各自的颜色一致，色彩特性明显，过渡协调。可见当时对颜色的控制已得心应手。

琉璃屋顶的用色，明代没有沿用元代喜用彩色（即多种颜色）琉璃瓦覆顶的用色习惯，而是"尊重纯色的庄重，避免杂色的猥琐"[20]。明代官式建筑黄色、绿色的琉璃屋顶很多，黑琉璃的使用也有延续，但全黑琉璃瓦覆顶的建筑较少见，不及元代黑琉璃多见，现仅见于智化寺和故宫神武门内值房（隆福寺在明代时为黑琉璃瓦顶，清代改为绿顶，现已毁）。除了用纯色外，明代琉璃屋顶也有剪边做法。常见的剪边有黑琉璃心绿边、黄琉璃心绿边。相比之下，黑琉璃心绿边的剪边瓦顶更为多见，如先农坛、日坛、地坛、地安门、火神庙等，到了清代黑琉璃就很少使用了。明代剪边较宽，一般檐部剪边为三个筒瓦的宽度。

2）装饰纹样与造型

（1）装饰纹样

琉璃不仅因不透水而具有实用功能，而且由于胎体的可塑性强，琉璃釉颜色丰富光滑明亮也有很强的装饰效果，常被加工成各种形状图案。明代对图案纹饰的使用也有限制，"明初，禁官民房屋，不许雕刻古帝后、圣贤人物及日月、龙凤、狻猊、麒麟、犀象之形"[21]。明代官式建筑琉璃的装饰题材主要为四类：动物、植物、天文地理和几何图形。

动物：多为祥禽瑞兽。有中国传统题材的龙、凤、麒麟等，有佛教题材的狮、象等，多用于屋顶琉璃构件、琉璃盒子、琉璃塔壁面装饰，以及琉璃须弥座束腰部分。其中以龙凤题材最为普遍。关于龙的爪数，元、明、清三代各有不同，元代龙多为三爪；明代北方民间龙多为四爪，皇家为五爪；清代的龙为五爪。

植物：多用花卉卷草图案。常用莲花、牡丹、宝相花、石榴、西番莲、

19 青色在古籍中常被解释为蓝色，"青，取之于蓝而青于蓝"（《荀子·劝学》）。那时的青仅被表示为一种可作染料的植物。由于有时与苍、碧、蓝、绿混用，使人常感定义模糊。在现存的明代官式建筑琉璃中很难对照定义，推测这里青色指绿色或黑色。

20 林徽因，梁思成. 《清式营造则例》绪论 [M]// 梁思成. 梁思成全集：第六卷. 北京：中国建筑工业出版社，2001：24.

21 （清）张廷玉等. 明史 [M]. 北京：中华书局，1974：1671.

葵花等象征富贵吉祥的花卉。花朵多与卷草枝叶搭配使用形成完整巧妙的构图。花瓣与叶片形状饱满，立体感强，图案不只局限在一个平面上，往往会做出翻转卷曲的形态，灵活生动。这种题材多用于屋顶脊饰、勾头、滴水、额枋、岔角、盒子、绦环板等墙面装饰，以及须弥座的上、下枋，上、下枭和束腰部分。

天文地理：主要有日月、山川、流云、海浪等等。常用于照壁的壁身部分。

几何图形：有如意纹、云纹、回纹、万字纹、寿字纹，以及椀花结带等图案。多用于槛墙、须弥座、山花。平板枋上有类似清代"降魔云"的图案。

（2）屋面琉璃构件的图纹与造型

屋面琉璃构件的图纹与造型是官式建筑琉璃的主要表现内容之一，明代官式建筑琉璃确定了以龙为主的造型与图纹形式。屋面琉璃构件中，无论是屋脊上的大吻还是围脊、垂脊、戗脊上的所有脊兽，都有龙的图案。

这些图纹与造型多是经过多年的演化而形成的。如正脊两端的吻，在北魏屋脊两端就有鸱尾存在的记载，唐以前的鸱尾，多为比较简单的尾尖向内倾伸，外侧施鳍状纹或羽毛纹样；中唐开始鸱尾下部出现张口的兽头；宋代鸱尾、龙尾、兽头并用，且鸱尾已出现吞脊龙首；元代鸱尾尾部渐向外卷曲；明改鸱尾为吞脊吻，吻尾外弯，同时仍保留兽头。明孝陵是明初官式建筑代表，屋脊上设有琉璃龙吻，其形制既不同于江南普遍流行的鳌鱼吻，也与苏州、绍兴等地发现的柔曲硕长的龙吻有别。明孝陵建筑所创制的脊吻的造型式样为后来的北京明、清官式建筑所承袭。

又如仙人走兽，建筑物的垂脊、岔脊端部，唐以前是不设蹲兽的，宋代开始有嫔伽、龙、凤、狮子、马等，明大体沿用宋制，但更定型化。

又如瓦当、滴水，筒瓦檐端有瓦当，汉以前瓦当有圆形、半圆形（也包括多半圆）两种，上面模印文字（宫殿名和吉祥词）、四灵（朱雀、玄武、青龙、白虎）、卷草、龙等图案；汉以后都是圆形，南北朝至唐几乎都为莲瓣纹，宋以后则有牡丹、盘龙、兽面等。檐端板瓦设滴子，元代以前多为盆唇状，以后则变为叶瓣形，并模印花纹。明代将屋面檐部的瓦当和滴水做成一组琉璃构件，多使用龙的图案，瓦当上采用团龙图案，而滴水上则采用游龙图案。在艺术效果上，瓦当在上，滴水在下，大雨倾盆、电闪雷鸣时，雨水沿瓦垄顺滴水而下，似乎无数游龙在水中游、团龙在天上飞的景象，极具动感和震撼力。

3）样制

样制是式样的规定，之所以称为样制是表示这种规定的严格性已趋近于制度。宋《营造法式》对瓦的规格尺寸有详细的规定，清工部《工程做法》

对屋面各种琉璃构件的样制规格尺寸都有详细记载。其实在明代对琉璃构件也已有了样制规定，《大明会典》卷一九〇："洪武二十六年定，凡在京营造，合用砖瓦，每岁于聚宝山，置窑烧造，所用芦柴官为支给。其大小、厚薄、样制，及人工、芦柴数目，俱有定例。……如烧造琉璃砖瓦，所用白土，例于太平府采取。"[22]并且在这之后还提到了烧造两样琉璃板瓦的用工和用料规定。由此可见，官式琉璃构件样制在明初就已形成系统，只是有关具体的样制规格、大小、尺寸，现存文献记载很少，目前可查到的资料仅明万历四十三年工科给事中何士晋编撰的《工部厂库须知》[23]一书中略有记载。下面结合考察中对某些琉璃构件的实际测量和文献记载，与宋制、清制加以比较，希望找到明代琉璃样制的一些规律。

（1）琉璃瓦

在目前已知最早记录明代琉璃瓦样制的《工部厂库须知》中，明确规定了勾头、滴水、筒瓦、板瓦分为十样，但未给出具体尺寸，只有用工数。

因无系统资料很难整理出明代琉璃瓦的规制，现试图用考古实物填补资料的不全。引用汪永平教授对南京聚宝山、当涂窑头和中都凤阳出土的琉璃瓦的测量得出的数据（表24-2、表24-3）。

表24-2　实测筒瓦和勾头尺寸（单位：明营造尺）[24]

口宽	聚宝山（勾头）	当涂窑头（筒瓦）	凤阳中都（筒瓦）	皇陵（筒瓦）
0.66		△		
0.63	1.25	1.20	1.08	
0.615	1.17	1.12～1.17	1.20，1.39(勾头)	
0.60	1.20	1.07～1.12		
0.59	1.14	△	1.18	
0.58	1.10	△	1.12～1.18	△
0.57	1.14～1.19	△	1.12～1.15	1.12
0.55		△	1.15～1.20	△
0.54	1.10	△	1.14～1.19	△
0.52	1.10	△	0.92～0.95	0.94
0.50		△		
0.48	△			
0.46	△			
0.45	1.00			
0.43	△			
0.39				
0.36	△			
0.35	△			
0.33				

注：△表示有此口宽，但无具体长度（系残件）。

22 大明会典 [M]//《续修四库全书》编委会. 续修四库全书. 上海：上海古籍出版社，1996：293.

23（明）何士晋撰. 工部厂库须知 [M]. 北京：人民出版社，2013：129.

24 引自：汪永平. 明代建筑琉璃 [D]. 南京：东南大学，1984：41.

表24-3 实测板瓦和滴水尺寸（单位：明营造尺）[25]

口宽	聚宝山（滴水）	当涂窑头（板瓦）	凤阳中都（板瓦）	皇陵
1.05	1.32	△	1.45	
1.02	1.29	△		
1.00	1.53		1.47	
0.98		△		
0.95		△	1.23，1.35，1.40～1.47	
0.92	1.23，1.26，1.42		1.17	
0.90	1.23			
0.88	1.16		1.18	
0.85	△	1.16		
0.82		△		
0.80	△		△	
0.74			△	
0.64	0.82			
0.61	0.80			
0.52	0.64			
0.49	0.61，0.64			

注：△表示有此口宽，但无具体长度（系残件）。

1959年南京博物院对聚宝山琉璃窑址进行调查，在窑址发现的最大的筒瓦口宽0.70尺，长1.17尺；最大的板瓦口宽1.17尺，次大的口宽1.10尺，长1.30尺。[26]

宋《营造法式》卷十三"瓦作制度"和卷十五"窑作制度"中对用瓦的规格尺寸都有规定，但尺寸大小略有不同，结合卷二十七琉璃瓦用药料的料例规定，琉璃瓦的规格分为三种（表24-4）。

表24-4 宋琉璃瓦尺寸（单位：宋营造尺）

			一	二	三
筒瓦	长		1.40	1.20	1.00
	口径		0.60	0.50	0.40
	厚		0.06	0.05	0.04
板瓦	长		1.60	1.40	1.30
	大头	广	0.95	0.70	0.65
		厚	0.10	0.07	0.06
	小头	广	0.85	0.60	0.55
		厚	0.08	0.06	0.055

注：本表根据《营造法式》卷十五"窑作制度"中的尺寸规定。

25 引自：汪永平. 明代建筑琉璃 [D]. 南京：东南大学，1984：42.

26 南京博物院. 明代南京聚宝山琉璃窑 [J]. 文物，1960：41.

清工部《工程做法》颁布于清雍正十二年（1734年），明确规定勾头、滴水、筒瓦、板瓦分为十样，头样和十样未见使用（表24-5，表格中无头样、十样尺寸）。

表24-5　清瓦尺寸（单位：清营造尺）

		二样	三样	四样	五样	六样	七样	八样	九样
勾头	厚	0.1							
	长	1.35	1.25	1.15	1.10	1.00	0.95	0.90	0.85
	宽	0.65	0.60	0.55	0.50	0.45	0.40	0.35	0.30
筒瓦	长	1.25	1.15	1.10	1.05	0.95	0.90	0.85	0.80
	宽	0.65	0.60	0.55	0.50	0.43（0.45）	0.40	0.35	0.30
滴水	长	1.35	1.30	1.25	1.20	1.10	1.00	0.95	0.90
	宽	1.10	1.00	0.95	0.85	0.75	0.70	0.65	0.60
板瓦	长	1.35	1.25	1.20	1.15	1.05	1.00	0.95	0.90
	宽	1.10	1.00	0.95	0.85	0.75	0.70	0.60（0.65）	0.60

注：括号内数字引自中国营造学社《建筑设计参考图集》第六集《琉璃瓦》一书中附录二琉璃瓦料正式名件尺寸表。

由上述资料，将明代文献记录及琉璃瓦实物尺寸与宋《营造法式》、清《工程做法》对琉璃瓦的规定相比较，可以看出自宋至清这一历史时期琉璃瓦样制的变化趋势：

①宋、明、清瓦的样数都有明确规定，且呈现样数的增多（宋为三种，明、清都为十样），说明官式建筑琉璃构件制作、使用规定严格，等级分明。

②具体尺寸上，因为要与木作协调，琉璃瓦口宽是规格中最重要数据。明初的琉璃瓦最大口宽大于宋制的最大口宽，最小口宽小于宋制中最小口宽。这说明，相对宋制来说，明代建筑琉璃构件的规格尺寸跨度大。

③与清代琉璃瓦进行比较，明初最大的瓦件尺寸比清代二样瓦大，次大瓦件尺寸与清代二样瓦相当，而关于最小尺寸，筒瓦明初的与清九样接近，板瓦明初的则小于清代九样。在口宽接近的瓦件中，明初与清代的长度接近。可见清代琉璃瓦样制应是承袭明代而来。

④清不仅在样制上承明制，而且也接收了诸如明故宫等建筑实物，因此可以认为，清工部《工程做法》所规定的尺寸规格应与明的规定衔接紧密。由《工程做法》中无头样和十样规格分析，清的规定应是根据明规定规格使用的情况，对不常用的构件规格进行了删减。

⑤宋、明、清的瓦件都有一个规律，样数大的长宽比小，样数小的长宽比大，这与方便施工有关。

（2）部分脊件

《工部厂库须知》中有关一些脊件的尺寸记载详细，现整理列表如下（表24-6、表24-7）。

表24-6　明几种脊尺寸（单位：明营造尺）

		头样	二样	三样	四样	五样	六样	七样	八样	九样	十样
通脊	高	1.95	1.75	1.55	1.35	1.15	1.05	0.95	0.85	0.75	0.65
	长	2.40	2.40	2.40	2.40	2.20	2.20	2.20	2.20	2.20	2.20
相连群色	高	0.55	0.40	0.30							
	长	2.40	2.40	2.40							
黄道	高	0.55	0.45	0.35							
	长	2.40	2.40	2.40							
垂脊	高	1.15	0.95	0.75	0.55						
	长	2.00	1.95	1.80	1.50						

表24-7　明几种不随样小通脊、垂脊的尺寸（单位：明营造尺）

		一	二	三
小通脊	高	0.55	0.45	0.35
	长	1.50	1.40	1.30
小垂脊	高	0.45		
	长	1.40		

这几种脊饰在清代的样制规格见表24-8。

表24-8　清几种脊尺寸（单位：清营造尺）

		二样	三样	四样	五样	六样	七样	八样	九样
通脊	高	1.95	1.75	1.55	1.15	0.85（0.90）	0.85	0.55	0.55（0.45）
	长	2.40	2.40	2.40	2.20	2.20	2.20（1.95）	1.50	1.50
	宽	1.60	1.40	1.20	0.90	0.85	0.69		
大群色	高	0.65	0.45	0.40（0.45）	0.35	0.30	0.25		
	长	2.40	1.55（2.40）2.40	（2.40）	（1.30）	（1.30）	（1.30）		
	宽	1.65							
黄道	高	0.65	0.55	0.55					
	长	2.40	2.40	2.40					
	宽								
垂脊	高	1.35 1.65	1.50	0.85（1.20）	0.75 0.65	0.67（0.65） 0.55	0.21（0.55）		
	长	2.00 2.40	1.80	1.80	1.50	1.60（1.40） 1.40	1.40（1.00）		
	宽	1.20			0.75	0.67	0.65		

注：表中括号外数字引自梁思成著《清式营造则例》中表十五琉璃作，括号内数字引自中国营造学社《建筑设计参考图集》第六集《琉璃瓦》一书中附录二琉璃瓦料正式名件尺寸表。

从明、清的脊件尺寸对比，可以看出：

① 明、清两代琉璃脊构件的长宽比例基本相近。

② 具体尺寸上，明、清的通脊尺寸在五样以上基本接近，五样以下规格尺寸变化较大，特别是明代在十样之外还有不随样小通脊，其中明通脊的头样尺寸与清代的二样相同，十样尺寸相当于清代的七样和八样之间，三种不随样小通脊的尺寸分别相当于清代的八样、九样以及小于九样；明垂脊分为四样，加上一种不随样小垂脊共有五种规格，相当于清代的四样到七样之间。

③ 明代脊构件的尺寸略显凌乱，清在明制构件规格的基础上，对明脊构件尺寸进行了整理，把明不随样的规格纳入了十样系列，并扩大了构件规格的尺寸范围。

（3）吻

《工部厂库须知》中有关正吻的尺寸记载见表24-9、表24-10。

表24-9　明正吻尺寸（单位：明营造尺）

块数或高	十三块	十一块	九块	七块	六块	五块	四块	三块	2.50	2.00	1.50	1.20

表24-10　明北京紫禁城三大殿及其他殿、门的正吻、合角吻尺寸（单位：明营造尺）

	皇极殿、建极殿、中极殿	乾清宫、文武楼、皇极门、午门、端门、承天门
正吻	十三块，高13.50	十一块，高10.50
合角吻	五块，高5.50	五块

表24-11　清正吻尺寸（单位：清营造尺）

	二样	三样	四样	五样	六样	七样	八样	九样
高	十三块，10.50	十一块，9.20	九块，8.00（8.00）7.00	七块，5.50（5.30）	五块，4.50（3.50）3.80	3.40（2.60）	2.20	2.20（1.90）
长	9.10	7.30	6.30	3.70	2.90 2.70	1.85 2.70	1.66	1.66
宽	1.60	2.18	1.90	1.06	0.85	0.65	0.50	0.50

注：表中括号外数字引自梁思成著《清式营造则例》中表十五琉璃作，括号内数字引自中国营造学社《建筑设计参考图集》第六集《琉璃瓦》一书中附录二琉璃瓦料正式名件尺寸表。

清工部《工程做法》中正吻的尺寸规格见表24-11。

明、清正吻规格相比，明代正吻共十二种规格，最大的由十三块拼装，高度比清二样吻十三拼大，第二等的为十一块拼装，高与清二样吻相同，最小的正吻高度比清代九样小。可见，明代正吻的规格较清代多，并且样制划分比清代细致。

（4）兽

《工部厂库须知》中有关背兽、套兽的尺寸记载见表24-12。

表24-12　明背兽、套兽尺寸（单位：明营造尺）

背兽	高	1.20	1.15	1.05	0.80	0.70
	脚长	0.65	0.60	0.55	0.45	0.35
套兽	高	1.30	1.10	0.95	0.85	0.60
	脚长	0.85	0.75	0.65	0.55	0.40

表24-13　清背兽、套兽尺寸（单位：清营造尺）

		二样	三样	四样	五样	六样	七样	八样	九样
背兽	高	0.65	0.60	0.55	0.50	0.45	0.40	0.25	0.25
	长	0.65	0.60	0.55	0.50	0.45	0.40	0.25	0.25
	宽	0.65	0.60	0.55	0.50	0.45	0.40	0.25	0.25
套兽	高	0.95	0.75（0.85）	0.75（0.80）	0.65（0.75）	（0.70）	（0.55）	（0.50）	（0.40）
	长	0.95	0.75（0.85）	0.75（0.80）	0.65（0.75）	（0.70）	（0.55）	（0.50）	（0.40）
	宽	0.95	0.75（0.85）	0.75（0.80）	0.65（0.75）	（0.70）	（0.55）	（0.50）	（0.40）

注：表中括号外数字引自梁思成著《清式营造则例》中表十五琉璃作，括号内数字引自中国营造学社《建筑设计参考图集》第六集《琉璃瓦》一书中附录二琉璃瓦料正式名件尺寸表。

清工部《工程做法》中背兽、套兽的尺寸规格见表24-13。

从表中数据可见，明、清背兽与套兽的样式有所差别。明代的背兽与套兽，高明显大于脚长（但并不知脚长尺寸具体表示的是什么位置的尺寸）。而清代的背兽与套兽长、宽、高三个方向尺寸相等，趋近于正方体。

明背兽与套兽规格共分五种，以脚长尺寸与清代相比，最大的背兽尺寸与清二样相同，最小的背兽尺寸在清七样、八样之间，最大的套兽尺寸相当于清三样，最小的套兽尺寸相当于清九样。可见，明代背兽与套兽的尺寸规格不及清代多，分样不及清代细致。

25　施工做法[27]

琉璃构件的安装主要考虑其使用功能，同时兼顾其装饰功能。在我国，用瓦作屋面防水材料历史久远，素有"秦砖汉瓦"的说法，这比琉璃用于屋面要早八百年左右。但是，与其他瓦材料相比，琉璃构件的施工与安装有着自己的特点。

27 此节部分内容参见：刘大可．中国古建筑瓦石营法 [M]．北京：中国建筑工业出版社，1993：6；李全庆，刘建业．中国古建筑琉璃技术 [M]．北京：中国建筑工业出版社，1987：12.

明代官式琉璃的施工做法主要包括三个内容：其一是瓦的铺装做法，俗称宽瓦；其二是各种脊（包括脊上的各种吻、兽等构件）的安装；其三是墙面琉璃构件的做法。

1）瓦的铺装

琉璃瓦的铺装方法源于普通屋面瓦的施工方法，具体程序是：望板上铺灰背，在灰背上铺瓦。

明代官式建筑的琉璃瓦铺装的灰背基层应该是望板，官式建筑的灰背做法也与普通房屋的瓦下灰背有所不同，常常使用特殊的材料、手法，提高灰背的质量。苫背的操作程序十分严格，同时还采取了许多特殊的技艺（如打拐子、粘麻等）。其中最主要的方法就是在泥背中加入麻等纤维类材料，以增加瓦面基层的整体性。

铺瓦前，要在苫好的灰背上确定瓦垄的位置。根据现存明代官式石构或金属建筑（如明十三陵石牌坊、明定陵地宫内石门、武当山金殿等）的屋面瓦垄判断，明代官式建筑的屋面瓦垄分布应是按照"筒瓦坐中"的原则，即屋面正中的一趟瓦垄为筒瓦，在屋檐处就是勾头的位置，以中间的筒瓦垄为基准，再确定两侧瓦垄的位置。从这些石构或金属建筑看，檐口处的勾头和滴水的位置与椽头并不对正，由此推测，明代官式建筑瓦件位置的确定应与木作的位置无关。

位置确定后，铺瓦应按檐部—下腰节—中腰节—上腰节的顺序进行。先铺底瓦垄，后铺盖瓦垄。板瓦垄中上面一块板瓦搭在下面板瓦之上，一般压六露四，即下面一块板瓦的十分之四露在外面，十分之六被压在上层板瓦之下，所以，瓦的搭头处都有三层瓦相叠，称作"三搭头"，防止瓦搭头处容易漏水。建筑屋面坡度各举架不同，靠近正脊处较陡，而檐头处较缓，为防止瓦垄下滑，靠近脊部板瓦搭接尺寸大，多为压七露三，而檐部搭头尺寸较小，多为压五露五，若搭接尺寸过大，会使板瓦垄后尾翘起，这种做法常被称为"稀瓦檐头密瓦脊"。

明代板瓦有大小头之分，铺瓦时，小头朝下，大头朝上，上一片瓦的小头叠压在下一片瓦的大头之上，从而减小瓦片在烧制过程中可能产生的变形对瓦片搭接的影响，使得瓦片的搭接更加紧密，更有效地防止雨水流入屋面内。板瓦垄铺好后，在两垄板瓦接缝上盖筒瓦，筒瓦也是从下向上安装。先装勾头，在勾头的瓦筒中部的圆洞内钉入瓦钉，瓦钉钉在木望板上，防止瓦垄下滑，钉上扣顶帽，防止雨水渗入。筒瓦上面一块压在下面一块筒瓦的后尾雄头上，明代筒瓦的后尾雄头边缘还做出一道楞，可增加两块筒瓦间的摩擦力，防止瓦垄下滑。筒瓦垄在脊根处最上面的一块筒瓦用筒瓦节来凑长筒瓦垄。整个屋面瓦垄每隔几块筒瓦要使用星星筒瓦和星星板瓦，星星筒瓦和星星板瓦上有瓦钉钉入望板内，星星筒瓦和星星板瓦的位置要相呼应，星星筒瓦的瓦钉上扣钉帽，防止漏水。

明代官式琉璃构件承宋制，工匠们在长期的工作中，根据具体需求也发明了许多独特的明代官式琉璃施工做法，主要是继承了宋琉璃构件的拉结方法。在构件的相交处，多设置拉结措施，这在宋《营造法式》"垒屋脊"中早有记载："若筒板瓦结瓦，其当沟瓦所压筒瓦头并勘缝刻顶子，深三分，令与当沟瓦相衔。"这里的筒瓦头就是明代的油瓶嘴瓦（图25-1）。经过明代工匠的整理，成为明代最具代表性的施工安装方法。明显带有该特点的构件主要有：油瓶嘴瓦、带雄头筒瓦、带雄头筒瓦节、搏脊瓦、蹬脚瓦等（图25-2）。主要的做法是在这些构件背尾部做半圆形榫槽，另一头做出雄头，也有的在一端设榫槽，而在另一端设楞。总之，目的在于增加构件间的联结，增加整体性，同时也可以起到一定的防渗漏作用。

因为琉璃材料本身的性质（质脆），构件无法在现场再次加工，所以构件的外形必须准确。有些构件为了增加安装的可靠度，减少构件间的缝隙，防止漏水，做成了异形构件，如撞肩板瓦、鱼壳瓦、螳螂勾头、割角滴水等。这些构件被应用于固定的位置上，方便了施工。

此外，在屋面坡度较陡处，为了防止构件移位，还使用了抓泥板瓦代替普通板瓦，抓泥板瓦即普通板瓦后尾做出一道梗条，安装时梗条插入泥浆中增加阻力，防止瓦垄下滑。

琉璃焚帛炉、花门、照壁这类琉璃构筑物，大多是在砖砌体外贴琉璃构件。其屋顶的坡度与木构建筑檩条上铺椽子、望板的构造不同，也是用砖砌出，上铺琉璃瓦。这和南方有些建筑不设望板而采用望瓦、望砖作苫背基层的做法较为相似。从武当山玉虚宫焚帛炉残存的屋顶可见，砖砌体外铺厚泥灰，上面先铺板瓦，然后铺筒瓦，筒瓦瓦筒内也填满泥灰，主要靠泥灰的黏结力把琉璃瓦固定在屋面上（图25-3）。檐口部分有琉璃烧制的仿瓦口木的瓦口条（图25-4），用于固定滴水。瓦口条分段烧制，两块瓦口条之间靠搭边榫连接，嵌入泥灰中（图25-5）。

歇山屋顶（包括部分硬山、悬山）的山面搏风板安装，在墙上有突出的砖榫头，琉璃搏风板背面设有凹槽，挂在砖榫头上。搏风板分块拼装，两块搏风板之间有搭边榫连接。实际上这些凹槽和榫头仅是起到承担重量和拉结的作用，（搏风）板与板之间，板与墙之间还是有灰浆粘牢或勾缝。

图25-1　江苏南京明孝陵出土油瓶嘴瓦

图25-1　作者拍摄

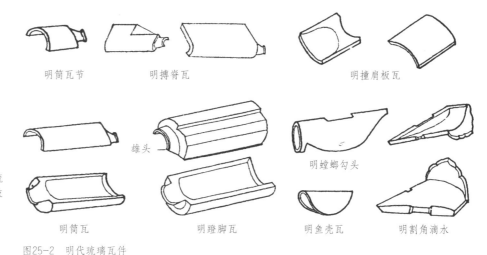

明筒瓦节　　　明搏脊瓦　　　　　　　　明撞肩板瓦

雄头　　　　　　　　　　明螳螂勾头

明筒瓦　　　　明蹬脚瓦　　　明鱼壳瓦　　明割角滴水

图25-2　图引自李全庆.明代琉璃瓦、兽件分析[J].古建园林技术，1990（1）：5-14.
图25-3　作者拍摄
图25-4　作者拍摄
图25-5　作者拍摄

图25-2　明代琉璃瓦件

图25-3　湖北十堰武当山玉虚宫焚帛炉顶部

图25-4　湖北十堰武当山玉虚宫焚帛炉瓦口条

图25-5　湖北十堰武当山玉虚宫焚帛炉顶部搏风板

2）脊（兽）的安装

屋脊是屋面上的重要分水构件，主要设置在屋顶瓦面的交接处。因此，脊的设置与安装主要视屋面形式而定。脊上的吻、兽原本也都是由构造需要而设置的构件，经长期的逐渐演变，外部形式发生了艺术的改变，形成了各种吻、兽构件。

明代官式建筑的琉璃屋脊采用筒子脊做法，与宋《营造法式》中记载的垒瓦脊安装方法不同，以尖山式硬山、悬山（歇山也在此例）建筑的正脊安装为例，一般都是按照捏当沟—砌压当条—安装正吻—砌群色条—砌正通脊—扣盖脊筒瓦—勾缝打点—表面擦光亮的顺序施工。

不过，与屋面瓦的铺设安装一样，明代的脊（兽）构件安装与现在可以大量看到的清琉璃构件的安装相比，还是有着明显的区别和特点的。明代官式琉璃的外观显得更加精致，内部构造也主要反映在构件间的联结上。

业内人士比较公认保有明代原始构件最多的是故宫西南角楼，在1983年修缮时，发现明代的正脊筒、垂脊筒、搏脊三连砖、三连砖、承奉连等构件

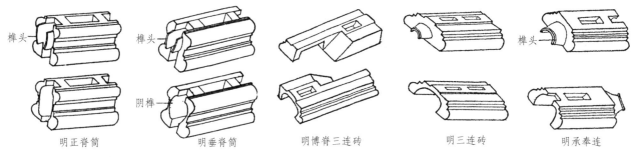

榫头　　　榫头　　　　　　　　　　　　　　　　　　　榫头

阴榫

　　明正脊筒　　　　　　明垂脊筒　　　　明博脊三连砖　　　　明三连砖　　　　明承奉连

图25-6　明代琉璃脊件

（图25-6），这些构件都在连接的两端作成榫头、凹槽、雄头等，垂兽后部与垂脊盖瓦相交处也做成雄头。此外，明代的大吻也将嘴张到可以将群色条吞盖住的程度。

图25-6　图引自李全庆.明代琉璃瓦、兽件分析[J].古建园林技术，1990（1）：5-14.

　　大吻的安装是在压当条砌毕后进行的。正吻放在压当条上，事先找好吻座的位置。放好吻座后拼装正吻。吻外侧以吻锔固定，里面装灰，并使用坚固的脊桩子将大吻与屋架上的扶脊木紧紧联结在一起。背兽插入吻脊后的卯眼中，明代的背兽、剑把也都是用榫头与大吻相连，剑把最后安装。组装正吻或砌筑正脊时，明代的做法是在吻内或正脊中间的空间填塞木炭和瓦片，然后浇白灰浆，凝固后形成整体。木炭的松散，瓦片与白灰浆凝固后形成的强度，既可以保证大吻（正脊）的结实可靠，也可以防止构件在不同条件下可能发生的胀裂。四样以上的正吻还须用铁制吻索和吻沟，吻索下端连接铜制的筒瓦（称为螭广带），下端用铁钎穿过铜制的筒瓦钉入木架内。

　　其他跑兽也都造型高拔挺秀、气势雄浑、刀法洗练、线条流畅。

3）墙面琉璃构件做法

　　墙面琉璃构件主要分为两类：一类是仿木构件，另一类则是壁饰。

　　应该指出的是，仿木琉璃构件（图25-7）是建筑琉璃的一大创造。木结构在明以前就已经有千余年的历史，也是中国古建筑的重要部分之一，经几千年的传承，成熟的木作工艺和油饰彩画把装饰效果推向极致。利用琉璃胎体的可塑性和颜色丰富的特点做出的仿木构件，应用于塔、花门、照壁、牌楼等建（构）筑物上，很好地反映了成熟的木结构建筑形象。

（1）琉璃板椽

　　琉璃板椽位于屋顶瓦之下，是承接出檐的构件，形式完全模仿木作部分，檐椽多为圆形，飞椽为方形并多有卷杀，反映明代木作特征。

　　琉璃板椽的烧制却是根据琉璃材料的自身特点，不再将每个构件单独烧制，而是将多个构件制成一个单元。一般把几组飞椽、檐椽、望板连在一

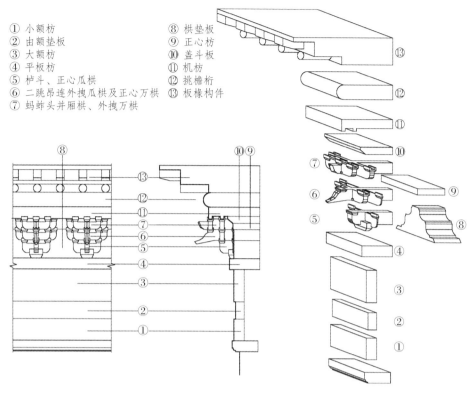

① 小额枋　　　　　　　　⑧ 栱垫板
② 由额垫板　　　　　　　⑨ 正心枋
③ 大额枋　　　　　　　　⑩ 盖斗板
④ 平板枋　　　　　　　　⑪ 机枋
⑤ 栌斗、正心瓜栱　　　　⑫ 挑檐桁
⑥ 二跳昂连外拽瓜栱及正心万栱　⑬ 板椽构件
⑦ 蚂蚱头并厢栱、外拽万栱

图25-7 作者绘制　　　　　图25-7　檐部仿木作琉璃构件分件图

起，组成一个单元一起烧制，形成一个类似板状的构件，不同于一般木构建筑的瓦顶做法（图25-8），有的单元两侧分别做出凹槽，内置铁件埋入内部泥灰。不过在湖北武当山发现，也有按照木质构件的分件方式，即分别烧制出琉璃飞椽、琉璃檐椽、琉璃望板，再拼装起来的做法（图25-9），飞椽望板之上用砖、泥灰做出坡度，上覆琉璃瓦，但此做法并不多见。

（2）琉璃斗栱

在琉璃门、琉璃照壁这些琉璃构筑物上，斗栱不再承重受力，仅是纯粹的装饰构件。样式与木质斗栱相同，多用五踩斗栱，也有三踩或七踩斗栱。琉璃斗栱上多有明代木作特征的体现，如下昂根部刻有"华头子"形象，斗的下部斗欹部分有曲线形的"颤"。通常琉璃斗栱看面上涂绿色釉，或绿底边沿处有黄色勾边。

和琉璃板椽一样，琉璃斗栱也不是按照木质斗栱的分件方式逐件烧制然后拼装，而是按斗栱的出跳分层烧制，再以灰浆为黏结材料将各层拼筑起来的。因为仅做仿木装饰用，按木构分件显然没有必要，反而会增大琉璃构件的制作与安装难度。琉璃斗栱虽然采用按层分件的法式，但外形上力求做到与木质斗栱一致。例如交互斗，上层构件会做出交互斗的斗耳，而下层即做成平盘斗的式样，当上下两层构件拼起来后就组成了一个完整

图25-8 北京故宫花门板椽

图25-9 湖北十堰武当山玉虚宫八字墙檐口

交互斗，工匠模仿得非常细致，不仔细观察很难发现它的分件方法。把一攒斗栱分成几层，符合琉璃材料的特点，方便了琉璃构件的制作烧制（图25-10）。

图25-8 作者拍摄
图25-9 作者拍摄

（3）琉璃额枋

木构建筑的额枋上通常绘有彩画。用琉璃材料仿制时，往往利用琉璃有不同釉色的特点，在琉璃砖上刻出彩画。琉璃彩画多用黄绿两色，绿色铺底，彩画上线路、花瓣、边线、花心及如意用黄色，样式多为一整二破旋子彩画，两端以箍头收尾。枋心为不施绘细部纹饰只平涂颜色的素枋心。虽然琉璃彩画颜色与真实彩画不完全一致，但却典雅和谐，从构筑物的整体来看，既起到了点缀作用，又不显得杂乱。

琉璃额枋按构件长度并考虑彩画图案分布分成若干块矩形琉璃砖，烧制好后再拼砌安装（图25-11）。玉虚宫与显陵的八字墙保留有明代原物残迹，从残状中可以看出，砌筑方式是琉璃砖砌在内部砖墙表面（图25-12）。也有将横断面做成曲尺形的做法，正面为矩形的琉璃砖，背面上部做出两道阴槽，并且留有深洞，备以嵌入扒锔与墙体拉牢。

图25-10 作者拍摄
图25-11 作者绘制
图25-12 作者拍摄

图25-10 北京故宫迎瑞门琉璃斗栱

图25-11 北京故宫迎瑞门琉璃额枋

图25-12 湖北十堰武当山玉虚宫八字墙琉璃额枋

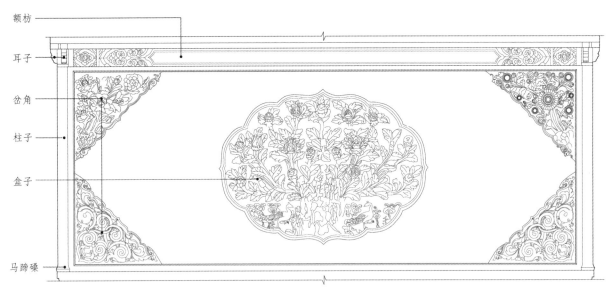

额枋
耳子
岔角
柱子
盒子
马蹄礴

图25-13　岔角在墙身位置示意图

（4）琉璃壁饰

岔角：岔角是位于墙面四角起装饰作用的琉璃构件，外形类似直角三角形，在较宽大的墙面上，于墙面四角，分上下左右对称布置（图25-13）。岔角表面多雕有花卉卷草图案，有莲花、葵花、西番莲、牡丹等等，也有椀花结带，同一墙面上四角的图案有的相同，有的各不相同。琉璃花门门洞两边的墙面（门垛）一般较窄，左右两个岔角常合为一个构件，上下对称装饰在墙面上，向着墙心的一边轮廓线做出类似云纹的花边。岔角的花饰构图顺应三角形或云形的轮廓，十分巧妙，美观大方，丝毫不觉生硬（图25-14）。若岔角面积较大时，则分块烧制。

盒子：盒子是墙面主要的装饰构件，安装于墙面正中央。表面雕饰图案题材丰富，有花卉卷草、龙、凤、游鱼等，花卉多用莲花、牡丹、西番莲，以及反映建筑主题功能的花饰等图案。明代的花饰图案非常饱满，花瓣和叶子往往会做出翻转卷曲的形态，而不只是局限于一个平面，立体感很强。

花卉盒子和岔角的烧制方式有两种，一种是类似浮雕方式，在底面上雕出花卉卷草等图案，整个琉璃构件成为一体；另一种方式是卷草仍与底面是一体，而花朵凸出于底板图案之上，靠后部榫头与底板连接，这种方式花朵更为突出，立体感更强，但是容易脱落。面积较大的琉璃盒子或岔角，需分块烧制，且划分十分讲究，既要考虑块的大小，还要考虑图案完整，通常一个花朵不会分到两块琉璃砖中去，对于花朵凸出的盒子或岔角，分块只要避开花朵与底板连接处即可（图25-15～图25-17）。

图25-13 作者绘制

图25-14　作者拍摄　　　　　　　　图25-14　北京故宫迎瑞门岔角

（5）琉璃须弥座

琉璃须弥座与石质须弥座形制相同，分为土衬、圭角、下枋、下枭、束腰、上枭、上枋七层构件叠砌（图25-18），多数琉璃须弥座在下枋与下枭之间有下肩涩，上枭与上枋之间有上冰盘涩。琉璃须弥座有素面的也有雕花的，但圭角部分都雕有如意云纹样，上、下枋常见的图案有缠枝西莲花，上、下枭常用仰、覆莲，束腰部分端头有玛瑙柱，中间花饰多为椀花结带、折枝西莲花。

琉璃须弥座的做法一般用琉璃砖叠砌在内层砖的外部，通常内部砖先砌好，然后根据琉璃砖的尺寸，削砍内部砖体，使琉璃构件既能与内部砖体结合，又能拼砌成设计样式（图25-19）。

图25-15 作者拍摄
图25-16 作者拍摄

图25-15　湖北十堰武当山玉虚宫八字墙琉璃岔角

图25-16　湖北钟祥显陵八字墙琉璃盒子

图25-17 作者拍摄
图25-18 作者绘制
图25-19 作者拍摄

大成左门西立面盒子　　　　迎瑞门东立面盒子　　　　迎瑞门西立面盒子

图25-17　北京故宫明代琉璃花门盒子

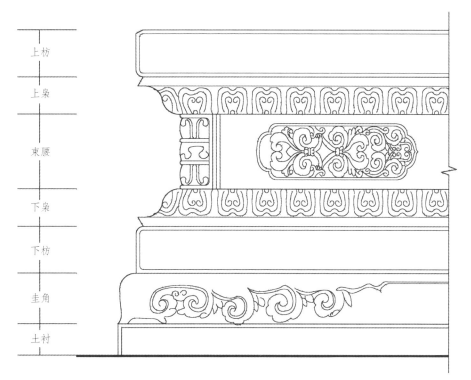

上枋

上枭

束腰

下枭

下枋

圭角

土衬

图25-18　琉璃须弥座示意图

图25-19　湖北十堰武当山玉虚宫八字墙琉璃须弥座

4）琉璃构件的制作与安装

用于琉璃构筑物上的琉璃构件大多数模仿木构，外形逼真、颜色鲜艳，既坚固又防火。但是仿木琉璃构件却是根据琉璃材料的特点和方便施工来进行分件制作的，如飞椽、檐椽和望板连成一体，成为一个板状构件，斗栱则按照出跳分层烧制。为了琉璃的烧制质量，琉璃构件的体积不宜过大，一些大体积的构件需要分成小块烧制，这对颜色协调的要求较高，而额枋、岔角、盒子这些表面有花饰图案的构件，在分块时则既要考虑块的大小又要考虑花纹图案，通常一个花朵不会分到两块琉璃砖中，对于花朵凸出的盒子或岔角，分块则需避开花朵与底板连接处，总之琉璃构件的分件十分讲究且设计巧妙。

琉璃构筑物上的琉璃构件采取了砌、嵌、贴、挂等方法安装施工。檐部板椽连做，分块烧制；每攒斗栱采取按出跳分层烧制，再用砂浆为黏结材料将它们叠砌在一起；墙面上较薄的部分（如额枋），为防止掉落，常采取贴挂方式，牢固地将其固定在墙面上，并有嵌入扒锔锚拉的构造措施；而岔角、盒子多贴嵌在墙面中；位于下部的体积较大的须弥座，就可以采取普通的砖石砌筑方法，将琉璃构件包砌于砖砌体之外。

26 明代官式建筑琉璃作范式图版

图版一　琉璃八字墙（一）

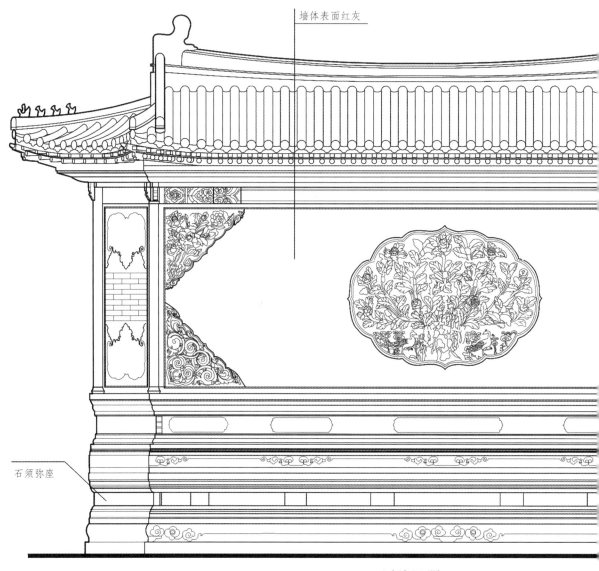

墙体表面红灰

石须弥座

八字墙立面图

参考实例：湖北十堰武当山玉虚宫山门八字墙，屋顶生起参照湖北武当山遇真宫山门八字墙

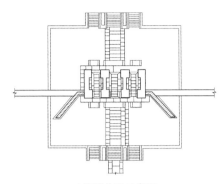

八字墙位置示意图

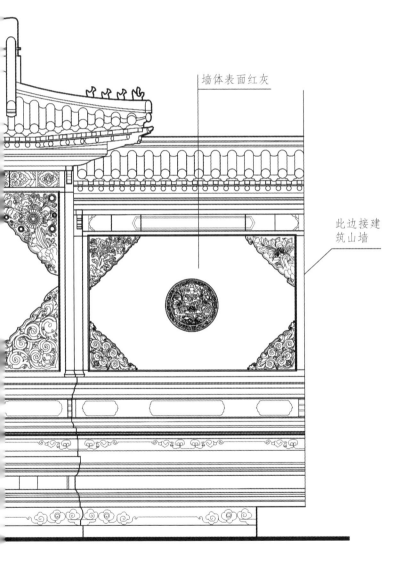

墙体表面红灰

此边接建
筑山墙

八字墙端部立面图

图版二　琉璃八字墙（二）

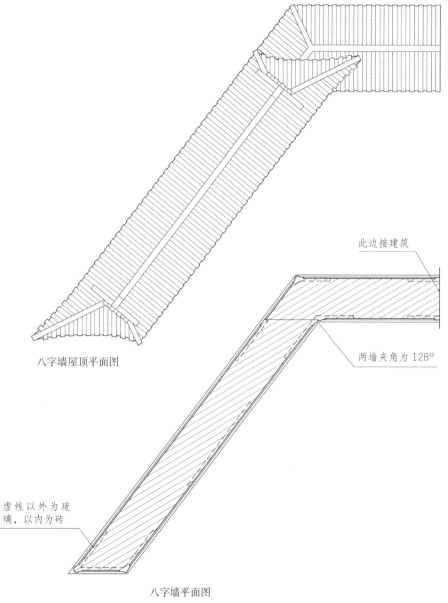

八字墙屋顶平面图

此边接建筑

两墙夹角为128°

虚线以外为琉璃，以内为砖

八字墙平面图

八字墙端部琉璃装饰大样图

参考实例：湖北十堰武当山玉虚宫山门八字墙

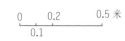

图版三　琉璃八字墙（三）

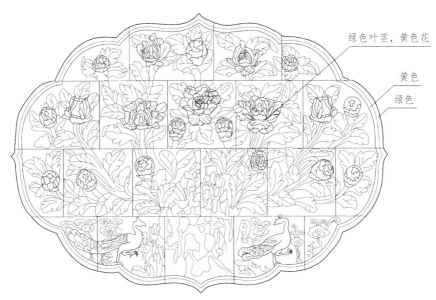

绿色叶茎，黄色花

黄色

绿色

八字墙大墙琉璃盒子大样图

黄色

绿色叶茎，黄色花

绿色叶茎，黄色花

黄色

八字墙大墙琉璃岔角大样图

黄色

绿色叶茎，黄色花

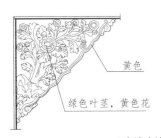

黄色

绿色叶茎，黄色花

八字墙小墙琉璃岔角大样图

绿色叶茎，黄色花

黄色

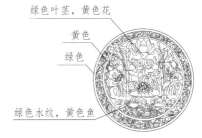

绿色叶茎，黄色花

黄色

绿色

绿色水纹，黄色鱼

八字墙小墙琉璃盒子大样图

参考实例：湖北十堰武当山玉虚宫龙虎殿八字墙

图版四　琉璃焚帛炉（一）

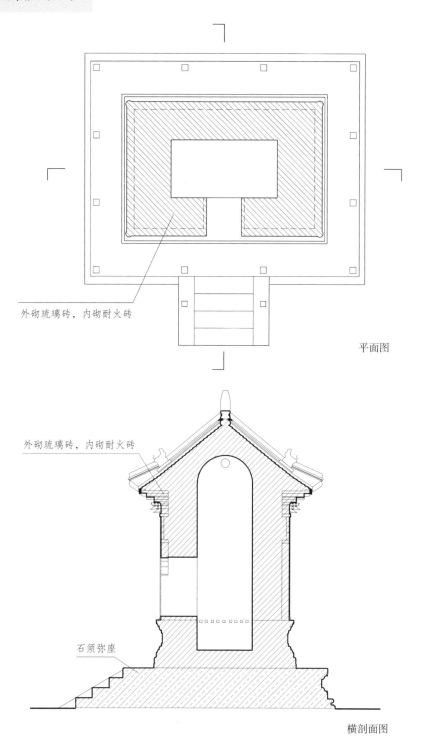

外砌琉璃砖，内砌耐火砖

平面图

外砌琉璃砖，内砌耐火砖

石须弥座

横剖面图

参考实例：湖北十堰武当山玉虚宫焚帛炉

图版五　琉璃焚帛炉（二）

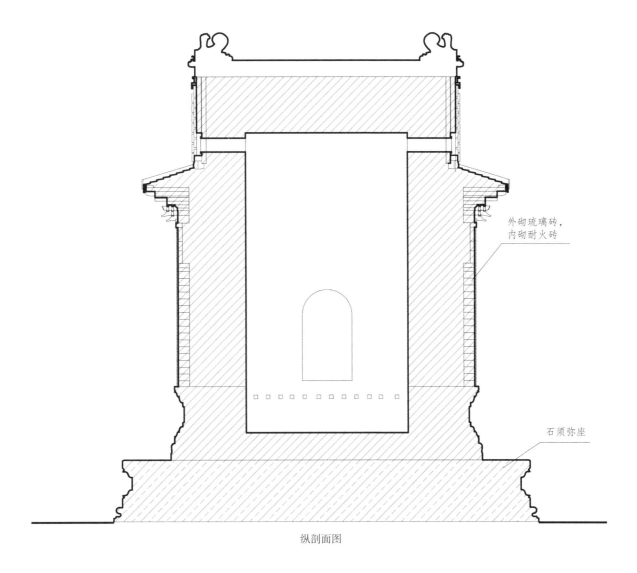

外砌琉璃砖，
内砌耐火砖

石须弥座

纵剖面图

参考实例：湖北十堰武当山玉虚宫焚帛炉

图版六　琉璃焚帛炉（三）

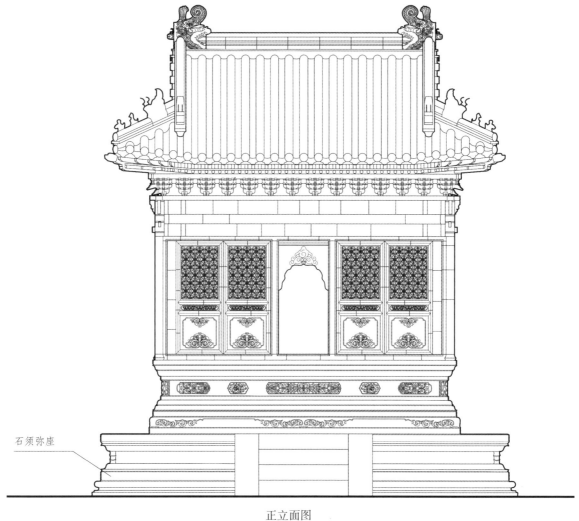

石须弥座

正立面图

参考实例：湖北十堰武当山玉虚宫焚帛炉

图版七　琉璃焚帛炉（四）

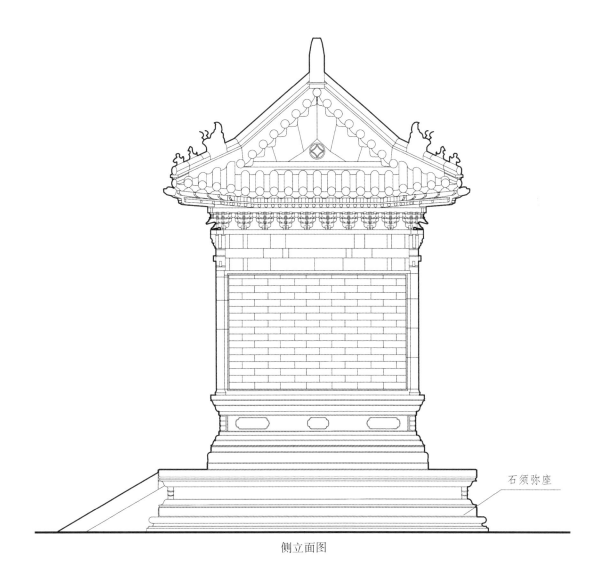

石须弥座

侧立面图

参考实例：湖北十堰武当山玉虚宫焚帛炉

图版八　琉璃焚帛炉（五）

绿色花边，黄绿花心

黄绿花纹点缀绿色　　　　黄绿相间花纹

焚帛炉琉璃门窗大样图

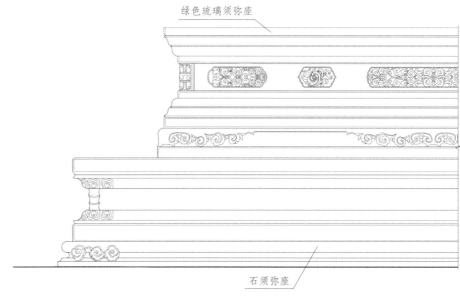

绿色琉璃须弥座

石须弥座

焚帛炉须弥座大样图

参考实例：（1）湖北十堰武当山玉虚宫焚帛炉
　　　　　（2）湖北十堰武当山紫霄宫焚帛炉

图版九　琉璃花门（一）

内为砖墙，外嵌琉璃

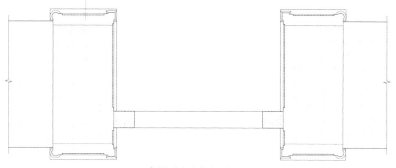

庑殿顶琉璃花门平面图

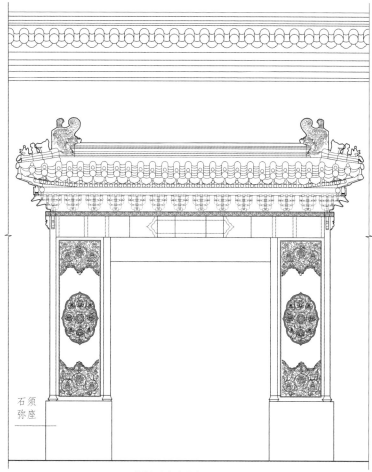

石须
弥座

庑殿顶琉璃花门正立面图

参考实例：北京故宫大成左门

图版十　琉璃花门（二）

庑殿顶琉璃花门背立面图

石须
弥座

参考实例：北京故宫大成左门

图版十一　琉璃花门（三）

庑殿顶琉璃花门正立面图

参考实例：北京故宫大成左门

图版十二　琉璃牌坊

参考实例：北京东岳庙琉璃牌坊

参考文献

[1] 李诫.营造法式[M].北京:中国建筑工业出版社,2006.

[2] 张廷玉,等.明史[M].北京:中华书局.1974.

[3] 明实录[M].台北:"中央"研究院历史语言研究所校印,北京:北京图书馆红格钞本微卷影印,1962.

[4] 大明会典[M]//《续修四库全书》编委会.续修四库全书.上海:上海古籍出版社,1996.

[5] 何士晋.工部厂库须知[M].明代万历刻本.北京:人民出版社,2013.

[6] 汪永平.明代建筑琉璃[D].南京:东南大学,1984.

[7] 李全庆,刘建业.中国古建筑琉璃技术[M].北京:中国建筑工业出版社,1987.

[8] 梁思成,刘致平.建筑设计参考图集:第六集 琉璃瓦[M].北京:中国营造学社,1936.

[9] 蒋玄佁.古代的琉璃[J].文物,1959(6):8-10.

[10] 汪永平.明代建筑琉璃(一)[J].古建园林技术,1988(3):3-5.

[11] 汪永平.明代建筑琉璃(二)[J].古建园林技术,1988(4):5-7.

[12] 刘大可.明、清官式琉璃艺术概论(上)[J].古建园林技术,1995(4):29-32.

[13] 刘大可.明、清官式琉璃艺术概论(下)[J].古建园林技术,1996(1):36-39.

[14] 刘大可.中国古建筑瓦石营法[M].北京:中国建筑工业出版社,1993.

[15] 胡汉生.明代琉璃构件的样制与名称[J].古建园林技术,1993(3):49.

[16] 刘大可.压六露四与三塔头:板瓦搭接密度小议[J].古建园林技术,1993(3):36-37,14.

[17] 李全庆.明代琉璃瓦、兽件分析[J].古建园林技术,1990(1):5-14.

[18] 苏文轩.明孝陵[J].文物,1976(8):88-89.

[19] 刘敦桢.明长陵[C].中国营造学社汇刊,1933,4(2):42-59.

[20] 祁英涛.明陵的琉璃砖刻彩画[J].文物参考资料,1956(9):9-12,26.

[21] 胡汉生.清乾隆年间修葺明十三陵遗址考证:兼论各陵明楼、殿庑原有形制[C]//杨鸿勋,刘托.建筑历史与理论:第5辑.北京:中国建筑工业出版社,1997:35-43.

[22] 王璞子.清初太和殿重建工程:故宫建筑历史资料整理之一[C]//《建筑史专辑》编辑委员会主编.科技史文集:第2辑.上海:上海科学技术出版社,1979:53-60.

[23] 于倬云.紫禁城始建经略与明代建筑考[J].故宫博物院院刊,1990(3):9-22.

[24] 刘敦桢.北平智化寺如来殿调查记[M]//刘敦桢.刘敦桢文集:第一卷.北京:中国建筑工业出版社,1982:61-128.

[25] 许惠利.智化寺建筑管窥[J].古建园林技术,1987(3):59-61.

[26] 葛寅亮.金陵梵刹志[M].天津:天津人民出版社,2007.

[27] 武当山志编纂筹委会.武当山志[M].北京:新华出版社,1994.

[28] 张驭寰,杜仙洲.青海乐都瞿昙寺调查报告[J].文物,1964(5):46-53,59-60.

[29] 张君奇.瞿昙寺吻兽宝顶[J].古建园林技术,2001(2):52-53.

[30] 张君奇.青海名刹瞿昙寺[J].古建园林技术,2003(3):56-60.

[31] 李先逵.深山名刹平武报恩寺[J].古建园林技术,1994(2):17-31.

[32] 南京工学院建筑系,曲阜文物管理委员会.曲阜孔庙建筑[M].北京:中国建筑工业出版社,1987.

[33] 陈万里.谈山西琉璃[J].文物参考资料,1956(7):28-35.

[34] 刘敦桢.琉璃窑轶闻[M]//刘敦桢.刘敦桢文集:第一卷.北京:中国建筑工业出版社,1982:58-60.

[35]　南京博物院. 明代南京聚宝山琉璃窑 [J]. 文物,1960(2): 41-48.

[36]　林坤雪. 四川华阳县琉璃厂调查记 [J]. 文物参考资料,1956(9): 47-48

[37]　单士元. 明代营造史料[J]. 中国营造学社汇刊,1933,4(1): 116-137.

[38]　单士元,王璧文. 明代建筑大事年表 [M]. 北京: 中国营造学社,1937.

[39]　潘谷西. 中国古代建筑史 第四卷 元、明建筑 [M]. 北京: 中国建筑工业出版社,2001.

[40]　孙大章. 中国古代建筑史: 清代建筑 [M]. 北京: 中国建筑工业出版社,2002.

[41]　潘谷西,何建中.《营造法式》解读 [M]. 南京: 东南大学出版社,2005.

[42]　中国建筑艺术研究院《中国建筑艺术史》编写组,萧默. 中国建筑艺术史 [M]. 北京: 文物出版社,1999.

[43]　郭华瑜. 明代官式建筑大木作研究 [D]. 南京: 东南大学,2001.

[44]　梁思成. 清式营造则例 [M]. 北京: 中国建筑工业出版社,1981.

[45]　祁英涛. 中国古代建筑的脊饰 [J]. 文物,1978(3): 62-70.

[46]　高履泰. 中国建筑色彩史纲 [J]. 古建园林技术,1990(1):20-24.

[47]　马炳坚. 明清官式建筑的若干区别(上)[J]. 古建园林技术,1992(2):61-64.

[48]　马炳坚. 明清官式建筑的若干区别(二)[J]. 古建园林技术,1992(3):59-64.

[49]　徐振江.《营造法式》瓦作制作初探 [J]. 古建园林技术,1999(1): 6-8.

[50]　徐华铛. 古建上的主要装饰纹样: 麒麟[J]. 古建园林技术,2001(2): 47-50.

[51]　刘大可. 古建筑屋面荷载编汇(上)[J]. 古建园林技术,2001(3): 58-64.

[52]　刘大可. 古建筑屋面荷载编汇(下)[J]. 古建园林技术,2001(4): 56-63。

[53]　刘大可. 从顺承郡王府看到的清早期官式建筑作法特征 [J]. 古建园林技术,2003(1): 31-35.

[54]　高甜. 故宫西南角楼明、清瓦件对比 [J]. 故宫学刊,2014(2):240-256.

第六篇　小木作

- 明代官式建筑小木作发展概况
- 小木作的类型和特点
- 小木作工艺
- 明代官式建筑小木作范式图版

第六篇　小木作

27　明代官式建筑小木作发展概况

明代是中国古代建筑历史上营造活动频繁，建筑水平高超，留存实物较多的时期。其建筑在形式、构造方式、工艺技术及制度等方面都形成了独特的风格和做法。明代官式建筑是由官方主持或按照官方规则建造的建筑，它在明代近三百年营建都城和宫殿的活动中，继承唐宋的优良传统，并融汇以江南为主的各地区优秀手法，形成了一套最成熟、水平最高的完整体系，成为明代中国建筑艺术的典型代表和最高成就的体现。

明代官式建筑小木作的发展部分继承了宋代小木作，并吸收了元代的文化演进和技术改变，同时也受到了南北方的相互影响。明代官式建筑逐步形成的过程，实际上也蕴含着明代官式建筑小木作与之同步发展的过程。中国古代的小木作到明代已臻于高度成熟，明代官式建筑小木作对比例、尺度的把握，对细部的锤炼都达到了炉火纯青的地步，显示了强烈的艺术感染力。明代小木作精湛的榫卯工艺及在建筑上留下的典雅、纯朴、雄厚的艺术风格无疑是我们珍贵的文化遗产。

1）明代官式建筑小木作的含义和界定

小木作是相对于大木作而言的，泛指古建筑营造过程中，对建筑不起结构支撑作用的木作装修构件。由于小木作的技巧和艺术要求均很高，至迟在宋代就已从加工结构的大木作中分化出来，专门从事细微纤巧的木件加工，是一门工艺性很强的技术工种。

小木作在中国古建筑中占据着十分重要的地位，既是建筑整体的有机组成部分，也是中国传统文化的重要组成部分。小木作的功能主要有三点：一是实用功能。即在建筑中起到分隔室内外空间，满足人们对建筑物在采光、通风、保温、安全防护以及不同生活环境等方面的需求。小木作构件多是可以任意拆安移动的，因此可随意变换室内空间大小，亦可将室内各部分不同功用的地区予以明确化，互相通连，而互不混淆，灵活性极大。二是美学作用。随着对建筑质量要求的不断提高，门窗、栏杆、天花、隔断等的艺术加工也越为精美，作为美学装饰的重要部位，小木作对建筑艺术风格、民族形式及地方特色的形成作用很大。三是礼制需要。在封建社会中，小木作是封建等级制度和观念的体现，历代统治者为了表现神灵、帝王至高无上的威严，在建筑小木作上不仅追求豪华绚丽，更讲究礼仪形式。某些构件在发展过程中，逐渐成为封建等级制度的标志，如华丽的藻井就被作为封建皇帝至尊至贵的一种象征性构件[1]，一般官邸、衙署是绝对不准许采用这种装饰的。

小木作一词来自宋《营造法式》，在《营造法式》诸作制度中，有关各种小木作的篇幅将近总量的一半，是全书各类工种中篇幅最浩繁的，可见在宋代小木作的重要性已是相当突显。清《工程做法》则将小木作称为装修，分为内檐装修和外檐装修两部分，这些装修做法大都沿承明代建筑小木作而来。

明代小木作可以分为官式建筑小木作和民间建筑小木作两大类。就小木作技术而言，官式建筑小木作的装饰与色彩的处理手法严谨，风格华贵典雅，艺术和技术水平高，是明代小木作艺术具有代表性的体现，所涉及的地域主要集中在明都北京、湖北、四川等地。

明代是小木作艺术取得重大发展并最终成熟的时期。各种小木作不但类型齐全、品种多样、纹饰丰富，而且工艺水平颇高，极为精巧。《园冶》中就曾提出"凡造作难于装修"，又说格子门窗中各种棂条的搭接应是"嵌不窥丝"，其精细程度可想而知。在明代小木作中，居于主导地位、成就最大的是官式建筑小木作，即是应用在官式建筑中的各种小木作，包括各类门窗、木栏杆、室内隔断、天花、藻井、楼梯、神龛、经藏等。

明代官式建筑小木作遗留最多的是明都北京，有北京故宫与太庙、社稷坛、天坛、先农坛等一系列坛庙建筑，昌平十三陵以及智化寺等太监建造的功德寺等。这些皇家建筑的各类小木作，从形制、尺度、材料等各方面反映了明代官式建筑小木作技术与艺术的特点。特别是建于明正统八年（1443年）的智化寺，虽然各殿经多次翻修，但门窗、栏杆、楼梯、轮藏等小木作仍基本保留着明代规制，为研究明代官式建筑小木作提供了很好的实例，其中万佛阁之天花、藻井[2]可称是明代遗物中的代表。北京之外的官式建筑还有湖北武当山道教建筑、湖北钟祥显陵、四川平武报恩寺、青海乐都瞿昙寺、山东曲阜孔庙等，它们均属工部主持或派员督造及参与施工的官式建筑。湖北武当山道观是明成祖朱棣于永乐十年（1412年）动用军民、工匠20余万人，历时11年建造的一批道教宫观群。其中金殿各构件是工部在铸造后运抵武当山安装完成的，它完整、真实地表现出明初官式建筑的面貌。四川平武报恩寺系平武土司王玺为报答皇恩于明正统五年到十一年（1440—1446年）建造的宫殿式建筑群，其转轮藏、门窗等小木作虽有地方做法遗存，但官式特征仍较突出。青海乐都瞿昙寺建于洪武

1《新唐书》卷二十四中明确规定："王公之居，不施重栱藻井。"参见：（宋）欧阳修，宋祁撰．新唐书 [M]．北京：中华书局，1975：532.

2 万佛阁藻井制作工艺精巧，结构复杂，是明代建筑木雕的极品，于20世纪30年代初为寺僧盗卖，现存于美国的费城艺术博物馆。

二十五年（1392年）至宣德二年（1427年），是藏传佛教汉式风格建筑群，其槅扇、栏杆、搏风头在形制和权衡比例上，清晰地反映了明代官式建筑的小木特征，是明代小木作的杰作。

2）明代官式建筑小木作的形成

古代小木作技术见诸文字典籍的宋代有元符年间将作监李诫奉敕编成的《营造法式》、清代有雍正十二年（1734年）工部钦定颁布的《工程做法》。在《营造法式》中，小木作部分占了6卷，列举了42种做法，篇幅将近总量的一半，并配有大量图样。《工程做法》对建筑装修的形式、装修的构造、装修中各个构件的比例权衡尺寸、详细做法以及用工用料等均作了明确的规范，即所谓规矩。而明代作为营造活动频繁、建筑水平高超的高峰时期，却由于明代《永乐大典》被毁，因此并未有一套类似的关于建筑典籍制度的文献留传。不过在明代晚期，出现了小木作和室内装饰的系统论述，如《园冶》《长物志》等。这两本书都有专门对小木作的讨论，其中尤以前者的内容最为丰富，理论也很精辟，是研究明代小木作的重要著作。但它们主要论述的是园林设计、室内陈设、装修等内容。

① 明代官式建筑小木作与宋、元、清的关系

小木作的发展沿革，经历了从单纯实用到实用与装饰相结合的发展过程。小木作的式样在唐以前还比较简单，室内空间的划分与围合主要依靠帷幕、帐幔等织物来完成。和唐代相比，宋代建筑的一大进步是小木作水平的提高及其在室内外的广泛应用，室内的木质隔截物、格子门窗以及其他室内外小木作都迅速发展起来，小木作形式及棂条花纹的纹样越来越丰富，精细的雕刻也越来越多地被运用到小木作当中。在宋《营造法式》诸作制度中，小木作的篇幅将近总量的一半，列举了42种做法，可见其内容的丰富以及所占地位的重要，同时也映衬出宋代官式建筑中小木作的发达与繁荣。

元代立国较短，阶级关系和民族矛盾复杂，社会动荡不安。由于是少数民族掌握政权，故域外文化以空前规模进入内地。但因为蒙古族长期处于游牧社会，经济文化比较落后，因此元代官式建筑实际上是在宋、辽、金北方建筑基础上，吸收了蒙古族、藏族等少数民族的建筑成就而发展起来的。

明代作为我国古建筑历史发展的最后一个高潮阶段，其建筑成就标志着中国古代建筑的主要方面达到了成熟阶段，在形式、构造方式、工艺技术及制度等各方面都形成了独特的风格和做法。从建筑演进的历程看，明代是我国古建筑历史上重要的转型时期，作为风格迥异的唐宋建筑与清代建筑之间的重要环节，它的变化发展乃至风格的形成都有其独特的政治制度与文化背景。明代的工官制度、文化、工艺技术的传承、交通的发展都为其小木作技

术的形成与孕育做了良好的铺垫。

　　明代是自唐宋以后中国从长期分裂及少数民族统治后汉族重新掌握全国政权的时代，明太祖朱元璋意在恢复大汉文化，故立国之初，整个社会崇尚古风，事事仿唐宋，讲究制度，力求以汉族传统文化重建一代制度，这也是常说的"明承宋制"。因此在官式小木技术上，也是总体承袭宋《营造法式》制度，大量吸收和沿用了其中的建筑规范及技术特点。如根据《营造法式》记述，宋代格子门宽与高的比例为1：2或1：3，经实测武当山各殿的明代焚帛炉格子门，其高宽比与宋式基本相同，可见明代官式格子门在大尺寸上仍承宋制（图27-1）。还有像木栏杆（图27-2）、匾额、楼梯等小木作的许多法式特征、构造做法、权衡尺度也都是较多地承袭了宋代小木作的传统。在加工工艺方面，明代小木作也力求精致、考究，如小木构件形式尤其节点榫卯的加工制作，无论是构造、形状，还是尺度，各方面都表现出加工精美、搭接严密的特点，与宋代榫卯很相似，而与清代榫卯之注重简单实用形成了较鲜明的对照。

　　明代官式小木作在装饰上也受到元代的一些影响。如北京智化寺藏殿的藻井与转轮藏（图27-3）等处雕饰丛密，几乎都是满铺。而其中的一些内容，如七字真言、八宝、金翅鸟与龙女等则是藏传佛教的题材，可见元大都时代藏传佛教艺术对北京地区影响很深，以至明代禅宗寺院也习惯于大量使用异族情调的装饰了。

图27-1　作者绘制

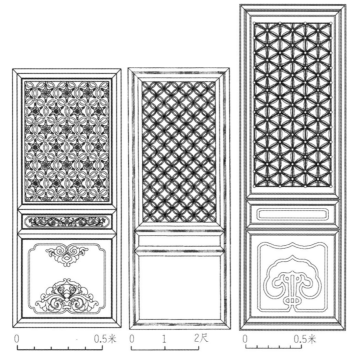

图27-1　湖北十堰武当山玉虚宫明代焚帛炉槅扇（左）与宋式四斜毬纹格子门（中）、清式槅扇（右）之比较

图27-2　北京智化寺万佛阁平坐栏杆

图27-3　北京智化寺转轮藏头

图27-2　作者拍摄
图27-3　作者拍摄

在继承宋、元小木作风格、工艺技术的基础上，明代官式小木作出现了许多有异于宋、元两代的特点，形成了自己的风格。小木作更加精细，所采用的花纹也更加丰富多样，而且线条的运用自如得体，风格古雅、质朴、明快，有很强烈的艺术效果。如槅心式样，《营造法式》只有四斜球纹格、四直球文格、四直方格有限的三种，而明代则增加了六椀菱花、古老钱菱花、四椀菱花等各种式样。

明代与清代建筑的传承关系更为密切，蕴含着清代建筑发展的趋势。清朝建国立都之初，几乎沿用了一切明代北京城的旧制与设施，可见清代对明代建筑的明显继承。此外，由于中国古代建筑技术诀窍通常以师徒相授流传下来，明清主持宫廷役作的匠师间亦有明确的师承关系。因此可以说清初在建筑的形式、构造方式、建筑材料、工艺技术以及法式则例的遵循方面对明代因袭相承，与明代有很多共同或相似之处。雍正十二年工部颁布的《工程做法》，实际也是对明代尤其明中后期及清初建筑制度、做法的归纳和总结。清代官式建筑小木作继承了明代的传统，只是更加趋于标准化，风格呈现出严谨沉重。虽然明代与清初官式建筑小木作在技术与制度上有着密切的前后因袭关系，但随着时代的更迭，其间的变化与不同之处也渐趋明晰。例如清代建筑小木加工不若明构细致、精巧，纹样曲线不如明代流畅，这不仅从榫卯的简化中得到印证，笔者访谈到的小木匠师们也提及了这一点[3]。清代后期小木作技术更向繁密华美方向发展，不再拘泥于一般建筑构造规制的限制，而转向形式美的追求，即追求图案构图的美观，风格亦更为繁多和细腻。

② **明代官式建筑小木作与地方做法的关系**

官式建筑本身由于是严格按照官府规定的规则建造，已经定型，因此本身并无地方做法特色。但是，官式建筑的技术都是来源于民间建筑的，地方

3 在采访故宫修缮中心的王明新师傅和刘德汇师傅时，他们都提及在对故宫进行修缮时，经常发现明代的小木构件曲线自由流畅，而清代的线脚相比之下则生硬一些，他们也就根据这个规律来判别哪些为明代之原物，哪些为清代后添改之物。另外采访北京市古代建筑设计研究所马炳坚所长时，他也提及在大修北京历代帝王庙时发现有木板门穿带的形制与宋接近，榫卯也比其他板门要精巧，故认为此板门应是明代之原物。

做法一直在不断补充和发展着官式建筑。可以说正是民间建筑的技术发展、积累到一定阶段以后，通过工匠的迁徙、交流，才逐渐形成了某一时期官式建筑的独特特色。地方建筑数量大、类型全、分布地域广，较之官式建筑有着无可比拟的涵盖面。以江南为代表的南方小木作，样式丰富多样，构图生动活泼，至少在明代已形成较成熟的艺术风格。

从明代的工官制度看，明代工匠的流动性很大，南北方之间的建筑技术交流一直在不断地进行，互相促进。明代官式建筑小木作与元代江南地区的小木作有着直接而密切的传承关系。原因在于元代的统治对社会的改变基本是在北方，南方由于异族文化渗透不力，故在客观上使得宋代的传承在南方成为必然。明初建都南京，营建皇宫欲恢复古制，大量启用熟知江南地方建筑做法的南方工匠，从而使得明初官式建筑带有宋式或南方技术和工艺特点。明成祖朱棣迁都北京，带去大批南匠营建北京宫殿，"规制悉如南京"[4]，江南技术随之传入北方，这是南式工程做法与辽、金、元流传下来的北式做法又一次大融合、大提高。南北工匠在技术上的交流融合，使深具江南建筑传统的官式建筑在不断规范化的同时，又吸纳了一些北方地区建筑传统的特点，进而使北京宫殿成为融南北地方建筑做法共存一身的北方官式，并成为明官式建筑的主要来源。至此，代表明代官式建筑的基本模式也被确定下来了，其相沿成习的具体做法，靠京城地区的匠师具体把握，并以口传心授的方式进一步流传和演进，并至清《工程做法》中又得以进一步的系统化和制度化。

③ 明代官式建筑小木作在明代的发展演变

小木作是建筑的一个重要组成部分，因此，明代官式建筑逐步形成的过程，实际上也蕴含着明代官式建筑小木作与之同步发展的过程。从总体上看，明代官式建筑小木作是动态发展的，非一成不变。其发展大致可分为三个阶段：

第一阶段为明朝初年的五朝七十年间。这一时期是社会从经济、生产及秩序的恢复到安定繁荣、出现大规模营建活动的阶段，人们在思想上追慕古风，上仿唐宋。官式建筑用材规整，整体风格朴实雄浑，尺度雄伟，注重实用。经过这一阶段的奠造，官式建筑在规格、尺度、形式、质量等各方面都达到很高水平，已形成了严格的等级秩序和制度，官署及地方建筑受制度约束甚严，无敢轻慢逾制。官式小木作也较多地继承了宋代建筑的风格技术和传统，讲求等级分明。在形式、制作与加工上多遵循宋《营造法式》制度，各构件简洁有序，风格上从简去华，装饰朴素。榫卯严丝合缝、细腻精致，形式亦多仿宋制。在北京故宫、武当山道观等这一时期最重要的建筑上，各类小木作质量高，讲究等级，简洁大方。

4 明太宗实录：卷二三二 [M].台北："中央"研究院历史语言研究所校印，北京：北京图书馆红格钞本微卷影印，1962：2244.

第二阶段为明代中期的近一百年间。这一时期，明朝的政局开始动荡，但承明初强盛之余，社会上仍大体处于政得其平、纲纪未败的年代，可以说是太平、富庶的上升阶段，也是明代官式建筑的发展、成熟期，逐步形成明朝特有的建筑风貌。从官式小木作技术上看，较之明初，各构件在构造、做法及形式上更趋规范与制度化，已有了一整套法式规矩用以控制和制作，装饰风格讲究华丽大方。小木作的发展与成就，具体体现在弘治间曲阜孔庙的修建及嘉靖间一系列皇家建筑的重建与改建上。

第三阶段为明末并延及清初的一百余年间。这一阶段随着商品经济的发展，资本主义萌芽已经开始出现。洪武初年朱元璋所强调的节俭方针，至此已丧失殆尽。建筑崇尚奢华，小木作技巧充分发展，装饰日趋增繁弄巧，但还未达到清代乾隆以后的泛滥程度。官式建筑小木作范式基本成型，已成为清代小木作的先声。匠师艺术风格亦有所改变，细部的处理不似明初至中叶时那样推敲入微，创作思想趋于程式化，门窗形式和纹样较为定型化而缺乏变化，在官式建筑小木作的创造和发展方面有所限制。这个阶段中，地方小木作风格获得了长足的发展，小木作纹样的类型极为丰富。

总之，明代官式建筑小木作特点的形成，从时间经度上看，是对宋代小木作制度、风格、工艺技术的部分继承，以及对元代的文化演进和技术改变的吸收；从地域纬度来说，是在酝酿和完成于宋、元以来的江南建筑上形成，其后又随着技术的传播，将宋、元技法秩序化，进而影响和融于北方官式建筑中；从自身发展角度而言，是和明代官式建筑的发展基本同步和相匹配的，同时又根据自身特点及当时客观条件的制约而有新的发展。明代官式建筑小木作在宋、元小木作技术，南北建筑文化融合的基础上发展成一代新风，形成自身特色，从而给清代留下了弥足珍贵的建筑遗产，使清代有能力在此基础上对建筑小木作的各方面精益求精。

28　小木作的类型和特点

1）门窗

建筑物中的门，是不可少的维护结构。门一开始就兼具"门之设张，为宅表会，纳善闲（闭）邪，击柝防害"[5]的精神和实用的双重功能。根据宋《营造法式》小木作制度中有关门窗的记述，可知宋代的门已有板门、软门、乌头门及格子门四种。对于大门来说，板门和软门代表两种不同的门的构造方法。板门的形式很笨重，到了木工技术有了较高发展的时候，就出现用木框镶嵌薄板的"软门"。软门是分隔内院的门，因防御要求较低，故较为轻巧，可以变化出多种多样的形式，宋式软门形式有牙头护缝软门、合板

5 摘自李尤《门铭》，见于：（清）严可均辑．全后汉文：上 [M]．北京：商务印书馆，1999：510．

软门。软门可能是板门演变为槅扇的一种过渡式样，它在构造上和用材上都比板门灵巧，但仍和板门一样存在着不能采光的缺陷。因此，当它还没有普遍推广应用时，便为格子门所取代。乌头门是一种"六品以上许作乌头门"[6]的标准官家大门，在门扇形式上也属于软门一类。格子门是宋代小木作中最具光彩的部分，构成格眼的"条桱"（即棂子）有繁简不同的12种线脚，足见当时格子门加工的精细。这些门装饰性的意味很重，是木工工艺技术高度发展的产物。

明代的各类建筑的外门仍沿用传统的板门作门扇，但明代板门的概念与《营造法式》的板门不完全相同。《营造法式》中的板门为"重门击柝，以待暴客"的重门，是用厚木板实拼而成的门。而明代的板门不仅指用厚木板拼装的门，也指用薄门板拼合的门（相当于《营造法式》中的合板软门），是用作宫殿、庙宇、府第的大门及民居的外门，有对外防范的要求。槅扇在明代有了较大发展，所用棂花、花纹式样更加灵活多样，在安排上虚实结合，既有重点又有对称，每一扇都制作得精致规整，一丝不苟，明显地反映出明代小木作技术已经达到了相当精细纯熟的水平。明代棂星门在类型、造型、结构等方面也有了显著的变化。在明代寺庙建筑中还有一种十分常见的式样，即欢门样。

（1）板门

板门在明代依构造方法的不同，可分为实拼门和攒边门（框档门），均向内开启，用作宫殿、庙宇、府第的大门及民居的外门，有对外防范的要求。板门的高宽，《营造法式》小木作制度板门一项中记载有"造板门之制，高七尺至二丈四尺，广与高方。……如减广者不得过五分之一"的记述，可知宋式板门较宽，而当开间尺寸过大时，则"如颊外有余空，即里外用难子安泥道板"[7]，即宋式板门颊外是否有余空尚未成定制。明式板门门宽一般要小于门高，但小的幅度不大，有时"颊外无余空"，因此有不安余塞板的；有的门宽均不及柱间宽，故需要用余塞板。在清官式做法中，大门旁一般立门框安余塞板。

① 实拼门是用厚木板拼装起来的实心镜面大门，是各种板门中形制最高、体量最大、防卫性最强的大门，专门用于宫殿、坛庙、府邸建筑。明代实拼门的典型实例有太庙戟门（图28-1）、武当山南天门的大门（图28-2）以及定陵地宫内石制实拼门。

实拼门的门心板与边抹厚薄一致，如同一块整板，故称为实拼。而《营造法式》谈到的板门，门两边的木板（肘板和副肘板）要厚于门心板。实拼门每扇用3~5块同等厚度的木板拼合，然后用几根穿带串联加固而成，板与板之间裁做龙凤榫或企口榫。用穿带联结加固门心板的做法有两种：一种为

6 刘致平. 中国建筑类型及结构[M]. 北京: 中国建筑工业出版社, 2000 : 43.

7 见《营造法式》卷六小木作制度"板门"条。

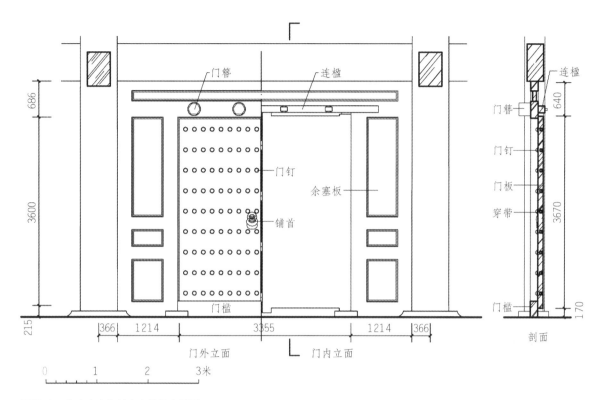

图28-1　北京太庙戟门之实拼门实测图

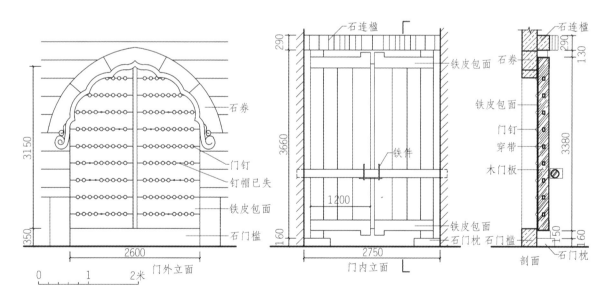

图28-2　湖北十堰武当山南天门大门之实拼门实测图

图28-1　作者绘制
图28-2　作者绘制

穿明带做法，即在板门的内一面穿带，所穿木带露明；另一种做法是在门板的小面居中打透眼，从两面穿抄手带，所穿木带不露明，板门正反两面都保持广平的镜面，这种暗带使用为多。穿带的根数及位置是与门钉的路数和位置相对应的。木带起加固门板的作用，门钉起加固门板和穿带的作用。

实拼门门板厚者可达16厘米（约5寸）以上，薄的也要9.6厘米（约3

寸）上下。门扇宽度根据门口尺寸定，一般都在1.6米（约5尺）以上。

门簪是实拼门的一个比较有特点的构件，也是对实拼门进行断代的一个依据。门簪是用来锁合中槛和连楹的，它既是具有结构功能的构件，又是带有装饰性的构件。版门的门簪，唐宋时为2~3枚，式样有方形、长方形、菱形数种，门簪的雕刻多注意四边缘的线道，门簪心雕刻并不复杂。

明代一般建筑上门簪仍为2枚，重要建筑常增多为4枚。门簪外形多为正六角，也有圆形和正八角形的，各角均做梅花角（又称海棠角）。门簪分头、尾两部分，尾部是一个长榫，穿透中槛和连楹再外加出头长，在榫头的尾部紧贴连楹外皮，使用别簪（小木楔）插紧背实。门簪前脸可用雕刻成各种图案花纹或吉祥文字的随形木板钉贴。由于门簪前脸呈木材立纹，其断面不能雕刻，故必须另用木板刻制，然后钉贴其上，称"贴鬼脸"。

铜铁饰件是实拼门的重要附属构件，对加固装饰大门、开启门扉等，起着重要作用。这些饰件从名件规格、做法要求各方面，都是专为宫殿而制作，不是一般官工可以随意使用的。各件饰件有其保固防护作用，然而刻镂金涂，图案表现，仍然重在显示专制权势，远远超过制作应具的功能作用。

门钉（图28-3）是实拼门结构上必须使用的，有加固门板与穿带的结构作用、表现建筑等级的作用和装饰作用。

门钉最初是因构造需要而产生，后来，门钉排列成规矩的装饰图案，并定下一些制式，代表着尊贵的意义，专用于皇宫寺庙等重大建筑物当中了。门钉的路数按建筑物的等级来确定，不得任意使用。门钉的式样，唐宋及以前多为馒头状的木制"浮沤"，是沿用唐代殿门的旧法[8]。以后为了装饰上的美观，便把钉帽单独作为一个装饰构件制作，所用材料是铁、铜或木头。使用时或套钉（钉帽中心留有空眼）在门上，或嵌套在门钉露头上。

明代官式建筑板门用木门钉或铜铸成光滑球状钉帽，铜的镏金、木的漆黄色，门漆成红色。朱门金钉是造成这些建筑威严豪华气派的重要因素，是适应统治者的要求的。寺庙建筑的板门多用铁门钉，为了保护门扇，有的木板外皮加铁皮，钉帽部分或为光滑球状或铸成花朵。

门钉的路数取决于穿带的根数，即有几根穿带就用几路门钉。早期建筑的门钉，其路数与每路的钉数并不一致，一般都是纵横3~7路，每路3~7枚不等。明代开始以门钉数定建筑等级，但尚无定制。清代已制定出严格的规定，最高等级的建筑上，用纵横各9路门钉，其次是纵九横七，最低是纵横各5路。

门钉的高度大致与门钉的直径相等。为了加强建筑气势，多突出门板上加固用的门钉，门钉尺寸比实际需要大得多，横竖成排成列，镏金闪耀，雄伟壮观。

8 唐代段成式《酉阳杂俎》卷十五诺皋记下："京宣平坊，有官人夜归入曲，有卖油者张帽驱驴驮桶，不避，导者搏之，头随而落，……及巨白菌如殿门浮沤钉"。"浮沤"即水面气泡。转引：潘谷西，何建中.《营造法式》解读[M].南京：东南大学出版社，2005：154.

图28-3 作者拍摄

图28-3 北京昌平明定陵地宫石制实拼门门钉

铺首（图28-4）是置于板门正面，供开关时扣摸或叩门时使用的金属构件，以铜或铁铸成兽面，口衔门环，多用铜质镏金。至清代，有的宫殿于门上钉一具门环不能摆动的铜片，模压成兽面铺首，成为"千年仰月锦"，完全变为装饰构件。

② 攒边门是一种框档门，先用较厚的边抹攒起外框，然后门心装薄板，门背面用3~5根穿带，两端做出榫头交于门边梃。门正面，装板与框平齐，但也有门心板略凹于外框的做法，背面形成格状，看上去像棋盘，所以又叫棋盘门。攒边门与实拼门相比，要小得多，轻得多。

制作攒边门时，应按门扇大小及边框尺寸画线，首先将门心板用穿带攒在一起，穿带两端做出透榫，在门边对应位置凿眼。门边四框的榫卯，做大割角透榫，榫卯做好后，将门心板和边框一起安装成活。

攒边门叩门和开启门的拉手是门钹，是一种素面的铺首。门钹一般为铜制，外缘作圆形或六角形，中央凸起的外圈镂制各种花饰。

典型实例有武当山遇真宫龙虎殿之攒边门（图28-5）。

各种板门的安装都比较简单，只要将门轴上端插入连楹上的轴碗，门轴下面的踩钉对准海窝入位即可。但由于大门门边很厚，如两扇之间分

图28-4　北京昌平明定陵地宫石制实拼门铺首

图28-4　作者拍摄
图28-5　作者绘制

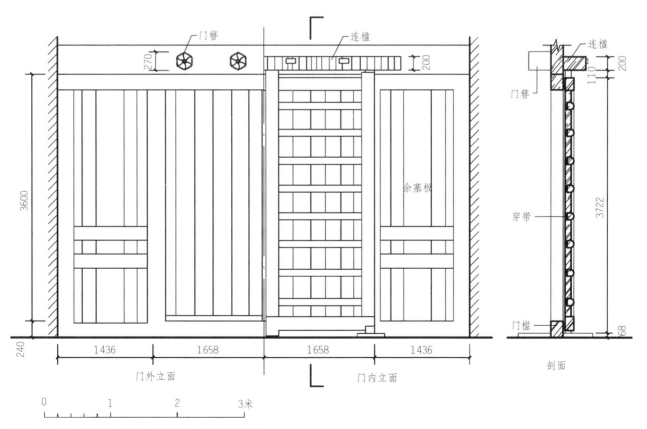

图28-5　湖北十堰武当山遇真宫龙虎殿之攒边门实测图

缝太小，则开启关闭时必然碰撞。因此，在安装前必须将分缝制作出来，不仅要留出开启的空隙，还要留出门表面油漆地杖所占厚度（一般地杖为3~5毫米厚）。

图28-6~图28-11 作者拍摄

（2）槅扇

槅扇，宋代叫格子门，至迟在唐末五代即开始应用了。因其透光，并可摘卸的优点，故南风北渐，发展成为中国古代建筑中最常用的一种门的形式。槅扇空灵通透，与台基、屋面、墙身形成鲜明的虚实、线面对比，因而被大量用在宫殿、寺庙及府第建筑上。

由于木料的耐久性差等原因，槅扇用于室外很难像砖石、金属那样完整地保留下来，我们除了从明代遗留的槅扇实例，也可以从明代保留下来的焚帛炉、神龛等遗物上看到当时的样式。炉体多用琉璃构件组装，下为须弥座，中为外饰菱花槅扇的炉室。下面就以明代北京长陵焚帛炉（图28-6），武当山玉虚宫焚帛炉（图28-7）、紫霄宫焚帛炉（图28-8）、南岩宫焚帛炉（图28-9）、太子坡焚帛炉（图28-10）、金顶黄经堂前焚帛炉（图28-11）之槅扇，北京智化寺之智化殿、如来殿、万佛阁、大智殿槅扇，北京先农坛之宰牲亭、具服殿槅扇，北京天坛皇穹宇配殿槅扇，平武报恩寺大雄宝殿槅扇为例进行研究[9]。

① 明代槅扇的权衡尺度和样式及其与宋、清的比较

槅扇由外框、槅心、裙板及绦环板这些基本构件组成。对于槅扇的一切名件尺寸，宋式可见《营造法式》卷六、卷七，清式可见《工程做法》卷四十一。

槅扇数量由开间的大小决定，每开间做四扇、六扇乃至八扇。槅扇的抹头数量，依年代、功能及体量大小而异。《营造法式》卷七"格子门"项内，有"每间分作四扇（如梢间狭促者只分作二扇），如檐额及梁栿下用者或分作六扇造，用双腰串（或单腰串造）"。可见格子门在宋代用三抹头或四抹头式。到明代，槅扇发展为五抹头或六抹头，但四抹头的槅扇还是非常多见的。通常宫殿、坛庙一类大体量建筑的槅扇，多采用六抹、五抹两种，这不仅仅是为显示帝王建筑的威严豪华，更是坚固的需要。四抹槅扇多见于寺院和体量较小的建筑（如北京智化寺除智化殿为五抹槅扇外，余均四抹）；三抹槅扇较为少见。到了清代则以六抹槅扇最为常见（小式建筑多为四抹头，大式建筑用六抹头）。抹头增多，槅扇的坚固性得到加强；扇数越多，则重量越轻，安装拆卸更为方便，外观上也给人以轻巧的感觉。

槅扇各部分比例：槅扇宽与高的比例，宋式为1：2或不足1：3；清式为1：3或1：4。可见宋代格子门的体型矮而宽，而清代的槅扇已经是高而窄了，即是说愈近晚的槅扇比例愈高瘦。槅扇一般由槅心和裙板两部分组

9 上述各焚帛炉槅扇可以确定为明代遗物，其余各殿槅扇虽不能肯定为明代之物，但从槅心、线脚等处的比例、样式等方面看，与焚帛炉槅扇很相似，可以认为是具有明式风格的槅扇，故在此一并讨论。

图28-6　北京昌平明长陵焚帛炉

图28-7　湖北十堰武当山玉虚宫焚帛炉

图28-8　湖北十堰武当山紫霄宫焚帛炉

图28-9　湖北十堰武当山南岩宫焚帛炉

图28-10　湖北十堰武当山太子坡焚帛炉

图28-11　湖北十堰武当山金顶黄经堂前焚帛炉

成。裙板与槅心的高度比[10]，《营造法式》规定为3：6；《工程做法》规定为4：6。但多数实物并没有拘泥于这些规制，而是因时因地，各行其是。实测的明代官式槅扇各部分比例见表28-1。

表28-1　明代官式槅扇各部分比例实测表

名称	槅扇宽高比	裙板与槅心高度比
长陵焚帛炉	1：2.2	4.0：6
玉虚宫焚帛炉	1：2.3	5.4：6
紫霄宫焚帛炉	1：2.3	5.4：6
太子坡焚帛炉	1：1.8	4.0：6
南岩宫焚帛炉	1：2.4	5.5：6
金顶黄经堂前焚帛炉	1：1.8（正面），1：2.5（侧面）	3.6：6
智化寺智化殿	1：2.5	3.8：6
智化寺万佛阁	1：2.3	3.7：6
智化寺如来殿	1：2.1	4.0：6
智化寺大智殿	1：2.6	4.4：6
先农坛宰牲亭	1：2.7	4.5：6
先农坛具服殿（明间）	1：2.0	4.3：6
天坛皇穹宇配殿	1：3.3	4.4：6
平武报恩寺大雄宝殿	1：4.0	7.8：6

从表28-1可以看出，明代官式建筑中的槅扇，其宽高比一般在1：2至1：3之间，与宋式基本相同；而裙板与槅心的高度比大都在3.6：6到4.5：6之间，近似于清式的比例。

槅扇各部分样式：槅心是槅扇中最富于变化和引人入胜的部分。槅心棂花的种类繁多，不胜枚举，一种是用平直的棂条制作几何图案，再一种是以曲线为主的各种菱花和球纹及其变种。

平棂是用细木条做成的棂子，因为需糊纱或纸来采光，棂子空档距离便有限制，一般是以9~10厘米间距为原则组织出图案。棂子太空之处常加花头，如工字、卧蚕、花草、方胜等，还有将棂子做成各种写生花者。

菱花是雕成的窗棂，即每条棂条皆用线锯修饰成有各种曲线的花条，拼装成菱花，加饰棱线、钉帽，华丽复杂，非常费工，空少实多。菱花等级比平棂高，应用亦甚早。像《楚辞》中"欲少留此灵锁兮"和"网户朱缀"的描写，以及其后"窗牖皆有绮疏青锁"[11]，"棂槛丕张，钩错矩成"[12]，"网

10 裙板与槅心的高度比，以中绦环的上抹头上皮为界，将槅扇全高分成两部分，上段（棂条花心部分）与下段（裙板绦环部分）的比例。

11 见《后汉书·梁冀传》。"绮疏"指美丽图案的"窗棂"，《义训》"交窗谓之牖，棂窗谓之疏"；"琐"即交错的花纹。

12 见魏何晏《景福殿赋》。引自：程国政. 中国古代建筑文献集要：先秦—五代 [M]. 上海：同济大学出版社，2013：190.

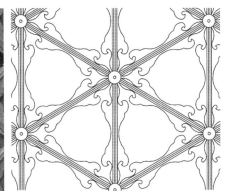

图28-12 北京智化寺智化殿（左）、如来殿（中）、万佛阁（右）之槅扇槅心局部

图28-12 作者拍摄、绘制

户翠钱"[13]等等，全是形容菱花的文字。

　　槅心式样：唐宋时以直棂为主，多用平板刻线互相搭交。《营造法式》只列出四斜球文格、四直球文格和四直方格三种。至明代，槅扇进一步趋向工整和细致，所用花纹式样更加灵活多样，多用细木条雕成各种花纹并拼装成整体图案。明代的槅心在官式建筑的殿堂中常为菱花，最讲究的建筑是用三交六椀菱花，次要的建筑用两交四椀菱花，更次要的配殿上就只用木条组成斜方格或正方格而不加雕饰。如智化寺各殿的菱花槅心（图28-12），棂子甚狭，空眼较大，故其外观十分玲珑秀丽。明代槅心的各种样式，可参见清《工程做法》，有"三交灯球嵌六椀菱花，三交六椀嵌橄榄菱花，三交六椀嵌艾叶菱花，三交满天星六椀菱花，古老钱菱花，双交正斜交四椀菱花"等式样。

　　明代槅心样式在四川也有六角等如蛛网纹，山西也有雕得很密的菱花。在民间建筑中，槅心多为棂条，类型增多，花样也更加丰富多彩。如园林与民居以柳条格为雅致，俗称"不了窗"，《园冶》收录的各种槅心式样达43种。

　　清代因受官式做法的制约，在官式建筑中的门窗等更趋规格化和定型化，缺乏变化创新，而且总的美学思潮倾向于华丽纤细的风格。在等级观念格外森严的清官式建筑中，华丽复杂的菱花槅扇只能用于大式建筑，禁止在小式建筑中使用。

　　绦环板和裙板：绦环板板厚约半寸，做法大体有三种，一种是平板，板面无凹凸变化的；一种是板心起凸的；一种是板心起凸雕花的。细分起来，还有单面起凸（另一面为平面）、单面起凸雕花（另一面起凸不雕花）以及双面起凸雕花等等。绦环板的雕刻纹样多数为线条组成的纹样，图案简洁大方，但也有雕刻的内容较复杂的。在槅扇中，绦环板的做法、图案内容应该是一致的。

13 见刘宋何尚之，《华林清暑殿赋》。"网户"即网纹，"翠钱"就是清式的"眼钱"，指在菱花相交处之圆形小木块。转引自：梁思成，刘致平. 中国建筑艺术图集[M]. 天津：百花文艺出版社，2007：279.

裙板厚度与做法和绦环板相同，裙板的起凸做法和雕刻纹样也要与绦环板协调一致。裙板的花纹，宋、辽、金都比较朴素，仅装素板或加牙头护缝，元代多雕简单的如意头。明代裙板和绦环板的式样很多，最考究的裙板上有龙凤等雕刻，一般的以各种如意云头、卷草、夔龙等居多，最简单的板上没有任何线条和纹样。民间则以飞禽走兽、花卉盆景为装饰主题，但很多用素面，仅在裙板的四周起线脚。实测的明代官式槅扇各部分样式见表28-2。

表28-2　明代官式槅扇各部分样式实测表

名称	槅心	绦环板	裙板
长陵焚帛炉	三交六椀菱花	如意条纹装饰	如意条纹和卷草装饰
玉虚宫焚帛炉	三交六椀毯纹菱花	如意云头和卷草装饰	如意纹、卷草和西番莲装饰
紫霄宫焚帛炉	三交六椀毯纹菱花	如意云头和卷草装饰	如意纹、卷草和西番莲装饰
太子坡焚帛炉	三交六椀菱花	如意条纹装饰	牡丹和卷草装饰
南岩宫焚帛炉	三交六椀毯纹菱花	如意云头和卷草装饰	如意纹、卷草和西番莲装饰
金顶黄经堂前焚帛炉	三交六椀菱花	表面缺失	表面缺失
智化寺智化殿	两交四椀菱花	如意条纹装饰	如意条纹装饰
智化寺万佛阁	三交六椀菱花	素面	素面
智化寺如来殿	两交四椀菱花	如意条纹装饰	如意条纹装饰
智化寺大智殿	正方格眼	素面	素面
先农坛宰牲亭	正方格眼	如意条纹装饰	如意条纹装饰
先农坛具服殿（明间）	三交六椀菱花	如意条纹装饰	如意条纹装饰
天坛皇穹宇配殿	两交四椀菱花	如意条纹装饰	如意条纹装饰
平武报恩寺大雄宝殿	三交六椀菱花，外框八角形	卷草装饰	素面

从表28-2可以看出，明代官式建筑中的槅扇，主要殿堂槅心以菱花为主，配殿槅心多用方格。裙板和绦环板的雕饰随槅心繁简和精细程度而作不同处理，一般多用如意条纹、百花草、卷草和椀花结带的母题和构图手法，把花草、花梗、卷叶、丝带组织得生动活泼。

② 槅扇各槛框尺寸

槛框、槅扇等具体制作均各有分数，各槽（间）的槛框、槅扇等都是随间安装，与大木间架、面阔、檐头的高低均有密切关系。各种槛框的断面尺寸，《营造法式》和《工程做法》中均有规定。前者是以门高作为准绳（门高则用料大，门低则用料小），后者则以靠近门窗的柱子直径的大小为标准。清代这种规定是外形永远不会失却权衡，但是会失却人体比例和功能的形状，总的来说，这是和清代的建筑流于形式有关。实测的明代官式槅扇各槛框尺寸见表28-3，宋、清槅扇槛框尺寸见表28-4。

表28-3　明代官式槅扇各槛框尺寸实测表（单位：毫米）

名称	上槛宽	下槛宽	抱框宽	槅扇边梃宽
长陵焚帛炉	60（0.67D）	80（0.88D）	54（0.60D）	40（0.44D）
玉虚宫焚帛炉	60（0.58D）	75（0.72D）	60（0.58D）	50（0.48D）
紫霄宫焚帛炉	60（0.51D）	72（0.61D）	64（0.55D）	55（0.47D）
太子坡焚帛炉	59（0.52D）	80（0.70D）	25（0.22D）	40（0.35D）
南岩宫焚帛炉	60（0.57D）	89（0.84D）	50（0.47D）	50（0.47D）
金顶黄经堂前焚帛炉	无	无	无	40（0.40D）
智化寺智化殿	192（0.58D）	228（0.70D）	200（0.61D）	75（0.23D）
智化寺如来殿	200（0.64D）	216（0.70D）	200（0.64D）	80（0.25D）
智化寺大智殿	179（0.62D）	198（0.69D）	175（0.60D）	80（0.28D）
先农坛宰牲亭	180（0.63D）	230（0.80D）	159（0.56D）	75（0.26D）
先农坛具服殿（明间）	210（0.58D）	252（0.70D）	228（0.63D）	95（0.26D）
天坛皇穹宇配殿	187（0.64D）	230（0.80D）	148（0.51D）	75（0.26D）
平武报恩寺大雄宝殿	179（0.40D）	306（0.69D）	225（0.51D）	80（0.18D）

表28-4　宋式、清式槅扇各槛框尺寸

名称	上槛宽	下槛宽	抱框宽	槅扇边梃宽
宋式（按《营造法式》）	0.08宋尺[14]（约24.8毫米）	0.07宋尺（约21.7毫米）	0.05宋尺（约15.5毫米）	0.035宋尺（约10.9毫米）
清式（按《工程做法》）	0.64D	0.80D	0.56D	0.28D

注：宋式以四斜毬纹格子门为例，清式数值为各槛框尺寸与柱径（D）的比值。

　　把表28-3和表28-4进行对比可以看出，明代官式建筑中的槅扇，其各槛框尺寸相比宋式加大，而各槛框与柱径的比例与清式的比较接近。唯焚帛炉之槅扇边梃的尺寸及其与柱径之比均大于宋式和清式，可能因为是琉璃或砖石的材质不太适于做得过细。

　　由此推测，明代官式建筑槅扇在大尺寸上仍承宋制，但在各部件上尺寸已发生变化，并逐渐为官式所确认，至清代又得以进一步地系统化和制度化。不过不同槅扇的具体尺度及各比值之间存在不少差异，可能即使明代有类似范式的规定，但实际制作时很少有按规定做的，而是根据实际情况进行变化。

③ 槅扇的线脚

槛框及边梃、抹头及棂条等，一般都有各种线脚。《营造法式》总结了

14　所引《营造法式》中的尺寸均为宋尺，取1宋尺=31厘米计算。其他未特殊标明的均为明尺。

六种槅扇的边梃、抹头线脚，从繁到简，供不同等级的建筑物使用：四混中心出双线入混内出单线（或混内不出线）；破瓣双混平地出双线（或单混出单线）；通混出双线（或单线）；通混压边线；素通混；方直破瓣（或撺尖或叉瓣造）。清代槅扇的边梃、抹头起线较宋式从简，棂条看面起线一般采用盖面，即弧形面做法。

实测的明代官式槅扇边框起线，长陵焚帛炉为方直破瓣（"▢"形）；玉虚宫焚帛炉、紫霄宫焚帛炉、南岩宫焚帛炉为撺尖破瓣（"⬠"形）；太子坡焚帛炉、金顶黄经堂前焚帛炉、智化寺如来殿（图28-13）等各殿，以及先农坛各殿为通混出双线（"⬠"形）；平武报恩寺大雄宝殿为通混压边线（"⬠"形）。可以看出，明代官式建筑中的槅扇边框线脚以方直破瓣（或撺尖造）和通混出双线这两种用得最多。

④ 槅扇的饰件

槅扇因为开合的关系，往往附有不少金属饰件。一大批溜金饰物，与槅扇裙板和绦环板木雕的贴金一起，在红色油漆的衬托下，金光灿烂。尤其是有柱廊的殿堂，所有门窗都退在阴影中，饰物金光闪闪，更富装饰意味。

一般在较大体量的槅扇上，边梃与抹头的交接处装有黄铜制作的面页（面叶）。面页很薄，且常带有凹凸的花纹。面页除具有较强的装饰作用外，主要是能够加强槅扇整体坚固、持久耐用的功能，同时也是中、高等级外檐小木作的标志。面页上面不雕镂花纹者称作素叶，只用于民间。

菱花帽有两种，一种是梅花形，一种是圆形，多为黄铜镀金或表面贴金。

⑤ 槅扇的制作

槅扇边框的边和抹头是凭榫卯结合的，通常在抹头两端做榫，边梃上凿眼，为使边抹的线条交圈，榫卯相交部分需作大割角、合角肩。槅扇边抹宽厚，自重大，榫卯需作双榫双眼。

裙板和绦环板的安装方法，是在边梃及抹头内面打槽，将板子做头缝榫装在槽内，制作边框时连同裙板、绦环板一并进行制作。

槅心是另外做成仔屉，凭头缝榫或销子榫安装在边框内的。如菱花仔屉，是采用在仔屉上下边留头缝榫，在抹头的对应位置打槽，用上起下落的方法安装的。一般的棂条槅心则是通过在仔屉边梃上栽木销的办法安装的。

由于槅扇边梃甚厚，开启关闭时也同样会遇到实拼门、棋盘门那种门边碰撞的情况，因此应在制作时考虑分缝的大小，并留出油漆地杖所占厚度；另外，由于槅扇及槛窗关闭时是掩在槛框里口，而不是附在槛框内侧，所以上下左右都无须留掩缝，相反，扇与槛框之间要适当留出缝路，以便开关启合。

通过实地测绘和比较，可以看出，明代官式建筑槅扇共同的特点是：式

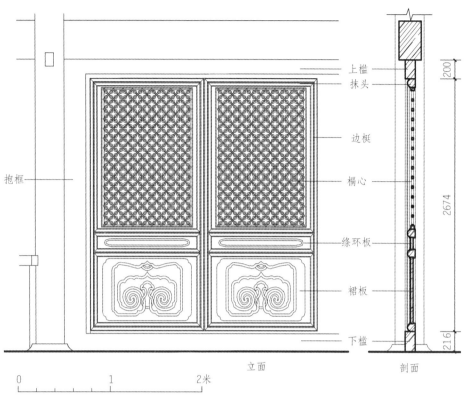

图28-13 作者绘制

图28-13 北京智化寺如来殿槅扇实测图

样富于变化，所用棂花、花纹式样更加灵活多样，而且在安排上虚实结合，既有重点又有对称，制作精致规整，一丝不苟，明显地反映出明代小木作技术已经达到了相当精细纯熟的水平。

（3）欢门

欢门是宋《营造法式》小木作制度中神龛以及转轮经藏中典型的门窗装饰样式。神龛和经藏都是以小木模拟大木建筑形象，可以视为宋代官式建筑的模型，一定程度上也反映了建筑大木作的装饰风格与样式，由此可知当时宗教建筑的外檐装饰样式大体上也是以欢门样式为主。

宗教建筑使用欢门样从宋代到明代一直没有间断[15]，如武当山的遇真宫龙虎殿（图28-14）、紫霄宫朝拜殿、太子坡复真观，以及北京智化寺智化门、钟鼓楼等殿堂，均采用了欢门样，可见欢门样在明代官式建筑中具有普遍性。

欢门的出现应是源于中国早期建筑室内织物装饰的习惯。《营造法式》小木作制度提及欢门时，往往"欢门帐带"连称，该样式做法被称为"欢门帐带造"[16]。称之为"造"，表明这一做法已经成为小木作加工中一种比较固定的操作方式，趋于成熟化、定型化。

明代欢门基本上沿袭了宋代的做法，在欢门帐带造中，欢门和帐带分别是两个构件，欢门是板，剗刻出外沿的曲线，表面雕刻浅浮雕式花纹，也可

15 明末文震亨《长物志·佛堂》载有："筑基高五尺余，列级而上，前为小轩及左右俱设欢门，后通三楹供佛。"参见：（明）文震亨. 长物志 [M]. 北京：中华书局，1985：3.

16《营造法式》卷九小木作制度四"佛道帐"条："四面外柱并安欢门帐带。"卷十一小木作制度六"转轮经藏"条："外槽帐身柱上用隔斗、欢门帐带造。"

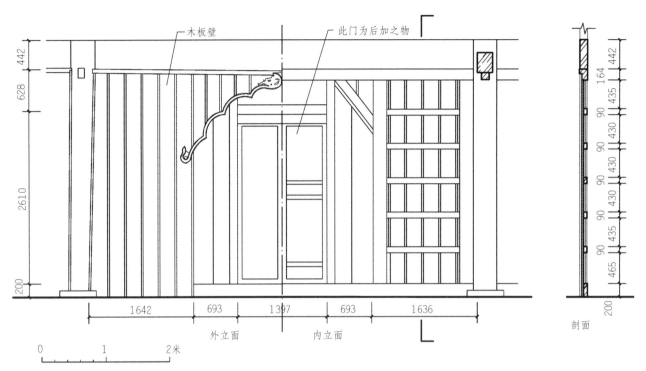

木板壁　　此门为后加之物

外立面　　内立面

剖面

0　　　1　　　2米

图28-14　湖北十堰武当山遇真宫龙虎殿欢门实测图

图28-14 作者绘制

透空雕镂。帐带，是用木雕刻来模仿早期室内帐幔小木作中将帐幔绑扎在帐钩上的带子和系成的结。在欢门间通常装直板，板缝加木条。

（4）直棂窗

宋代及宋以前大量使用不可开启的直棂窗，一方面为了施工方便，另一方面是因为当时的立面构图崇尚简朴、明快。《营造法式》将直棂窗分为破子棂窗、板棂窗、睒电窗三类，睒电窗在明代遗留很少，在武当山和云南可看到遗存。

明代官式建筑所用直棂窗常见的有两种形式，一种为直棂式，棂条竖着排列如栅栏；另一种为一码三箭，即在棂条的上、中、下三段各施横向水平棂条三根，水平和竖向的棂条相交处各去一半咬口衔接。直棂窗通常是以木枋做框架，用板条做棂子，内外两侧均为平面。棂条数量为7~21根不等，一般为奇数。直棂窗都是固定的，其闭合的方式一般是在窗的后部装推拉板，也称推窗，这样既可以保温，也可以防盗。

由于无法开启，采光量少，直棂窗渐受冷落，在官式建筑中一般用于库房、厨房或庙宇中的山门等附属建筑。但在民居中，直棂窗仍然有较多使用，如在计成《园冶》里有很多种。

典型实例有武当山太子坡复真观（图28-15）、紫霄宫朝拜殿以及平武报恩寺大雄宝殿等处的直棂窗。

（5）槛窗

与槅扇共用的窗称为槛窗，槛窗等于把槅扇的裙板部分去掉，安在槛墙榻板之上。槛窗多用于宫殿、坛庙、寺院等重要建筑的次间及梢间上，按开间的大小，每间装2~6扇槛窗，均向内开。园林建筑或大第宅上也有用槛窗的，不过较少，一般民居中更是绝少使用槛窗的。槛窗的优点是，与槅扇共用时，可保持建筑群整个外貌的风格和谐一致，但槛窗又有笨重、开关不便和实用功能差的缺点。

槛窗的权衡比例及槅心的做法需与槅扇协同考虑，组成统一的构图，成樘配套。安槛窗用的槛框尺寸和做法与槅扇中的相应构件相同。棂条、绦环板的式样及高度均应与明间槅扇相应部位一致、平齐。槛墙在北方常为砖砌，在南方常用木板壁，槛墙的高矮由槅扇裙板的高度定。

典型实例有北京先农坛宰牲亭、智化寺如来殿（图28-16）、藏殿以及平武报恩寺大雄宝殿等处的槛窗。

（6）横披窗

横披窗即宋代之障日板，槅位于格子门、窗之上，用以分隔室内与室外，有障遮日光的作用。横披安装在槅扇或槛窗的中槛和上槛之间，一般做成死扇，即固定窗，不开启，起亮窗作用。横披是通透的，做法与槅扇相似，只是比例横长。完整的横披由边梃、抹头、仔边、棂条等组成，边梃、抹头、仔边的断面尺寸同格子门的尺寸。有时横披可不用仔边，棂条直接交接在边梃、抹头上。横披在一间里的数量，一般比格子门、窗少1扇，通常

图28-15 作者绘制
图28-16 作者绘制

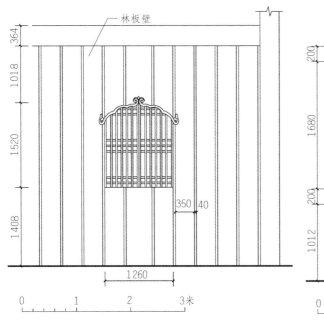

图28-15 湖北十堰武当山太子坡复真观直棂窗实测图

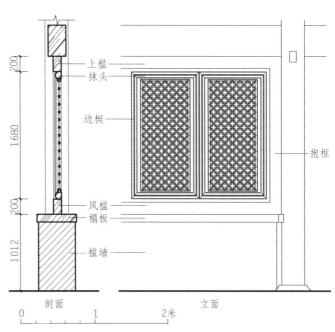

图28-16 北京智化寺如来殿槛窗实测图

是3扇、5扇不等，中隔间柱，主要根据面阔的大小不同而定，但其数量应为奇数，不可成偶数。

典型实例有北京故宫西华门横披窗（图28-17）。

图28-17 作者拍摄

图28-17 北京故宫西华门横披窗

2）室内隔断

隔断在宋代称隔截，指用作室内空间分隔的小木作。《营造法式》中室内隔截的种类比较多，如截间板帐、截间格子、板壁、照壁板、障日板等等。明代室内隔断类型增多，主要包括：可以开合的做法，如内檐槅扇，仅起划分空间作用；仍可通行的，如各种花罩；完全隔绝的，如木板壁。其中花罩、内檐槅扇是室内小木作的重要组成部分，除了分隔室内空间的功用，还有很强的装饰功能，做工十分讲究。明代室内隔断式样上的丰富多彩和工艺上的精美成熟，达到了高度水平，表明这个时期小木作已取得了超越前人的成就。

（1）内檐槅扇

《营造法式》中截间格子是仿造格子门的样式，将室内的隔截做得富有装饰效果：下部安板，上部用球文格眼。

明代内檐槅扇即是从截间格子发展出来的，其形式与外檐所用槅扇相同，有很强的装饰功能。通常满间安装，六扇、八扇、十几扇不等，一般为死扇，仅中央两扇可开启。内檐槅扇的边框、抹头、槅心、裙板等的比例关系及其手法，基本上同外檐的槅扇，但由于只有分隔室内空间、装饰室内之功效，没有防卫、保护之要求，因此，边梃、抹头、槅心、棂条等都较纤细，用料亦比外檐小木作讲究得多，做工精细得多。槅心的式样在明早期可用菱花，到后期则多为各种形式的棂条花纹，棂格疏朗，透光性好。棂条的表面起线，外檐槅扇为盖面，而内檐槅扇为凹弧面。

典型实例有北京智化寺如来殿内檐槅扇（图28-18）。

（2）花罩

花罩是使用优质木板（如红木、花梨木等）进行满堂红雕刻，或用木棂条拼接装成各种纹样安装在槛框间的高档装饰构件。作为一种示意性的隔断物，花罩隔而不断，有划分空间之意，而无分隔阻断之实。

花罩装饰性极强，以玲珑剔透、富丽精美的镂空雕刻为主要特征，雕刻出来的纹样具有较强的立体感和层次感。雕刻的内容十分丰富，多为吉祥喜庆、延年益寿、事业兴隆等题材，如松鹤延年、岁寒三友、子孙万代（缠枝植物及果实）以及冰裂纹、万字等。

花罩按照形式和使用的不同，可分为几腿罩、栏杆罩、落地花罩等。其中落地花罩比一般的罩更加豪华富丽，安置于中槛之下的花罩沿抱框向下延伸，落在下面的须弥墩上。须弥墩各个部分可以雕花，也可以不雕花。

典型实例有北京故宫储秀宫落地花罩（图28-19）及钟粹宫栏杆罩。

（3）木板壁

木板壁是用于室内分隔空间的木板墙，是宋代截间板帐的继承和发展。木板壁多用于进深方向柱间，由大框和木板构成。其构造是，在柱间立横竖大框，然后满装木板，两面刨光，表面或涂饰油漆或施彩绘。大面积安装板壁，容易出现翘曲、裂缝等弊病，因此，可采用在板壁两面糊纸，或将大面积板面用木楞分成若干块的方法，如将整樘板壁分隔成内檐槅扇形式，下做裙板绦环形式，上面装板，绘画刻字，风雅别致。

图28-18 作者绘制
图28-19 作者拍摄

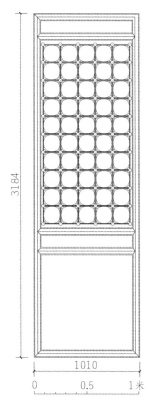

3184

1010

0   0.5   1米

图28-18 北京智化寺如来殿内檐槅扇实测图

153   13

0   0.1米

图28-19 北京故宫储秀宫落地花罩

典型实例有武当山南岩宫父母殿木板壁（图28-20）。

（4）走马板

走马板又称迎风板，源于《营造法式》中的照壁板。走马板位于板门中槛至上槛之间或中槛与檐枋之间，厚度一般约为1.6厘米（0.5寸）。为使走马板不变形、不曲翘，多用板条拼装。走马板四周、内外多用圈钉引条固定。引条做成各种线脚，以丰富立面。

典型实例有武当山遇真宫龙虎殿走马板（图28-21）与平武报恩寺山门走马板。

图28-20 作者绘制
图28-21 作者拍摄

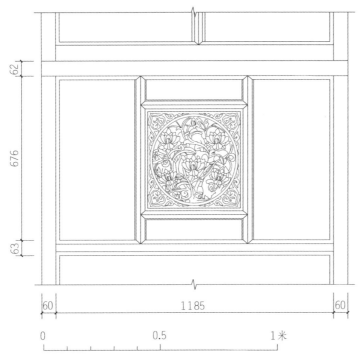

图28-20 湖北十堰武当山南岩宫父母殿木板壁局部实测图

图28-21 湖北十堰武当山遇真宫龙虎殿走马板

3）天花与藻井

（1）天花

天花，汉代称为承尘[17]。天花板之名始见于明代，如明弘治十八年（1505年）《阙里志》卷十一大成殿条有"龙顶天花板四百八十六片"，大成寝殿条有"天花凤板"的记载。

天花的功用主要是隔断过高的空间以保持室温和避免灰尘下落，也是为了装饰屋内，力求取得富丽堂皇的艺术效果。天花与藻井的区别在于，天花用木条相交做成棋盘式的方格，上覆木板；而藻井则用木块叠成，口径甚大，结构繁复，更偏重仪制，常用在天花中最典重部分，如在宝座或神像的顶上。

宋《营造法式》将天花分为平暗和平棋两种形式，只用于殿、阁、亭三种建筑物，厅堂及余屋都不用。明代天花按构造做法不同可分为木顶格和井口天花两类，其中井口天花是明代天花的最高形制。天花在清代规格化为井口天花、海墁天花两类做法。

木顶格：木顶格的原型应是唐、宋式平暗。平暗是最简单的一种天花做法，即用小而密的方椽相交作成小方格状（也有竖排成长方条者），上盖木板。四周与斗栱相接处，有斜坡部分，《营造法式》谓之峻脚。整个平暗[18]有如一个方形的覆盆，一般都刷成单色（通常为土红色），无彩画和木雕花纹装饰。平暗的形式较古，多见于辽宋实物中，明代演变为木顶格，清代称作海墁天花。

明代木顶格（图28-22）的构造较简单，即用木条钉成方格网架，悬于顶上，架上钉板。主要构件有贴梁、木顶槅扇、吊杆等，其中木顶槅扇是木顶格的主要构成部分，由边框、抹头及棂子构成。各扇木顶格底皮持平，格子数较大，一棂六空，其下糊纸，因此自下而上是看不到格子图案的。

木顶格用于官式建筑中的一般建筑，比较讲究的木顶格上绘制有精美的彩画，还有的绘制出井口式天花的图案，在天花上绘出井字方格，格内绘龙凤或其他图案，只不过没有凹凸变化而已。

井口天花：明代井口天花来源于宋式平棋，主要用于宫殿、寺庙等大型建筑中。《营造法式》谈到具体做法，即是四周做一程枋，程枋上顶背板，在程内及背板面上用贴及难子，划作正方形或长方形大板格子。板上装贴有盘球、斗八、叠胜、琐子、簇六球纹等十几种图案，称为"十三品"，多间杂并用。这些图案都是几何图案，布局或方或圆已为一定程式所拘。平棋造型多样，平面有方形、圆形、六角形、八角形，截面有平顶式、平顶加峻脚、尖顶形等。

明代井口天花与宋式平棋相比，有几点不同：一是天花减省了"程"这

17《释名·释床帐》："承尘施与上，以承尘土也。"参见：（汉）刘熙撰. 释名 [M]. 北京：中华书局，1985：95.

18《营造法式》卷八小木作制度三"平棊"条："其以方椽施素版者谓之平闇"。"棊"今写作"棋"，"闇"今写作"暗"。

图28-22 作者绘制

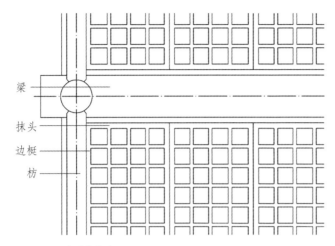

图28-22 木顶格构造

一层次，一律用同一大小支条代替"桯"和"贴"来划分方格，支条的尺寸与宋贴的尺寸略约相等。二是每一方格内便用一块天花板，多为正方形，也有长方形的，但很少。天花板尺寸比宋代减小，规格基本一致。总的说来，明代天花做法较轻巧，装卸自如，便于修理。而宋式平棋采用整板做法且规格尺寸不相一致，因此较为笨重，安装和修理都不方便。三是天花梁、枋、支条及天花板在室内露明部分均施有精美的彩画，彩画沥粉贴金，十分华丽。每块天花板上或直接绘制，或粘贴预先用纸印（或画）好的一定内容的彩画，在同一殿内多半是"圆光加岔角"的构图，如故宫各殿均是。在方光和圆光彩画内，一般方箍子、圆箍子（边线）沥粉贴金；方光内四角多用岔角五彩云，圆光内画团鹤、团龙、翔凤、牡丹花卉及六字真言等纹样。有的高级殿堂的井字天花不施彩绘，完全是木料的本色，但选材十分讲究，如选用楠木制作，天花板下皮做精美雕刻，华贵素雅。民间天花板上则"或画木纹，或锦，或糊纸"[19]。

清代井口天花基本沿袭明代做法，只是天花板一律为正方形，天花彩画更是讲究一套严密的画法。

明代井口天花的构造（图28-23）：井口天花的天花支条呈井字形，从外形上看好似棋盘状。明代井口天花不设吊杆，全靠梁架承托。它是由天花梁、天花枋、帽儿梁、支条、天花板等木构件组成。

天花梁用在进深方向，天花枋用于面阔方向，它们均有榫头插在金柱或檐柱上。帽儿梁是用在面阔方向，两端搭在天花梁上起井字天花的龙骨作用。帽儿梁经常与支条连做，每隔一根支条使用一根帽儿梁。支条是井字天花最下面的木枋，平面纵横相交，组成方格网状，成为天花的骨架。支条上面裁口，每井口方格内装天花板一块，每格一板。天花板一般为外形呈正方形的木板（也有长方形的），厚约3.2厘米（1寸），规格相同，具有规整的

19（明）计成. 园冶 [M]. 北京：城市建设出版社，1957：102.

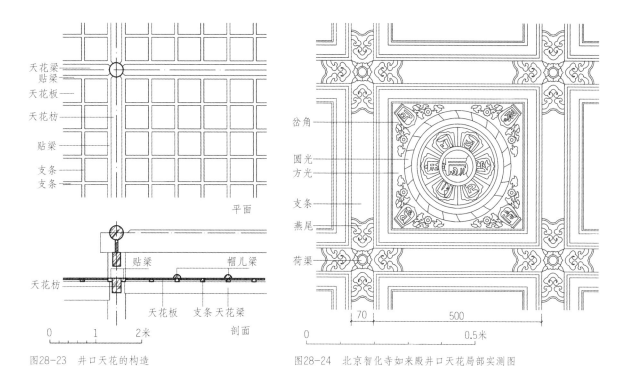

图28-23　井口天花的构造

图28-24　北京智化寺如来殿井口天花局部实测图

图28-23 作者绘制
图28-24 作者绘制

韵律美。每块板背面穿带二道，正面刮刨光平。

支条的十字交叉部位常用荷渠燕尾，即用铁钉把支条钉到帽儿梁上，钉头露在外面，加上许多花样，像莲瓣等物，并在井口部位贴金。

明代天花保存完整的典型实例有北京智化寺如来殿、万佛阁和藏殿天花。

如来殿天花（图28-24）中央三间为方形小井，自地面至天花板高5.9米（18.4尺）。四周天花皆顺屋顶坡度呈斜列之状，作长方形，可能明中叶尚有保存四周斜中间平的做法。明、次间天花承于天花柁之上，每支条之顶，皆有帽儿梁一根。

万佛阁明间中央藻井旁天花皆长方形小井（图28-25），四周者作长方形，斜置下昂秤杆下。天花承于七架梁与老檐枋下，另无天花梁之设。天花板彩绘六字真言。

藏殿中央藻井旁天花皆方形小井（图28-26），以青色为地，杂以朱、绿、金三者，古色盎然，天花板彩绘六字真言。

（2）藻井

藻井是用在宫殿、坛庙、寺庙建筑顶部天花当中，一种"穹然高起，如伞如盖"的特殊装饰。藻井在历代文献记载中还有其他叫法，如沈括在《梦溪笔谈》中记载道："屋上覆橑，古人谓之绮井，并曰藻井，又谓之覆海，今令文中谓之斗八，吴人谓之窗顶。"[20]

藻井的使用有着严格的限制，它是"礼"的象征、等级尊贵的象征，

20（宋）沈括撰. 梦溪笔谈 [M]. 上海：上海书店出版社，2003：165.

图28-25 作者拍摄
图28-26 作者拍摄

图28-25 北京智化寺万佛阁长方形天花　　图28-26 北京智化寺藏殿天花

并不是随处都可以施用的，如唐代就规定"王公之居，不施重栱、藻井"。宋代的建筑等级制度基本上沿袭唐代，但有所放宽。从《宋史》中记载的"六品以上宅舍，许作乌头门，凡民庶之家，不得施重栱、藻井及五色文采为饰"[21]规定中可以看出，唐初王公贵族才能使用的重栱、藻井，宋代只禁止民庶之家使用。以后各代对建筑的等级规格都作了一定的限制，如明代规定"官员营造房屋，不准歇山转角、重檐、重栱及绘藻井，惟楼居重檐不禁"[22]。

　　根据《风俗通》的记载："今殿做天井。井者，束井之像也；藻，水中之物，皆取以压火灾也。"以及《宋书》的记述："殿屋之为圆泉方井植荷华者，以厌火祥。"[23]可见藻井除等级、装饰外，还有避火之意。

　　除此之外，藻井还有中国文化中更深层的褒义，即是"天圆地方"及"天人合一"理念的体现。藻井多为上圆下方，正合乎了中国古代"天圆地方"的宇宙观，于是藻井有了象征"天"的意味，有的藻井还绘制了天体图。皇宫中皇帝宝座上的藻井，用来将天庭世界与人间帝王相比附，表明皇帝是"天"的代言人，可以替天行道。

　　藻井在汉代即已在建筑中应用了，当时的藻井是层层叠木而成。宋代是藻井基本定型时期，制作规范化，也是制作藻井有明确记载的开始。《营造法式》卷八小木作项内介绍了斗八藻井与小斗八藻井两种。斗八藻井用在殿的明间正中，由四方井、八角井及斗八共三个结构层所组成，方井和八角井上都使用斗栱，所用斗栱为六铺作与七铺作。小斗八藻井常用在屋内不甚重要的地方，如四隅转角等处，由八角井及斗八共两个结构层组成，所用斗栱为五铺作。

21（元）脱脱，等．宋史 [M]．北京：中华书局，1977：3600.

22（清）张廷玉，等．明史 [M]．北京：中华书局，1974：1671.

23（梁）沈约．宋书 [M]．北京：中华书局，1974：519.

明代藻井多由上、中、下三层组成，最下层为方井，中层为八角井，上部为圆井。除斗八以外，还出现了菱形井、圆井、方井、星状井等形式。在宋代斗八藻井和小斗八藻井的基础上，明代藻井有了较大的变化，变得更为细致复杂了。

首先是角蝉数目增加，宋式斗八藻井的角蝉为四且无斗栱，明代的角蝉成倍增加，如明代的隆福寺正觉殿次间藻井角蝉（图28-27-1、图28-27-2）兼具菱形及三角形，多至20个，周围且施小斗栱，雕刻龙凤更极工巧。

其次是由阳马构成的穹顶被半栱承托的彩绘浮雕圆井所代替。宋式斗八俱作八瓣，背版上常作无数菱形小方格或施各种彩画。明代在八角井内侧角枋上安雕有云龙图案的随瓣枋，将八角井归圆，这样就将宋代的斗八形式转变为明的圆井。圆井多用斗栱雕饰，满刻云龙，富丽堂皇。实物中多数用了各种各样的斗栱，如斜栱等异形斗栱，有的藻井斗八部分几乎全部由斗栱组合而成，有的在方井之上先置天宫楼阁（图28-28），再上施斗栱。无数的小斗栱做成的螺旋或圆形的藻井产生了视觉上丰富的变化。

再次是宋代藻井的顶心和明镜都较小，有的几乎没有明镜，而是将斗八形式一通到顶。而明代明镜的范围越见扩大，有的占去八角井的一半，如明代隆福寺正觉殿次间藻井的明镜（图28-29）。到了清代，有的藻井明镜甚至占去整个圆井的分位，如北京故宫太和殿藻井。

另外，宋代藻井虽已用彩绘为装饰，但整体效果尚较简素。而明代藻井装饰趋于华丽，全部以木雕花板装饰，在角蝉、压槽板及圆井部位大量采用雕刻工艺，并大量运用贴金技法，装饰意味更加浓厚。

除去这种四方变八方变圆的常见形式外，明代实物中也有形式独特，不拘成法者。如北京隆福寺正觉殿明间藻井，外圆内方，如制钱状。圆井作三重天宫楼阁，自上下垂，雕以斗栱、云卷及不同形式的楼阁，中心顶

图28-27 作者拍摄

图28-27-1　北京隆福寺正觉殿次间藻井之菱形角蝉

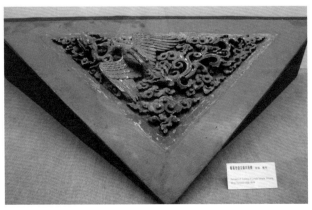

图28-27-2　三角形角蝉

图28-28　北京隆福寺正觉殿次间藻井之天宫楼阁　　　　图28-29　北京隆福寺正觉殿次间藻井之明镜

端方井上亦刻楼阁，穷极精巧。《营造法式》卷二斗八藻井引沈约《宋书》："殿屋之为圜泉方井兼荷华者，以厌火祥"，应是指此类藻井。又如北京天坛祈年殿、皇穹宇等处的藻井，其外形随建筑物平面形状，上中下三层皆为圆井，丰富的装饰与建筑物结构有机地组合为一体，富丽之中不失其功能，其藻井形式是他种建筑物中所少见的。由此也可以看出藻井的外形及雕饰并非固定不变的模式，虽然看上去形式十分复杂，但无论如何变化，其内部构造都是主要由扒梁、抹角梁构成，并没有太大区别。至于那些柱子、门窗、斗栱和其他雕饰都是贴上去的装饰品，是仿大木作缩小比例尺做成的。

图28-28　作者拍摄
图28-29　作者拍摄

　　清代藻井极尽精巧和富丽堂皇之能事，与明代相比较有几点较突出。一是雕饰工艺明显增多，龙凤、云气遍布井内，尤其是中央明镜部位多以复杂姿态的蟠龙为结束，这中心的云龙愈来愈得到强调，口衔宝珠，倒悬圆井，使藻井构图中心更为突出，所以藻井在清代又称作"龙井"。二是用金量大增，不仅宫廷藻井遍贴金饰，即使是一般会馆、祠堂，也大量贴金，使藻井在室内小木作中形成突显的地位。三是盛行于明代的天宫楼阁等小木建筑在清代已不再应用。

　　中国古代建筑中藻井装饰的发展，从汉代的斗四藻井到宋代的斗八藻井，再到明代的藻井，最后到清代的龙井，经过了由简单到复杂、由疏朗到繁密、由单一到多样的发展过程。它的发展与建筑形制的发展是同步的，可以从藻井的发展中看见中国古代建筑发展的历程。这也充分说明了，一方面当建筑技术成熟后，形式便会在稳定的技术支持下变得丰富多彩；另一方面，形式追求将会使形式与功能脱节而独立发展，走向为形式而形式的极端。

24　刘敦桢.北京智化寺如来殿调查记 [M]// 刘敦桢.刘敦桢文集（一）.北京：中国建筑工业出版社，1982：61-128.

明代藻井实例：

① 北京智化寺万佛阁藻井（图28-30）

北京智化寺万佛阁和智化殿上的藻井制作工艺精巧，结构复杂，是明代建筑木雕的极品，于20世纪30年代初为寺僧盗卖，现分别存于美国的费城艺术博物馆和纳尔逊博物馆。

万佛阁明间藻井是我国明代大型木雕精品，作斗八式，平面方形，井框外边长4.35米，内边长4米，四角以支条区划成八角形，再置方格二重，相互套合成内八角。每格之边缘饰卷云、莲瓣、斗栱，空档内置"八宝"。内八角与井心之间的斜板上，环雕游龙，中央圆心，团龙蟠绕垂首，俯首向下，周边则雕刻精细的卷枝花草图案。万佛阁藻井制作精美绝伦，把整个殿堂烘衬得神采夺目，出色地达到了宣扬天界神国迥异于凡世的艺术效果。刘敦桢先生评价道："结构恢宏，颇类大内规制，非梵刹所应有。"[24]

② 北京智化寺藏殿藻井（图28-31）

藏殿中央转轮藏之上，有智化寺现存的唯一一座藻井。藻井结构下方上圆，自下而上可分为五层：第一层的木板自左右枋梁起，向上斜出，斜板之上遍绘佛像，每边7尊共28尊，周围环绕云彩，绘在绿色底上，线脚勾勒金线，十分细致。第二层和第三层分别是雕刻和彩绘结合的卷云纹和莲瓣纹，红绿色相间并饰，并描以金线，其上四角覆盖一层卷云纹，间以木枋层层收分，使藻井由方形转变为圆形。第四层是斗栱层，上下5层，层层出挑，于红底板上的斗栱绘成绿色，斗栱构件边线均勾以金粉。最后是藻井顶层天花，绘曼陀罗图案和七字真言，红绿色间用，边饰金。藻井以圆环内端坐于莲心之上的佛像为主要题材，以覆莲形式层层递升，至最高处突然变仰莲，

图28-30 刘敦桢《北平智化寺如来阁调查记》，《中国营造学社汇刊》1932年第3期
图28-31 潘谷西主编《中国古代建筑史·第四卷·元、明建筑》

图28-30　北京智化寺万佛阁藻井

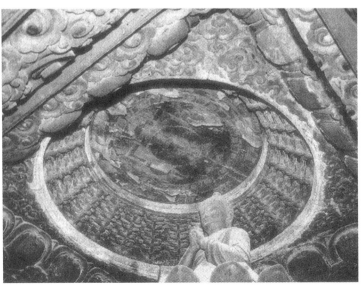

图28-31　北京智化寺藏殿藻井

凸起的轮藏顶部与凹进的藻井，伸缩相对，相得益彰，极有艺术价值和欣赏价值。

统观此藻井雕刻之比例，以雄壮遒劲见长，其卷云莲瓣，亦以朱、青、绿三色间杂相饰，其间别以金线，配色强烈，应属上乘。虽然因为年代久远有些失色，但往昔华丽仍清晰可辨，再加上凹凸分明的雕刻形象和细腻的彩绘用笔，生动鲜明，优美而有韵致，并且带有浓郁的宗教气氛。只是上部斗栱过小，没有与莲瓣等物调和，这是它的一个缺点。

③ 北京隆福寺正觉殿明间藻井（图28-32）

隆福寺始建于明景泰四年（1453年），是代宗朱祁钰敕建的寺院。据记载该寺规模宏大壮观，前后五重院落。清光绪二十七年（1901年）二月，一场大火将隆福寺部分建筑焚毁，而烬余的正觉殿一直保留到20世纪70年代。正觉殿是隆福寺内的主要佛殿，殿内的三组造型不同的藻井分别置于三世佛的顶部，装饰有彩云、天宫楼阁（图2-33）、佛像、诸神等。20世纪70年代中期，隆福寺正觉殿被拆毁，所幸的是殿内藻井构件被保留下来。

隆福寺正觉殿明间藻井是我国现存明代藻井实物中的精品。整个藻井的结构（图28-34-1、图28-34-2）为方井内含圆井，圆井内又含方井。算桯枋组成藻井的方形外框，置于殿内承重构架的柱或枋上，上施五踩偷心造斗栱。栱间及算桯枋内圈云纹雕板上站立诸天神，横向云纹雕板两头各做一方形雕云木块，上立力士雕像，力士手托方形内圆井角蝉，意在托起中心圆井。圆井悬挂于方井之内，由六层主框架叠落而成，每层框架均细雕云纹图形，其上设置不同类型的建筑小木作模型或彩绘壁板画。圆井的第一、二层悬挂于角蝉之下，重力由第三层井枋承载，阳马间背板约25块，上面彩绘诸天神。

图28-32 作者拍摄
图28-33 作者拍摄

图28-32 北京隆福寺正觉殿明间藻井全貌

图28-33 北京隆福寺正觉殿明间藻井第一、二层之天宫楼阁

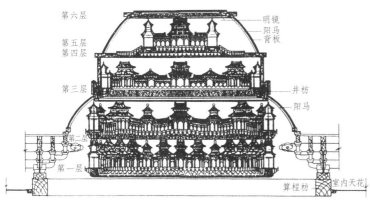

图28-34-1 北京隆福寺正觉殿明间藻井剖面

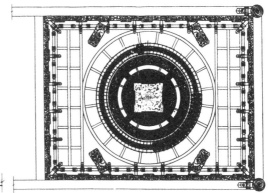

图28-34-2 北京隆福寺正觉殿明间藻井平面

图28-34 李小涛《馆藏隆福寺藻井的修复与陈列》，《北京文博》1999年第2期

圆井的第一层主框架内外施五踩如意斗栱环绕，每面80朵。框架上置圆形及方形楼阁32座，楼阁由一间廊贯通。第二层主框平面呈高低错落及宽窄不等状，其上置16座楼阁，由五间爬廊连接。从第三层开始，圆形框架及小木作建筑模型外圈即做成隐蔽形式置于天花内。第三层框架与井枋用榫卯紧紧相接，周圈径3.4米处平均留有8个5厘米×2厘米的长方形卯口，是为吊挂第二层的铁条设置。第二层与第一层的连接是通过二层圆框架的另外8个节点，上下16根吊挂铁条隐蔽于框架上的楼阁中，使拉力均布于两层主框架上。整个圆井的重力通过此处井枋的拉力和承重力而传递于殿内梁架上。第三层框架上的建筑模型形制多样，有前置抱厦楼阁8座、十字歇山顶方亭8座，楼亭间用廊相通，它们与下二层不同，只形成看面，建筑背部与梁架相隔的壁板绘制彩云，至今色彩光亮。圆井的一层到四层内径相差不大，均在2.5米左右，而到第五层突然收成1.2米的正方形，结构上采用方井四角用栱形木块与下层圆井相连接，其重力通过栱形木块传递于第四层。第五层上楼阁高大，每边仅有一座，由转角围廊相连。第六层为盖井层，圆形框架由第四层阳马托起，阳马间背板上绘有二十八星宿图，形成五层楼阁背景。第五层在整体藻井结构上成为一个独立体，它除自身重力外不再承受外力的作用，而圆井的整体造型，由于五层的变化，形成一个外圆内方的古钱币状。六层顶盖（即明镜）上绘有一幅沥粉贴金的彩绘天文图，以此衬托藻井广阔的无限空间。据天文专家研究，图上绘有观测者所在纬度能够看到的全天星象，绘有星星1 420颗。图中星体造像及位置相当准确，对研究不同历史时期星象的变迁和发展有一定的参考价值。藻井内绘制天象图，可能也是以此代表天体，成为人与上天沟通的途径。

六层圆井中的小木作建筑设计制作独具匠心，仅屋面形式就有重檐歇山、重檐十字歇山、重檐圆攒尖、四角攒尖等。每一座建筑均由廊贯通，或平廊，或爬山廊，而各廊制作手法又有不同，如爬山廊大斗直接坐在柱头上，不用普

图28-35 作者拍摄

图28-35 北京故宫浮碧亭藻井

拍方，应属早期木构规制。建筑的排列组合方式为下层密集，越往上层数量越少，而规模庞大，从视觉角度上有一种美妙而富于幻想的感觉。另外，在各建筑及廊内置放神像，从下仰望，一派壮观的空中楼阁的神仙境界。

此组藻井与现存的其他藻井不同，从外观上难以看到其抹角叠木的构造，只见其方井内含有圆井，圆井内又见方井，真可谓特殊而不拘成法者。《营造法式》"卷八"斗八藻井条解释井："其名有三，一曰藻井，二曰圆泉，三曰方井，今谓之斗八藻井。"圆泉即是此组藻井真实写意。组成这个圆泉的各个构件即每个大的框架上，均雕有云纹图案，而每层图案又采用不同的云纹组合，与天宫楼阁及诸神组成具有真实写意的精美画面。

隆福寺正觉殿明间藻井现放置于先农坛内的北京古代建筑博物馆。

④ 北京故宫浮碧亭藻井（图28-35）

北京故宫御花园内浮碧亭建于明万历十一年（1583年），其藻井结构下方上圆，自下而上可分为三层：第一层为方井层，其上四周安置绿色小斗栱5层，层层出挑；第二层为八角井层，是在方井之上，通过施用抹角枋，正、斜套方，使井口由方形变为八角形，在角蝉、随瓣枋等处满刻云龙图案，富丽堂皇；第三层是顶层圆井，明镜处刻以龙云蟠绕，垂首衔珠。

25《营造法式》卷七小木作制度二"胡梯"条，"造胡梯之制……上下并安望柱，两颊随身各用钩阑，斜高三尺五寸，分作四间"。

4）室外障隔

（1）木栅栏

木栅栏在《营造法式》中称为"叉子"，一般用于不需要门窗而又需适当阻隔的屋宇，例如祠庙大门门屋、佛寺山门等等，也用于道路分隔。

明代木栅栏在柱间距较大时，于柱中间再加立柱，叉子安于两柱之间，固定于柱上，多不用望柱。桯子头一般采用简单的笋头，而宋式叉子的桯子、望柱等构件上会施以雕刻及彩绘，形成华丽的装饰。木栅栏安于地面有两种形式：一是地面安地栿，将立柱安于地栿上，地霞处作绦环装饰；二是将立柱栽入地，地霞处使用砖砌。

典型实例有瞿昙寺东、西回廊处的木栅栏（图28-36）以及武当山南天门前木栅栏。

（2）木栏杆

栏杆古作阑干、阑槛、阑楯，在《营造法式》中称为钩阑。栏杆多用于楼阁亭榭的平坐回廊的檐柱间及室内楼梯[25]上，主要功能是围护和装饰。栏杆式样的发展，是从纵横木杆搭交的简单构造逐步向华丽方面发展。从唐代壁画及宋画中还可以看到室外平台使用木栏杆的例子，但由于木料不耐久，到明代，室外木栏杆很多已被石栏杆所代替，但木栏杆并没有因石栏杆的发展而完全消失，二者是并存并用的。木栏杆先于石栏杆而出现，石栏杆的形式是模仿木栏杆而来的，在外形上二者基本统一，没有因材料不同而形状完全相异。

宋《营造法式》中木、石钩阑比例完全相同，形制无殊。在卷八钩阑项内，按其尺度的大小及制作的繁简程度分为"重台钩阑"与"单钩阑"两种，实物中以后一种居多。"重台钩阑"和"单钩阑"的分别在于前者较高，约为1.24~1.4米（4~4.5宋尺），后者较矮，约为1~1.1米（3~3.6宋尺）；盆唇以上支托寻杖的支座前者用"云栱瘿项"，后者用"云栱撮项"；盆唇之下，重台钩阑用束腰分隔两层华板，单钩阑仅用一重华板，或不用华板而用万字造、勾片造、卧棂造等较简洁的做法。宋式钩阑的望柱一

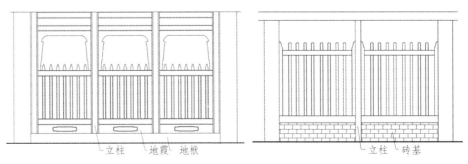

立柱　地霞　地栿　　　　　　　立柱　砖基

图28-36　青海乐都瞿昙寺东、西回廊处的木栅栏示意图

般只是在转角和开始的地方使用，这是一种木构性质的表现。但在一些唐、宋代的绘画中，望柱也有分段存在的形式。

明代木栏杆基本构造及样式与宋代相仿，但也有了一些改变和发展。明代木栏杆按构造做法分别有寻杖栏杆、花栏杆等类别，其中官式建筑多用寻杖栏杆，而住宅及园林建筑中多用花栏杆。

明代寻杖栏杆十分轻巧，比例上较为纤细，高度一般在1~1.1米（3~3.5尺）。寻杖栏杆是由一根断面圆形的寻杖横亘全间之广，两端望柱间一般不再增加望柱，但也有每一段都用望柱来收束的情形。可见，望柱的分布从宋至明代均无定制。望柱直接施于阶基上，而地栿两端交在望柱上；也有地栿通长，望柱栏板均放在地栿之上的做法。明代的望柱一般比清代的细，望柱断面由宋代常见的八角形变为方形，柱身简化，望柱头雕刻宝瓶或平截不加任何雕饰。寻杖与中枋之间的距离多大于中枋与地栿的距离。明代以后，唐宋时期的斗子蜀柱式基本不见，而由瘿项云栱和撮项云栱逐渐演变出荷叶净瓶。华板式样变化丰富，除了素平外，还有透空花板、卧棂式、绦环板等。华板之下常托有一层花牙子之类的东西。

明代花栏杆多不用寻杖，而由整体的几何图案组成，更富有装饰趣味。花栏杆的构造比较简单，主要由望柱、横枋及花格棂条构成，也有不带望柱或不安装地栿的。至于栏板棂条所组成的图案纹样则是丰富多彩，计成《园冶》卷二全为栏杆式样，将明末园林、住宅中木制栏杆归为笔管式、锦葵式、尺栏式等18种100式，简雅与华丽皆备。

清式栏杆常见式样为在每面两端望柱间增加望柱，将整面栏杆分成若干段，寻杖也随之改为分段安置，寻杖与中枋距离的空档不太大。地栿通长，望柱栏板均放在地栿之上。栏杆的高度不做规定，而以望柱的高度为基准来决定各个部分的尺寸和比例，柱头的装饰加高。栏板构造被看作是一整片的，已经不再是组合式的构件，栏板的高度因台基的高度而变化，不再是固定于适合于用作扶手时的尺度了。清式栏杆的形制基于美学要求多于其他的原因，其高度取决于立面的构图，不再以人体尺度为标准，每两板之间均立望柱，目的在于加强装饰趣味以及产生强烈的节奏感，给人感觉望柱如林，与宋代钩阑所呈现象迥异。

栏杆的主要功用是维护作用，因此对栏杆功能的要求，首先是安全。明代寻杖栏杆用料一般都比较粗壮，整体性较强、较坚固，在此基础上，还注意装饰性，与其他小木作、整体建筑及周围环境相协调。

寻杖栏杆的主要构件有望柱、寻杖扶手、中枋（宋名盆唇）、下枋、地栿、华板、牙子以及荷叶净瓶等，也有寻杖栏杆没有下枋和华板的。

地栿宽度等于或略大于望柱尺寸，地栿与望柱的关系有两种：一为望柱直接落地，地栿两端交于望柱根部；二为地栿两端交于檐柱根部，望柱及栏板都安装在这根地栿上。地栿贴地面部分做出流水口以供廊内雨水排放，流水口一般采用如意头形式。

望柱多是小方柱，柱径一般为6.4~9.6厘米（2~3寸），高约1~1.2米（3~3.7尺），栏板的水平构件都安装在望柱内侧。望柱一侧抱在檐柱上，另一侧与扶手、中枋、下枋等衔接。为保证安全、牢固，通常望柱与寻杖、中枋连接采取透榫，与下枋连接采用半榫的方法。柱头一般雕刻宝瓶，或平截不加任何雕饰，或做方形，上面雕简单的花纹（如意头花纹等）。

寻杖扶手断面为圆形或横向椭圆形，直径为6.4~9.6厘米（2~3寸），等于或略小于望柱，两端做透榫插在望柱中。

中枋与下枋多为断面呈长方形的水平方向木枋，尺寸也相同。中枋两端通过透榫与望柱相连，下枋使用半榫与望柱连接。中枋、扶手在安装荷叶净瓶的位置上均要凿出透榫眼，在安装绦环板及牙子的位置上剔出榫槽，以便安装荷叶净瓶及牙子板。

荷叶净瓶（图28-37）位于扶手与中枋之间，上部为翻卷的荷叶型，下部为细长宝瓶状的连接、装饰构件。荷叶净瓶与中枋至下枋之间、下枋至地栿之间的间柱是用一根木头做成，以增强整体性。荷叶净瓶的上部有榫头（通榫）与扶手交接，下部有双榫（亦为通榫）与地栿相连。每个荷叶净瓶的水平中距要保持相等，荷叶、瓶饰通过浮雕手法完成。

华板位于中枋、下枋和间柱之间，板厚1.9~2.9厘米（0.6~0.9寸）。

下枋下面安装走水牙子，在地栿之上，并不起走水作用，唯装饰而已。牙子用薄板制作，板厚同华板。牙子下皮裁成壶瓶牙子曲线，底口表面起单线。华板和牙子板的数量皆为单数。

明代寻杖栏杆的典型实例如下：

① 北京智化寺万佛阁平坐栏杆（图28-38）和如来殿楼梯栏杆（图28-39）

明代木栏杆的官式做法要算北京智化寺万佛阁平坐栏杆为最典型，它是一根断面圆形的寻杖，横亘全间之广。望柱断面方形，柱身简单，望柱头雕刻宝瓶。寻杖距中枋间的空档很大，而中枋距地栿则很近。撮项部分雕荷叶净瓶，中枋下面安装走水牙子。下部用滴珠板，刻如意头的花纹。栏杆高0.885米（2.8尺），寻杖直径6厘米（1.9寸），望柱柱径10厘米（3寸），地栿宽略大于望柱宽。

如来殿楼梯栏杆形制同上，不同之处在华板采用一层透空绦环板的式样，尽头用木制抱鼓石。

② 山东曲阜奎文阁平坐栏杆（图28-40）和楼梯栏杆

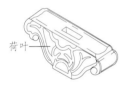

荷叶

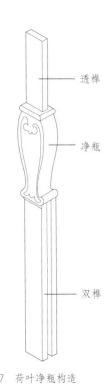

透榫

净瓶

双榫

图2-37　荷叶净瓶构造

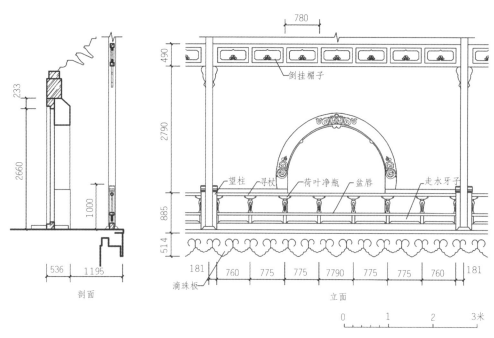

图28-38　北京智化寺万佛阁平坐栏杆及倒挂楣子实测图

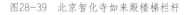

图28-39　北京智化寺如来殿楼梯栏杆　　图28-40　山东曲阜孔庙奎文阁平坐栏杆及倒挂楣子

　　山东曲阜奎文阁平坐栏杆寻杖、望柱、地栿及荷叶净瓶等构件，同智化寺万佛阁平坐栏杆，但华板为雕有如意纹的绦环板，下枋下面安装走水牙子。

　　奎文阁楼梯栏杆形制同智化寺如来殿楼梯栏杆。

　　③平武报恩寺万佛阁平坐栏杆（图28-41）

　　平武报恩寺万佛阁平坐栏杆形式较为特殊，采用组合望柱，即设有主柱和辅柱，主柱为大望柱（相当于通常意义的望柱），辅柱为小望柱，辅柱

图28-38　作者绘制
图28-39　作者拍摄
图28-40　作者拍摄

紧贴主柱，主柱与上枋相接，而辅柱与中枋和下枋相接。撮项部分为一个立面呈"X"形的、雕刻有如意纹样的木板。中枋与下枋的距离较大，中间分成两部分，上为一层透空花板，下采用卧棂式样，即在华板位置横施短杆2根，断面方形，侧翻45°，边棱向外。下枋下面安装走水牙子。栏杆下部用滴珠板，刻如意头的花纹。栏杆高1.13米（3.5尺），寻杖直径6.9厘米（2.2寸），望柱柱径7厘米（2.2寸）。

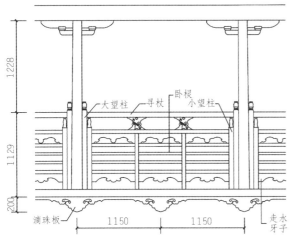

图28-41 四川平武报恩寺万佛阁平坐栏杆实测图

图28-42 青海乐都瞿昙寺后钟鼓楼平坐栏杆

图28-41 作者绘制
图28-42 作者拍摄

④ 瞿昙寺后钟、鼓楼平坐栏杆（图28-42）

瞿昙寺后钟鼓楼平坐栏杆比较低矮。望柱作为分段的形式而存在，安装在地栿上。望柱头呈宝珠形，下有莲座，莲座上有很高的覆莲瓣，望柱头和扶手荷叶净瓶雕工十分简洁秀丽。转角处寻杖相交不出头。寻杖与中枋的间距远大于中枋与下枋的间距，下枋直接与地栿相连，中间无牙子，华板为雕有如意纹的绦环板。沿边木外侧镶磨砖滴珠板。

（3）倒挂楣子

倒挂楣子安装在檐柱间、檐垫枋下，有丰富和装点建筑立面的作用。楣子的棂条花格形式同一般小木作，常见者有步步锦、灯笼框、冰裂纹等。较为讲究的做法，还有将倒挂楣子用整块木板雕刻成花罩形式的，称为花罩楣子。这种做法费时费工，但装饰效果更强。

倒挂楣子高一尺至一尺半不等，主要由边框、棂条以及花牙子等构件组成。花牙子主要起装饰美化作用。花牙子是用薄木板制作而成，有的为一块木板，边做曲线；有的做双面透雕，常见的花纹图案有番草、牡丹等；也有的楣子没有花牙子。花牙子侧面制作榫头，插入边梃相应部位的榫槽内。

典型实例有北京智化寺万佛阁平坐栏杆之楣子（图28-38）、曲阜孔庙奎文阁平坐栏杆之楯子（图28-40）以及瞿昙寺回廊等处的楯子。

5）杂件

（1）楼梯

楼梯古称胡梯，有两颊、望柱、钩阑、寻杖等构件。《营造法式》所定梯身坡度约45°，踏板与促板等宽，每级高宽约为26厘米（0.83宋尺）。两侧钩阑常用最简单的卧棂造。

明代楼梯做法基本与《营造法式》规定一致，梯身坡度约45°，非常陡峻。踏板与促板宽度相差不大，高宽相加约50厘米，大于现在常用尺寸（45厘米），所以登临时较为费力。楼梯的结构特点是由两根斜梁（颊）支承所有其他构件。踏板与促板嵌于两颊内侧所刻槽中，并以"棍"作锚杆拉结两颊。两侧钩阑也安于颊上，常用荷叶净瓶式寻杖栏杆。楼层高时，可以作两跑至三跑的楼梯。

明代楼梯典型实例有山东曲阜孔庙奎文阁楼梯（图28-43）和北京智化寺如来殿楼梯（图28-44），两个楼梯造型、细部做法基本一致。

图28-43 作者拍摄
图28-44 作者绘制

图28-43 山东曲阜孔庙奎文阁楼梯

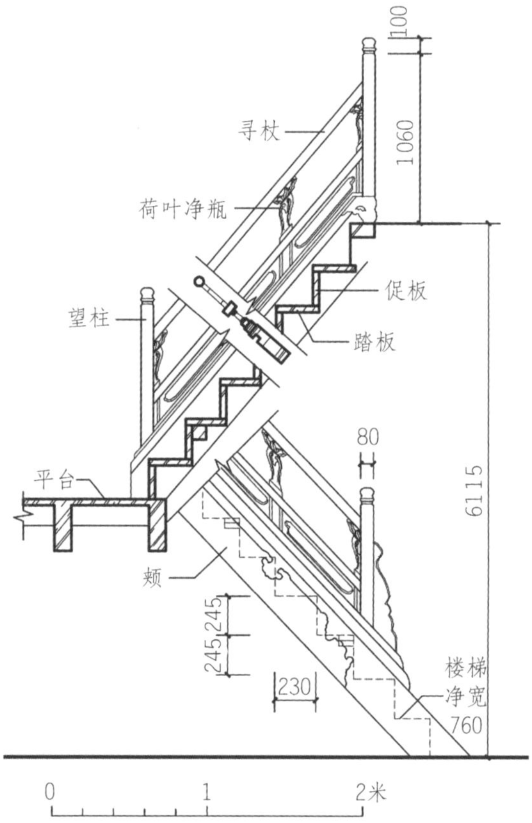

图28-44 北京智化寺如来殿楼梯实测图

寻杖
荷叶净瓶
促板
踏板
望柱
平台
颊
80
6115
245 245
230
楼梯净宽
760
0 1 2米

北京智化寺如来殿东北、西北二隅有二具扶梯，为只能行走一人的两盘木梯。其踏板宽23厘米、高24.5厘米（其中还有高达28.2厘米），高宽比约为0.94：1。梯身净宽76厘米，坡度约45.6°，可见颇陡峻，不便上下。楼梯栏杆之寻杖、蜀柱等，与《营造法式》钩阑制度相似，细部雕作，亦不伧俗，颇不多见。

（2）匾额

匾额是悬挂在檐下大门或者建筑主要入口上方的招牌，上面书写着这组建筑群或者这座殿堂的名称，相当于门牌，宋《营造法式》中称为"牌"。

在建筑上题额挂匾是最具中国特色的装饰手段。它对于建筑艺术形象犹如画龙点睛，把建筑的性质、意义、观赏价值、居住感受、环境关系，甚至居住者的深思妙想，都烘托出来，是文学、书法、装饰艺术与建筑的巧妙结合。匾额不但本身的艺术造型丰富了建筑艺术，而且通过题写的文字，深化了建筑艺术的内容。匾额的历史很久远，自古以来即有为各类建筑命名的习惯。一般建筑用匾可分为两大类。一为题名匾，即为建筑命名；一为抒意匾，即为建筑本身或建筑内供养对象或使用者提出的表彰、赞赏、抒情等的文字匾。

辽、宋以来在宫殿上多用华带牌，又称风字匾，即四边框为倾斜的花板，上框出头，侧框垂尾，类似"风"字。

明代官式建筑匾额基本框架同风字匾，即是长方形的木牌，四边有斜出牌面的牌带。匾额的形式有竖式和横式两种，有"横为匾竖为额"[26]之说。匾框满雕云龙花卉，红地镶金纹样，牌带上雕龙的多少代表着这座建筑地位的高低。匾地为青地金字，气势雄伟，宏伟大方。匾多为硬木边，有紫檀、花梨及楠木等，油漆大漆，保存原色，也有用雕龙彩漆泥金的花边框者。匾心多为黄柏木，油饰各种颜色，如黑、白、青色等。因与红色的建筑小木作相对比，故绝少用红、紫一类底色。匾心的长阔比例，则视字数而定，故匾心虽有增省，而边框之阔仍同。字体多阳文，有铜镀金字、铜字、木胎泥金字、煤渣字、石磬石绿字、彩漆地金字等。匾额悬挂大都为上额俯，下沿收约成40°角，并有两个钩与两个钉来固定。上方前后背由两个长铁钩钩住，称"鹤足钩"；下方匾沿用两个装饰精美的钉钩住，称"如意钉"。

清代宫廷、坛庙多用斗子匾作为外檐题名的主要匾额，斗子匾式样沿袭风字匾，只是牌面上一般满汉文并列。清代宫廷用匾很多是由江宁织造在苏州制作的，多为南漆底板，题字用材，花样繁多。

在各地的寺庙祠堂里，门匾就没有这么多等级的限制了，用黑色、白色、蓝色、褐色、红色作牌底，上面用与牌底对比强烈的颜色书写名称，四周多用木雕作装饰。而园林、寝室、书房的用匾也比较灵活。据李笠翁《一

26 据故宫修缮中心的工匠王明新师傅所言。但也另有说法，用以表达经义、感情之类的属于匾，形式比较自由，有册页形、秋叶形、手卷形、碑碣形等，多用于园林建筑；而表达建筑物名称和性质之类的则属于额，形式正规，为长方形，可横可竖，可有边框也可没有，重要建筑则在匾四周设华带板，构成立体的边框。

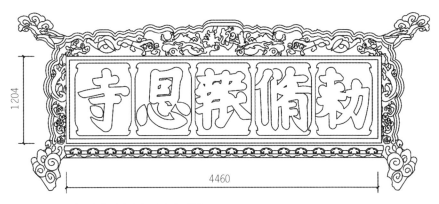

图28-45 四川平武报恩寺山门匾额实测图

图28-45 作者绘制

家言》里专门谈联匾的记载，可知南方园林中使用匾联的花样甚多，如秋叶匾、虚白匾、石光匾、册页匾、手卷额、碑文额。但从现存实物看，江南园林中多用原色硬木匾地的一块玉式，上刻阴文，石青石绿或粉白煤黑的字体者为多数，与江南素雅轻淡的建筑色彩相匹配，别有一番书卷气质。还有用密集的浅浮雕作底，在上面附着名称，突出在浮雕面之上的。普通人家匾额则多用黑地金字。

明代匾额的典型实例如下：

① 平武报恩寺各殿明代匾额

平武报恩寺山门明代匾额（图28-45）采用风字匾，为横向长方形的花板，上、左、右三边框倾斜，上框出头，侧框垂尾，下框无存，在下方匾沿处贴了一层如意云纹式样的板条，板的下沿随如意云做成桃尖状。牌面施以宝石蓝地，自右至左排列着五个汉字"敕修报恩寺"，均凸起，上贴金，甚醒目。牌带红色，满雕云龙花卉，龙身起伏，刀法细腻，为红地镶金纹样，牌带外周有金色边线。

报恩寺天王殿明代匾额（图28-46）也采用横向长方形的风字匾，匾心油饰红色，自右至左书"天王殿"三个字，字体为阳文，上贴金。牌带蓝色，满雕云龙花卉，但雕龙数量要少于山门匾额，牌带外周有金色边线。此匾与众不同之处在于匾左右两边各塑有一力士，脚踏祥云，身牵铁索，表情丰富，似乎他们正在用力将匾额立起来。

报恩寺大雄宝殿匾额（图28-47）为四块独立的长方形的木牌，四边无牌带。牌面为蓝底金字，字体为阳文，牌面外周有金色边线。四块木牌相隔一定间距安置在上檐斗栱层处。其余各殿的匾额同此。

② 武当山金殿匾额（图28-48）

武当山金殿匾额采用风字匾，为竖向长方形的花板。匾心为蓝色，自上而下书"金殿"二字，字体为阳文，上贴金。牌带红色，满雕云龙花卉，红

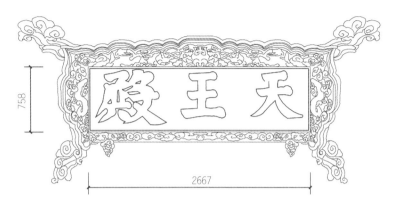

图28-46 作者拍摄、绘制
图28-47 作者拍摄
图28-48 作者拍摄

图28-46 四川平武报恩寺天王殿匾额及实测图

图28-47 四川平武报恩寺大雄宝殿匾额

图28-48 湖北十堰武当山金殿匾额

地镶金纹样，牌带外周有金色边线。

③北京智化寺明代匾额（图28-49）

北京智化寺万佛阁明代匾额采用风字匾，与《营造法式》华带牌一致，外框作45°斜角。牌面自上而下书"万佛阁"三字，为蓝底金字，字体为阳文。牌带红色，外周有金色边线，显得大方宏伟。智化寺其余各殿匾额之匾心的长宽比例视字数而定，故匾心虽有增减，但边框之宽仍同。

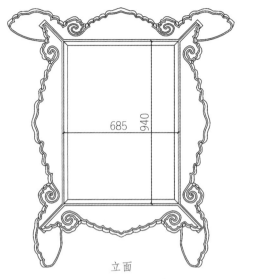
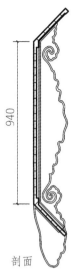

立面　　　　　　　剖面

图28-49　北京智化寺万佛阁匾额实测图

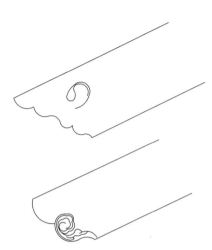

图28-50　湖北十堰武当山遇真宫配殿
搏风板头示意图

图28-49　作者绘制
图28-50　作者绘制

（3）搏风板及垂鱼、惹草

① 搏风板

搏风板是在悬山或歇山屋顶的出际部分，沿屋顶斜坡钉于檩条端头的人字形木板，起保护檩条端头及装饰的作用。明代搏风板形制古雅，搏风头不用菊花线，而雕作四卷瓣，整块搏风板前锐后丰，轮廓秀美简练有力，与清代建筑风格截然不同。

典型实例有武当山遇真宫配殿搏风板（图28-50）以及瞿昙寺东、西回廊等处的搏风板。

② 垂鱼、惹草

垂鱼、惹草是位于悬山顶或歇山顶两际搏风板之上的装饰木板，钉在搏风板接缝处的檩条端头之上，用以保护伸出山墙的檩条。悬鱼位于搏风板的中央接头处，可以遮挡缝隙，加强搏风板的整体强度。惹草在搏风板上呈均匀布置，只在少数地方建筑上还能看到。

典型实例有五台山显通寺铜殿之垂鱼、惹草（图28-51）以及瞿昙寺配殿之垂鱼（图28-52）。

（4）雀替

雀替原本是起结构作用的木构件，两块雀替连做，"骑"在柱头檐枋下的预留槽内，以协助檐枋承重。明代以后，雀替很少连做，而是将柱子两侧的雀替分开制作。即在单个雀替上做半榫插入柱内，另外一端钉在檐枋下，这种做法下，雀替在实际上已不起承重作用而只是一种装饰构件了。

雀替位于檐柱与檐枋相交处的柱旁枋下，外形轮廓呈三角形。表面通常

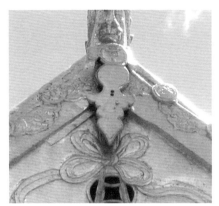

图28-51　山西五台山显通寺铜殿之垂鱼　　图28-52　青海乐都瞿昙寺配殿之垂鱼　　图28-53　北京智化寺如来殿雀替

图28-50　作者拍摄
图28-51　作者拍摄
图28-52　作者拍摄

剔地雕刻卷草花纹及花草、山石等，而且彩绘贴金，具有强烈的装饰作用。雀替的头部和底部都带有峰，峰的角度一般为120°。

典型实例有北京智化寺如来殿内之雀替（图28-53）。

6）神龛与经橱

神龛、经橱是佛寺、道观中供奉神像、庋藏经书用的龛与橱。

（1）神龛

神龛是供奉佛、神、祖宗牌位的龛形设施。它同藻井一样，是非常具有大木性质的小木作，虽然不是建筑结构的受力构件，但其自身具有很强的结构性。

《营造法式》将神龛列入小木作，神龛共有4种：佛道帐、牙脚帐、九脊小帐与壁帐。四帐之中以佛道帐规格最高，尺度最大，雕饰最华丽，牙脚帐与九脊小帐次之。这里称"帐"是袭用唐代室内分隔主要用帷帐时的旧称，在具体的构件中也存有对帷幕的仿造，但已名不副实。清代常见的则有作牌楼式的神龛。

神龛因为是供神的，所以小木做工和雕刻尤为细致，雕制得特别讲究，是小木作精华之所在。明代神龛基本沿用宋式的做法，但规模较小，一般是自下而上由三个层次叠加而成：

帐座用叠涩座（即须弥座）作基座，帐座结构由面阔和进深方向的柱子组成柱网，再以各种横枋联结成全座构架，上铺面板，形成帐座的承载面。壁帐类型的也有用砖石基座。

帐身是龛的主体，内安神像或神主。做法按等级不同而采用不同的式样，除壁帐外，均有内外槽柱。

帐头常刻有斗栱，一般是用仰阳山华及山花蕉叶，最讲究的神龛则是帐头上还有平坐及天宫楼阁等物。

上述三个层次的外观式样都依大木作缩小而成，但其内在结构则不完全按大木作做法。总之，神龛一物因是全寺庙最主要神像使用，所以它的花样甚多。

明代神龛实例如下：

① 武当山南岩宫父母殿神龛（图28-54）

武当山南岩宫父母殿神龛从样式上属于"佛道帐"类，较为复杂，但规模并不太大。帐身只作单开间，按帐身算高2.9米（9.5尺），宽近4米（12.5尺），从尺度上看与"九脊小帐"接近。这座外观华丽的神龛自下而上为帐座、帐身、帐头（图28-55）。

帐座：用较低而简单的须弥座作基座，中间有绦环为饰。

帐身：其形式仿大木作殿堂式样，有内外槽柱。前面内槽柱两侧各安三交六椀菱花格子门一扇，殿内施平棋。两侧及后壁都用木板封住，不开门窗。外槽柱上作虚柱及欢门、帐带，当是前代帐幔与帐带形象的小木作表现手法。帐柱上不用阑额，而用隔斗板。铺作则依托斗槽板为基壁，贴附于板上，并以压厦板作压顶，以求简化结构而保存对大木作的仿效。内槽柱的下部则用"鋜脚"固定柱脚，其作用与地栿相似，但鋜脚比地栿高，装饰性较强。

帐头：用仰阳山华及山花蕉叶，用五铺作重昂重栱斗栱承托。

② 武当山南岩宫天乙真庆宫明间神龛（图28-56）

武当山南岩宫天乙真庆宫明间神龛应属"牙脚帐"类，较佛道帐低一等，帐身也作单开间，其帐座、帐身、帐头做法与南岩宫父母殿神龛相似，唯帐身前面内槽柱两侧不用格子门而用叉子。

③ 武当山南岩宫天乙真庆宫次间神龛（图28-57）

武当山南岩宫天乙真庆宫次间神龛属于"壁帐"类，又较牙脚帐低一等，式样较为简单。其帐座为木作基座，上有简单的横竖线条分割。帐身只有外柱，柱上作欢门。帐头仅用仰阳山华及山花蕉叶，不用斗栱，式样大为简化。

④ 北京智化寺如来殿、万佛阁神龛（图28-58）

北京智化寺如来殿、万佛阁楼内上下两层，除外檐门窗外，四壁及室内槅扇菱花间遍饰佛龛。该处的神龛也属"壁帐"类，龛内塑有近万尊高约13厘米用金丝楠木雕刻的佛像，内置小佛九千余尊，雕刻精美，线条流畅，"万佛阁"之名由此而来。

神龛帐座为砖基座；帐身只有外柱，柱为虚柱；帐头仅用仰阳山华及山花蕉叶，不用斗栱，走势随梁架而变化。

27 丁福保.佛学大辞典[M].北京：文物出版社，1984：183.

图28-54 作者拍摄
图28-55 作者绘制

（2）经橱

在佛教史上，"佛、法、僧"被称为佛教三宝，"一切之佛陀，佛宝也；佛陀所说之教法，法宝也；随其教法而修业者，僧宝也"[27]。其中，佛陀所说之教法，被视为世之财宝而珍重，后整理成浩繁的佛教经典，极受尊崇。故而藏经也就成为佛教寺院的一个重要内容，并专设藏经之所和藏经之

图28-54 湖北十堰武当山南岩宫父母殿神龛及内部平棋

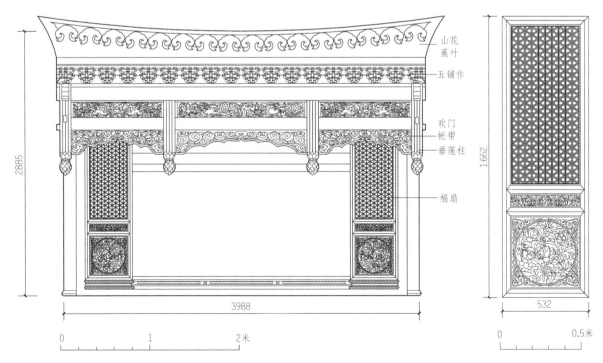

山花
蕉叶

五铺作

欢门
帐带
垂莲柱

槅扇

2885

3988

1662

532

图28-55 湖北十堰武当山南岩宫父母殿神龛及帐身槅扇实测图

图28-56 湖北十堰武当山南岩宫天乙真庆宫明间神龛

图28-57 湖北十堰武当山南岩宫天乙真庆宫次间神龛

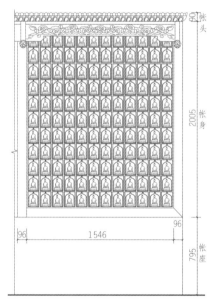

图28-58 北京智化寺万佛阁次间神龛（左）及明间神龛实测图（右）

器，藏经之器称作"经藏"，即供存放经卷之书橱。所谓"藏"就是指佛道经书，也指收藏经书之处。

　　"经藏"收藏佛经的形式，《营造法式》中有"壁藏"和"转轮藏"两种形式。壁藏为固定式，沿壁立柜藏经，即是倚墙而立的经橱，它是经藏最基本的形式。转轮藏为回转式，居殿中而设，经橱绕中轴回转，是经藏的一种特殊和演变的形式。

图28-56 作者拍摄
图28-57 作者拍摄
图28-58 作者拍摄、绘制

① 转轮经藏

转轮经藏又称转轮藏，或简称轮藏，有时也称大藏或经藏。轮藏之制，起自转藏。所谓的"转藏"，就是转读大藏经之意，这和"看藏"不同，"看藏"是指读经时每天阅读，自首彻尾一字不漏，而"转藏"则只是读经文中每卷之初、中、后数行而已。

关于转轮藏的创始和功能，《释门正统·塔庙志》云："初梁朝善慧大士（傅翕玄风）愍诸世人，虽于此道颇知信向，然于赎命法宝，或有男女生来不识字者，或识字而为他缘逼迫不暇批阅者。大士为是之故，特设方便创成转轮之藏。令信心者推之一匝，则与诵读一大藏经正等无异。"又据《善慧大士录》载："傅翕以经目繁多，非寻常之人所可遍读，乃于山中建立大层龛，每一棱皆有八面，内中收存诸经，以机轴转动之，运行无碍，称为轮藏。并发愿言：愿登藏门之人，生生世世不失人身，或有发菩提心者，竭尽志诚以推动轮藏，则其所得功德亦无异于持诵诸经。以此因缘，后世凡有造立轮藏，皆设傅大士之像。"因此一般认为转轮藏由南朝萧梁的善慧大士始创[28]。转轮藏是将佛经装置在可以转动的轴轮上，用手推动即可运转，借法轮的转动，有如抄写、诵经说法一般，可以为死者祈求冥福，为生者求得安乐。而且利用转轮藏贮存经卷，可以经常推动以加速通风，达到防潮、防蛀的目的。善慧大士所创的转轮藏具有藏经与传教双重功能，其中尤以传教功能最为重要。据传所谓转轮藏法，其转动乃依佛力而非人力。可以说转轮藏主要是作为一种转教的法器而出现和演变的，推之一匝，积一分功德，这一最本质的内涵也使得后世转轮藏的藏经功能逐渐淡化，甚至完全消失。

转轮藏在唐、宋、元、明、清各代皆有造立，寺院为了吸引更多的信徒前来，对于轮藏的建造无不费尽心思，竭尽能巧，眩人耳目，以达到最好的招徕效果。由于佛寺竞以经藏富丽相夸耀，使得唐宋以来寺院小木装饰的精美华丽，在很大程度上是表现在经藏上。及至清代，寺院中轮藏的造立显著减少，代之而起的是，藏经阁出现于寺院中轴线的北端，成为清代寺院经藏建筑形式与配置的典型。

作为经藏的一种特殊形式，转轮藏在形制上虽有其特殊之处，但也同样具有经藏的共同特点，即立柜以藏经，而其形制上的特殊之处则如其名称"转轮"所表现的那样，即其经藏中心立一转轴，八角形经柜，绕中轴回转，俾能捡出所需经卷。

转轮藏最初的基本形制记载于《善慧大士录》中："……乃于山中建立大层龛，每一棱皆有八面，内中收存诸经，以机轴转动之，运行无碍……"这描述的正是转轮经藏形制上最典型的特征。关于宋代轮藏，则有《营造法式》卷十一及卷二十三小木作制度中，有关转轮藏规制的详细记载："造经藏之制，共高二丈，径一丈六尺，八棱，每棱广六尺六寸六分，内外槽柱，外槽帐身柱上腰檐平坐，坐上施天宫楼阁，八面制度并同。其名件广厚皆随逐层每尺高积而为法。"[29]依此并参照《营造法式》转轮经藏图可知，宋时轮藏平面八边形，整体自下而上由藏座、藏身、腰檐、平坐及天宫楼阁这几个部分组成，各部分皆为木制。其结构为里外三层：外为外槽，中为里槽，内为转轮。外槽是轮藏的外部结构，极具装饰效果；里槽是轮藏的主体；中心转轮部分，用以安置经匣，并可以自由回转，构成轮藏最重要的核心部分。

明代转轮藏有两种形制：一是带有机关设置的可旋转书橱，信徒用手推动即可旋转；一是书橱不能动，需要信徒围绕经橱绕行诵经。其作为诵经礼佛的设施，令不识字的信徒推动或转动一圈，就相当于将转轮藏内所藏的佛经诵读一遍。现存的转轮藏大多为转动式，如平武报恩寺华严藏殿转轮藏（图28-59），固定的轮藏仅存的只有北京智化寺藏殿转轮藏（图28-60）。

转动式转轮藏按照绕中轴回转的部位的不同，有两种整体结构方式，即"部分转动式"与"整体转动式"。部分转动式，如《营造法式》所录转轮经藏，即并非整座轮藏可以转动，而只有内层的转轮可以转动，其余两层则固定于地面。这种做法的优点是：中心立轴通过"十字套轴板"二支在外槽、里槽上，可使整个轮藏不必依靠建筑物的木构架而独立，而且自重较轻，辐上荷载小，立轴受力也小，转动轻便；最大的缺点则是使用不便，操作推动转轮的部位也极为有限，无法供大批信徒使用。整体转动式，如河北正定隆兴寺转轮藏殿宋代轮藏、平武报恩寺华严藏殿明代轮藏（图28-61），即转轮藏内外槽皆环绕中心立轴转动，轮藏的全部荷载均由中心立轴

图28-59 作者绘制
图28-60 作者绘制

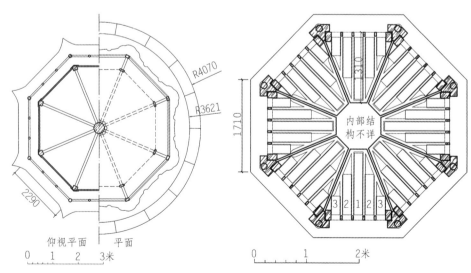

图28-59 四川平武报恩寺华严藏殿转轮藏平面实测图

图28-60 北京智化寺藏殿转轮藏平面实测图

29 见《营造法式》卷十一小木作制度六。

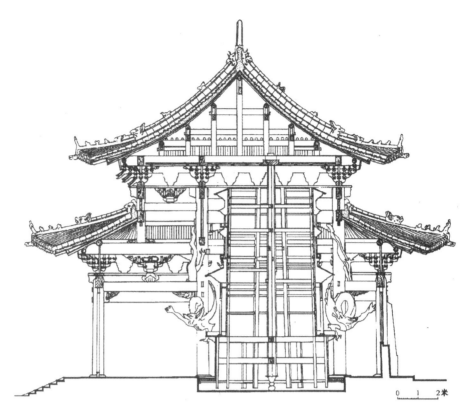

图28-61　四川平武报恩寺华严藏殿转轮藏剖面图

图28-61 潘谷西主编《中国古代
建筑史·第四卷·元、明建筑》
图28-62 作者拍摄

承受。其外槽帐身柱不直接落地，而是由从中心立轴悬挑而出的水平梁枋承托，使内外槽藏身在结构上连成一体，内外部分一起绕中轴转动。

　　关于轮藏结构的受力方式，《营造法式》有记述："转轮高八尺，径九尺，当心用立轴一丈八尺，径一尺五寸，上用铁铜钏，下用铁鹅台桶子（即藏针）。"明代转轮藏也是沿袭这种构造方式（图2-62），即是通过从中心立轴悬挑而出的水平梁枋，将荷载传至立轴上，再由立轴传至藏针，藏针传至地面。转轴与经格组成转轮，经格再安隔板及壁板。

　　作为小木作的轮藏形制，实际上模仿的是建筑的形制，其造型可以说基

图28-62　四川平武报恩寺华严藏殿转轮藏内部构造之立轴与辐（左）以及铁鹅台（右）

本上就是一缩小尺度的建筑。轮藏所追求的特色即是造型装饰精美富丽，所谓"彩绘金碧以为饰"[30]，是对轮藏装饰的描述。宋代轮藏帐柱多作蟠龙雕饰[31]，至平武报恩寺华严殿明代轮藏上，仍可见蟠龙帐柱的做法，又有斗栱、勾阑、飞檐，颇具装饰效果。明代轮藏斗栱的形式及其配置等级高，装饰性强。其斗栱密施，出跳甚多。如补间铺作有达7朵和9朵者，斗栱形式亦多在六铺作以上，甚至有达十铺作者，表现的是对建筑斗栱的强调和夸张。

图28-63　四川平武报恩寺华严藏殿转轮藏

图28-63 源自四川平武文物管理委员会

藏顶是轮藏造型的另一重要部位，其样式亦丰富多变。最具装饰效果的做法是"天宫楼阁"，即是取天宫宝藏之意。藏顶除天宫楼阁以外，还有"山华蕉叶"及一般藏檐。天宫楼阁式藏顶，应是一种等级规格甚高、装饰性较强的做法，如平武报恩寺华严殿明代轮藏采用了天宫楼阁形式。

总之，明代转轮藏基本上继承了《营造法式》的形制与构造做法，只是在造型、装饰上会受到地方做法，或者元代喇嘛教艺术的影响，而会在部分构件上使用民间或异族情调的装饰。

转轮藏作为集藏经与传教于一体的一种特殊形制的佛门法器，自产生至今已有1 400余年的历史，国内保存下来的实物屈指可数。就目前所知，明代转轮经藏仅存四川平武报恩寺华严藏殿明代轮藏、北京智化寺藏殿明代轮藏。

四川平武报恩寺华严藏殿转轮藏（图28-63）：

平武报恩寺华严藏殿内完整地保存着一座转轮藏，建造于明正统十一年（1446年），迄今已有五百多年历史，是目前国内罕见的明代小木作。

转轮藏自地面起通高11余米（约34尺），直径7米余（约21.9尺），占地面积22.06平方米，系楠木制作，横截面为八角形，外观八棱四层，明三层暗四层，实际七层，逐层向内递收，下大上小，形似一座凌空托起的七级佛塔。转轮藏主要由藏轴、藏针、梁枋框架、板壁和天宫楼阁构成，天宫楼阁采用镂空雕刻，玲珑剔透，工艺精湛。

转轮藏中心柱位于地面一铁臼上，柱下端装上与铁臼相对应的铁杆，光滑耐磨，所以整座轮藏推之可转。转轮藏的建筑结构及外檐小木作等与宋《营造法式》的转轮经藏图比例相近，外槽柱身均雕龙，与《营造法式》卷

30 白居易.苏州南禅院千佛堂转轮经藏石记[M]// 白氏长庆集[M].北京：文学古籍刊行社，1955：1754-1756.

31 见《营造法式》卷十二雕作制度，"缠龙柱，施之于经藏柱上"。

十二雕作"缠龙柱施之于帐及经藏柱之上"的记载一致。工匠们也结合了一些地方手法和报恩寺其他建筑配套，如转轮藏的下部须弥座上均雕饰有八条游龙[32]（图28-64）；每屋檐下的斗栱形制和安置方法也稍有变化，如转轮藏天宫楼阁部分，其抱厦和角殿均为单檐，副阶下全部安置斗栱，平坐栏杆均为双钩阑；所有木构件全部采用沥粉贴金制作，而不同正定隆兴寺宋代转轮藏（其藏体表面木构件大部分采用油漆彩画）。

平武报恩寺转轮经藏属于整体转动式轮藏，制作崇宏，结构复杂严整，雕饰精美丰富，工艺精巧，虽历经五百多年，仍转动自如，而且经历了历史上多次大地震的摇撼，至今完整无损，是我国目前仅存几座木制转轮经藏中保存最完好的一座，在建筑、力学上均有很高的价值。转轮藏整个造型既严格按照宋《营造法式》规定比例建筑，又灵活运用地方艺术，具有承前启后的作用。它既可作藏经供佛之用，又是精致的建筑模型，藏体上供奉的各种铜铸佛像、人物雕像、佛学经卷，都有很高的历史、艺术价值。

北京智化寺藏殿转轮藏（图28-65）：

北京智化寺藏殿内有明代木雕转轮藏一具，是北京城唯一现存的明代转轮藏。转轮藏为固定式，从造型、色彩、质地来讲都是相当考究的。

转轮藏高近5米（15.6尺），直径4.17米（13尺），体呈八角筒形。下为汉白玉八角须弥座，中为经架，上为毗卢帽形顶（图28-66）。须弥座雕刻细致，层次繁缛。每层雕琢纹饰为卷草、莲瓣，束腰浮雕"二龙戏珠"，八个转角处各雕"天龙八部"，琢力神撑持，肌肉遒劲，姿态英武，地檐上

图28-64 作者拍摄
图28-65 作者拍摄

图28-64 四川平武报恩寺华严藏殿转轮藏须弥座

图28-65 北京智化寺藏殿转轮藏

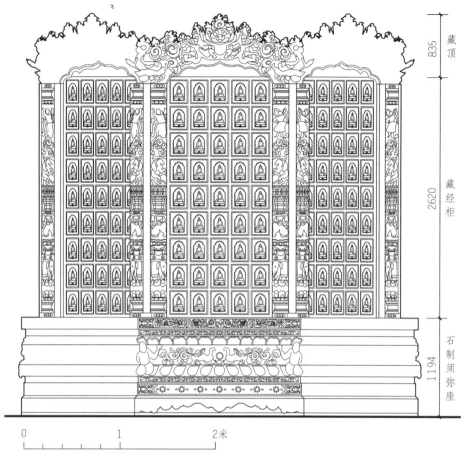

图28-66 北京智化寺藏殿转轮藏实测图

图28-66 作者绘制

雕卷草，中镌刻轮、螺、伞、盖、花、罐、鱼、长的八宝纹饰，寓意吉祥如意、延绵盘长。

转轮藏自须弥座以上为木制。中部藏经柜是转轮藏的主体部分，为金丝楠木质地。木制经架每面9层，每层有5个用来装经文的小抽屉，八面一共360个小抽屉，可收藏360部经卷，恰好与一年的天数基本吻合。各抽屉皆在表面刻佛龛、佛像，并按照千字文的顺序排列，以便于所藏佛经的检索。经橱八角各有一根角柱，从上至下雕天龙八部护法逐天，依次刻神、羊首双翼之异兽、狮和象，皆隔以二层莲瓣，蹲象口含莲花，兽上饰以卷云，神立云中。

毗卢帽形顶的檐部上雕大鹏金翅鸟、龙女和龙，雕工精湛，层次分明。金翅鸟向外倾斜，双翼大展，仿佛随时可以振翅而出，显示无穷的护法威力，是为善之象征；两侧各有一个龙女，姿态略似古飞仙，龙女即蛇，为恶之象征，因此头戴五蛇，其尾亦作蛇形。帽顶中央托绿色莲瓣数层，上供圆雕毗卢佛一尊，面东而坐。佛像形象生动，双目微启，慈视大千，面貌丰满秀丽，造型美观，佛衣呈红色，衣纹洗练流动，尽露拈花法意。但由于高高在上，几乎隐藏进藏殿的藻井内，因此不易被人察觉，幽然悠然，宗教的神秘色彩极为浓重。佛像顶的天花上饰以藻井，下方上圆，井心绘梵文真言，雄壮遒劲。

转轮藏的顶部处理，运用镂空雕、高浮雕、中浮雕、浅浮雕等多种技法，来表现佛法无处不在，使人容易在心理上引起联想，从而达到佛法至高无上的目的。刘敦桢先生认为："……以上雕刻，构图丛密，颇乏优美表现，但其线条粗劲，长短互见，不失中下之选"，"转轮藏顶部……上置一尊佛像，面貌丰丽，衣纹洗练流动，虽构图稍具匠气，较下部诸刻则更胜一筹"。

② 壁藏式经橱

《营造法式》卷十一及卷二十三所例举的壁藏，自下而上由基座、帐身、腰檐、平坐、天宫楼阁五层组成。实际明代此类经橱留存甚少，典型实例仅见北京智化寺如来殿经橱（图28-67），规模比《营造法式》壁藏要小。

北京智化寺如来殿正中供如来佛，佛像两侧（殿东、西次间）设有高大精美的曲尺形格式经橱各一，以比例雄厚描线遒劲见长，为天顺六年（1462年）英宗所颁赐藏经的原物。经橱总长5.6米（17.7尺），总高3.87米（12.1尺），分上、中、下三个部分（图28-68）。上部挑檐象帽冠；中间是橱身，共有660个抽屉，按千字文排列；下部为须弥座。雕刻主要集中在上、

图28-67 作者拍摄

图28-67 北京智化寺如来殿经橱

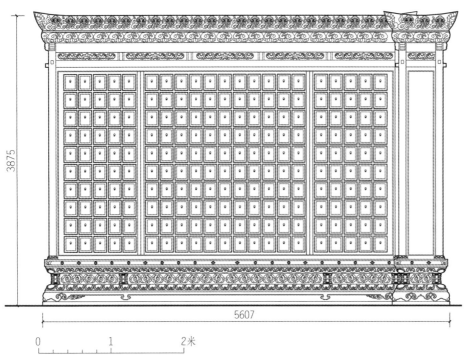

3875

5607

0 1 2米

图28-68　北京智化寺如来殿经橱实测图

下两部分，以如意云纹、卷草纹、莲瓣纹、宝相花纹为主，上檐部分还有梵文真言和八宝纹。各部位的雕刻技法十分精细繁缛。经橱旧时施彩色，灿烂夺目，但"……配色富于刺激性，除青、绿二者外，滥用金、白、朱三色之处甚多，颇嫌伧俗逼人，以与柁梁、藻井对比，疑经后世修理"[33]。其漆金彩绘现已退去，呈木材本色，但更有浓郁丰厚的感觉，烘托着整个大殿的宗教气氛。

图28-68 作者绘制

29　小木作工艺

明代社会经济的发展使手工业的生产规模和工艺水平达到了前所未有的高度，为小木作水平的提高创造了有利的条件。作为一门工艺性很强的技术工种，小木作除有装饰性强的特点外，还有可以任意拆安移动，而不会对结构带来任何影响的特点。明代小木作用材十分讲究，工艺极为精湛，具有很高的艺术价值和技术价值。

1）材料选用

就木作材料而言，各朝都是就地取材，但皇家用材讲究，更需优质木材。总的来说，一个建筑上的大木作和小木作用材基本上是一致的，即是

33 刘敦桢. 北京智化寺如来殿调查记 [M]// 刘敦桢. 刘敦桢文集（一）. 北京：中国建筑工业出版社，1982：61-128.

说，大木作用什么材料，小木作也就用什么材料[34]。但是随着优质木材的日益稀缺，再加上小木作往往都伴有精美的雕刻，更需细致和加工方便的木材，因此，用于大大木作和小木作的材料还是有所区别的。

明代由于交通的发展，使得南方的高级木材得以北运。在永乐营建北京宫殿时，用了很多金丝楠木，因其耐腐，强度高且材质细腻，在明长陵和明北京故宫均可见到金丝楠木的踪影。如明长陵棱恩殿，用材考究，大、小木作构件均为名贵的优质楠木加工而成。各构件在殿内部分（除天花外）无油漆彩画，显得质朴无华。但明中后期，采伐楠木已经十分艰难[35]。到了清代，楠木更是被采伐得所剩无几了，仅四川、云南和贵州尚有少量楠木。

好在明代海外交通也很发达，东南亚一带的珍贵硬木如紫檀、红木、花梨木等由于海上交通的开辟而不断输入中国，且皇家用木定例每年派员赴南洋采伐，除使用外，备用库存也不少。这些硬木具有质地坚硬，色泽纹理优美，可在较小断面构件上制作精密榫卯、雕刻装饰等优点，最适宜小木作之用，因此受到人们的普遍欢迎。也正是由于这种细致木材的使用，减少了小木作的用材，延长了小木作的寿命，促进了工匠工艺水平的提高，使得明代小木作工艺有了很大的发展。

总的说来，明代大木作材料多用落叶乔木，材质较为粗糙且易变形，而小木作则选用强度高，材质均匀、细腻，相对松软且不易变形的木材。除了材料的选择，加工时的因材致用也十分重要，要讲究"材美工细"。

（1）外檐小木作与内檐小木作材料的不同

外檐小木作由于位于室外，易受风吹日晒，雨水侵蚀，在用材断面、雕镂、花饰、做工等方面，都要考虑这些因素，因此较为坚固、粗壮。外檐小木作一般用质地较松软的木材，如红松、椴木、楠木等，以防风吹日晒变形。

内檐小木作由于位于室内，不受风吹日晒等侵袭，因此与外檐小木作相比，在材料的使用和配置上有更高的要求。内檐小木用料高级，尺度较细小，纹饰更多样，做工更精致，而且一般不施彩画，色调含蓄深沉，雅致古朴，具有较高的艺术观赏价值。

具体来说，内檐小木作的用料，多是名贵的花梨木、紫檀、红木、金丝楠木、桂木、黄杨、柏木、香杉木等质地较硬的木材。这些硬性木材都是色泽悦目并有美丽的花纹，切面光滑、不易劈裂的优等木材。因此表面基本上不做混油油漆，而是利用木材的本色，在雕饰后都加以水磨、烫蜡、出亮的处理办法，以求木表之光泽，从而充分体现出材质的名贵。

在同一组小木作中有用一种木材制作的，到明后期也有用几种木材同时搭配使用的，比如室内槅扇的边框选用金丝楠木，而槅心、绦环板、裙板则使用黄杨或黄柏制作。这样利用木料本身的颜色进行色彩的搭配，深框浅

34 在《营造法式》卷二十六诸作料例一中，小木作和小木作的用材即是作为一体介绍的。另外，笔者在对故宫修缮中心的王明新和刘德汇等师傅访谈时，他们也都重申了这一点。

35《明史》卷二二六列传第一百十四中记载道，天寿山各陵及北京宫殿所用楠木，采自四川、湖广一带的深山密林之中。那里人迹不到，"毒蛇鸷兽出入山中，蜘蛛大如车轮，垂丝如幻缅，胃虎豹食之。采者以天子之命，谕祭山神，纵火焚林，然后敢入"。伐倒的楠木，也往往是"一木初卧，千夫难移"。明万历年间，四川一带有"入山一千（人），出山五百（人）"的谚语。而结筏水运，自蜀至京，不下万里，其运送周期通常都在三年左右。故一木至京，费银竟达万两。参见：（清）张廷玉等. 明史 [M]. 北京：中华书局，1974：5938.

心，显得美观大方。

内檐小木作因为选材精到，不做油漆，所以在操作技术上要求也比较高，比外檐小木作要求更加严格、更加精细，其工艺犹如室内家具的制作（小器作）[36]。另外，操作者还应掌握多种雕刻的技艺，才能全面胜任内檐小木作的制作工作。

（2）明代小木作常用的几种贵重的木材

紫檀：为常绿亚乔木，高达五六丈。紫檀材色美丽，为紫红色，收缩性较小，干燥缓慢，耐久性强，心材耐腐，木质坚硬，纵切面光滑略呈带状花纹。明代曾大量进口和使用，明亡时库存很多，所以清代宫廷建筑内檐小木作和家具等所用的紫檀多沿用明代的库存。

红木：俗称"老红木"，木质甚坚，花纹美丽，材色悦目，心材多为红色，且有香气，极耐腐，只是锯刨加工较困难。

花梨：有黄花梨和新花梨之别，以黄花梨木品质为佳。木质坚实，颜色从浅黄到紫赤，心边材区别明显，有香味，纹理精致美丽，适于雕刻之用。

楠木：为常绿乔木，高者十余丈，其材坚密芳香，色赤者坚，白者脆。明代宫殿重要建筑大木多用楠木。

2）榫卯构造

小木作具有可移动性，这个特点决定了全部小木作构件或单件都必须是可以拆安的构件。这些构件凭榫卯结合在一起，需要移动时只要打开榫卯，就能拆下并可另行安装。

（1）明代小木榫卯的特点

中国古代木构建筑各构件均采用榫卯技术连接，木构榫卯技术同木构建筑一样，亦有悠久的历史传统。从榫卯发展的总趋势看，是经历了一个从简单古拙→精细成熟→简单实用的发展变化过程。从榫卯的制作工艺与水平上，可以管窥明代小木技术的特征与发展状况。

从有关出土实物看，春秋战国时期，木构榫卯技术已达到相当水平。到宋代，榫卯技术已完全成熟。明代由于木作工具的突破性发展，使小木加工与制作工艺均达到较高水平[37]。明代榫卯技术更加纯熟繁复而不露，小木作榫卯也更加多样而精致，具有设计巧妙、构造合理、搭接严密、结构功能很强的特点。由于材质的优良和加工的精细，小木构件的断面可以做得很小。明代小木作的牢固和耐久，全靠结构合理和榫卯精确。榫卯到清代已大大简化，构造做法上不如明代榫卯精细考究，但功能并未减弱。

总的来说，明代小木作的节点榫卯做法，大部分因袭了宋代榫卯技术，在构造形式、形状尺度方面与宋代榫卯大同小异，表现出精细成熟的特色，

36 很多木工师傅对大木作和小木作的概念与普通书本上的概念不同。他们把门窗等外檐小木装修看作是大木作，所以会既做梁柱等大木构件，也做外檐的门窗等，但一般不怎么做内檐的小木作。可能跟内檐小木装修的制作更严格、精细有关。

37 李浈《中国传统建筑木作工具》（同济大学出版社，2004年）中指出：明代以后，平推刨得到了极为广泛的应用。在平推刨的基础上，各种线脚刨的使用也渐多起来。刨的广泛使用，又推动了家具及小木作的进步。……从而小木作中硬木的使用渐多起来。

图29-1 引自马炳坚《中国古建筑木作营造技术》

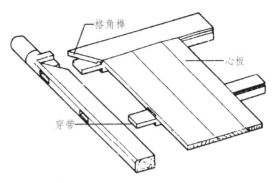

图29-1 攒边做法

与清代榫卯之注重简单实用则形成了较鲜明的对照。木构榫卯节点的区别，也是我们判别古建筑时代特征的依据之一。

（2）明代小木榫卯的类型

明代小木作的榫卯类型很多，就榫的形状来说，有直角、斜角、燕尾等；按其是否出眼，又有透榫或半榫（即明榫或暗榫）之分；不同的部位有与之相应的不同榫卯。榫卯之间不用铁钉，也不用胶水，关键之处附以竹梢钉，透榫之处加楔。

明代小木作凡用板做面的，多是用四条边梃做边框、中间镶板心的攒边做法（图29-1）。边框各部位的榫卯构造，与边框的受力方向、构件安装程序和安装方式有直接关系。边框交角处用45°的格角榫，边梃的内侧做通槽，板心四边出榫，嵌入通槽之内。板心的下面做燕尾槽，以穿带横贯槽中。这种做法，预留了板面的伸缩余地，利于木材本身的收缩，不致使板面破裂和松动。而且完全避免了截面板纹的露明，因为横截面的板纹不仅纹理粗糙，也不利于油漆。攒边的框料与面料的材料、纹理或一致，或不一致，以达到艺术表现的目的。

3）油漆施用

明代的油漆种类很多，技术也比较高超，在《髹饰录》里就记录了明代家具、器皿油漆的多种工艺。我国传统油漆的主要原料是天然漆和桐油。天然漆又称大漆。漆树在我国分布很广，各地天然漆的色泽不同。采割下来的天然漆，经过滤，去杂质，即为生漆。再经过日晒或低温烘烤（30℃~40℃）脱去一部分水，即成为熟漆或推光漆。熟漆再经过一番炼制加入熟桐油或豆油等植物油，便成为一般的广漆或退光漆。桐油产于我国南方，熬炼时，加入土子（明代称"催干土"），再加入密陀僧，在一定的温度下熬炼成熟桐油（亦称光油）。熟桐油干燥迅速，耐水性强，油膜坚韧光亮，普遍用于小木作和家具等。

明代外檐小木作的油漆，多采用"披麻捉灰"的办法，即用夏布作底，上用生漆灰刮平，干后可防小木构件受潮，起到良好的保护作用。除实拼门、屏门等地杖作一麻五灰外，一般只作单披灰，但也有少数不作灰的。油漆的颜色多采用红色、铁红色、绿色、棕色、木本色、黑色等，各种门的框线多贴金。

在外檐小木作中，能够被雨水淋到的木构件最好在油漆以前刷一道生桐油（此道工序称为钻生），以提高防潮防腐性能。油漆要涂刷三遍（即三道油），每道油干透以后均要细心打磨，最后还要涂刷光油一道。

明代内檐小木作的油漆，以轻妆淡抹为特色，保持木材本身的纹理。常用的内檐小木作油漆有以下几种：一是打蜡，即小木不着色，用树蜡或蜂蜡擦磨，多次磨试，表面平整光洁如镜，呈现美丽的木纹；二是光油（熟桐油），即小木做完，打磨光净，即可上光油，干燥后，表面光洁；三是水磨漆（或擦漆），即小木做好后，用木芨草或朴树叶带水打磨表面，磨光后用土红或土黄着色，然后用丝团沾退光漆在表面擦拭，反复多遍，直至表面精润光滑、纹理清晰。

4）小木雕刻

木雕分为大木雕刻和小木雕刻两种。大木雕刻主要指大木构件上的装饰构件的雕刻。小木雕刻，又称细木雕，指的是小木作中的花饰雕刻。

（1）明代小木雕刻制度的沿革及特点

木雕工艺发展由来已久，是由构件刻画到木雕装配的过程，《周礼·考工记》中已有关于雕刻的内容。宋《营造法式》中，对当时的雕刻制度及工艺情况有较详细的记载，将"雕作"按雕刻形式分为四条，即混作、雕插写生华、起突卷叶华、剔地洼叶华。按雕刻技术分，可分为混雕、线雕、隐雕、剔雕、透雕五种基本形式。

明代木雕艺术有进一步发展，在官式与民间建筑中广泛施用雕刻装饰，留下很多实物。其中，属于外檐的雀替、花板、花牙、云头之类的雕刻，基本属于粗雕，内檐小木作木雕工艺，要求近观，所以在用料质地及工艺技术上要求更高，工艺更细。

明代木雕，雕饰技法娴熟，构图严谨，分布谨慎，绝少铺张滥用，较之宋元时期更趋立体化。所采取的雕刻形式主要有采地雕和透雕。

采地雕为单面雕饰，即宋元时期的"剔地起突"的雕法，常用于裙板、绦环板等处的雕刻（图29-2）。采地雕所呈现的花样不是平雕刻，而是高低叠落，层次分明，有表现突起花叶翻卷、枝叶伸展得宜的能力，有很强的立体感，因此作为建筑外观上的表面装饰被广为使用。优秀的采地雕刻作

图29-2　北京智化寺如来殿经橱须弥座之采地雕法　　　　图29-3　北京故宫钟粹宫花罩之透雕做法

图29-2 作者拍摄
图29-3 作者拍摄

品，在一块板上可雕出亭台楼阁、人物树木等多种层次。采地雕法传之已久，但自明代起，其花样突起部分的雕法有了更多的变化。宋元时期花样突起是凸形的圆面，自明代以后，将其突起面增到凸、平、凹三种做法。清代突雕凸面上的变化，更走向立体化，根据花样层次分层雕刻。采地雕在清代后期又发展产生了贴雕和嵌雕两种工艺。

透雕是明代常见的雕法之一，这种雕法本是镂空的雕法，有玲珑剔透之感，易于表现雕饰构件两面的整体形象，因此常用于分割空间、两面观看的花罩、花牙子等构件的雕刻（图29-3）。明代透雕、剔雕、掏挖使花样卷瓣一卷、二卷、三卷，脉络清晰，花叶一翻、二翻、三翻，表里自然，丰富了表现力。清代透雕更有改进，以采用整体花样形象为主，剔挖枝梗，搭落灵活，贯穿表露全部枝叶。

（2）明代小木雕刻常用的图案形式和题材

小木雕刻的花样款式较为繁复，在等第上虽然没有明确的严格界限，但就其形式上看，也有等级上的差别。采地雕最为寻常，散见于各类建筑的外部装饰；而透雕大多为统治阶级所占有。精制的透雕，以北京宫廷内檐小木作为代表。又如官式建筑匾额上通常有木雕的龙作为装饰，雕龙的多少代表着这座建筑地位的高低，所以木雕在这里就成了显示等级的手段了。

明代所采用木雕花纹图案，追求高雅、富丽、吉祥，寓理想、观念于图案之中。官式建筑中，帝王所用的雕刻题材，多取福禄寿喜、蝙蝠、万字、如意等祥瑞题材，并加以彩绘施金，寓意福寿绵长，万事如意；更有腾龙翔凤图案，专门用于宫殿建筑的小木作，象征皇帝的特权地位和后妃的尊贵地位。佛教建筑则多用佛教故事、佛门八宝、番草等图案。而民间建筑所选用的纹样，则更为丰富多彩、包罗万象。

总之，小木雕刻装饰都是和主人的身份、地位、思想、观念、理想、追求相呼应的。所有这些图案和纹样，在木雕装饰中或单项或混合某种式样，以作雕饰构件之内容（表29-1）。

表29-1　明代小木雕刻的主要图案形式及应用范围表

图案形式	应用范围
云龙腾龙	专门用于宫殿建筑的内外小木作，象征皇帝的特权地位
翔凤	专门用于宫殿建筑的内外小木作，象征皇帝后妃的尊贵地位
汉文回文式	多用于匾额边框、槅扇裙板等处
夔龙夔凤式	多用于花牙子等处
夔蝠式	用于室内外小木作，象征幸福
番草式	广泛用于宗教建筑、民居建筑的内外小木作，如雀替、裙板等
松竹梅兰	用于各种室内外花罩、花牙子等，象征清雅、高洁、脱俗
其他各式花草（荷花、牡丹等）	多用于室内外花罩、花牙子、裙板等处，象征富贵高雅

30 明代官式建筑小木作范式图版

图版一　板门之实拼门（一）

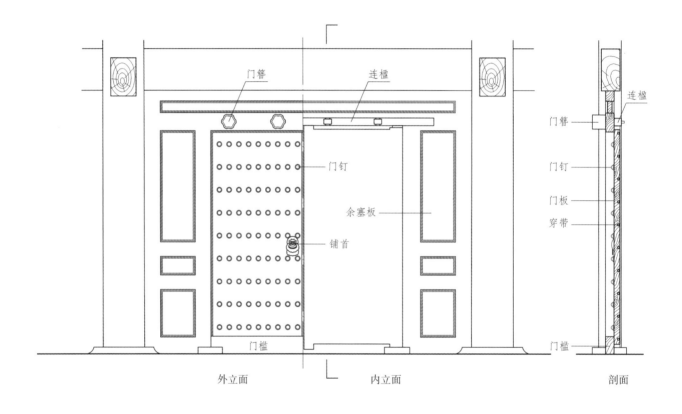

门簪　　　　　　连檐

门钉

余塞板

铺首

门槛

外立面　　　　　　内立面

门簪

连檐

门钉

门板

穿带

门槛

剖面

参考实例：北京太庙戟门

图版二　板门之实拼门（二）

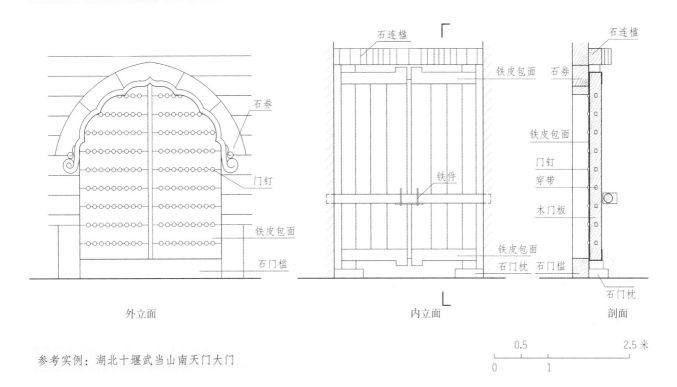

外立面　　　　　　　　　　　内立面　　　　　　　　剖面

参考实例：湖北十堰武当山南天门大门

图版三　板门之攒边门

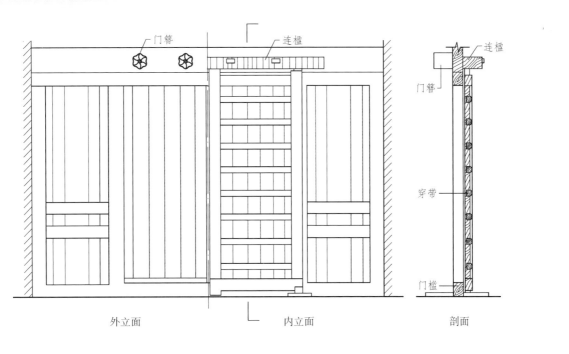

外立面　　　　　　　　　　内立面　　　　　　　　剖面

参考实例：湖北十堰武当山遇真宫龙虎殿

图版四 欢门

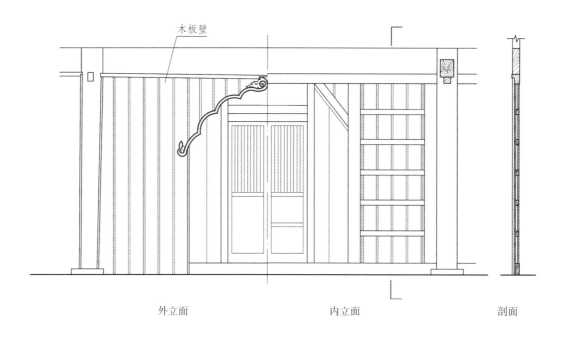

木板壁

外立面　　　　　　　内立面　　　　　　　剖面

参考实例：湖北十堰武当山遇真宫龙虎殿

0.5　　　　　　2.5 米

0　　　1

图版五 直棂窗

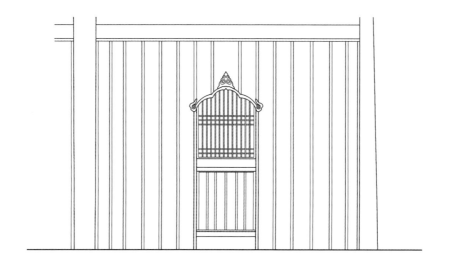

参考实例：湖北十堰武当山紫霄宫朝拜殿

0.5　　　　　　2.5 米

0　　　1

图版六 棂星门

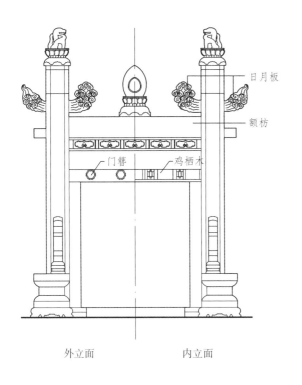

日月板

额枋

门簪

鸡栖木

外立面 内立面

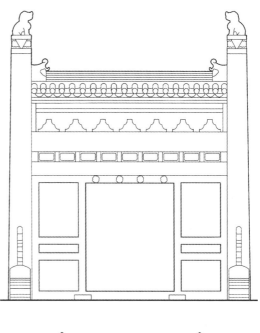

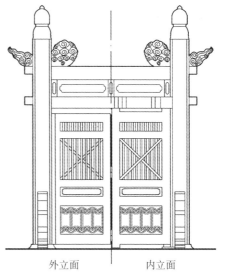

外立面 内立面

参考实例：北京昌平明长陵神道棂星门、北京
昌平明长陵院落内棂星门、北京天坛棂星门

0.5 2.5 米
0 1

图版七 槅扇与槛窗

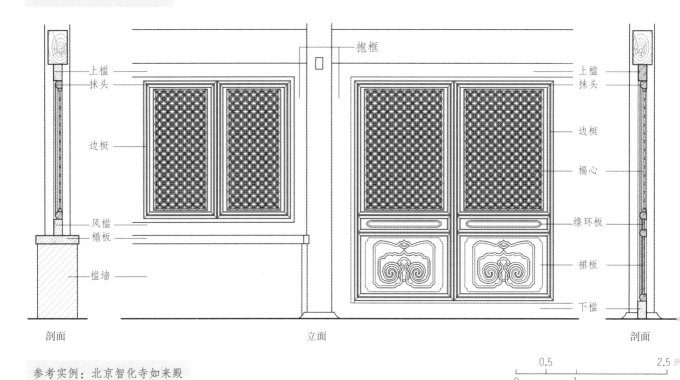

抱框
上槛
抹头
边梃
风槛
榻板
槛墙

上槛
抹头
边梃
槅心
绦环板
裙板
下槛

剖面　　　　　　　　　立面　　　　　　　　　剖面

参考实例：北京智化寺如来殿

0.5　　　2.5 米
0　　1

图版八 槅扇（一）

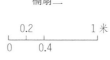

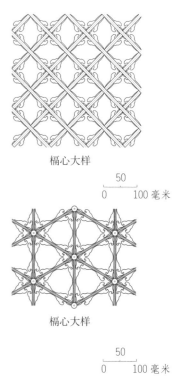

槅心大样

50
0　　100 毫米

槅扇一　　　　　　　槅扇二　　　　　　　槅心大样

参考实例：北京智化寺智化殿、万佛阁

0.2　　　1 米
0　　0.4

50
0　　100 毫米

图版九 槅扇（二）

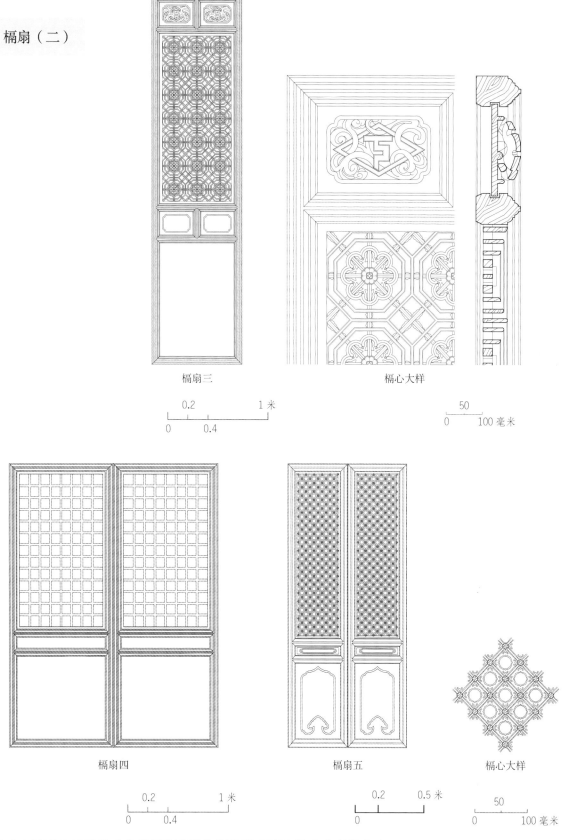

槅扇三

槅心大样

0.2　　　　1 米
0　　0.4

50
0　　100 毫米

槅扇四

槅扇五

槅心大样

0.2　　　　1 米
0　　0.4

0.2　　0.5 米
0

50
0　　100 毫米

参考实例：北京智化寺大智殿、四川平武报恩寺大雄宝殿、湖北十堰武当山太和宫金殿

图版十　槅扇（三）

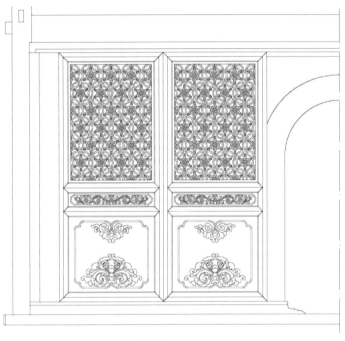

槅扇六

槅扇七

槅心大样

槅心大样

50
0　100毫米

50
0　100毫米

参考实例：湖北十堰武当山玉虚宫焚帛炉、武当山太子坡焚帛炉

图版十一 槅扇（四）

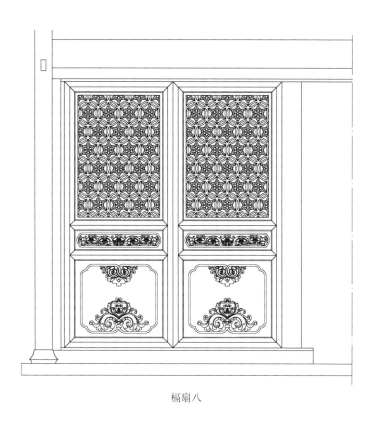

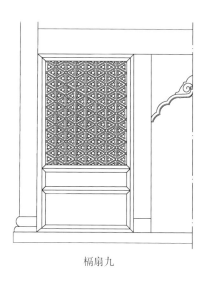

槅扇八

槅扇九

槅心大样

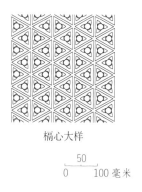

槅心大样

参考实例：湖北十堰武当山南岩宫焚帛炉、武当山太和宫皇经堂

图版十二　室内隔断

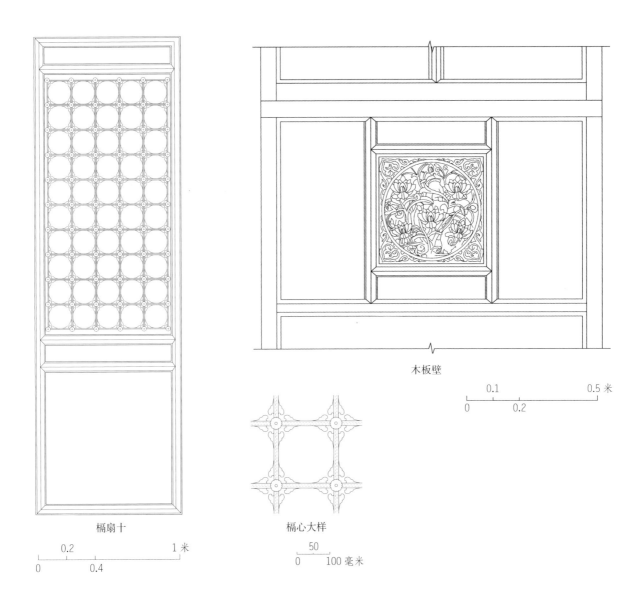

木板壁

槅扇十

槅心大样

参考实例：北京智化寺如来殿内檐、湖北十堰武当山南岩宫父母殿

图版十三　木栏杆与倒挂楣子

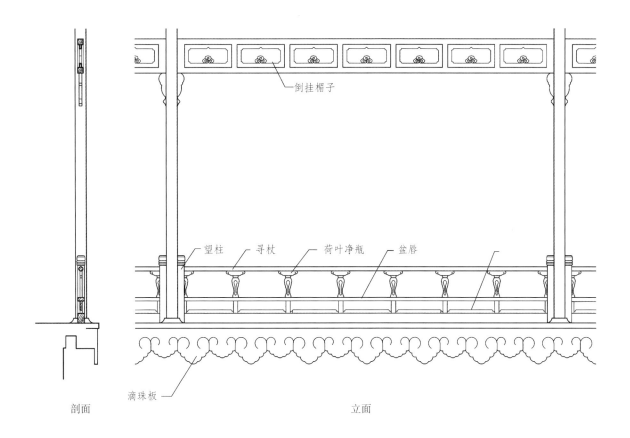

倒挂楣子

望柱　　寻杖　　荷叶净瓶　　盆唇

滴珠板

剖面　　　　　　　　　　　　　　　立面

参考实例：北京智化寺万佛阁

图版十四　井口天花

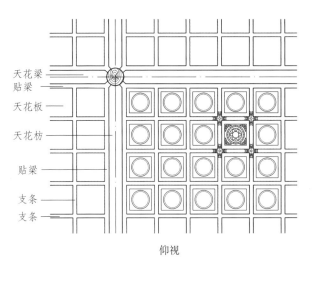

天花梁
贴梁
天花板
天花枋
贴梁
支条
支条

仰视

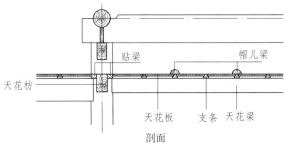

贴梁　　　　　　帽儿梁
天花枋
天花板　支条　天花梁

剖面

天花大样

```
      50
0         100 毫米
```

参考实例：北京智化寺如来殿

```
      0.5            2.5 米
0          1
```

图版十五 楼梯

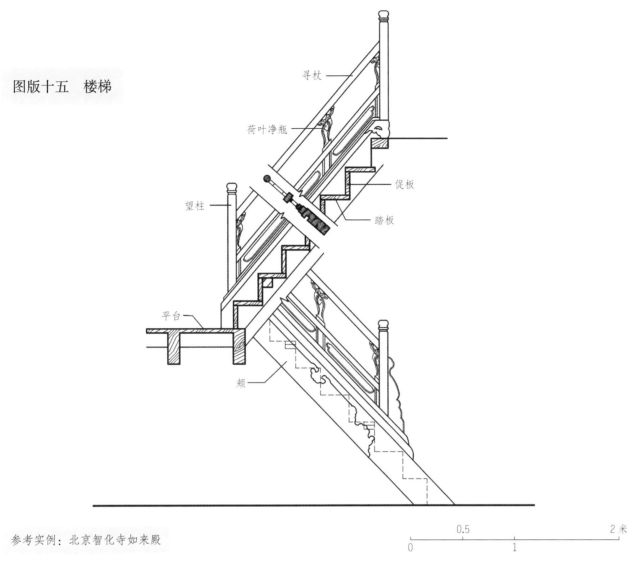

寻杖
荷叶净瓶
望柱
促板
踏板
平台
颊

参考实例：北京智化寺如来殿

0.5   2 米
0   1

图版十六 匾额

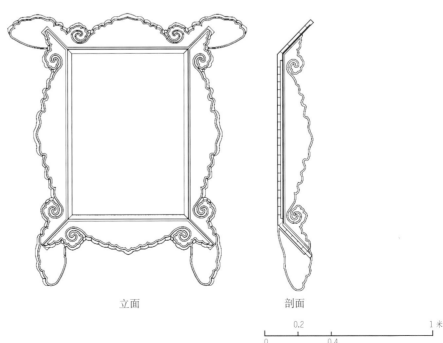

立面   剖面

参考实例：北京智化寺万佛阁

0.2   1 米
0   0.4

477

图版十七　神龛（一）

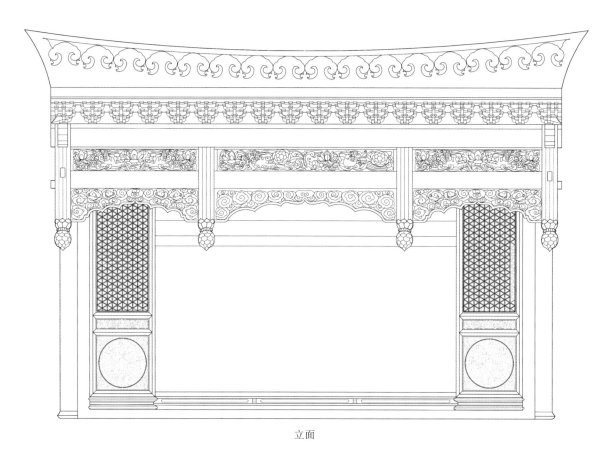

立面

参考实例：武当山南岩宫父母殿

图版十八　神龛（二）

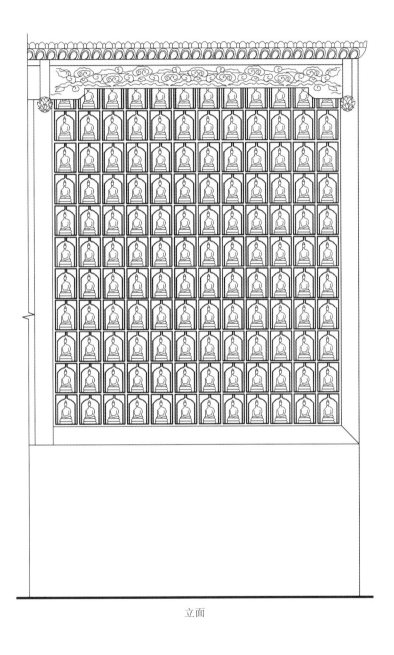

立面

参考实例：北京智化寺万佛阁

图版十九 转轮经藏

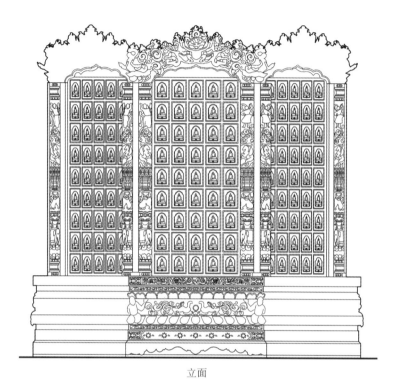

立面

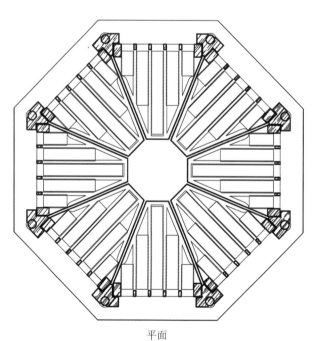

平面

参考实例：北京智化寺藏殿

图版二十　经橱

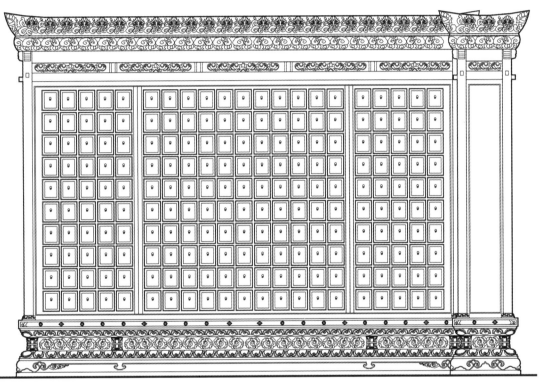

立面

参考实例：北京智化寺如来殿

0.5　　　　　　　2 米
0　　　　1

参考文献

[1] 计成,陈植.园冶注释[M].北京:中国建筑工业出版社,2004.

[2] 文震亨,海军,田君.长物志图说[M].济南:山东画报出版社,2004.

[3] 李诫,梁思成.营造法式注释[M].北京:中国建筑工业出版社,1983.

[4] 郭黛姮.中国古代建筑史 第三卷 宋、辽、金、西夏建筑[M].北京:中国建筑工业出版社,2003.

[5] 梁思成.梁思成全集:第六卷[M].北京:中国建筑工业出版社,2001.

[6] 梁思成.梁思成全集:第七卷[M].北京:中国建筑工业出版社,2001.

[7] 姚承祖,张至刚.营造法原[M].北京:中国建筑工业出版社,1986.

[8] 王世襄,袁荃猷.明式家具研究[M].北京:生活·读书·新知三联书店,2007.

[9] 刘敦桢.刘敦桢文集[M].北京:中国建筑工业出版社,1982.

[10] 梁思成.清式营造则例[M].北京:中国建筑工业出版社,1981.

[11] 梁成思,刘致平.建筑设计参考图集[M].北平:中国营造学社,1935.

[12] 祁英涛,中国文物研究所.祁英涛古建论文集[M].北京:华夏出版社,1992.

[13] 祁英涛.中国古代建筑的保护与维修[M].北京:文物出版社,1986.

[14] 李允鉌.华夏意匠[M].香港:广角镜出版社,1982.

[15] 马炳坚.中国古建筑木作营造技术[M].北京:科学出版社,1991.

[16] 吕品晶.中国传统艺术 建筑装饰[M].北京:中国轻工业出版社,2000.

[17] 姜振鹏.传统建筑木装修[M].北京:机械工业出版社,2004.

[18] 沈福煦,沈鸿明.中国建筑装饰艺术文化源流[M].武汉:湖北教育出版社,2002.

[19] 张家骥.中国建筑论[M].太原:山西人民出版社,2003.

[20] 张驭寰,郭湖生,中国科学院中华古建筑研究社.中华古建筑[M].北京:中国科学技术出版社,1990.

[21] 楼庆西.中国传统建筑装饰[M].北京:中国建筑工业出版社,1999.

[22] 南京工学院建筑系,曲阜文物管理委员会.曲阜孔庙建筑[M].北京:中国建筑工业出版社,1987.

[23] 李浈.中国传统建筑木作工具[M].上海:同济大学出版社,2004.

[24] 张理晖,等.装修装饰木工基本技术[M].北京:金盾出版社,2000.

[25] 王世襄.髹饰录解说:中国传统漆工艺研究[M].北京:文物出版社,1983.

[26] 张十庆.中国江南禅宗寺院建筑[M].武汉:湖北教育出版社,2002.

[27] 张十庆.从帐幔装修到小木装修:古代室内装饰演化的一条线索[J].室内装饰与装修,2001(6):70,71.

[28] 贺业钜,等.建筑历史研究[M].北京:中国建筑工业出版社,1992.

[29] 吴承越,刘大可.明代王府述略[J].古建园林技术,1996(4):16-21.

[30] 李竹君.金殿[J].文物,1959(7):38-39.

[31] 李小涛.北京隆福寺正觉殿明间藻井修复设计与浅析[J].古建园林技术,1996(4):47-50.

[32] 梁思成.梁思成全集:第三卷[M].北京:中国建筑工业出版社,2001.

[33] 蒋博光.明清古建筑内檐装修家具工艺及材料[J].古建园林技术,1991(2):15-19,33.

[34] 张十庆.建筑技术史中的木工道具研究:兼记日本大工道具馆[J].古建园林技术,1997(1):3-5.

[35] 徐振江."营造法式小木作"几种门制度初探[J].古建园林技术,2003(4):15-19,25.

[36] 张十庆.中日佛教转轮经藏的源流与形制[C]//建筑史论文集(第11辑),中国建筑学会,1999:13.

[37]　孙永林.清式建筑木装修技术（一）[J].古建园林技术,1985(4)：3–7,47.

[38]　孙永林.清式建筑木装修技术（二）[J].古建园林技术,1986(1)：10–17,63.

[39]　刘大可.从顺承郡王府看到的清早期官式建筑作法特征[J].古建园林技术,2003(1)：
31–35.

[40]　赵琳.魏晋南北朝室内环境艺术研究[D].南京：东南大学,2001.

[41]　何建中.东山明代住宅[D].南京：南京工学院,1982.

[42]　石红超.苏南浙南传统建筑小木作匠艺研究[D].南京：东南大学,2005.

后记

东南大学建筑历史与理论，是我国改革开放后东南大学建筑学院率先招收研究生的学术方向。40余年前，潘谷西教授招收研究生，选题、指导、完成若干明代建筑研究专题，取得初步成果，在《中国古代建筑史·第四卷·元、明建筑》专著中有具体体现。在此基础上潘谷西教授提出"明代官式建筑范式"研究，期待在作法上能够发见与宋《营造法式》和清《工程做法》的前后关系，寻找规律，形成范式，因为他认为明代北京宫殿在明中期的建设或者修建十分迅速，没有一套规范化的制式是不可能的。这种历史寻找和企盼便是本书出版的主要目标，当然研究过程也是对明代重要建筑进行系统研究的整体探索。

研究基础和过程大致有如下几个阶段：（一）潘谷西教授指导完成的研究生论文，包括：《明代牌楼研究》（杜顺宝，1981）、《江南明代大木作法研究》（朱光亚，1981）、《明代建筑琉璃》（汪永平，1984）、《江南明式彩画》（陈薇，1986）、《明代无梁殿》（龚恺，1987）、《明代官式建筑大木作研究》（郭华瑜，2001）；（二）朱光亚教授指导完成的研究生论文，包括：《明代官式建筑石作范式研究》（顾效，2006）、《明代官式砖构建筑范式研究》（高宜生，2006）；（三）陈薇教授指导完成的研究生论文，包括：《明代官式建筑琉璃》（贾亭立，2006）、《明代官式建筑小木作研究》（张磊，2006）、《明初官式建筑石作营造研究》（孙晓倩，2018）。古建二班部分同学和汤晔峥、蒋澍参加完成部分彩画的图版绘制，杨俊、周琪参加完成部分琉璃的图版绘制。

在此基础上，2012年正式启动《明代官式建筑范式》撰写和出版工作，篇章及顺序由潘谷西教授确定，具体内容和章节由陈薇教授主持，并进行了全面改写、编写和校对，在过程中贾亭立副教授收集统筹多方资料，孙晓倩助理研究员对全书的注释、参考文献进行了梳理和完善，并在编校出版方面做了许多具体工作，书稿于2019年交东南大学出版社。期间，潘谷西教授就官式建筑问题多次和陈薇教授进行交流和切磋，深化了对明代官式建筑的整体认识，并对编辑出版提出修改意见。

　　该成果是几代学人薪火相传、持续深耕的结果，田野调查是最基本的工作。感谢故宫博物院、北京市十三陵特区管理处、中国文化遗产研究院、北京市第二房屋修建工程公司、北京市古建园林设计院、北京古代建筑博物馆、北京市古代建筑研究所、北京门头沟琉璃瓦厂、北京文博交流馆、南京市文物局、凤阳县文物局、凤阳县文物管理所、湖北省文物管理委员会、湖北省钟祥市显陵管理处、曲阜市文物局、曲阜市三孔古建筑工程管理处、平武文物管理委员会、天津大学建筑学院等单位及专家同仁对于我们的工作给予过多方指导和帮助。东南大学出版社对本书的出版也大力支持，申请了国家出版基金项目，责任编辑戴丽和贺玮玮女士及责任校对张万莹女士认真负责，封面设计皮志伟先生精益求精，反复推敲。是大家的努力工作才使得本书能够问世，感谢所有的作者、参与者和贡献者。

陈　薇　孙晓倩
2022年12月于金陵

内容简介

明代官式建筑上承宋、元，下启清代，比宋代的多一些规整，比清代的少几分繁琐，在中国古代封建社会晚期建筑发展中具有非凡的转折意义。在宋《营造法式》和清《工程做法》之间，毫无疑问，明代官式建筑的研究十分必要和重要，对其范式进行总结和建立，不仅对完善中国古代建筑的认知和理解有重要的学术价值和补阙作用，大量的图版也对古建筑修缮及其遗产保护有广泛的应用和实用价值。

本书以明代官式建筑为对象，对与其营造和设计相关的6种作法进行了系统研究，具体内容为：大木作、彩画作、石作、砖作、琉璃作、小木作。除了有历史考证和表述之外，从实物中提取依据、总结规律、量化数据，或者从典例中归纳范式，是本书的研究特点，每种作法均附有精心绘制的大幅图版。本书可供建筑史学者、文物保护工作者、考古工作者、建筑师、美术爱好者等研读、查阅，也可供相关专业师生进行深入学习和设计参考。

图书在版编目(CIP)数据

明代官式建筑范式 / 潘谷西等著. — 南京：东南
大学出版社，2022.12
ISBN 978 – 7 – 5766 – 0343 – 9

Ⅰ.①明… Ⅱ.①潘… Ⅲ.①古建筑—建筑艺术—中
国—明代 Ⅳ.①TU–092.48

中国版本图书馆CIP数据核字(2022)第212632号

明代官式建筑范式

Mingdai Guanshijianzhu Fanshi

著　　者	潘谷西　陈　薇　等	
责 任 编 辑	戴　丽　贺玮玮	
责 任 校 对	张万莹	
书 籍 设 计	皮志伟	
责 任 印 制	周荣虎	
出 版 发 行	东南大学出版社	
社　　址	南京市四牌楼 2 号（邮编：210096）	
网　　址	http://www.seupress.com	
经　　销	全国各地新华书店	
印　　刷	上海雅昌艺术印刷有限公司	
开　　本	889 mm×1194 mm　1/16	
印　　张	31	
字　　数	675千字	
版　　次	2022年12月第1版	
印　　次	2022年12月第1次印刷	
书　　号	ISBN 978-7-5766-0343-9	
定　　价	368.00元	

本社图书若有印装质量问题，请直接与营销部联系，电话：025-83791830。